우리 숲에서

자라는 버섯 561종

버섯 생태도감

A
Field
Guide
to
Mushrooms

*노란애주름버섯

우리 숲에서
자라는 버섯 561종

버섯생태도감

A Field Guide to Mushrooms

국립수목원 지음

GEOBOOK 지오북

책을 펴내며

버섯은 숲속의 일원으로 나무와 풀들이 살아가는 데 있어서 매우 중요한 역할을 하고 있습니다. 척박한 바위산에서 나무가 살아갈 수 있게 해주며, 매년 두껍게 쌓여가는 낙엽들을 썩혀 숲속의 식물들에게 거름을 제공하는 중요한 역할을 합니다. 또한 식용버섯이라는 임산물을 내서 우리가 먹을 수 있고 임업인들이 소득원으로 이용할 수 있게 해줍니다.

우리나라의 버섯에 대한 첫 기록은 『삼국사기』(704년)에 '금지(영지)'가 최초이며, 국내에서 버섯류에 대한 체계적인 분류는 일본 균학자인 오카다(岡田, Okada, 1932년)에 의해 11종이 처음으로 보고됨으로써 시작되었습니다. 한국에서 최초로 『원색한국버섯도감』(이지열, 1959년)이 출판된 이래로 크고 작은 도감들이 출판되었습니다. 그러나 우리나라 숲속에서 어떤 버섯을 만날 수 있는지를 알려주는 도감은 없었습니다.

이번에 발간한 『버섯생태도감』은 우리 산림에 분포하는 버섯종을 다룬 버섯도감입니다. 총 561종의 종 해설과 1,300여 장의 사진을 함께 수록함으로써 산림에 분포하는 대부분의 버섯을 수록하고 있습니다. 또한 매년 발생하고 있는 독버섯 중독사고를 일으키는 잘못된 상식들과 생김새가 비슷해서 혼동할 수 있는 독버섯의 구분법도 함께 실었습니다.

『버섯생태도감』이 산림에 분포하는 버섯에 대해 관심이 높은 사람들에게는 중요한 지식을 전달하고, 아직 일반화되지 않은 산림 미생물분야에 대한 산림청 공무원의 일선 근무에 보탬이 되며, 후학들의 연구에 활용되기를 바랍니다.

2012년 9월

국립수목원장 신 준 환

차례

담자균문 Basidiomycota

소똥버섯과 Bolbitiaceae

국수버섯과 Clavariaceae

끈적버섯과 Cortinariaceae

외대버섯과 Entolomataceae

소혀버섯과 Fistulinaceae

Physalacriaceae

느타리과 **Pleurotaceae**

난버섯과 **Pluteaceae**

눈물버섯과 **Psathyrellaceae**

깃싸리버섯과 **Pterulaceae**

치마버섯과 **Schizophyllaceae**

독청버섯과 **Strophariaceae**

일러두기

1. 한국의 산에서 볼 수 있는 버섯 561종을 사진(생태, 자실체, 주름살, 자루 등), 기재, 발생시기 및 식독 여부를 서술하여 채집해온 버섯과 쉽게 견주어 분류할 수 있게 하였다.

2. 주름버섯목은 Singer와 Moser, 민주름버섯목은 Donk, 동충하초는 Kobayasi, 불완전균강의 동충하초는 Samson의 분류체계를 따라 다른 분류 문헌과 견주어 쉽고 두루 통할 수 있게 만들었으며, 최근 들어 분자생물학적인 분류체계의 도입에 따른 세계적인 분류체계가 바뀌어 『Ainsworth & Bisby's Dictionary of the Fungi. 10th Edition』(2008, CAB International)의 분류체계를 따랐고, 학명 및 명명자는 『Cabi Bioscience의 Index Fungorum Database』(2012. 7)에 따라 정리하였다. 종래 형태적 분류에서 DNA분석으로 크게 세분화됨으로써 많은 종이 새로운 그룹에 포함되고, 아직도 미확정분류군에 남아 있는 강, 목, 과가 많다. 달라진 학명뿐만 아니라 기존의 학명으로도 쉽게 찾을 수 있도록 모두 병기하였다.

3. 이 책에 나오는 모든 주름버섯의 갓, 주름살, 자루와 동충하초의 자좌, 머리, 자루와 같이 눈으로 볼 수 있는 특징과 포자, 낭상체 등 현미경으로 볼 수 있는 것은 다른 것과 비교해서 눈에 띄는 점을 속속들이 기록하여 알기 쉽게 만들었다.

4. 버섯의 명칭은 되도록 한글로 풀어 써서 책을 보는 사람의 이해를 돕고 균학 발전에 기초자료로 쓸모 있게 사용하도록 하였다. 용어는 가능한 한 한자어나 일본어의 영향을 받은 용어보다는 우리말로 풀어 쓰는 방향으로 정리하였다. 그러나 기재의 간결성을 위하여 부득이 축약적인 용어가 포함되었다.

5. 종 기재는 『광릉의 버섯』(국립수목원), 『한국의 버섯』(교학사, 김영사), 『한국의 동충하초』 등을 바탕으로 표본을 조사해서 수정하였고, 『일본버섯도감』이나 『Fungi of Switzerland』를 근간으로 보완 정리하였다. 종 기재에서 길이와 너비의 경우에는 길이, 너비 순으로 표시하여, 전반부는 늘 길이에, 후반부는 너비나 폭에 대한 수치이다.

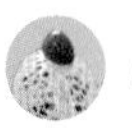

이 책을 보는 방법

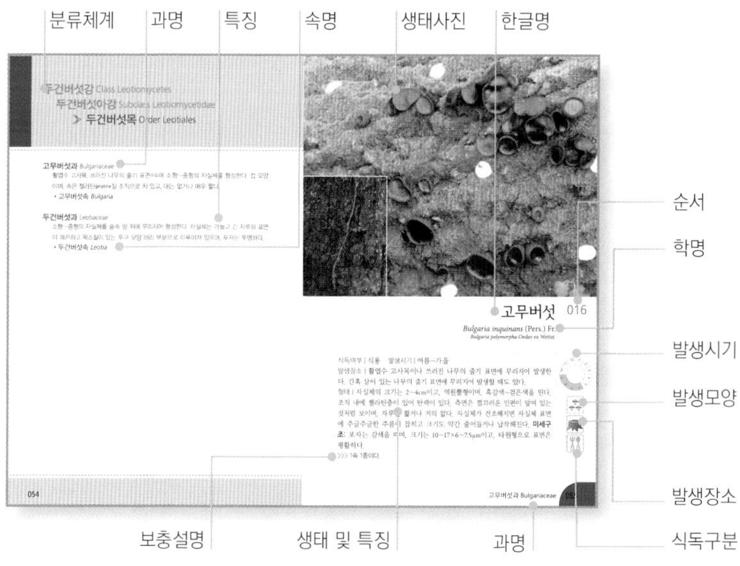
분류체계
과명
특징
속명
생태사진
한글명
순서
학명
발생시기
발생모양
발생장소
식독구분
보충설명
생태 및 특징
과명
두건버섯강 Class Leotiomycetes
두건버섯아강 Subclass Leotiomycetidae
두건버섯목 Order Leotiales
고무버섯과 Bulgariaceae
• 고무버섯속 Bulgaria
두건버섯과 Leotiaceae
• 두건버섯속 Leotia
고무버섯 016
Bulgaria inquinans (Pers.) Fr.
>>> 1속 1종이다
054
고무버섯과 Bulgariaceae

발생시기
12월
1월
2월
3월
4월
5월
6월
7월
8월
9월
10월
11월
발생모양
단독
그룹
다발
발생장소
낙엽
곤충
버섯
나무
퇴비
이끼
지면
열매
이삭
풀
식독구분
약용
식용
식용부적합
생식하면 중독
맹독
식독불명

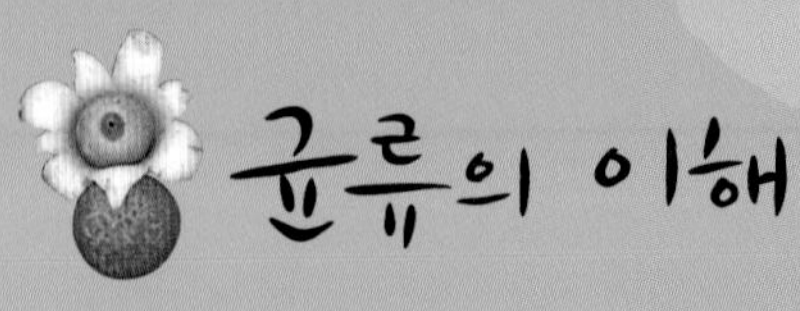

균류의 이해

1. 균류의 정의

미국의 식물생태학자인 로버트 휘태커(Robert Harding Whittaker)가 제안한 생물의 5계 분류법에 따르면 생물은 원핵생물계, 원생생물계, 동물계, 식물계 그리고 균계로 나뉜다. 휘태커는 이전까지 식물계에 포함되어 있던 균류가 스스로 양분을 합성하지 못한다는 점에 착안하여 새로이 균계로 분류하였고, 이러한 균계의 생물들은 지구상의 모든 곳에 분포하고 있으며 동물, 식물과 함께 유기적인 관계를 맺으며 살아가고 있다.

균류는 생태계 내에서 유기물을 무기물로 환원하는 매우 중요한 역할을 담당하고 있으며 우리가 잘 알고 있는 버섯이 균계의 대표적인 생물이다. 균류의 영양기관이며 실과 같은 형태를 가진 균사(mycelia)는 영양분을 흡수하며 생장하기 때문에 식물의 잎이나 뿌리에 비교할 수 있으나 엽록소가 없어 스스로 양분을 만들 수 없다. 따라서 균류는 다른 생물과 공생 또는 기생관계를 맺거나 다른 유기물을 분해함으로써 영양분을 흡수하며 살아간다. 균류의 번식은 균사의 생장과 포자(spore)의 비산으로 이루어지며 포자는 균사로부터 형성된 구조체로서 식물의 꽃이나 열매에 비교할 수 있다.

균류는 크게 균사 내의 세포 또는 세포질을 나누는 격벽(septum)의 유무에 따라 고등균류와 하등균류로 구분된다. 이 중 버섯은 고등균류에 속하며 자낭(ascus) 안에 자낭포자(ascospore)를 형성하는 자낭균(Ascomycota)과 담자기(basidium) 위에 담자포자(basidiospore)를 형성하는 담자균(Basidomyces)으로 나누어진다.

2. 버섯의 역할

산림 내에서 버섯은 분해자(saprophytic fungi), 공생자(mycorrhizal fungi) 그리고 기생자(parasitic fungi)로서의 역할을 담당한다.

첫째, 분해자의 역할은 산림 내의 낙엽과 고사목 등 유기물을 분해하여 다른 생물체가 살아가는 데 필요한 영양분을 공급해주는 것으로 버섯 중 가장 큰 비율을 차지한다. 주로 낙엽을 분해하는 버섯은 애기버섯속, 낙엽버섯속, 애주름버섯속, 깔때기버섯속 등이 있고, 고사목의 그루터기에서 발생하는 버섯은 표고, 느타리, 잣버섯, 부채버섯 등이 있다(그림 1 왼쪽).

둘째, 공생자로서의 역할은 수목의 뿌리에 형성된 버섯균이 수목과 공생관계를 맺음으로써 수목으로부터 탄수화물을 공급받고 버섯균은 수목의 뿌리 표면

그림 1. 생태형에 따른 버섯의 구분

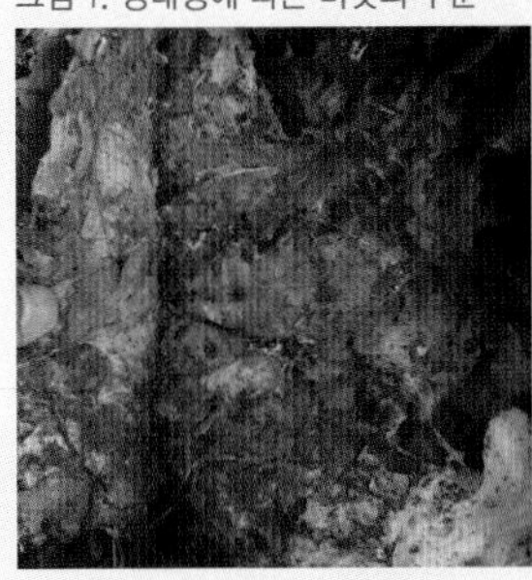

부생균 : 낙엽을 썩히는 버섯균사의 모습

균근성버섯 : 나무와 공생하며 절토지에 균사가 생장해 나와 버섯 자실체를 형성한 모습

기생균 : 곤충에 기생하며 곤충 표면에 포자낭을 형성한 모습

적을 넓히는 동시에 뿌리가 닿지 않는 곳까지 균사를 뻗어 질소, 인산, 구리, 망간 등의 양분을 흡수해주며 척박한 토양환경이나 다른 토양미생물들로부터 수목의 뿌리를 보호하여 수목이 건강하게 자랄 수 있도록 도와주는 것이다. 이러한 버섯을 균근균(mycorrizal fungi)이라 하며 우리가 잘 알고 있는 송이나 능이를 비롯한 광대버섯속, 벚꽃버섯속, 만가닥버섯속, 졸각버섯속 등이 균근균에 속한다. 균근균은 땅에서 자라는 고등식물의 약 95%와 공생관계를 맺고 살아가며 소나무의 경우 균근균을 형성하지 못하면 자라지 못한다고 한다(그림 1 가운데).

셋째, 기생자의 역할이다. 버섯 중 가장 적은 비율을 차지하며 수목과 공생이 아닌 기생관계를 통하여 영양분만 흡수하고 결국 수목을 고사시킨다. 하지만 고사한 수목은 산림 내의 곤충이나 작은 생물들의 서식처가 되며 다른 부후성 버섯들의 영양분이 된다. 기생성 버섯은 해면버섯, 뽕나무버섯, 파상땅해파리 버섯 등이 있으며, 살아있는 곤충을 기주로 삼는 동충하초와 무당버섯류의 자실체를 기주로 삼는 덧부치버섯도 있다(그림 1 오른쪽).

이렇게 버섯은 산림 내에서 여러 가지 역할을 담당하며 이러한 버섯의 다양성과 생태를 아는 것은 산림을 이해하는 데 아주 중요한 일이다. 현재 버섯은 전 세계적으로 15,000여 종이 분포하는 것으로 알려져 있으며, 국내에서는 약 1,670여 종이 보고되었고 그 중 320여 종이 식용버섯, 90여 종이 독버섯으로 조사되었다.

3. 버섯의 구조

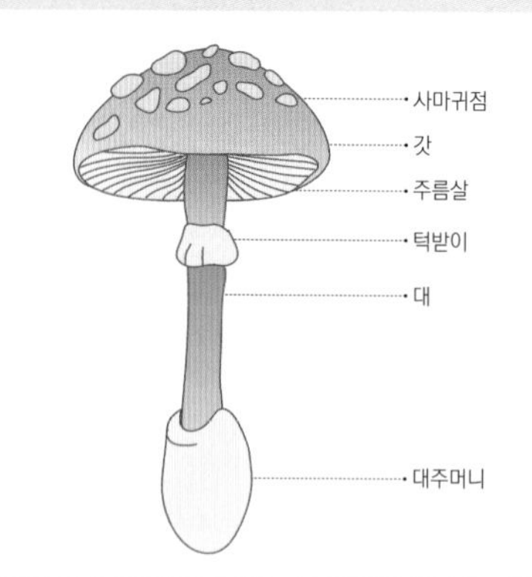

그림 2. 버섯의 일반적 구조

버섯의 종류를 알기 위해서는 버섯 각각의 조직에 대한 명칭을 알고 그 형태적 차이점을 이해하는 것이 필요하다. 대표적인 버섯의 구조는 갓, 자실층, 턱받이, 대, 대주머니의 다섯 가지로 나눌 수 있다(그림 2).

버섯은 그 종류에 따라 달걀버섯과 같이 다섯 가지 구조를 모두 가진 종과 갓버섯처럼 갓, 주

그림 3. 다양한 버섯의 구조와 형태

달걀버섯 큰갓버섯 혈색무당버섯

바늘싸리버섯 들주발버섯 자주국수버섯

름살, 턱받이, 대의 네 가지 구조만 가진 종도 있으며 무당버섯류와 같이 갓, 주름살, 대의 세 가지 구조로 이루어진 종도 있다. 또한 바늘싸리버섯처럼 산호형인 종이 있는가 하면 들주발버섯과 같이 접시형인 종도 있고, 자주국수버섯과 같이 원통형 또는 국수 모양인 종도 있다(그림 3).

1) 갓과 자루

버섯의 자루(stipe)가 갓(pileus)의 중앙에 붙어 있으면 중심생이고, 갓의 가운데에서 조금 벗어난 자리에 붙어 있으면 편심생, 갓의 가장자리에 붙어 있으면 측심생이라 한다(그림 4). 자루의 모양과 구조는 크게 원통형, 곤봉형, 자루속 찬

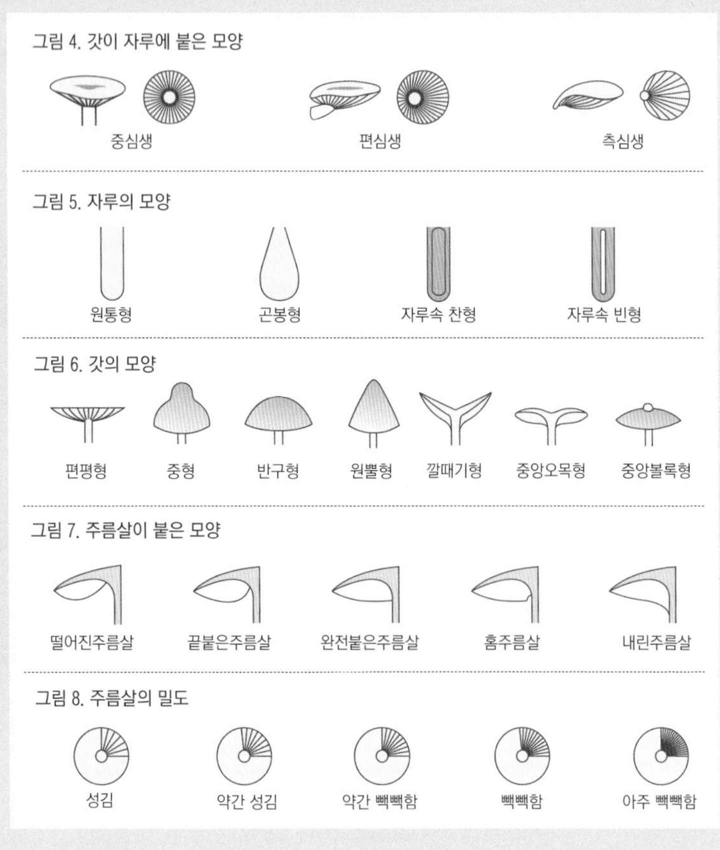

형, 자루속 빈형으로 나눌 수 있으며(그림 5), 갓은 횡단면의 모양에 따라 크게 편평형, 종형, 반구형, 원뿔형, 깔때기형, 중앙오목형, 중앙볼록형 등으로 나눌 수 있다(그림 6).

2) 자실층

버섯의 자실층(hymenium)은 주름과 관공, 또는 바늘 모양으로 되어 있고 버섯의 종류에 따라 모양이 다르다. 주름은 자루에서 갓의 가장자리까지 걸쳐 있는 것도 있지만 주름과 주름 사이에 생겨 서로 혼합되기도 한다. 주름살이 자루에 붙어 있는 모양에 따라 크게 떨어진주름살, 끝붙은주름살, 완전붙은주름살, 홈주름살, 내린주름살 등으로 나눌 수 있으며(그림 7), 주름살의 밀도는 성김, 약간 성김, 약간 빽빽함, 빽빽함 그리고 아주 빽빽함 등으로 나눌 수 있다(그림 8).

또한, 자실층에는 낭상체(cystidia)라는 균사 세포가 존재하는데 버섯을 이루는 거의 모든 조직의 겉에서 관찰할 수 있다. 낭상체는 형성되는 부위에 따라 자실층에서 만들어지는 측낭상체(pleurocystidia), 주름살 가장자리에서 만들어지는 날낭상체(cheilocystidia), 갓의 표면에 만들어지는 갓낭상체(pileocystidia), 자루의 표면에서 만들어지는 자루낭상체(caulocystidia)와 주름살 내에서 만들어지는 안낭상체(endocystidia)로 구분된다. 낭상체는 마주보는 자실층이 서로 떨어지도록 하는 지지대의 역할을 하기도 하며, 공기와 수분을 함유하여 담자기의 발달에 용이하도록 하는 등 다양한 기능을 가지며 특정 염료에 염색이 되어 현미경 관찰에 용이하다.

낭상체의 모양은 장방형, 좁은 공형, 둥근형, 달걀형, 원통형, 방망이형, 창형, 원뿔형, 마름모형, 오뚝이형, 서양배형 등으로 다양하며 버섯에 따라 차이가 있다.

4. 버섯의 번식

앞서 설명한 것과 같이 버섯의 번식은 자실층에서 형성된 포자로 이루어지며 버섯의 형태가 다양한 것처럼 포자의 비산 방법도 여러 가지이다. 갓 아래의 자실층이 주름살형, 관공형 또는 침형인 대부분의 버섯은, 갓이 펴지며 성숙한 포자가 담자기로부터 방출되어 아래로 떨어진다. 실제로 야생의 버섯을 관찰할 때 성숙한 버섯의 대 윗부분이나 그 밑에서 발생한 버섯의 갓 윗면을 보면 성숙한 버섯으로부터 낙하한 포자가 다수 묻은 것을 볼 수 있으며 이것으로 버섯의 포자 색을 확인하기도 한다. 그리고 자실층이 기울어지면 낙하하는 포자들이 주름에 걸려 온전히 낙하하지 못하기 때문에 기울어진 상태로 발생하더라도 결국 갓은 지면과 수직이 되도록 형성되며 주름살은 포자의 낙하에 방해받지 않도록 아래가 넓어지는 쐐기나 칼 모양으로 되어 있다.

하지만 먹물버섯의 경우 밀집된 주름살과 쐐기형이 아닌 평행한 구조, 폐쇄적인 갓의 형태를 가지고 있기 때문에 포자가 낙하하는 데 어려움이 있다. 따라서

그림 9. 우리나라의 자낭균류

유충긴목구형동충하초(핵균류)

털작은입술잔버섯(반균류)

좀원반버섯(반균류)

그림 10. 우리나라의 담자균류

흰주름버섯(주름버섯)

적색신그물버섯(그물버섯)

해면버섯(민주름버섯)

테두리방귀버섯(복균류)

털목이(목이류)

삼지창아교뿔버섯(붉은목이류)

자가분해를 통해 갓 끝부터 액화하여 검은 액체와 함께 포자를 밑으로 흘려보내며, 이때 액화하며 생기는 검은 액체가 잉크를 닮아 먹물버섯이라고 부른다.

반면, 주름살의 형태를 가지지 않는 버섯들은 포자의 비산 방법이 독특한데 성숙한 말불버섯이나 방귀버섯은 빗방울, 바람과 같은 외부의 충격에 의해 자실체 윗부분의 구멍으로 연기처럼 포자를 뿜어내고, 말징버섯은 성숙하면 외피막과 내피막이 위쪽부터 벗겨지며 자실체 안의 포자를 드러내어 쉽게 바람에 날릴 수 있도록 한다. 말뚝버섯과 망태버섯은 자실체의 머리 부분에 자가분해된 기본체가 악취가 나는 점액을 형성하여 파리 등의 곤충을 유인하고 그 속에 있는 포자를 묻혀 이동시킨다.

5. 우리나라의 버섯

우리나라 버섯의 경우 자낭균류는 핵균류와 반균류가 주종을 이루며 핵균류에는 동충하초, 콩버섯, 콩꼬투리버섯 등이 가장 흔하고, 반균류에는 주발버섯, 접시버섯, 안장버섯, 곰보버섯, 고무버섯, 녹청균 등이 가장 흔한 편이다(그림 9).

담자균류 중 대표적인 형태적 차이를 나타내는 종류로는 주름버섯, 그물버섯, 민주름버섯, 복균류, 목이류, 붉은목이류 등을 들 수 있다(그림 10).

6. 버섯의 채집

1) 필요한 장비

버섯의 채집은 주로 산에서 이루어지기 때문에 이동이나 채집 시 나뭇가지에 긁혀 상처를 입지 않도록 가급적이면 긴 소매의 옷이나 등산복을 착용하고, 뱀이나 벌 등의 피해를 막기 위해 등산화와 모자, 우천 시를 대비한 비옷, 구급약품 등을 준비하는 것이 좋다. 버섯 채집에 필요한 도구는 크게 세 가지로 나누는데 첫째는 나무와 땅에서 발생하는 버섯을 채집하기 위한 작은 톱과 삽 그리고 칼 등이 있다. 둘째는 현장에서 버섯을 동정하기 위해 필요한 도구로 버섯의 주름살 등 소기관을 관찰하기 위한 확대경(루페) 등이 있으며, 셋째는 기록을 위한 도구로 채집하고자 하는 버섯의 특징과 형태, 색, 채집일자 및 지역 등을 기록하기 위한 수첩과 필기도구가 있다.

또한, 사진은 자연 상태의 버섯의 모습을 가장 잘 기록할 수 있는 도구이기 때문에 촬영을 위한 카메라는 필수라고 할 수 있다. 그 밖에도 채집지역의 위치를 기록하기 위한 휴대용 GPS도 필요하지만 많은 도구를 갖추고 산행을 하는 것은 무리가 될 수 있으니 채집 목적에 따라서 조절하는 것이 필요하다.

2) 버섯 채집 방법

버섯을 발견하면 우선 육안으로 확인되는 형태와 색, 크기 등을 관찰하고 기주나 임상 등 주변 환경을 기록한다. 사진은 전체적인 모습과 주름살을 모두 촬영하며 특징적인 부분은 확대하여 촬영하도록 한다. 바르게 촬영된 사진은 후에 동정에 도움이 되며 도감 및 기타 자료로서 활용가치가 높다.

기록과 사진촬영 후 채집이 진행되는데 대부분의 주름버섯들은 조직이 연하여 채집 시 힘을 주게 되면 부러지거나 상처를 입기 쉬우므로 주의를 요한다. 특히 광대버섯이나 주름버섯류는 대주머니를 가지고 있고 긴뿌리버섯류는 뿌리와 같이 땅속으로 길게 자루가 형성되었기 때문에 조심스럽게 삽을 이용하여 온전한 버섯을 채집해야 한다. 버섯은 같은 종임에도 불구하고 발생시기와 환경에 따라 다소 다른 형태를 보이므로 되도록 다수의 개체를 채집하고 어린 자실체와 성숙한 자실체를 함께 채집하는 것이 좋다.

3) 표본 제작

채집한 버섯을 표본화하는 것은 후의 연구에 있어서 매우 중요한 일이다. 버섯을 표본화하는 방법에는 수분을 제거함으로써 영구보존이 가능하도록 하는 건조표본법과 액체에 넣어 보존하는 액침표본법이 있다. 건조표본으로 제작된 버섯은 영구 보존이 가능하며 건조 후에도 현미경을 통한 미세구조의 관찰이 가능하지만 버섯의 형태와 색이 변하는 단점이 있다. 액침표본은 버섯의 형태와 색을 어느 정도 보존할 수 있으나 표본 후에 현미경 관찰이 불가능하며 장기간 보존할 수 없다는 단점이 있다.

① 건조표본

건조표본을 만드는 방법은 열풍건조와 동결건조의 두 가지 방법이 있다.

그림 11. 표본제작법에 따른 표본의 모습

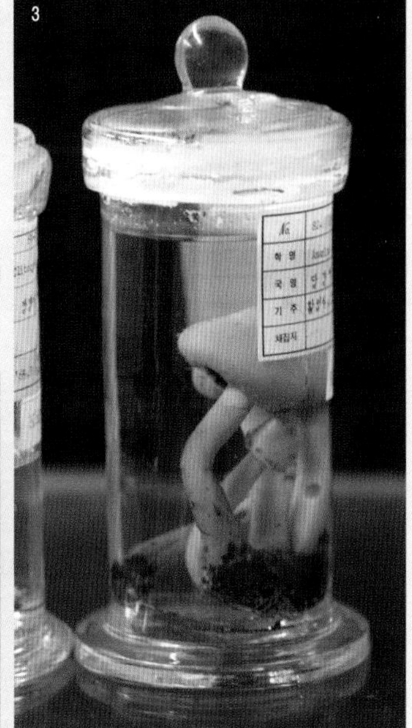

1 열풍건조한 표본 2 동결건조한 표본 3 액침표본

첫째, 열풍건조는 30~60℃의 바람으로 자실체의 수분을 제거하여 건조하는 방법이다. 이 때 처음부터 온도가 높으면 버섯의 색이 변하거나 형태가 쉽게 망가지므로 높은 온도보다는 낮은 온도에서 서서히 건조되도록 하는 것이 좋다. 하지만 너무 낮은 온도는 버섯이 건조되기 전에 망가질 수 있으므로 주의해야 하며 건조표본으로부터 DNA시료를 채취하는 경우에는 열에 의한 DNA의 손실을 막기 위해 온도를 40℃ 이상 올리지 않는 것이 일반적이다(그림 11 왼쪽 위).

둘째, 동결건조 방법은 채집한 버섯을 냉동기(-20℃ 이하)에서 완전히 냉동시킨 후에 동결건조기에 넣어 수분을 제거하는 방법이다. 동결건조법은 열풍건조법에 비하여 버섯의 형태와 색을 온전히 유지할 수 있지만 다소 시간이 소요되며 냉동기 및 동결건조기 시설을 갖추어야 한다는 단점이 있다(그림 11 왼쪽 아래).

그림 12. 건조표본의 보관

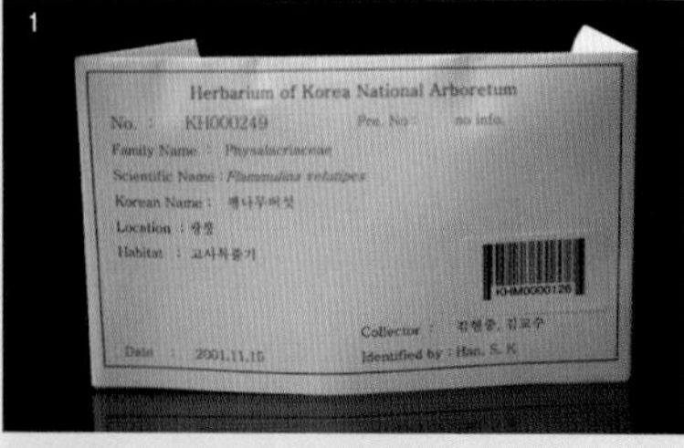

1 건조표본 봉투 2 표본장 서랍 3 표본장

그림 13. 균분리 및 배양

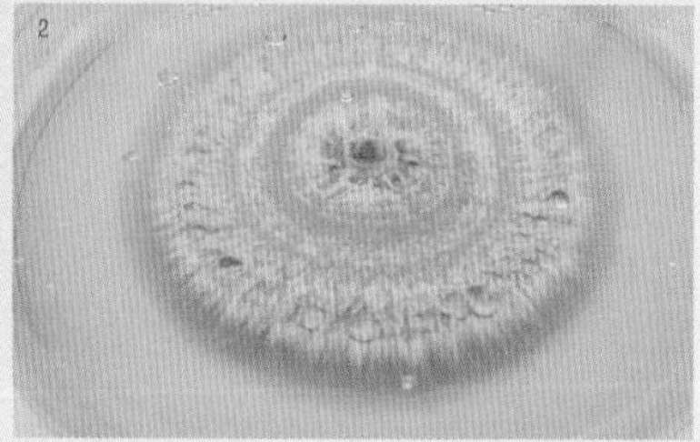

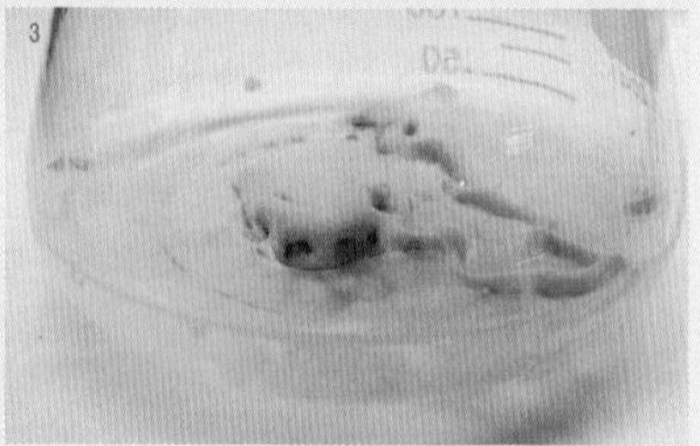

1 버섯 조직에서 균을 분리하는 모습 2 평판배지에 순수 배양된 버섯균 3 액체배지에 순수 배양된 버섯균

② 액침표본

액침표본은 포르말린(formalin), 아세트산(acetic acid), 70%의 알코올(alcohol)을 5:5:90의 비율로 혼합한 용액이나 70%의 알코올, 10~15%의 포르말린을 사용하기도 한다. 채집한 버섯이 용액에 완전히 잠기도록 하여 밀봉 후 보관하며 주로 교육용 또는 전시용으로 사용된다. 하지만 액침표본의 경우 시간이 지나면 버섯의 색이 빠지고 흐물흐물해지는 단점이 있다(그림 11 오른쪽).

이와 같은 방법으로 제작된 표본에는 표본번호 및 학명, 국명, 채집장소, 채집일자, 기주, 동정자명, 발생환경 등의 채집정보를 기입하여 보관한다. 특히 건조표본의 경우 습기에 의한 곰팡이 발생과 벌레가 생기지 않도록 보관에 주의해야 한다(그림 12).

7. 버섯의 균분리

버섯 균주의 분리는 후속 연구나 생물다양성의 확보 차원에서도 매우 중요한 일이다. 버섯으로부터 균을 분리하는 방법에는 자실체의 조직이나 포자를 이용하는 두 가지 방법이 있는데 첫째, 자실체의 조직에서 균을 분리하는 방법은 채집한 버섯을 절단 후 깨끗한 부위를 떼어내어 배지(medium)에 접종 후 균사가 자라나오면 이를 다시 새로운 배지에 옮겨 순수 분리하는 것이다. 이때 성숙하거나 노화된 자실체보다는 어린 자실체가 용이하다.

둘째, 포자로부터의 균분리는 자실층에 형성된 버섯의 포자를 배지에 낙하시킨 후 포자로부터 발아한 균사를 다시 새로운 배지에 옮겨 순수 분리하는 방법이다. 이때 모든 작업은 무균실(clean bench)에서 이루어지는 것이 좋다. 배지에는 영양분이 많아 공기 중에 떠다니는 다른 균의 포자가 낙하하여 오염되기 쉽기 때문이다. 버섯의 균분리는 쉬운 작업이 아니며 여러 가지 시설이 필요하기에 연구실에서 이루어진다(그림 13).

반면, 공생균이나 기생균은 생활 특성상 분리가 어려우며 대부분 부후균이 분리에 용이하다. 예를 들어 표고나 느타리, 양송이, 팽이 등 우리가 쉽게 접할 수 있는 버섯들은 부후균인 반면, 송이나 능이를 쉽게 만날 수 없는 이유는 이 버섯들이 공생균이기 때문이다.

식용버섯과 독버섯의 구분

- 우리는 이른 봄부터 늦은 가을까지 전국 산야 어디에서나 버섯의 발생을 관찰할 수 있다. 이러한 야생 버섯은 국내에 총 1,670여 종이 보고되어 있고, 그 중 식용 가능한 버섯은 약 320종이며, 인체에 해로운 독버섯은 90여 종으로 알려져 있다.

- 많은 사람들이 잘못 알고 있는 독버섯의 구별법은 다음과 같다.
  - ·독버섯은 색깔이 화려하고 원색이다.
  - ·독버섯은 세로로 잘 찢어지지 않는다.
  - ·독버섯은 대에 띠가 없다.
  - ·독버섯은 곤충이나 벌레가 먹지 않는다.
  - ·독버섯은 은수저를 넣었을 때 색깔이 변한다.
  - ·버섯의 조직에 상처가 났을 때 유액이 나오는 것은 독버섯이다.
  - ·들기름을 넣고 요리하면 독버섯의 독을 중화시킬 수 있다.

혼동하기 쉬운 대표적인 식용버섯과 독버섯

식용버섯	독버섯	구분방법
느타리 갓 표면이 회갈색~담황색을 띠며, 주름살은 백색을 띤다.	화경버섯 갓 표면 황등갈색~암갈색을 띠며 인편이 존재, 주름살은 담황색을 띤다. 자루에 작은 턱받이가 있고 절단면에 흑갈색의 반점이 존재한다.	화경버섯의 자루 절단면의 흑갈색의 반점 유무와 갓 표면의 인편과 턱받이의 존재 유무
큰갓버섯 갓의 지름이 8~20cm로 크고 사마귀점이 방사상으로 분포한다. 자루의 길이가 15~30cm에 이르며, 갓과 대의 절단면이 담갈색으로 약하게 변색된다.	흰독큰갓버섯 갓 표면이 백색~상아색이고, 표면에 분질물이 있다. 또한 사마귀점이 주로 갓 중심부에만 모여 분포한다. 갓과 대의 절단면은 담홍색으로 변색된다.	갓 표면의 분말상 분질물의 유무와 사마귀점의 분포 상태. 갓과 대의 절단면의 담홍색으로 변색 유무

식용버섯	독버섯	구분방법
개암버섯 조직의 색깔이 황백색이고 독특한 맛이 없다.	노란다발 조직의 색깔이 황색이고 쓴맛이 난다.	쓴맛 유무
먹물버섯 갓의 색깔이 연회색~흰색을 띠고 그 크기가 5~10cm로 크다. 어린시기에 갓의 길이가 대의 길이와 비교할 때 상당히 긴 비율을 차지한다.	두엄먹물버섯 갓의 색깔이 회색을 띠고, 다발로 난다. 갓의 길이가 대의 길이와 비교할 때 짧다.	자실체의 색깔과 크기. 어린시기에 갓과 대의 길이 차이
절구버섯 상처 후 조직이 붉은색으로 변색하고 시간이 지나면 검은색으로 변색한다.	절구버섯아재비 상처 후 시간이 지나도 붉은색에서 검은색으로 변하지 않는다.	상처 시 조직의 검은색으로의 변색 유무
달걀버섯 갓 표면의 색깔이 짙은 주황색을 띠고, 대에 주황색의 알록달록한 무늬가 있다.	개나리광대버섯 갓 표면의 색깔이 황색~연황녹색을 띠고, 대에 색깔 있는 무늬가 없다.	갓의 색깔과 대의 알록달록한 무늬의 유무
붉은점박이광대버섯 상처 시 조직이 붉은색으로 변한다.	마귀광대버섯 상처 시 조직의 변색이 없다.	상처 시 조직의 변색 유무
싸리버섯 자실체 전체가 옅은 황백색을 띠며, 끝부분은 담홍색~담자색을 띤다.	붉은싸리버섯 자실체 전체가 분홍색~다홍색을 띤다.	자실체 전체의 색깔과 가지 끝의 담자색 유무
곰보버섯 자실체 머리 부분에 깊은 홈선을 가지고 있고 담황색, 담회색을 띤다.	마귀곰보버섯 자실체 표면은 울퉁불퉁하고 짙은 적갈색을 띤다. 자루는 굵다.	자실체 표면의 깊은 홈선의 유무와 머리 부분의 색깔

Ascomycota
자낭균문

유로티아강 Class Eurotiomycetes

유로티아아강 Subclass Eurotiomycetidae

≫ 유로티아목 Order Eurotiales

트리코코마과 Trichocomaceae

자실체가 아닌 균핵을 형성한다. 불완전세대이다.

- 눈꽃동충하초속 *Paecilomyces*

번데기곤봉형눈꽃동충하초 001

Paecilomyces farinosus (Holmsk.) A. H. S. Br. & G. Sm.

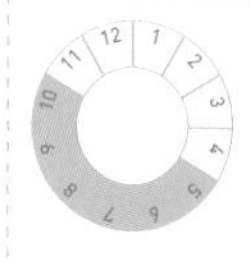

식독여부 | **약용**　발생시기 | 봄~가을

발생장소 | 나비목 유충 또는 번데기에 홀로 발생한다. 때때로 나무, 나뭇잎, 흙 속에 고치를 튼 번데기에서 발생하기도 한다.

형태 | 자좌의 크기는 1~2.5cm이고, 1~3개의 자루에서 분지하거나 분지하지 않으며 붓 모양의 머리를 가진다. 머리 끝부분에는 밀가루 같은 분생포자가 곤봉형 덩어리로 덮여 있고, 바람 등에 의하여 쉽게 날아가 흩어진다. 자루의 크기는 5~25×0.5~2mm로 가늘고 담황색을 띤다. **미세구조:** 포자는 흰색이고, 크기는 1.6~2.2×1.2~1.6μm이며, 방추형이다. 표면은 평활하다.

002 애기눈꽃동충하초

Paecilomyces tenuipes (Peck) Samson
Isaria tenuipes Peck, Ann.

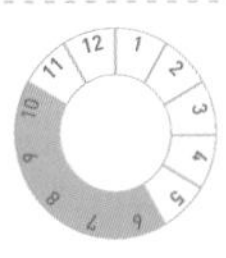
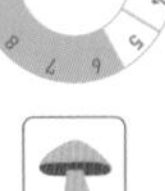

식독여부 | 약용　발생시기 | 봄~가을

발생장소 | 나비목 번데기에 홀로 발생한다. 때때로 나무, 나뭇잎, 흙 속에 고치를 튼 번데기에서 발생하기도 한다.

형태 | 자좌의 크기는 3~7.5cm이고, 1~3개의 자루에서 분지하여 나뭇가지 모양의 머리를 가진다. 머리도 가늘게 분지하여 빗자루 모양을 하며 밀가루 같은 분생포자 덩어리로 덮여 있고, 바람 등에 의하여 쉽게 날아가 흩어진다. 자루의 크기는 5~65×0.5~2mm로 가늘고 담황색을 띤다. **미세구조:** 포자는 흰색이고, 크기는 2.9~6.6×1.5~2.5μm이며, 방추형이다. 표면은 평활하다.

두건버섯강 Class Leotiomycetes

두건버섯아강 Subclass Leotiomycetidae

≫ 고무버섯목 Order Helotiales

살갗버섯과 Dermateaceae

소형 자실체를 썩은 나무 위에 무리지어 형성시키며, 기주를 갈색으로 썩히는 갈색부후균이다. 자실체는 작은 접시 모양이고, 가는 자루가 있다.

- 녹청균속 *Chlorosplenium*

콩나물버섯과 Geoglossaceae

소형 자실체를 땅 위나 이끼 위에 형성한다. 자실체는 곤봉형~주걱형이며, 가는 자루가 있다. 자실체는 흑갈색~검은색을 띠고, 포자는 아주 가늘고 길다.

- 마귀숟갈버섯속 *Trichoglossum*

압정버섯과 Helotiaceae

소형 자실체를 썩은 나무 위에 무리지어 형성한다. 자실체는 작은 접시 모양이고, 자루가 있다. 자실체 아랫부분에는 털이 없다.

- 소투구버섯속 *Cudoniella*
- 술잔고무버섯속 *Hymenoscyphus*

거미줄종지버섯과 Hyaloscyphaceae

소형 자실체를 썩은 나무줄기 위에 무리지어 형성한다. 자실체는 작은 접시 모양이고 자루는 없다. 자실체의 아랫부분에 가늘고 긴 털이 덮여 있다.

- 양모접시버섯속 *Lachnellula*

균핵버섯과 Rutstroemiaceae

각 종별로 소형~중형의 자실체를 특정한 종의 나뭇가지, 열매껍질 등에 형성한다. 자실체는 접시~원반 모양이고, 자루는 가늘고 길다.

- 양주버섯속 *Ciboria*

미확정분류균 *Incertae sedis*

소형 자실체를 썩은 나무 줄기 위에 무리지어 형성한다. 자실체는 작은 접시 모양이고, 아주 가는 자루가 있다.

- 짧은대꽃잎버섯속 *Ascocoryne*
- 황색고무버섯속 *Bisporella*
- *Chlorociboria*
- 연한살갗버섯속 *Mollisia*

황녹청균 003

Chlorosplenium chlora (Schwein.) M. A. Curtis

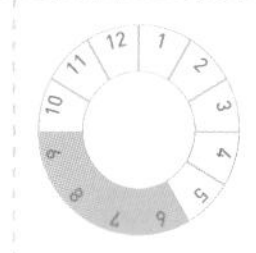

식독여부 | 식용부적합　발생시기 | 여름~가을

발생장소 | 활엽수 고사목의 썩은 줄기에서 무리지어 발생한다.

형태 | 자실체의 지름은 5~15mm이고, 어릴 때는 컵 모양이나 성장하면서 넓게 퍼지며, 편평형~접시 모양으로 된다. 자실층은 평활하고 녹황색이며, 바깥쪽으로 짙은 색을 띤다. 자루의 크기는 2~5mm이고, 부착형태는 주로 중심생이며 가끔 측생한다. **미세구조:** 포자는 흰색이다.

>>> 다른 녹청균류와 같이 기주를 검은색으로 물들이나, 자실체가 녹황색이어서 그 색이 청록색인 녹청균과 구별된다.

004 마귀숟갈버섯

Trichoglossum hirsutum f. hirsutum (Pers.) Boud.
Trichoglossum hirsutum (Pers.) Boud.
Trichoglossum hirsutum var. *hirsutum* (Pers.) Boud.

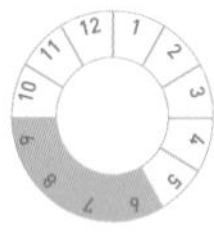
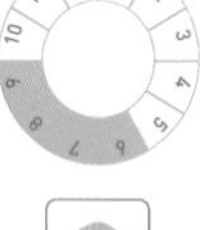

식독여부 | 식용부적합 발생시기 | 여름~가을

발생장소 | 숲속 썩은 나무 위나 낙엽 사이의 부식토 위에 홀로 또는 무리지어 발생한다.

형태 | 자실체의 높이는 2~8cm이며, 주걱형~곤봉형이고, 검은색을 띤다. 자루는 길이 6cm, 폭 2~3.5mm이고, 자실체의 위쪽이 아래쪽보다 두꺼우며, 납작해지면서 넓어진다. 자루는 검은색을 띤다. **미세구조:** 포자는 갈색을 띠며, 크기는 112~140×5~6μm이고, 장방추형이며, 격막이 없다. 측사의 크기는 150~200×8~9μm이고, 사상형으로 4~5개의 격막이 있다.

>>> 머리의 자실층과 자루 표면에 딱딱한 털이 덮여 있다.

왈트마귀숟갈버섯 005

Trichoglossum walteri (Berk.) E. J. Durand

Geoglossum walteri Berk

식독여부 | 식용부적합　발생시기 | 여름

발생장소 | 숲속 썩은 나무 위나 낙엽 사이의 부식토 위에 홀로 또는 무리지어 발생한다.

형태 | 자실체의 크기는 1~6cm×2~5mm이며, 자실체의 모양은 곤봉형~원통형이고, 자실체 윗부분이 아래쪽보다 두꺼우며 납작해지면서 넓어지고, 가끔 중앙부에 홈선이 생긴다. 표면은 짙은 청록색~검은색을 띤다. **미세구조:** 포자는 갈색이다.

>>> 머리의 자실층과 자루 표면에 딱딱한 털이 덮여 있다.

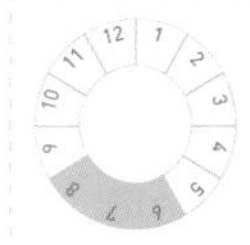

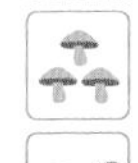

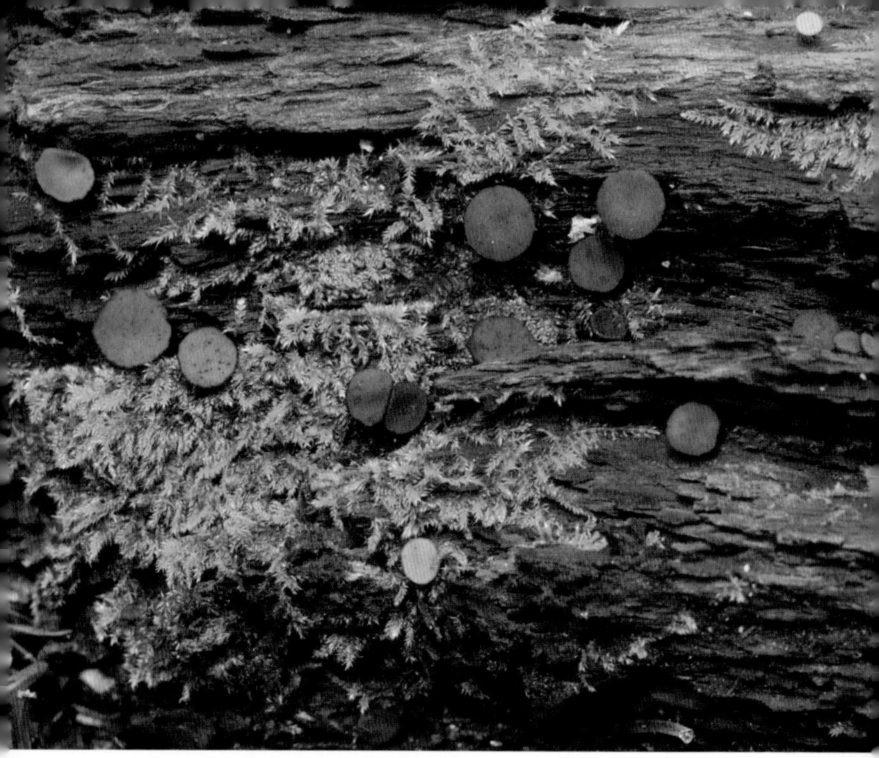

006 점박이소투구버섯

Cudoniella acicularis (Bull.) J. Schröt

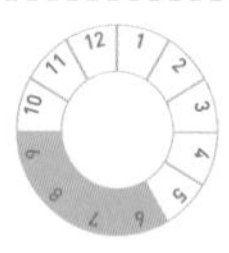

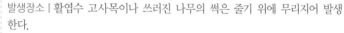

식독여부 | 식용부적합 발생시기 | 여름~가을

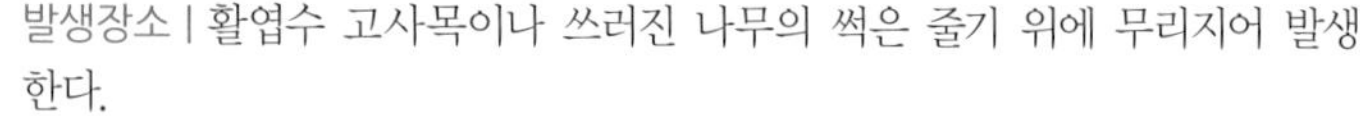

발생장소 | 활엽수 고사목이나 쓰러진 나무의 썩은 줄기 위에 무리지어 발생한다.

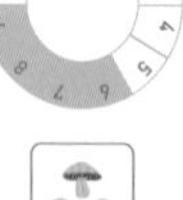

형태 | 자낭반의 지름은 1~5mm이고, 어릴 때는 팽이~컵 모양이고, 성숙하면 접시형으로 변한다. 표면은 초기에는 흰색~담회색, 성숙하면서 갈색~검은색의 반점이 생기고, 갈변 또는 흑변한다. 자루의 크기는 2~8mm이고, 자실층과 같은 색을 띤다. **미세구조:** 포자는 흰색을 띠며, 크기는 20~28×5~6.5μm이고, 장방추형이며 격막이 없다. 측사의 크기는 100~130×10~12μm, 모양은 사상형으로 1~2개의 격막이 있다.

긴자루술잔고무버섯 007

Hymenoscyphus scutula (Pers.) W. Phillips

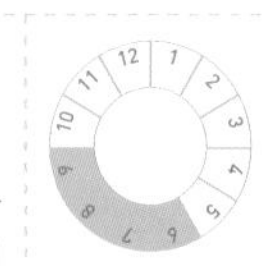

식독여부 | 식용부적합　발생시기 | 여름~가을

발생장소 | 식물의 죽은 줄기나 잎 표면에 무리지어 발생한다.

형태 | 자낭반의 지름은 0.5~2mm이며, 작은 컵~접시 모양이고, 갓과 자루는 흰색 또는 반투명한 흰색이며, 안쪽은 옅은 황색을 띤다. 자루는 갓에 비해 상당히 길게 형성한다. **미세구조:** 포자는 흰색을 띠며, 크기는 19~20×3.2~4μm이고, 장방추형이며 격막이 없다. 측사의 크기는 90~95×3μm이고, 모양은 사상형으로 1~2개의 격막이 있다.

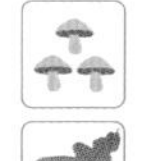

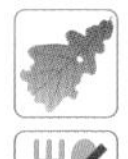

008 노랑양모접시버섯

Lachnellula calyciformis (Willd.) Dharne

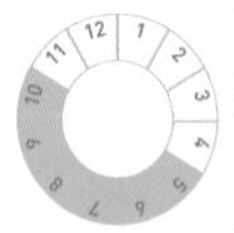
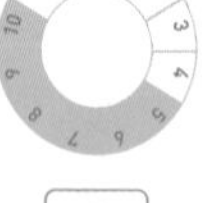

식독여부 | 식용부적합　발생시기 | 봄~가을

발생장소 | 전나무 등 침엽수의 수피 또는 낙지 위에 무리지어 발생한다.

형태 | 자실체의 크기는 1.5~3mm이고, 작은 접시~컵 모양의 자실체가 기주를 덮듯이 빽빽하게 무리지어 발생한다. 안쪽은 표면이 평활하고 황색~등색, 바깥쪽은 흰색~담황색을 띠며, 두껍고 짧은 흰색 털이 덮여 빽빽하게 덮여 있다. **미세구조:** 포자는 흰색을 띠며, 크기는 4.5~7×2.5~3μm이고, 타원형이며 표면은 평활하다. 측사의 크기는 45~55×2.5~3μm이고, 사상형으로 1~2개의 격막이 있다.

밤송이자루접시버섯 009

Ciboria americana E. J. Durand
Rutstroemia americana (E. J. Durand) W. L. White

식독여부 | 식용부적합 발생시기 | 여름~가을
발생장소 | 밤송이 위에 무리지어 발생한다.
형태 | 자낭반의 크기는 1~5×1~3mm이며, 바닥에 떨어진 밤송이의 밤알이 떨어져 나간 안쪽 면에, 담갈색을 띠는 역원뿔형의 자실체가 무리지어 형성한다. 자루의 크기는 0.5~3cm이며, 자루와 자낭반의 구분은 불확실하고, 담갈색을 띤다. **미세구조:** 포자는 흰색을 띠며, 크기는 15~20×5~6μm이고, 장콩팥형이며 격막이 있다. 측사의 크기는 110~120×2~3μm이고, 사상형으로 1~2개의 격막이 있다.
>>> 밤송이에만 발생하는 매우 특징적인 종이다.

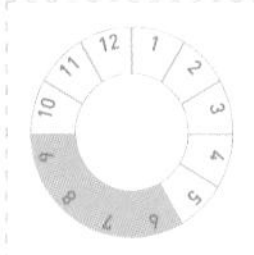

010 긴자루양주잔버섯

Ciboria amentacea (Balb.) Fuckel

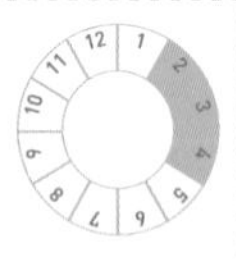
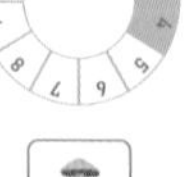
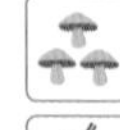

식독여부 | 식독불명 발생시기 | 늦겨울~초봄

발생장소 | 낙엽에 덮여 있는 오리나무 수꽃 이삭에 무리지어 발생한다.

형태 | 자낭반의 크기는 3~11×2~5mm로 컵 또는 접시 모양이고 연한 갈색이다. 가장자리에 흰색 테두리가 있고 톱니 모양으로 되어 있다. 자루의 길이는 1~3cm×2~3mm이고 자낭반과 같은 색이다. **미세구조:** 자낭은 크기가 120~130×7~10μm, 원통이나 방망이 모양으로 8개의 포자가 한 줄로 늘어서 있다. 자낭포자의 크기는 8~10×4~5μm로 타원 또는 달걀 모양이며, 표면은 무색이고, 평활하다. 측사는 가늘고 일부는 격막이 있고 갈라진다.

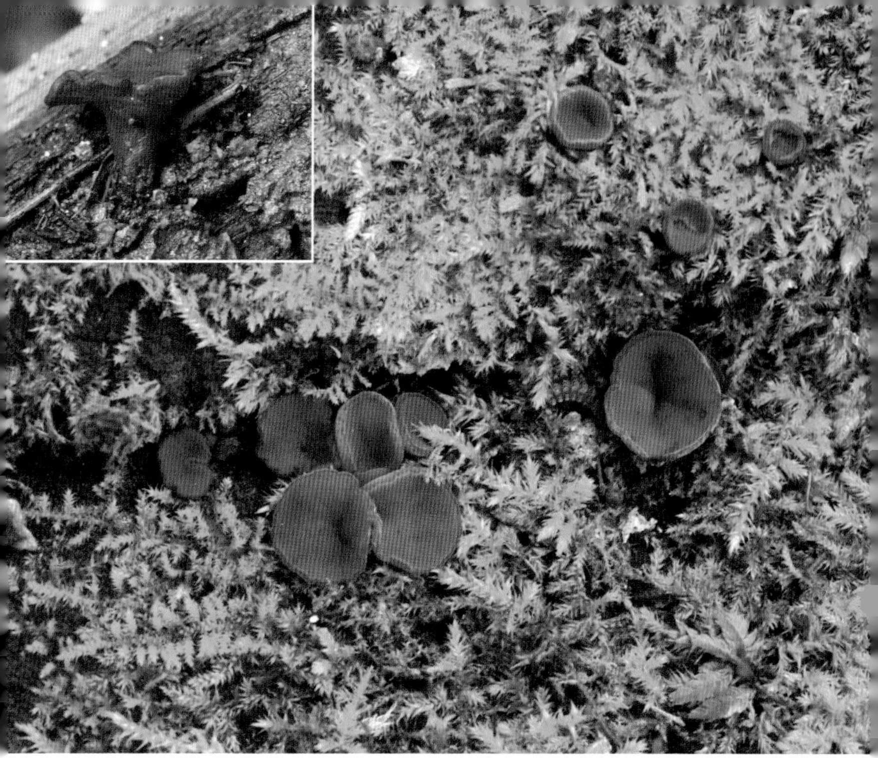

짧은대꽃잎버섯 011

Ascocoryne cylichnium (Tul.) Korf

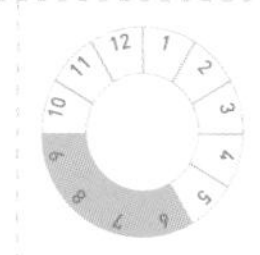

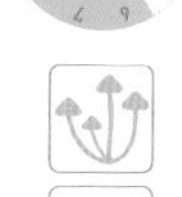

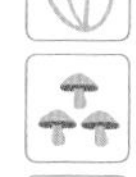

식독여부 | 식용부적합 발생시기 | 여름~가을

발생장소 | 고사목, 쓰러진 나무의 썩어가는 줄기나 그루터기에 다발 또는 무리지어 발생한다.

형태 | 자낭반의 크기는 0.5~3cm×1~10mm이고, 약간 오목한 컵 또는 접시 모양이나 성장하면서 울퉁불퉁해지고 일정하지 않은 모양으로 변한다. 표면은 옅은 자주색~보라색을 띠고, 윗면보다 아랫면이 약간 옅은 색을 띤다. 자루의 크기는 없거나 아주 짧다. **미세구조:** 포자는 흰색을 띠며, 크기는 20~24×5.5~6μm이고, 장방추형이며 격막이 있다. 측사의 크기는 200~220×4μm이고, 사상형으로 격막이 없다.

012 황색고무버섯

Bisporella citrina (Batsch) Korf. & S. E. Carp.

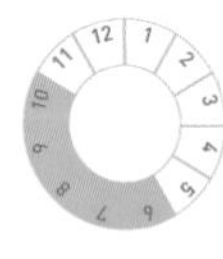

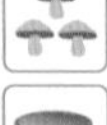

식독여부 | 식용부적합　발생시기 | 봄~가을

발생장소 | 고사목이나 쓰러진 나무의 줄기, 가지, 그루터기 등에 무리지어 발생한다.

형태 | 자낭반의 지름은 1~3(5)mm이고, 작은 원반 또는 접시 모양이며, 표면은 매끄럽고 짙은 황색 또는 주황색을 띤다. 자루의 크기는 0.5~1mm로 아주 짧으며 흰색에서 담황색을 띤다. 자루의 부착형태는 중심생이다. **미세구조:** 포자는 흰색을 띠며, 크기는 8~12×3~3.6μm이고, 타원형이며 표면은 평활하다.

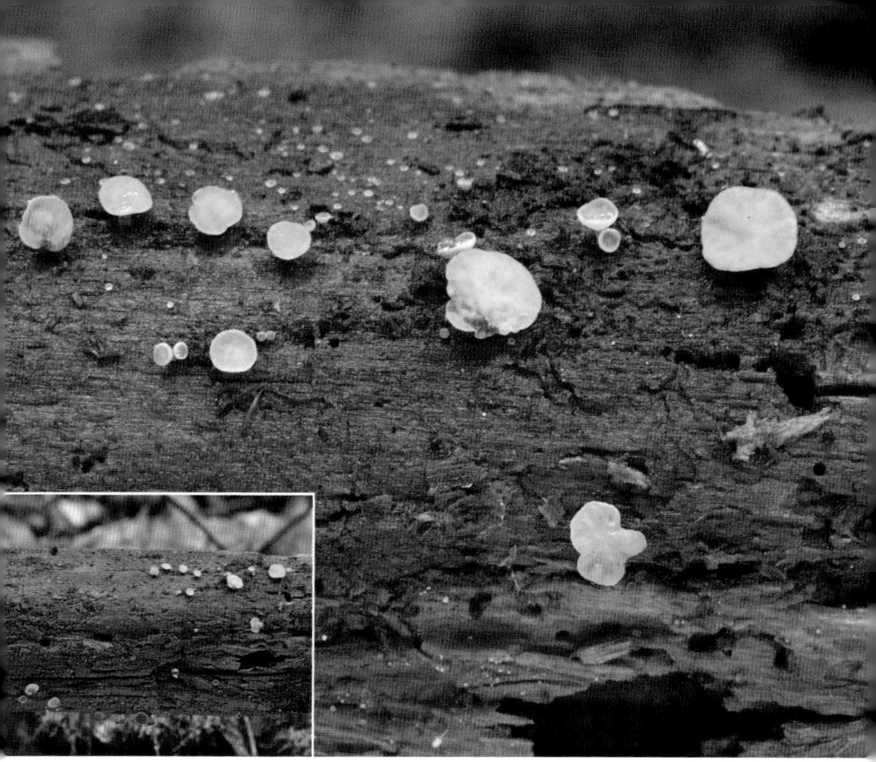

변형술잔녹청균 013

Chlorociboria aeruginascens (Nyl.) Kanouse ex C. S. Ramamurthi, Korf & L. R. Batra

Chlorosplenium aeruginascens (Nyl.) P. Karst.

식독여부 | 식용부적합 발생시기 | 여름~가을

발생장소 | 고사목이나 쓰러진 나무의 줄기, 가지, 그루터기 등에 무리지어 발생한다.

형태 | 자낭반의 지름은 2~6mm이고, 술잔형~접시형이며, 표면은 청록색이고, 자실체 바깥쪽에 털이 있다. 자루의 크기는 0.5~1mm이고, 아주 짧으며, 자루의 부착형태는 편심생이다. **미세구조:** 포자의 크기는 5~7×1~2μm이고, 흰색을 띠며, 장방추형으로 표면은 평활하다.

>>> 착생하는 기주체를 청록색으로 변색시킨다.

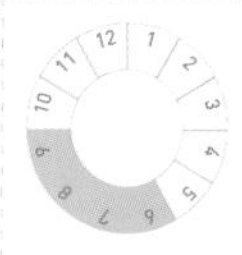

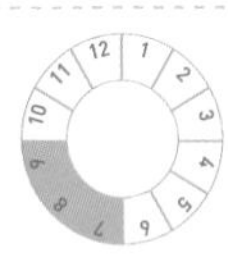
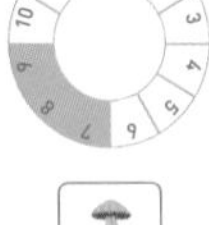

014 녹청균

Chlorociboria aeruginosa (Oeder) Seaver ex C. S. Ramamurthi, Korf & L. R. Batra

Chlorosplenium aeruginosum (Oeder) De Not.

식독여부 | 식용부적합 발생시기 | 여름~가을

발생장소 | 고사목이나 쓰러진 나무의 줄기, 가지, 그루터기 등에 무리지어 발생한다.

형태 | 자낭반의 지름은 2~6mm이고, 술잔형~접시형이다. 자실층에는 짙은 반점이 있고, 외피층에 털이 있으며 과립顆粒이 부착하여 표면이 거칠다. 자루의 크기는 0.5~1mm이고, 아주 짧다. 자루의 부착형태는 중심생이다. **미세구조:** 포자의 색깔은 흰색, 크기는 10~14×1.5~3μm이고, 장방추형으로 표면은 평활하다.

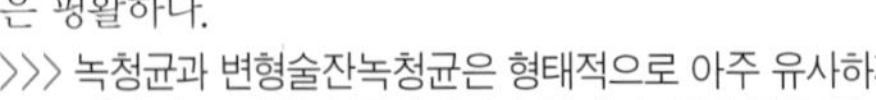

>>> 녹청균과 변형술잔녹청균은 형태적으로 아주 유사하지만, 전자는 자실층에 짙은 반점이 있고, 자루가 중심생이며, 포자가 1.5배 정도 길다.

연한살갗버섯 015

Mollisia cinerea f. *cinerea* (Batsch) P. Karst.

Mollisia cinerea (Batsch) P. Karst.

식독여부 | 식용부적합 발생시기 | 봄~여름

발생장소 | 고사목이나 쓰러진 나무의 줄기, 가지, 그루터기 등에 무리지어 발생한다. 주로 1차로 부식된 나무의 남은 심재부 표면에서 발생한다.

형태 | 자낭반의 지름은 5~15mm이고, 주발형~접시형이다. 가장자리가 안쪽으로 살짝 구부러지며, 회색~담흑색취색을 띠고, 외피층은 밝은 회색을 띤다. 어린 시기부터 성장이 끝날 때까지 자낭반의 모양은 크게 변화가 없다. 자루는 짧거나 거의 없으며, 기부 근처는 회갈색으로 외피층보다 진한 색을 띤다. **미세구조:** 포자의 크기는 7~9×2~2.5μm이고 흰색을 띠며, 장방추형으로 표면은 평활하다.

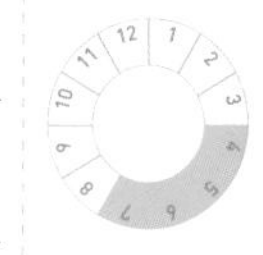

두건버섯강 Class Leotiomycetes
두건버섯아강 Subclass Leotiomycetidae
≫ 두건버섯목 Order Leotiales

고무버섯과 Bulgariaceae

활엽수 고사목, 쓰러진 나무의 줄기 표면수피에 소형~중형의 자실체를 형성한다. 컵 모양이며, 속은 젤라틴gelatine질 조직으로 차 있고, 대는 없거나 매우 짧다.

- 고무버섯속 *Bulgaria*

두건버섯과 Leotiaceae

소형~중형의 자실체를 숲속 땅 위에 무리지어 형성한다. 자실체는 가늘고 긴 자루와 표면이 매끈하고 왁스질이 있는 투구 모양 머리 부분으로 이루어져 있으며, 포자는 투명하다.

- 두건버섯속 *Leotia*

고무버섯 016

Bulgaria inquinans (Pers.) Fr.
Bulgaria polymorpha Oeder ex Wettst.

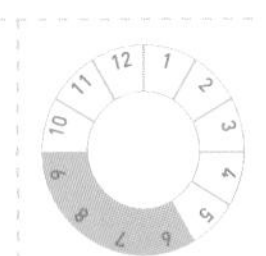

식독여부 | 식용 발생시기 | 여름~가을

발생장소 | 활엽수 고사목이나 쓰러진 나무의 줄기 표면에 무리지어 발생한다. 간혹 살아 있는 나무의 줄기 표면에 무리지어 발생할 때도 있다.

형태 | 자실체의 크기는 2~4cm이고, 역원뿔형이며, 흑갈색~검은색을 띤다. 조직 내에 젤라틴층이 있어 탄력이 있다. 측면은 껄끄러운 인편이 덮여 있는 것처럼 보이며, 자루는 짧거나 거의 없다. 자실체가 건조해지면 자실체 표면에 주글주글한 주름이 잡히고 크기도 약간 줄어들거나 납작해진다. **미세구조:** 포자는 갈색을 띠며, 크기는 10~17×6~7.5μm이고, 타원형으로 표면은 평활하다.

>>> 1속 1종이다.

017 콩두건버섯

Leotia lubrica (Scop.) Pers.
Leotia lubrica f. *lubrica* (Scop.) Pers.

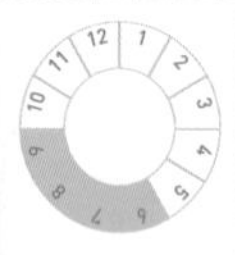

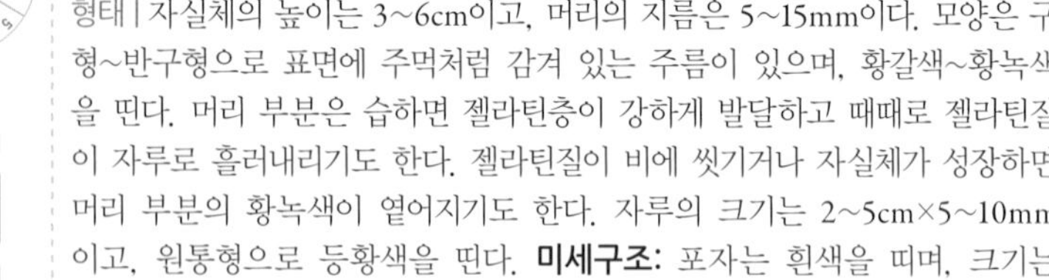

식독여부 | 식독불명　발생시기 | 여름~가을

발생장소 | 썩은 나무나 낙엽 속 부식토 위에 무리지어 발생한다.

형태 | 자실체의 높이는 3~6cm이고, 머리의 지름은 5~15mm이다. 모양은 구형~반구형으로 표면에 주먹처럼 감겨 있는 주름이 있으며, 황갈색~황녹색을 띤다. 머리 부분은 습하면 젤라틴층이 강하게 발달하고 때때로 젤라틴질이 자루로 흘러내리기도 한다. 젤라틴질이 비에 씻기거나 자실체가 성장하면 머리 부분의 황녹색이 옅어지기도 한다. 자루의 크기는 2~5cm×5~10mm이고, 원통형으로 등황색을 띤다. **미세구조:** 포자는 흰색을 띠며, 크기는 20~25×5~6μm이고, 장방추형이며 격막이 있다.

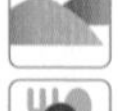

두건버섯강 Class Leotiomycetes

두건버섯아강 Subclass Leotiomycetidae

≫ 색찌끼버섯목 Order Rhytismatales

투구버섯과 Cudoniaceae

숲속 땅 위나 썩은 나무 위에 난다. 자실체는 가늘고 짧은 자루와 주걱~투구 모양의 머리 부분으로 구성되고, 포자는 투명하다.

- 투구버섯속 *Cudonia*
- 넓적콩나물버섯속 *Spathularia*

대끝갈색투구버섯(투구버섯) 018

Cudonia circinans (Pers.) Fr.

식독여부 | 식독불명　발생시기 | 여름~가을

발생장소 | 침엽수림, 혼합림 부식층이 두껍게 발달된 부엽토층 또는 낙엽층 위에 무리지어 발생한다.

형태 | 자실체 전체 높이는 2~6cm이다. 머리 부분의 지름은 0.5~2cm이고, 뇌 모양의 구형~반구형이며, 담황색을 띤다. 자실체가 성장하면서 뇌 모양의 머리 부분도 같이 성장한다. 자루의 높이는 1~4cm이고, 가운데 부분이 볼록한 원통형으로 평활하며, 기부가 두껍고 황갈색을 띤다. 자루의 부착형태는 중심생이다. **미세구조:** 포자는 흰색을 띠며, 크기는 32~40×2μm이고, 사상형이며, 표면은 평활하다.

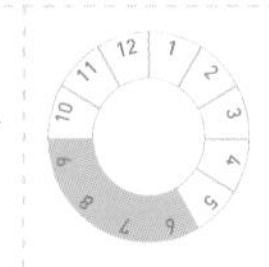

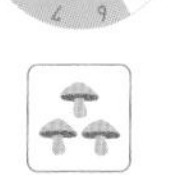

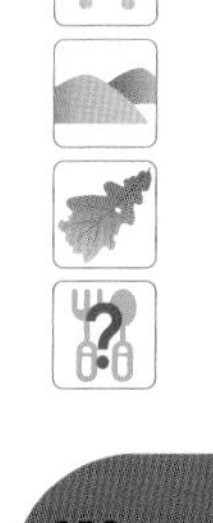

019 안장투구버섯

Cudonia helvelloides S. Ito & S. Imai

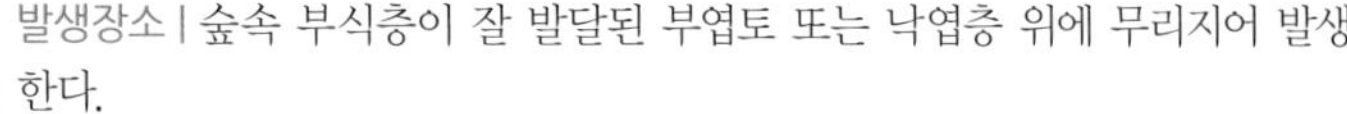

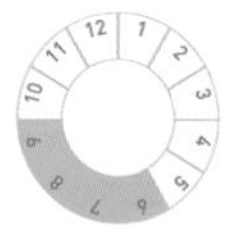

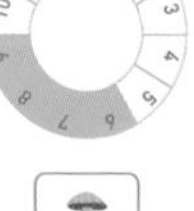

식독여부 | 식독불명　발생시기 | 여름~가을

발생장소 | 숲속 부식층이 잘 발달된 부엽토 또는 낙엽층 위에 무리지어 발생한다.

형태 | 머리 부분의 지름은 1~2cm이고, 투구형~안장형으로 얇은 막이 밑쪽으로 말린형을 하고 있다. 머리 부분의 표면은 담황색을 띠며 주름이 있다. 자루의 높이는 0.5~7cm이며, 기부가 약간 굵고 원통형이며 세로주름이 있고 갓과 같은 색으로 인편이 있다. 자루의 부착형태는 중심생이다. **미세구조:** 포자는 흰색을 띠며, 크기는 40~60×1.5~2.0μm이고, 사상형으로 표면은 평활하며, 다수의 격막이 있다.

황금넓적콩나물버섯 020

Spathularia flavida Pers.
Spathularia clavata (Schaeff.) Sacc.

식독여부 | 식독불명　발생시기 | 여름~가을
발생장소 | 혼합림 등 숲속 낙엽층 위에 홀로 또는 무리지어 발생한다.
형태 | 자실체의 높이는 2~6cm이고, 머리 부분은 중심대에 양쪽으로 날개가 붙어 있는 부채형 또는 주걱형이며, 담황색~난황색을 띤다. 자루의 크기는 3~4cm×5~8mm이고, 원통형이며 자루 윗부분이 머리 속에 들어가 있는 형으로 황갈색을 띤다. 자루의 색은 머리 부분보다 약간 어둡거나 같은 색을 띠며, 노후한 자실체에는 갈색의 반점이 생긴다. **미세구조:** 포자는 흰색을 띠며, 크기는 38~48×2~2.5μm이고, 사상형으로 표면은 평활하며, 3~4개의 격막이 있다.

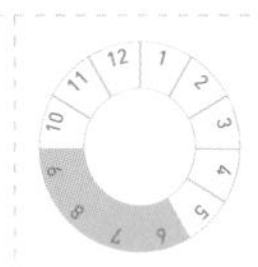

021 털넓적콩나물버섯

Spathularia velutipes (Cooke & Farl. ex Cooke) Maas Geest.

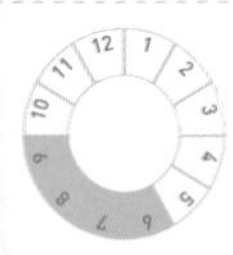
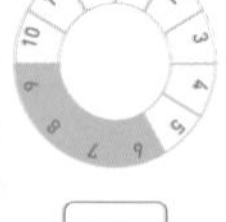

식독여부 | 식독불명　발생시기 | 여름~가을

발생장소 | 침엽수림, 특히 일본잎갈나무림 내 지상의 낙엽이 두껍게 쌓인 부엽토층 지상에서 홀로 또는 무리지어 발생한다.

형태 | 자실체의 높이는 1.5~4.5cm로 부채형~주걱형이고 머리 부분 표면은 자실층이며 황색이다. 자루의 크기는 1~4×0.2~0.3cm로 위쪽은 머리 속까지 들어가 있으며, 표면은 짧은 털이 빽빽이 나 있고 암갈황색이다. **미세구조:** 포자의 크기는 18~39×4~6μm로 실 모양이고, 많은 격막이 있으며, 표면은 매끄럽고 흰색이다.

>>> 털넓적콩나물버섯과 황금넓적콩나물버섯은 형태적으로 아주 유사한 종으로, 털넓적 콩나물버섯의 날개 모양 머리 부분이 황금넓적콩나물버섯에 비해 2~5배로 훨씬 넓고 자루의 크기도 크다.

주발버섯강 Class Pezizomycetes
주발버섯아강 Subclass Pezizomycetidae
≫ 주발버섯목 Order Pezizales

게딱지버섯과 Discinaceae

땅 위에 나며, 중~대형 자실체를 형성한다. 자실체는 표면이 울퉁불퉁한 갓과 굵은 자루를 가지고 있으며, 조직 속은 비어 있다. 곰보버섯과Morchellaceae와 비슷한 형태이나 홈선이 없다.

- 게딱지버섯속 *Discina*
- 마귀곰보버섯속 *Gyromitra*

안장버섯과 Helvellaceae

땅 위에 나며, 소~중형의 자실체를 형성한다. 자실체는 표면이 평활하고, 안장형의 갓과 가는 자루를 가지고 있다.

- 안장버섯속 *Helvella*

곰보버섯과 Morchellaceae

땅 위에 나며, 중~대형의 자실체를 형성한다. 자실체는 깊은 골 모양 홈선을 가진 갓과 굵은 자루로 구성되며, 조직 속은 비어 있다. 포자는 길이 20μm 내외로 크다.

- 곰보버섯속 *Morchella*

주발버섯과 Pezizaceae

소~대형버섯, 컵이나 접시 모양의 자실체를 땅 위나 퇴비 위에 형성한다.

- 주발버섯속 *Peziza*

털접시버섯과 Pyronemataceae

소~대형이며, 컵~접시 모양의 자실체를 형성한다. 주로 썩은 나무 위나 퇴비 등 부식질이 많은 곳에 난다.

- 들주발버섯속 *Aleuria*
- 자루주발버섯속 *Jafnea*
- 접시버섯속 *Scutellinia*
- 털종지버섯속 *Trichophaea*
- 사발버섯속 *Humaria*
- 째진귀버섯속 *Otidea*
- 노란주발버섯속 *Sowerbyella*

땅해파리버섯과 Rhizinaceae

중~대형의 자실체를 나무와 연결하여 땅 위에 형성한다. 갓의 표면은 평활하고 반원형이며, 갓의 끝부분은 물결무늬를 이룬다. 포자는 매우 두껍고, 높은 열을 받아야 발아한다.

- 땅해파리버섯속 *Rhizina*

술잔버섯과 Sarcoscyphaceae

중~대형버섯이며, 컵~접시 모양의 자실체를 나무 위에 다발로 형성한다.

- 털고무버섯속 *Galiella*
- 작은입술잔버섯속 *Microstoma*
- 술잔버섯속 *Sarcoscypha*
- 말미잘버섯속 *Urnula*
- 다발귀버섯속 *Wynnea*

022 좀원반버섯

Discina ancilis (Pers.) Sacc.

Discina perlata (Fr.) Fries

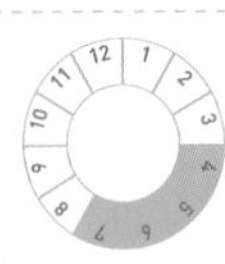

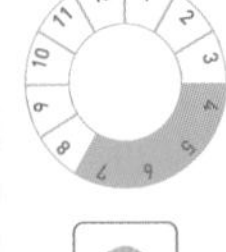

식독여부 | 식독불명(식용부적합) 발생시기 | 봄~여름

발생장소 | 고사목, 쓰러진 나무 등의 썩은 줄기나 그루터기 위에 홀로 또는 무리지어 발생한다.

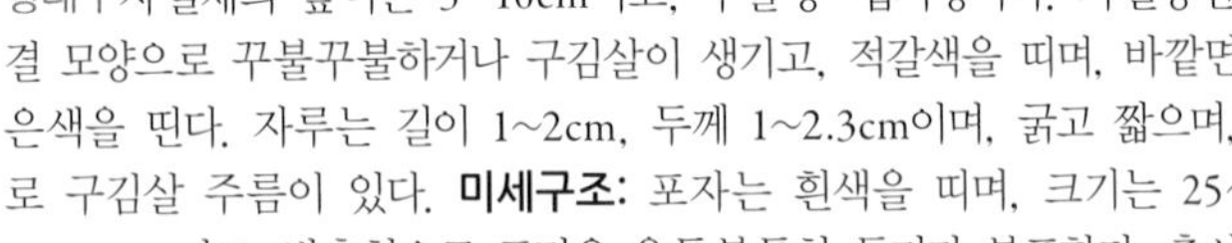

형태 | 자실체의 높이는 3~10cm이고, 주발형~접시형이다. 자실층면은 물결 모양으로 꾸불꾸불하거나 구김살이 생기고, 적갈색을 띠며, 바깥면은 옅은색을 띤다. 자루는 길이 1~2cm, 두께 1~2.3cm이며, 굵고 짧으며, 세로로 구김살 주름이 있다. **미세구조:** 포자는 흰색을 띠며, 크기는 25~30×13~15μm이고, 방추형으로 표면은 울퉁불퉁한 돌기가 분포한다. 측사의 두께는 7~10μm이며, 사상형으로 2~3개의 격막이 있다.

023 마귀곰보버섯

Gyromitra esculenta (Pers.) Fr.

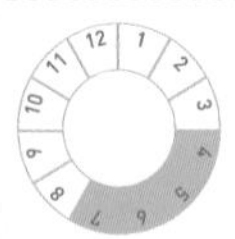

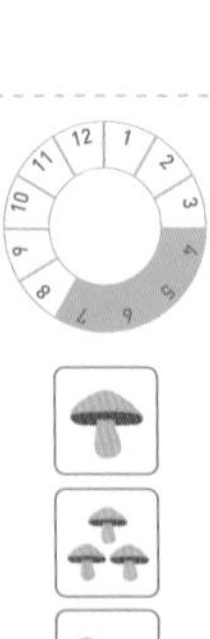

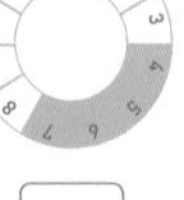

식독여부 | 독　발생시기 | 봄~여름

발생장소 | 침엽수림 내 땅 위에 홀로 또는 무리지어 발생한다.

형태 | 자실체의 높이는 5~8cm이다. 머리 부분은 구형 또는 불규칙형으로, 표면에는 뚜렷한 요철 또는 뇌 모양 구김살이 있으며 황갈색~적갈색을 띤다. 자루는 굵고 원통형이며 세로로 구김이 지고, 속은 비어 있으며, 미색~밝은 황색을 띤다. **미세구조:** 포자는 흰색을 띠며, 크기는 19~25×12~13μm이고, 타원형으로 표면은 평활하다.

>>> 식용버섯으로 이용되는 곰보버섯과 유사하여 혼동으로 인한 독버섯 사고가 일어날 때도 있다.

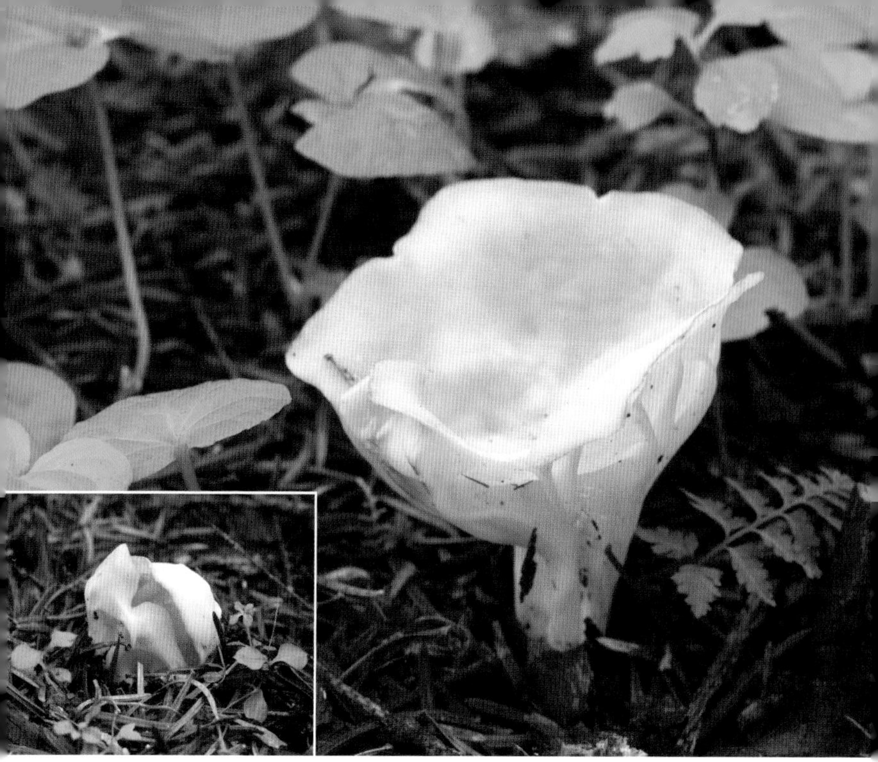

갈비대안장버섯 024

Helvella costifera Nannf.
Paxina costifera (Nannf.) Stanqel

식독여부 | 식독불명　발생시기 | 여름~가을

발생장소 | 침엽수림 내 땅 위에 홀로 또는 무리지어 발생한다.

형태 | 자실체의 지름은 3~8cm이고, 어릴 때는 꽃봉오리와 같고 성장하면 꽃이 피듯이 벌어져 컵~쟁반 모양이 된다. 표면은 평활하며 주름이 있다. 바깥쪽은 약간 거칠고, 갓의 표면은 전체가 흰색을 띤다. 자루는 길이 1~3cm이고, 굵은 홈선이 있으며, 갈비대 모양과 흡사하다. 조직은 흰색으로 얇으며 부서지기 쉽고, 맛과 향은 온화하다. **미세구조:** 포자는 흰색을 띠며, 크기는 16~20×12~14μm이고, 타원형이며 표면은 평활하다. 측사의 두께는 3~5μm이고, 사상형으로 2~3개의 격막이 있다.

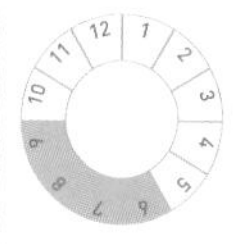

025 안장버섯

Helvella crispa (Scop.) Fr.

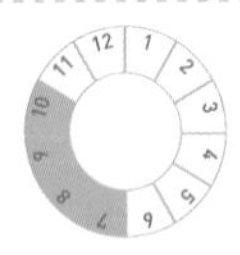
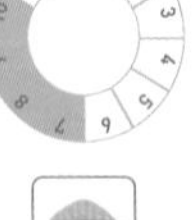

식독여부 | 식용　발생시기 | 여름~가을

발생장소 | 숲속 땅 위나 정원 등에 홀로 또는 무리지어 발생한다.

형태 | 자실체의 높이는 4~12cm이고, 자낭반의 지름은 2~5cm이며, 조직의 두께는 1~3mm로 불규칙한 말 안장형 또는 삼각형이다. 갓 끝은 물결 모양 또는 갈라지며, 표면은 옅은 황회색을 띤다. 자루의 크기는 3~6cm이고, 자낭반과 부착된 맨 윗부분에서 기부까지 이어진 깊은 홈선이 약간 울퉁불퉁하게 세로로 나열되어 있고, 속은 비어 있으며, 미색~밝은 황색을 띤다. **미세구조:** 포자는 흰색을 띠며, 크기는 15~20×9~12μm이고, 타원형이며, 표면은 평활하다.

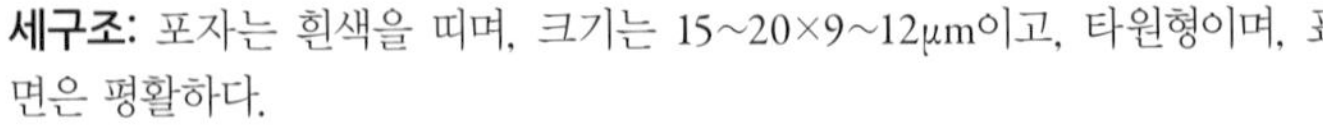

긴대안장버섯 026

Helvella elastica Bull.
Leptopodia elastica (Bull.) Boud.

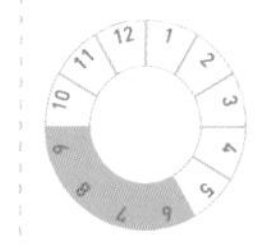

식독여부 | 식독불명　발생시기 | 여름~가을

발생장소 | 숲속 땅 위나 정원 등에 홀로 또는 흩어져 발생한다.

형태 | 자실체의 모양은 가늘고 긴 자루와 말 안장형의 자낭반으로 구성되고, 자실체의 높이는 4~10cm이다. 자낭반 크기는 2~4cm이며, 갓의 표면은 황갈색~담갈색을 띤다. 자루의 크기는 4~8cm×3~6mm이고, 원통형으로 가늘고 길며 중간에 손으로 눌러놓은 듯한 굴곡들이 분포한다. 자루의 색깔은 자낭반보다 옅은 색으로 회백색~황회색을 띠며, 표면에 짧고 가는 털들이 전체적으로 분포한다. **미세구조:** 포자는 담황회색을 띠며, 크기는 19~20×10~12㎛이고, 타원형이며, 표면은 평활하다.

027 덧술잔안장버섯

Helvella ephippium Lév.

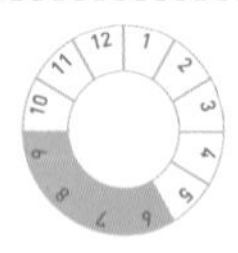
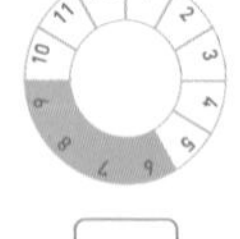

식독여부 | 식독불명　발생시기 | 여름~가을

발생장소 | 숲속 땅 위에 홀로 또는 흩어져 발생한다.

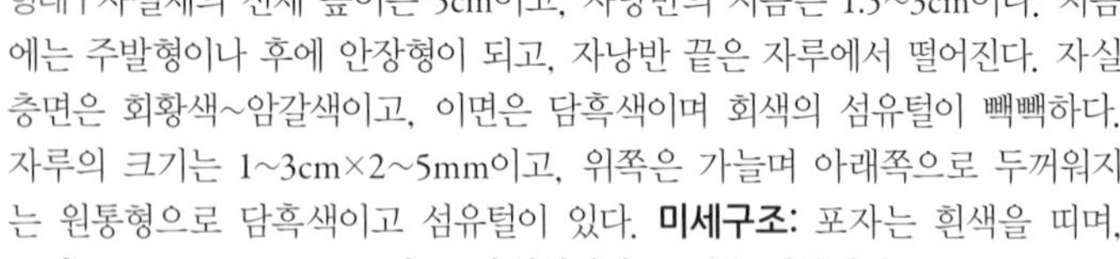

형태 | 자실체의 전체 높이는 5cm이고, 자낭반의 지름은 1.5~3cm이다. 처음에는 주발형이나 후에 안장형이 되고, 자낭반 끝은 자루에서 떨어진다. 자실층면은 회황색~암갈색이고, 이면은 담흑색이며 회색의 섬유털이 빽빽하다. 자루의 크기는 1~3cm×2~5mm이고, 위쪽은 가늘며 아래쪽으로 두꺼워지는 원통형으로 담흑색이고 섬유털이 있다. **미세구조:** 포자는 흰색을 띠며, 크기는 17~20×10~12μm이고, 타원형이며, 표면은 평활하다.

귀신말안장버섯 028

Helvella lacunosa Afzel.

식독여부 | 식용 발생시기 | 여름~가을

발생장소 | 숲속 땅 위에 무리지어 발생한다.

형태 | 자실체의 전체 높이는 4~13cm이고, 자낭반의 크기는 2~4cm이다. 자낭반의 모양은 말안장형이고, 회흑색~흑갈색을 띤다. 자루의 크기는 5~10×1~2cm이고, 속이 빈 원통형으로 짧고 가늘며 세로로 불규칙한 깊은 골이 있다. 자루의 색깔은 자낭반에 더 밝은 색을 띠는 담흑색이고, 표면은 매끄럽다. **미세구조:** 포자는 흰색을 띠며, 크기는 15~20×10~12μm이고, 타원형이며, 표면은 평활하다.

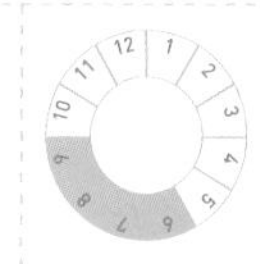

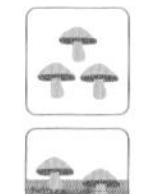

029 긴대주발버섯

Helvella macropus (Pers.) P. Karst.
Macropodia macropus (Pers.) Fuckel

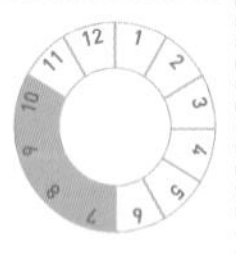

식독여부 | 식독불명　발생시기 | 여름~가을
발생장소 | 숲속 땅 위에 무리지어 발생한다.
형태 | 자실체의 전체 높이는 4~10cm이고, 자낭반 크기는 2~3cm이다. 처음에는 양쪽 끝이 붙어 있는 모양이나 성장하면서 펴져서 접시 또는 주발 모양으로 된다. 안쪽은 암갈색, 바깥쪽은 담갈색을 띠며 짧은 털이 빽빽하다. 자루의 크기는 3~5cm×2~4mm이고, 원통형이며, 손으로 눌린 자국 같은 둥근 함몰 부위가 있다. 자루의 색깔은 자낭반과 같은 색이다. **미세구조:** 포자는 흰색을 띠며, 크기는 20~30×10~14μm이고, 타원형~방추형이며, 표면에 반점이 있다.

황회색안장버섯 030

Helvella pezizoides Afzel.

식독여부 | 식독불명　발생시기 | 여름~가을

발생장소 | 숲속 땅 위나 썩은 나무 위에 홀로 또는 흩어져 발생한다.

형태 | 자낭반의 크기는 1.5~5cm이고, 안장형 또는 타원형이다. 자낭반 끝은 어릴 때 또는 가끔은 성숙상태에서도 강하게 위로 말린 형태로 양면이 붙은 형태를 취한다. 밑면은 가는 털이 빽빽하다. 갓의 표면은 암회갈색~검은색이다. 자루는 길이 3~4cm, 두께는 1cm이며, 원통형으로 가늘고 길며, 중간에 손으로 눌러놓은 듯한 굴곡들이 분포한다. 자루의 색깔은 자낭반보다 옅은 색으로 위쪽은 회백색을 띠며, 아래쪽은 황회색을 띤다. 표면에 짧고 가는 털들이 전체적으로 분포한다. 조직은 얇고 부서지기 쉽다. **미세구조:** 포자는 흰색을 띠며, 크기는 17~20×10~12μm이고, 타원형이며, 표면은 평활하다.

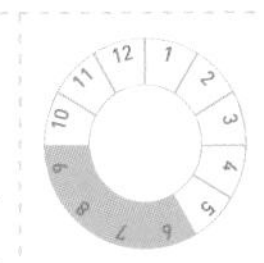

031 곰보버섯

Morchella esculenta (L.) Pers.

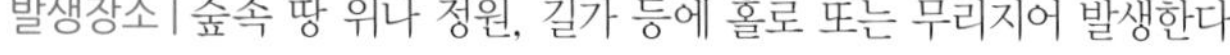

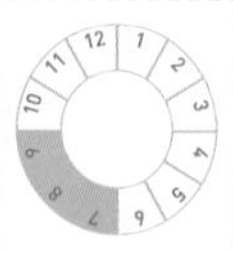

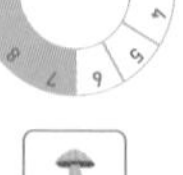

식독여부 | 식용(생식하면 중독)　발생시기 | 봄

발생장소 | 숲속 땅 위나 정원, 길가 등에 홀로 또는 무리지어 발생한다.

형태 | 자실체의 높이는 5~12cm이다. 머리 부분은 지름이 4~6cm이고, 달걀형~난상원추형이다. 그물망은 다각형~부정원형이며, 가로와 세로로 잘 발달되어 있고, 자실층은 회갈색을 띤다. 자루의 크기는 4~15cm이고 원통형이다. 표면에 요철이 있고 흰색~황색을 띤다. 자루의 부착형태는 직생이다.

미세구조: 포자는 흰색을 띠며, 크기는 18~25×10~14μm이고, 타원형이며, 표면은 평활하다.

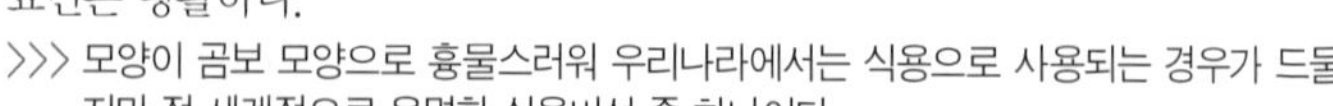

>>> 모양이 곰보 모양으로 흉물스러워 우리나라에서는 식용으로 사용되는 경우가 드물지만 전 세계적으로 유명한 식용버섯 중 하나이다.

032 자주주발버섯

Peziza badia Pers.

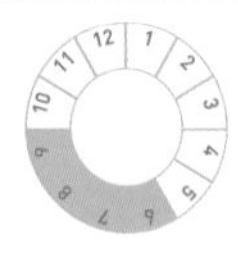
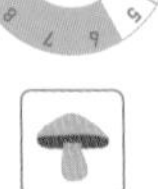
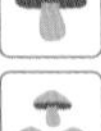

식독여부 | 식용(생식하면 중독)　발생시기 | 여름~가을

발생장소 | 숲속 또는 들판의 땅 위에 홀로 또는 무리지어 발생한다.

형태 | 자낭반의 지름은 3~8cm이고, 주발 모양이며, 밑면은 중앙 부근에서 토양에 고착되어 있다. 자실층은 황록갈색으로 바깥쪽은 적갈색을 띠며, 자루는 없다. 조직은 물러서 부서지기 쉽다. **미세구조:** 포자는 흰색을 띠며, 크기는 17~18×10~11μm이고, 타원형이며, 표면은 망목상이고 양끝에 돌기가 있다. 측사의 크기는 300~330×2~3μm이고, 사상형으로 2~3개의 격막이 있다.

점토주발버섯 033

Peziza praetervisa Bres.

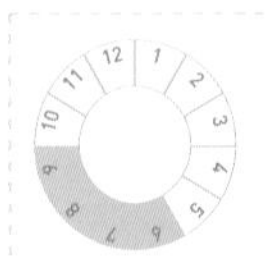

식독여부 | 식독불명　발생시기 | 여름~가을

발생장소 | 숲속 땅 위나 정원, 모닥불 자리 등에 홀로 또는 무리지어 발생한다.

형태 | 자실체의 지름은 1~4cm이고, 어릴 때는 컵~주발 모양인데 성장하면서 접시 모양으로 약간 넓게 벌어진다. 자실층은 아름다운 연보라색을 띠지만 이후 갈색~적갈색이 되며, 바깥면은 청자색이고, 과립물이 붙어 있다. 자루는 짧거나 거의 없다. **미세구조:** 포자는 흰색을 띠며, 크기는 12~14×6~8μm이고, 타원형이며, 표면은 작은 사마귀상 돌기가 분포한다. 측사의 크기는 170~250×1.5~2.5μm이고, 사상형으로 2~3개의 격막이 있다.

034 들주발버섯(자등색들주발버섯)

Aleuria aurantia (Pers.) Fuckel

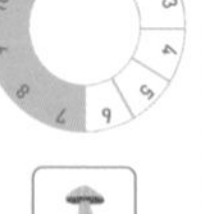

식독여부 | 식독불명　발생시기 | 여름~가을

발생장소 | 숲속 땅 위나 임도 옆 등 나지裸地에 무리지어 발생한다.

형태 | 자실체의 지름은 2~10cm이고, 어린 시기에는 오목한 주발형이다가 성숙하면 끝부분에 굴곡이 생기거나 한쪽이 터진 주발형 또는 접시형으로 변한다. 자실층면은 밝은 주홍색~주황색이고, 바깥면은 같거나 약간 옅은 색이며 분말상 흰색 털로 덮여 있다. 자루는 짧거나 거의 없다. 조직은 육질이고 부서지기 쉽다. **미세구조:** 포자는 흰색을 띠며, 크기는 16~25×7~10μm이고, 타원형이며, 표면은 망목상이고 양끝에 돌기가 있다.

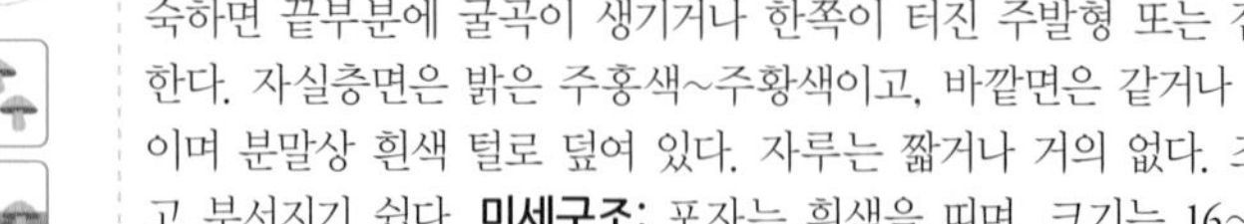

035 갈색사발버섯

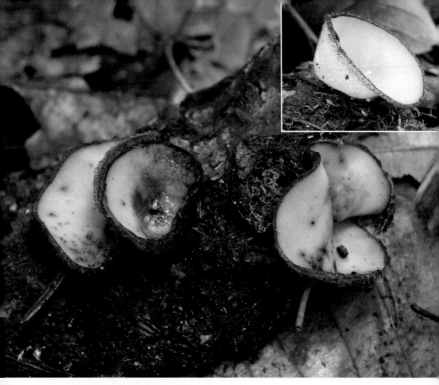

Humaria hemisphaerica (F. H. Wigg.) Fuckel

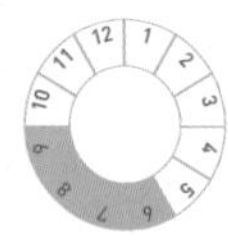

식독여부 | 식독불명　발생시기 | 여름~가을

발생장소 | 숲속 땅 위, 쓰러진 나무의 많이 썩은 줄기 위나 이끼 사이에 홀로 또는 무리지어 발생한다.

형태 | 자실체의 지름은 0.5~3cm이고, 주발~컵 모양이다. 자실층면은 흰색~담회색이며, 바깥면은 0.3~2mm의 길고 딱딱한 갈색 털이 덮여 있고, 가장자리는 약간 거치상鋸齒狀이다. 자루는 없다. **미세구조:** 포자는 흰색을 띠며, 크기는 22~25×10~12μm이고, 타원형이며, 표면은 작은 사마귀상 돌기가 분포한다. 측사의 크기는 230~250×7~8μm이고, 사상형으로 2~3개의 격막이 있다.

털끝자루주발버섯 036

Jafnea fusicarpa (W. R. Gerard) Korf

식독여부 | 식독불명　발생시기 | 여름~가을

발생장소 | 숲속 땅 위에 무리지어 발생한다.

형태 | 자실체의 크기는 0.5~3×1~2cm이고, 주발~컵 모양이다. 자실층은 연한 주황색이고 바깥면은 담갈색이며 부드러운 털로 덮여 있다. 자루의 날 끝부분에는 짧고 가는 갈색 털이 존재한다. 자실체가 성숙하거나 상처를 입으면 진갈색의 작은 반점이 생기며 그 부위가 점점 넓어진다. 자루의 크기는 0.5~1cm로 짧으며 반쯤 흙 속에 묻혀 있고, 균사가 흙 입자와 얽혀 있다. **미세구조:** 포자는 흰색을 띠며, 크기는 30~40×10~12.5μm이고 방추형이며 표면은 평활하다.

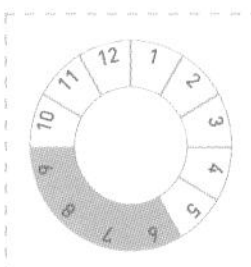

037 주머니째진귀버섯

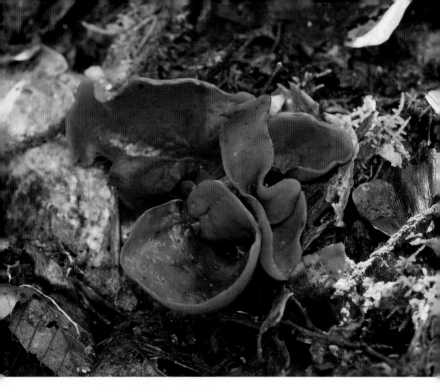

Otidea alutacea (Berk.) Kuntze

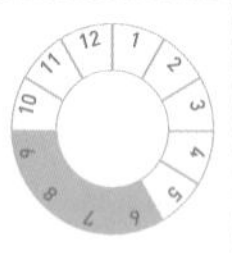
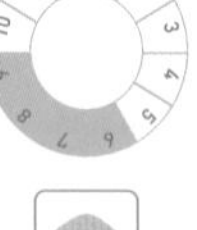

식독여부 | 식독불명　발생시기 | 여름~가을

발생장소 | 숲속 땅 위에 홀로 또는 무리지어 발생한다.

형태 | 자실체의 지름은 3~4cm이고, 접시~주발형이다. 자실층은 담황갈색이고, 갓 끝부분과 바깥쪽면은 황갈색이며, 짧은 강모가 있다. 자루는 없다. 자실체는 성장하면서 한쪽 귀퉁이가 찢어지는 경향이 있다. **미세구조:** 포자는 흰색을 띠며, 크기는 12~16×6~8μm이고, 광타원형이며, 표면은 평활하다. 측사의 크기는 200~250×3~4μm이고, 사상형으로 2~3개의 격막이 있다.

짧은털접시버섯 038

Scutellinia kergenlensis (Berk.) Kuntze

식독여부 | 식독불명(식용부적합)　발생시기 | 여름~가을

발생장소 | 숲속 죽은 나무의 썩은 줄기 표면이나 이끼 위에 무리지어 발생한다.

형태 | 자실체의 지름은 0.3~0.8cm이고, 납작한 접시 형태이다. 가장자리에는 0.5~0.4mm의 짧고 굵은 암갈색 털이 나 있어 갈색 테를 두른 것처럼 보인다. 갓의 표면은 주황색~주홍색을 띠고, 자루는 없다. **미세구조:** 포자는 흰색을 띠며, 크기는 20~23×12~15μm이고, 광타원형이며, 표면은 평활하다. 측사의 크기는 200~250×10μm이고, 사상형으로 2~3개의 격막이 있다.

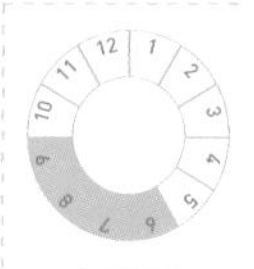

039 주홍접시버섯(접시버섯)

Scutellinia scutellata (L.) Lambotte

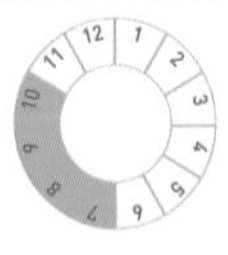
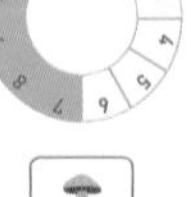

식독여부 | 식독불명 발생시기 | 여름~가을

발생장소 | 숲속 쓰러진 나무의 썩은 줄기나 부식질이 많은 땅 위에 무리지어 발생한다.

형태 | 자실체의 지름은 0.3~1cm이고, 작은 접시 모양이며, 가장자리에는 1mm 내외의 암갈색 털이 나 있다. 갓의 표면은 밝은 주홍색이며 자루는 없다. **미세구조:** 포자는 흰색을 띠며, 크기는 20~24×12~15μm이고, 광타원형이며, 표면은 평활하다. 측사의 크기는 250~260×8~10μm이고, 사상형으로 4~5개의 격막이 있다.

그늘접시버섯 040

Scutellinia umbrorum (Fr.) Lambotte

식독여부 | 식독불명　발생시기 | 여름~가을

발생장소 | 숲속 쓰러진 나무의 썩은 줄기나 부식질이 많은 땅 위에 무리지어 발생한다.

형태 | 자실체의 지름은 0.3~0.9cm이고, 어린 시기에는 가장자리가 약간 말려 올라간 작은 접시형이다가 성숙하면 거의 편평하게 펴지며 때때로 가운데 부분이 융기된 형태를 띠기도 한다. 가장자리에는 0.3~1mm의 암갈색 털이 나 있다. 갓의 표면은 밝은 주홍색이고, 아랫면에는 암갈색의 가는 털들이 빽빽하게 존재하며 자루 부위까지 이어져 있다. 자루는 짧거나 거의 없다. **미세구조:** 포자는 흰색을 띠며, 크기는 19~20×13~14μm이고, 광타원형이며, 표면은 평활하다. 측사의 크기는 240~270×7~8μm이고, 모양은 사상형으로 2~3개의 격막이 있다.

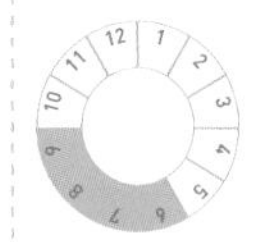

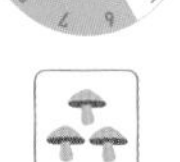
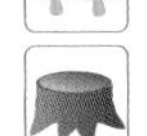

041 받침노란주발버섯

Sowerbyella imperialis (Peck) Korf

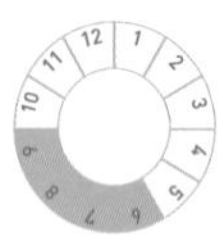

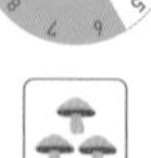

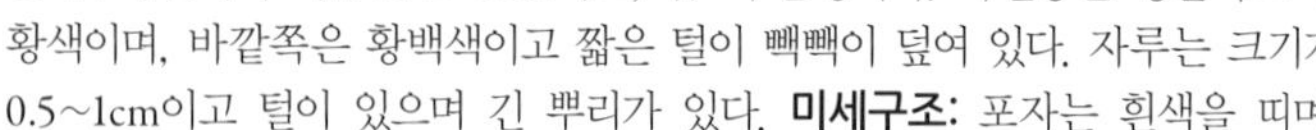

식독여부 | 식독불명　발생시기 | 여름~가을

발생장소 | 혼합림 내 낙엽층이나 주변 땅 위에 무리지어 발생한다.

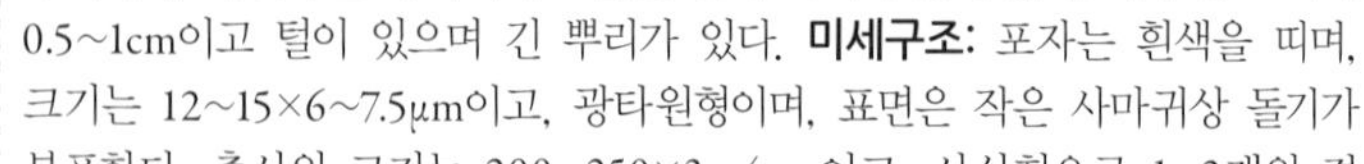

형태 | 자실체의 지름은 2~5cm이고, 컵~주발형이다. 자실층은 평활하고 주황색이며, 바깥쪽은 황백색이고 짧은 털이 빽빽이 덮여 있다. 자루는 크기가 0.5~1cm이고 털이 있으며 긴 뿌리가 있다. **미세구조:** 포자는 흰색을 띠며, 크기는 12~15×6~7.5μm이고, 광타원형이며, 표면은 작은 사마귀상 돌기가 분포한다. 측사의 크기는 200~250×3~4μm이고, 사상형으로 1~2개의 격막이 있다.

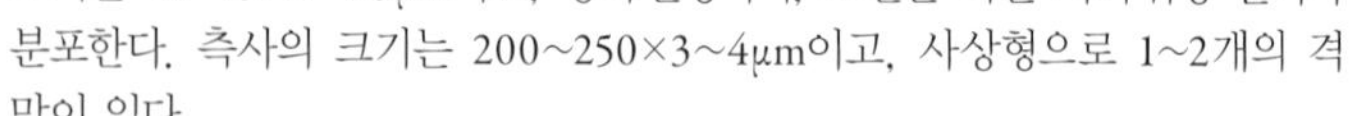

무리털종지버섯 042

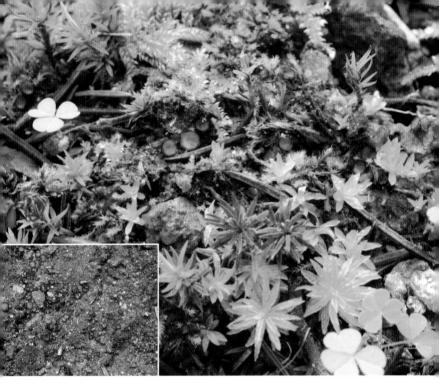

Trichophaea gregaria (Rehm) Boud.

식독여부 | 식독불명 발생시기 | 여름

발생장소 | 숲속 땅 위에 무리지어 발생한다.

형태 | 자실체의 지름은 0.1~0.6cm이고, 어린 시기에는 가장자리가 약간 말려 올라간 작은 접시형이다가 성숙하면 거의 편평하게 펴지며 때때로 가운데 부분이 융기된 형태를 띠기도 한다. 자실층은 흰색~담회색이고, 바깥쪽 면에는 0.2~0.5mm의 길고 딱딱한 암갈색 털이 덮여 있다. 자루는 매우 짧거나 없다. **미세구조:** 포자는 흰색을 띠며, 크기는 22~25×9~10μm이고, 광타원형이며, 표면은 평활하다. 측사의 크기는 190~200×3~4μm이고, 사상형으로 3~4개의 격막이 있다.

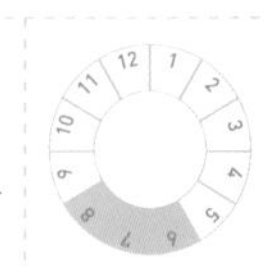

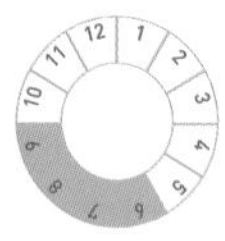

043 파상땅해파리

Rhizina undulata Fr.

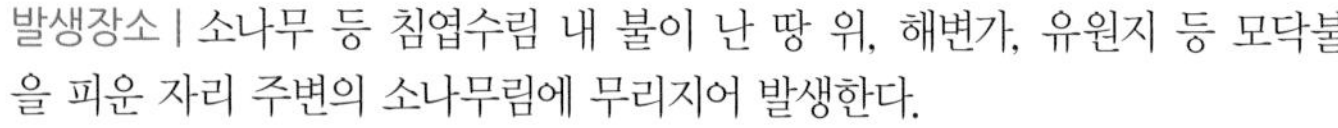

식독여부 | 식독불명 발생시기 | 여름~가을

발생장소 | 소나무 등 침엽수림 내 불이 난 땅 위, 해변가, 유원지 등 모닥불을 피운 자리 주변의 소나무림에 무리지어 발생한다.

형태 | 자실체의 지름은 3~10cm이고, 두께는 2~3mm이며, 땅 위에 편평하게 퍼져 자란다. 자실체 아래에 뿌리 모양 균사가 생겨 땅속으로 들어간다. 자실층은 적갈색이며, 갓의 끝부분은 생장하는 동안 흰색이고 물결 모양이다. 밑면은 옅은 황갈색이고, 가는 주름을 형성하며 자루는 없다. **미세구조:** 포자는 흰색을 띠며, 크기는 30~40×8~10μm이고, 방추형이며, 표면에 작은 사마귀상 돌기가 밀집한다.

>>> 이 균은 산불, 모닥불 후에 살아 있는 나무를 침해, 고사시키는 임목해균이다.

갈색털고무버섯 044

Galiella celebica (Henn.) Nannf.

식독여부 | 식용 발생시기 | 봄~여름

발생장소 | 숲속 쓰러진 나무의 썩은 줄기나 가지 위에 홀로 또는 무리지어 발생한다.

형태 | 자실체의 크기는 3~7×2~5cm이고, 반구형~역원뿔형이다. 갓의 표면은 흑갈색이고, 자실층면은 거의 편평하며 약간 오목하다. 바깥쪽에는 솜털 모양 녹갈색의 인편으로 덮여 있으며, 자루는 짧거나 거의 없다. 조직에 젤라틴층이 있어 고무처럼 탄력이 있다. 자실체가 건조해지면 자실체 표면에 주글주글한 주름이 잡히고 크기도 약간 줄어들거나 납작해진다. **미세구조:** 포자는 흰색을 띠며, 크기는 5~30×12~13μm이고 타원형으로 표면은 평활하다.

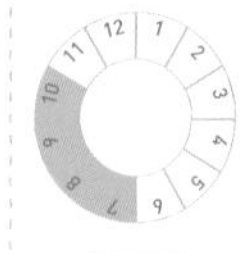

045 털작은입술잔버섯

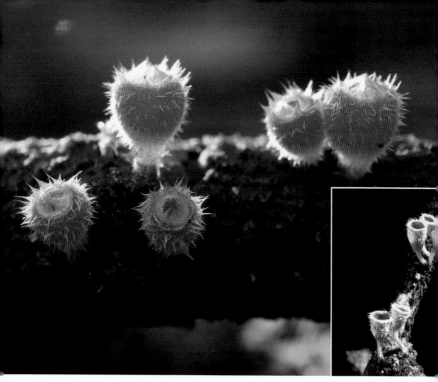

Microstoma floccosum var. *floccosum* (Schwein.) Raitr.

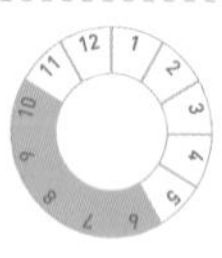

식독여부 | 식독불명 발생시기 | 봄~여름

발생장소 | 활엽수림 내, 땅에 떨어진 낙지, 낙엽 위에 다발 또는 무리지어 발생한다.

형태 | 자실체는 지름 0.3~1cm, 깊이 0.5~1cm이다. 어린 시기에는 안쪽이 넓고 주둥이 부분이 좁은 항아리형이며 성숙하면 주둥이 부분이 넓어진 주발형으로 전개된다. 자실층은 분홍색~담홍색이고, 바깥면은 홍색 바탕에 가늘고 긴 흰색 털이 몇 개씩 뭉쳐진 형태로 전체를 덮고 있다. 자루의 크기는 5~25×2~5mm이고, 흰색 또는 연분홍색이며, 자실체 바깥면과 같은 털들로 덮여 있다. **미세구조:** 포자는 흰색을 띠며, 크기 23~35×10~14μm이고, 장타원형이며, 표면은 평활하다.

술잔버섯 046

Sarcoscypha coccinea (Jacq.) Sacc.

식독여부 | 식독불명　발생시기 | 봄~여름

발생장소 | 숲속 쓰러진 나무의 썩은 줄기나 가지 위에 홀로 또는 무리지어 발생한다. 보통 기주식물이 흙에 묻혀 있어 땅에서 직접 올라온 것처럼 보이지만 채취해 보면 여러 개의 자실체가 하나의 기주에 다 붙어서 발생한 것을 확인할 수 있다.

형태 | 자실체의 지름은 1~5cm이고, 한쪽 부분이 터진 찻잔~주발형이다. 자실층 표면은 선홍색, 바깥면은 자실층면보다 밝은 흰색~담홍색을 띠며, 흰색의 짧고 가는 털로 덮여 있다. 자루는 아주 짧거나 없다. **미세구조:** 포자는 흰색을 띠며, 크기는 29~39×9~13μm이고, 타원형이며, 표면은 평활하다.

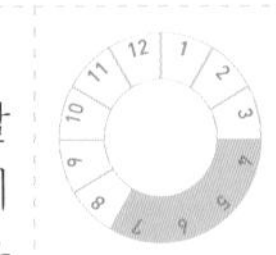

047 말미잘버섯

Urnula craterium (Schwein.) Fr.

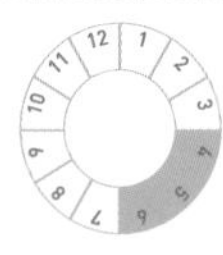

식독여부 | 식독불명　발생시기 | 봄~초여름

발생장소 | 숲속 고사목 뿌리나 쓰러진 나무의 썩은 줄기, 가지 위에 다발로 발생한다.

형태 | 자실체는 지름 1~4cm, 깊이 0.8~3cm이고, 항아리~컵 모양이다. 자실층면은 검은색~짙은 흑갈색이고, 바깥쪽은 담회색에 흰색 점무늬가 있다. 갓의 가장자리는 회색~흑갈색 털균사이 물결무늬를 이룬다. 자루의 크기는 2~4cm×5~10mm이고, 색깔은 바깥쪽 면과 같은 색이다. **미세구조:** 포자는 흰색을 띠며, 크기는 22~37×10~15μm이고, 타원형이며, 표면은 평활하다.

다발귀버섯 048

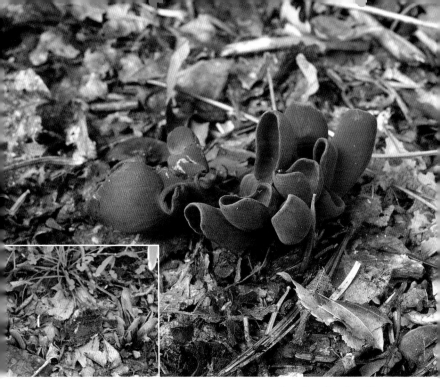

Wynnea gigantea Berk. & M. A. Curtis

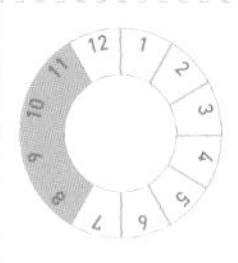

식독여부 | 식독불명　발생시기 | 가을

발생장소 | 활엽수림 내 죽은 나무뿌리와 관계하여 땅 위에 다발로 발생한다.

형태 | 자실체는 높이 5~7cm, 지름 4~6cm이다. 땅에 묻힌 지하경 또는 괴경상의 균핵에서 나온 공통의 1개 자루에서 10~20개의 토끼 귀 모양 또는 주걱 모양의 자실체가 형성한다. 자실체 표면은 처음에는 등색을 띠고, 나중에는 흑자색으로 변한다. 자루의 지상 부분은 1~2cm이고, 원통형이다. **미세구조:** 포자는 흰색을 띠며, 크기는 20~22×10~11μm이고, 타원형이며, 표면은 평활하다.

구멍버섯강 Class Sordariomycetes

구멍버섯아강 Subclass Sordariomycetidae

≫ 맥각균목 Order Hypocreales

맥각균과 Clavicipitaceae

곤충에 균핵을 만들어 자실체를 형성한다. 이 과는 자실체를 만드는 완전세대와 무성세대 포자인 불완전세대를 동시에 형성한다. 완전세대 자실체는 자루가 있고, 머리 부분에 자낭각을 빽빽하게 형성한다.

- 녹강균속 *Metarhizium*

동충하초과 Cordycipitaceae

최근, 맥각균과Clavicipitaceae에서 파생되어 나온 과로, 곤충을 기주로 곤충 내부에 균핵을 만들어 자실체를 형성한다. 자실체 형태는 맥각균과와 아주 유사하다.

- 백강균속 *Beauveria*
- 동충하초속 *Cordyceps*
- 나방꽃동충하초속 *Isaria*
- 잠자리동충하초속 *Ophiocordyceps*
- *Thilachlidiopsis*

기생버섯과 Hypomyceteceae

다른 버섯에 기생하는 균이다. 모양은 기주가 되는 버섯 모양 그대로이며, 기주를 완전히 덮고 그 표면에 자낭각을 형성한다.

- 기생버섯속 *Hypomyces*

육좌균과 Hypocreaceae

곤봉 모양의 자실체를 형성하며 자낭각을 형성한다. 주로 참나무 고사목을 썩힌다.

- 사슴뿔버섯속 *Podostroma*

녹강균 049

Metarhizium anisopliae (Metschn.) Sorokīn

식독여부 | 식독불명　발생시기 | 여름~가을

발생장소 | 대벌레, 사마귀, 메뚜기 등 다양한 곤충에 발생한다.

형태 | 이 균에 감염된 곤충은 처음에는 온 몸이 흰색을 띠는 포자와 균사로 뒤덮이고, 후에 균사와 포자가 발달하면서 초록빛을 띠게 된다. **미세구조:** 포자는 녹색이고, 분생포자의 크기는 6.5~13.5×2~3.5μm이며, 장타원형으로 표면은 평활하다.

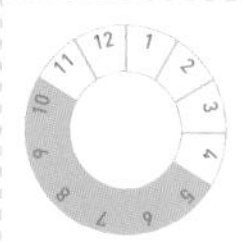

>>> 해충의 살충성이 높아 친환경 생물 농약으로 개발하려는 움직임이 있으며, 해외에서는 상품으로 출시되기도 했다. 단 습도에 민감하여 야외가 아닌 온실 내 처리에만 사용할 수 있어 많이 보급되고 있지는 않다. 이 균은 정확히 말하자면 버섯이 아니다. 다른 버섯들과 다르게 불완전균류에 속하는 균으로 우리가 음식을 상하게 하는 일반적인 곰팡이와 비슷하다.

050 백강균

Beauveria bassiana (Bals. -Criv.) Vuill.

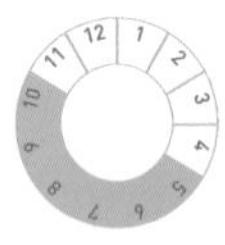
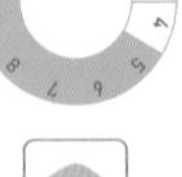

식독여부 | 약용　발생시기 | 봄~가을

발생장소 | 메뚜기, 매미, 딱정벌레 등 다양한 곤충에 발생한다.

형태 | 이 균에 감염된 곤충은 처음에는 몸속에 균사가 가득 차 죽게 되고, 마디마디에 흰색의 포자와 균사가 자라 나오게 된다. 일반적으로 자좌를 형성하지 않지만 매우 드물게 형성하기도 한다. **미세구조:** 포자는 흰색이고, 분생포자의 크기는 2~3×2~2.5μm이며, 구형~유구형으로 표면은 평활하다.

>>> 이 균 또한 해충의 살충성이 높아 친환경 생물 농약으로 개발하려는 움직임이 있으나, 녹강균보다 살충성이 높지 않아 상품으로 출시되지는 않았다. 이 종 또한 녹강균과 비슷하게 버섯이 아니다. 다른 버섯들과 다르게 불완전균류에 속하는 일반적인 곰팡이와 비슷하다.

유충긴목구형동충하초 051

Cordyceps gracilioides Kobayasi

식독여부 | 약용　발생시기 | 여름~가을

발생장소 | 숲속의 썩은 나무 속이나 땅속의 방아벌레 등 유충에 발생한다. 자좌는 애벌레 배에서 1~3개를 형성한다.

형태 | 자좌의 높이는 4~9cm이다. 머리 부분의 지름은 3.5~5mm이고, 구형~달걀형이며 담황갈색을 띤다. 머리 부분에는 조밀하게 자낭각이 완전히 묻힌형으로 분포하고 있어, 작은 담갈색의 점이 찍혀 있는 것처럼 보인다. 자루의 크기는 2~7×0.3~0.8cm이고, 머리 부분보다 밝은 색이거나 같은 색을 띤다. **미세구조:** 포자는 흰색을 띠며, 크기는 5~6×1.5~2μm이고, 원통형이며, 표면은 평활하다. 자낭각은 머리에 묻혀 있다.

052 유충흙색다발동충하초

Cordyceps martialis Spegazzini

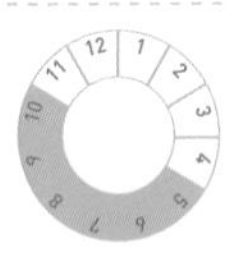

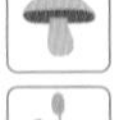

식독여부 | 약용 발생시기 | 봄~가을

발생장소 | 땅속에서 죽은 나비목의 애벌레나 번데기를 기주로 1~4개의 자좌를 형성한다.

형태 | 자좌의 크기는 60×11mm이고, 흙색이 도는 주황색을 띠며, 크기가 42×3mm인 머리 부분과 18×3mm인 암흑색 자루로 이루어지지만, 그 경계가 명확하지 않다. **미세구조:** 자낭각은 비스듬히 묻힌형으로 머리 부분에 빽빽하게 분포하고, 크기는 560~700×330~400μm이다. 자낭의 크기는 280~350×3~5μm이고, 실 모양의 자낭포자는 크기가 340×1μm이며, 측면을 따라 출아세포와 같은 형태로 발아한다.

동충하초(번데기동충하초, 붉은동충하초) 053

Cordyceps militaris (L.) Link

식독여부 | 약용 발생시기 | 늦봄~초가을

발생장소 | 산과 들의 땅속 죽은 나비류 번데기에 발생해 하나의 번데기에 1~5개의 자좌를 형성한다.

형태 | 자좌의 높이는 1~7cm이고, 곤봉형~원통형이며, 진한 주황색을 띤다. 자루의 지름은 1~6mm이고, 원통형이며, 옅은 살색을 띤다. 머리 부분에는 조밀하게 자낭각이 반묻힌형으로 분포하고 있어, 작은 돌기들이 솟아난 것처럼 보인다. 자루는 머리 부분보다 옅은색을 띤다. 자루가 굵은 경우 자루에 세로로 깊은 홈선이 생긴다. **미세구조:** 포자는 흰색을 띠며, 크기는 4~6×1μm이고, 원통상 방추형이며, 표면은 평활하다. 자낭각은 반돌출형으로 머리 부분에 빽빽하게 분포한다.

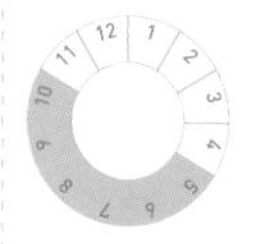

054 깍지벌레유충동충하초

Cordyceps nakazawai Hongo & Izawa

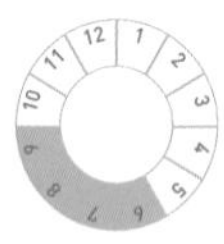

식독여부 | 식독불명　발생시기 | 늦봄~초가을

발생장소 | 산과 들의 땅속 또는 나무 속의 죽은 딱정벌레류 유충에 발생해 충체의 머리 또는 배 끝부분에 1~3개의 자좌를 형성한다.

형태 | 자좌의 높이는 4~9cm이고, 지름은 3~5mm이다. 머리는 약간 두껍고 장타원형이며, 갈색~암갈색을 띤다. 머리 부분에는 조밀하게 자낭각이 완전히 묻힌형으로 분포하고 있어, 작은 담갈색의 점이 찍혀 있는 것처럼 보인다. 자루는 암갈색이고 짧은 털이 빽빽하게 나며 굴곡이 있으며 머리 부분보다 짙은 색을 띤다. **미세구조:** 포자는 흰색이다.

붉은자루동충하초 055

Cordyceps pruinosa Petch

식독여부 | 약용　발생시기 | 여름~가을

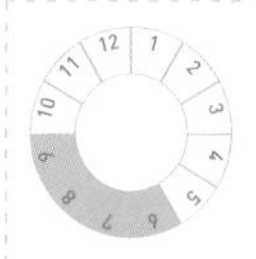

발생장소 | 산과 들의 땅속 또는 나무 속의 쐐기나방 번데기드물게 유충에서 1~4개가 형성한다.

형태 | 자좌의 크기는 1~3cm×2~3mm이고, 곤봉형이다. 머리 부분은 장타원형으로 크기는 0.5~1cm이고, 전체가 선홍색을 띤다. 머리 부분에는 조밀하게 자낭각이 반문힌형으로 분포하고 있어, 작은 돌기들이 솟아난 것처럼 보인다. 자루는 머리 부분보다 짙은 붉은색을 띠며 가는 원통형이고, 부착형태는 대와 머리 부분의 경계가 명확하다. **미세구조:** 포자는 흰색을 띠며, 크기는 3.2~5.1×0.8~1.3μm이고, 원통형이며, 표면은 평활하다. 자낭각은 서양배 모양이고, 반문힌형이다.

056 가지매미동충하초

Cordyceps ramosipulvinata Kobayasi & Shimizu

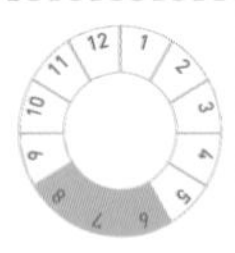
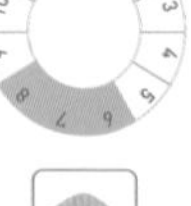

식독여부 | 약용 발생시기 | 여름

발생장소 | 땅속에 있는 매미 번데기에서 발생하며, 기주의 머리에서 1~2개의 자좌를 만든다.

형태 | 자실체는 기주에서 1~2개의 자좌를 형성하며 자좌의 중간에서 여러 개의 가지가 나뉜다. 머리 부분은 지름이 4~6mm로 자루의 맨 위 근처 가까이에 측생하고 사마귀 모양의 구형이다. 자루의 크기는 7~9cm×3.6~4.5mm로 연한 황갈색 원기둥 모양이고 가죽질이며, 표면은 매끈하다. **미세구조:** 자낭의 크기는 130~350×8.8~12.3μm로 머리 부분의 크기는 3~5μm이다. 포자의 크기는 2~3×1.5μm이고 막대 모양이다.

매미눈꽃동충하초 057

Isaria sinclairii (Berk.) Lloyd.
Paecilomyces sinclairii Lloyd.

식독여부 | 약용　발생시기 | 늦봄~여름

발생장소 | 산과 들의 땅속의 죽은 매미 번데기에 다발의 분생자경을 만드는 불완전세대형의 동충하초다.

형태 | 자좌의 크기는 3~5cm이고, 충체의 머리와 입 사이에 1~2개의 자좌를 형성한다. 머리는 밀가루 같은 담회색 또는 담자색의 분생포자 덩어리가 덮여 있어, 바람 등에 의하여 쉽게 날아가 흩어진다. 자루의 크기는 10~45×1~3mm로 가늘고 담주황색을 띤다. **미세구조:** 포자는 흰색을 띠며, 크기는 4.8~7.5×2.6~3.5μm이고, 타원형 혹은 굽은형으로 체인형이다.

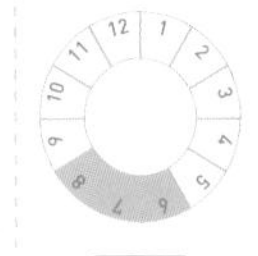

058 유충검은점박이동충하초

Ophiocordyceps agriotidis (A. Kawam.) G.H. Sung, J.M. Sung, Hywel-Jones & Spatafora

Cordyceps agriota A. Kawam.

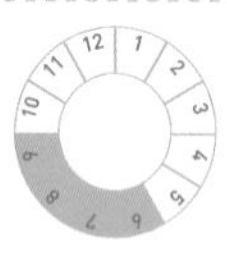

식독여부 | 식독불명　발생시기 | 여름~가을

발생장소 | 썩은 나무 속이나 낙엽 밑의 죽은 방아벌레 유충에 발생한다.

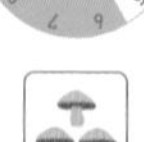

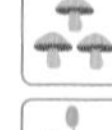

형태 | 자실체의 높이는 3~7cm이고, 바늘 모양이다. 자좌는 애벌레의 배마디에 1~2개가 형성하며, 회갈색을 띤다. 머리 부분과 자루 부분은 특별히 구분이 없고 자좌의 윗부분에 흑갈색의 자낭각이 돌출형으로 촘촘하게 분포한다. 자루는 실처럼 가늘고 길며 끝부분은 바늘처럼 뾰족하고 아래쪽이 약간 두껍다. **미세구조:** 포자는 흰색을 띠며, 크기는 140~200×1~1.5μm이고, 긴 실과 같은 형이다. 자낭각은 달걀형이며 흑갈색이고, 자루의 위쪽에 노출된다.

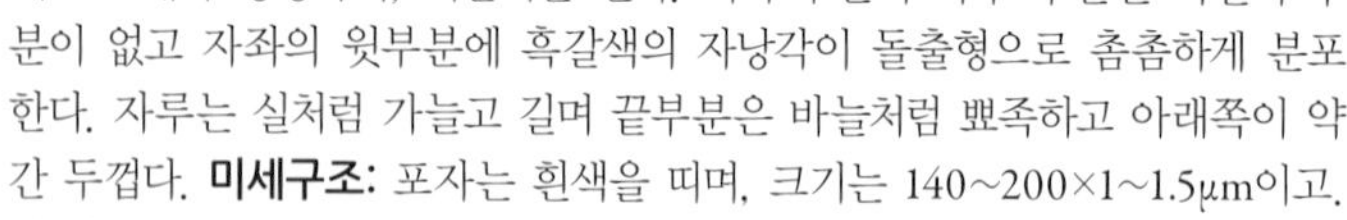

큰매미동충하초 059

Ophiocordyceps heteropoda (Kobayasi) G.H. Sung, J.M. Sung, Hywel-Jones & Spatafora

Cordyceps heteropoda Kobayasi

식독여부 | 약용　발생시기 | 늦봄~여름

발생장소 | 땅속에 있는 매미 번데기에서 발생하며, 기주의 머리에서 1개~여러 개의 자좌를 만든다.

형태 | 땅 위로 나온 자좌의 높이는 20~60mm이며, 면봉형의 머리와 이를 받쳐 주는 자루로 이루어져 있다. 머리 부분은 울퉁불퉁한 구형으로 조밀하게 자낭각이 완전히 묻힌형으로 빽빽하게 분포하고 있어, 작은 담갈색의 점이 찍혀 있는 것처럼 보인다. 자루의 크기는 2~8×0.3~0.8cm이고, 머리 부분보다 짙은 색이거나 같은 색을 띤다. 자루의 기부에는 자루와 같은 색의 뿌리 모양의 균사들이 뻗어 있는 경우도 있다. **미세구조:** 자낭각은 달걀형으로 크기는 600~650×200~215μm이며, 자낭의 크기는 250~300×5~7μm이다.

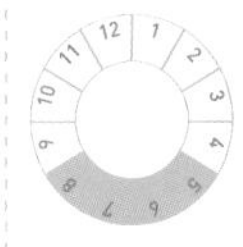

060 제주긴뿌리동충하초(매미긴자루동충하초)

Ophiocordyceps longissima (Kobayasi) G.H. Sung, J.M. Sung, Hywel-Jones & Spatafora

Cordyceps longissima Kobayasi

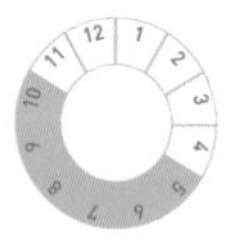
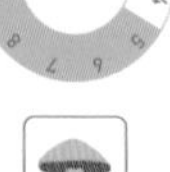

식독여부 | 식용　발생시기 | 봄~가을

발생장소 | 땅속에 있는 매미 번데기에서 발생하며, 기주의 머리에서 1~2개의 자좌를 만든다.

형태 | 자실체는 기주에서 1~2개가 발생하고 곤봉형 혹은 불규칙한 형태로 육안상 다소 거칠어 보이며 적갈색을 띤다. 머리 부분의 표면에 굴곡이 많으며 크기는 23~59×6~8mm이다. 자루는 원통형으로 크기는 37~151×2.5~4.0mm이다. **미세구조:** 자낭각의 크기는 553~600×215~270μm이고 호리병 모양이며 묻힌형으로 배열되어 있고, 자낭은 가는 원통형으로 크기가 330~510×5~6μm이다. 자낭포자는 실 모양이며, 분절된 이차포자는 원통형으로 크기가 11~13×1.4~1.8μm이다.

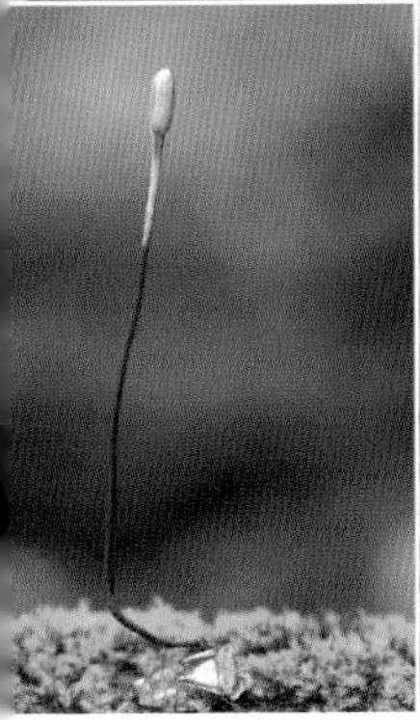

노린재동충하초 061

Ophiocordyceps nutans (Pat.) G.H. Sung, J.M. Sung, Hywel-Jones & Spatafora

Cordyceps nutans Pat.

식독여부 | 약용　발생시기 | 여름~가을

발생장소 | 활엽수림 내 땅속 또는 낙엽 속의 죽은 노린재 성충의 가슴과 배 사이 마디에서 1~3개의 자좌가 형성된다.

형태 | 자좌의 전체 길이는 5~17cm이고, 머리 부분의 크기는 4~10×1~2mm이며, 방추형~원주형으로 등황색을 띤다. 머리 부분이 성숙되지 않았을 경우 자루 끝이 붉은색을 띠며 머리 부분이 성숙됨에 따라 끝부분이 굵어지고 주황색으로 바뀐다. 자루의 크기는 3~12×1~2mm이고 검은색을 띤다. **미세구조:** 포자는 흰색을 띠며, 크기는 10~14×1.5μm이고, 원통형이며, 표면은 평활하다. 자낭각은 머리에 묻혀 있다.

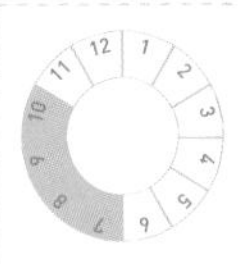

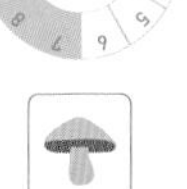

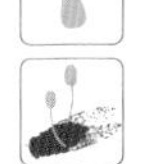

062 매미동충하초

Ophiocordyceps sobolifera (Hill ex Watson) G.H. Sung, J.M. Sung, Hywel-Jones & Spatafora

Cordyceps sobolifera (Hill ex Watson) Berk. & Broome

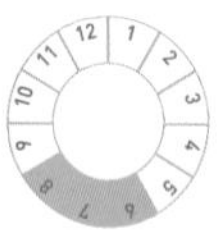

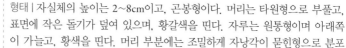

식독여부 | 약용　발생시기 | 늦봄~여름

발생장소 | 산과 들의 땅속 매미유충과 번데기 등의 충체에 기생하며, 충체의 머리 부분에 하나의 자좌를 형성한다.

형태 | 자실체의 높이는 2~8cm이고, 곤봉형이다. 머리는 타원형으로 부풀고, 표면에 작은 돌기가 덮여 있으며, 황갈색을 띤다. 자루는 원통형이며 아래쪽이 가늘고, 황색을 띤다. 머리 부분에는 조밀하게 자낭각이 묻힌형으로 분포하고 있어, 작은 담갈색의 점이 찍혀 있는 것처럼 보인다. 작은 돌기들이 솟아난 것처럼 보인다. 자루는 머리 부분보다 옅은색을 띤다. 자루가 굵은 경우 자루에 세로로 깊은 홈선이 생긴다. **미세구조:** 포자는 흰색이고, 자낭각은 머리에 묻혀 있다.

벌동충하초 063

Ophiocordyceps sphecocephala (Klotzsch ex Berk.) G. H. Sung, J. M. Sung, Hywel-Jones & Spatafora

Cordyceps sphecocephala (Klotzsch ex Berk.) Berk. & M. A. Curtis

식독여부 | 약용　발생시기 | 늦봄~여름

발생장소 | 활엽수림 내 땅속 및 낙엽 밑의 죽은 벌 성충에 발생하며, 발생형태는 충체의 머리와 가슴 부분 마디에 1~3개의 자좌를 형성한다.

형태 | 자좌의 전체 길이는 4~10cm이다. 머리 부분의 지름은 1~2mm이고, 장타원형~럭비공 모양으로 담황색을 띤다. 자루의 두께는 0.5~1mm이며, 가늘고 길다. **미세구조:** 포자는 흰색을 띠며, 크기는 8~14×1.5~2μm이고, 원통상 방추형이며, 표면은 평활하다. 자낭각은 머리에 비스듬히 묻힌형이다.

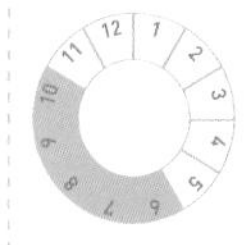

064 깡충이동충하초

Ophiocordyceps tricentri (Yasuda) G.H. Sung, J.M. Sung, Hywel-Jones & Spatafora
Cordyceps tricentri (Oeder) Yasuda

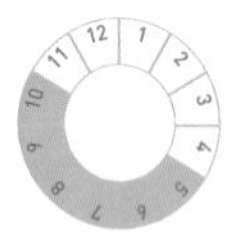
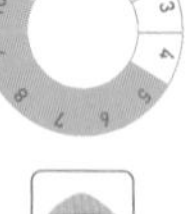
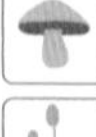

식독여부 | 약용 발생시기 | 봄~가을

발생장소 | 활엽수림 내 낙엽 밑의 죽은 거품벌레 성충의 머리와 가슴 사이 마디에서 1~2개의 자좌를 형성한다.

형태 | 자실체의 전체 길이는 3~15cm이다. 머리 부분의 길이는 0.5~1mm이고, 장타원형~럭비공 모양으로 담황색을 띤다. 자루의 지름은 0.5~1mm이고, 섬유질이며 선 모양으로 담황갈색을 띤다. **미세구조:** 포자는 흰색을 띠며, 크기는 10~13.5×1.9~2.5μm이고, 원통상 방추형이며, 표면은 평활하다. 자낭각은 머리에 묻힌형이고 선단부가 위로 향하게 돌출된다.

딱정벌레동충하초 065

Thilachlidiopsis nigra Yakusiji et Kumazawa

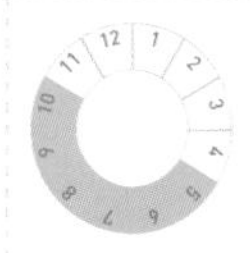

식독여부 | 식용　발생시기 | 봄~가을

발생장소 | 딱정벌레의 가슴과 배의 관절 부위에서 1개에서 여러 개의 자좌를 형성한다.

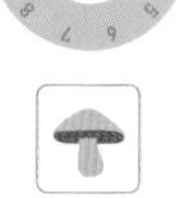

형태 | 외부형태 불임의 병부는 기주로부터 1개가 형성되고 검은색의 광택을 띠며 구불구불한 형태로 발생하고, 크기는 110×1.5mm이다. 병부의 끝부분은 분지하며, 곤충핀 머리 형태로 흰색의 불임 두부를 형성한다. **미세구조:** 분생포자가 끝부분에 다량 존재하며 장타원형으로 크기는 8.3~10.2×2.2~2.8μm이다.

066 기생버섯류

Hypomyces sp.

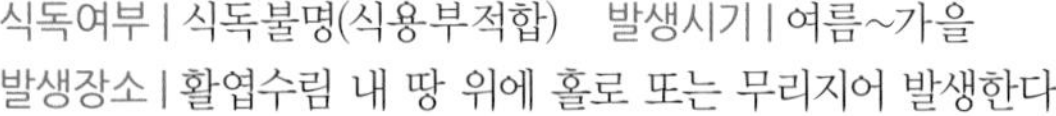

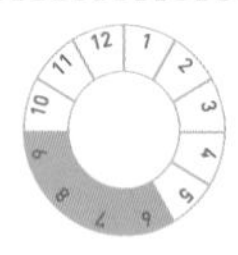

식독여부 | 식독불명(식용-부적합)　발생시기 | 여름~가을

발생장소 | 활엽수림 내 땅 위에 홀로 또는 무리지어 발생한다.

형태 | 자실체의 모양은 다른 버섯이 날 때, 그 버섯의 원기에 기생하여 숙주버섯의 형태를 기형으로 만들며, 주로 그물버섯류, 젖버섯류, 무당버섯류 등에 기생하여, 묘한 형태로 된다. 자실체의 표면은 등갈색 또는 황갈색을 띠며, 자루 밑부분은 흰색을 띤다. **미세구조:** 포자는 흰색을 띠며, 크기는 24~26×4.5~5μm이고, 원통상 방추형이며, 표면은 평활하다. 표면에는 자낭각이 빽빽하게 분포한다.

붉은사슴뿔버섯 067

Podostroma cornu-damae (Pat.) Hongo & Izawa

식독여부 | 독　발생시기 | 여름~가을

발생장소 | 숲속의 썩은 그루터기나 주변 땅 위에 홀로 또는 무리지어 발생한다.

형태 | 자실체의 크기는 3~13cm×7~15mm이고, 원통형~곤봉형이며, 분지하여 사슴뿔 모양 또는 석순형이다. 어릴 때는 진홍색이나 성숙하면 황적색을 띤다. 머리 부분과 자루의 구분이 확실치 않다. 조직은 흰색이다. 자낭각은 상반부의 외피층에 묻혀 있다. 일반적으로 하나의 가지 위에 2~3개가 형성하여 손가락 모양을 하지만, 기부부터 여러 가지가 분지한 산호나 싸리 모양의 자실체를 형성하는 경우도 있다. **미세구조:** 자낭은 50~65×3~4.2μm이고, 원통형이며 8개의 투명한 자낭포자가 들어 있고 측사는 없다.

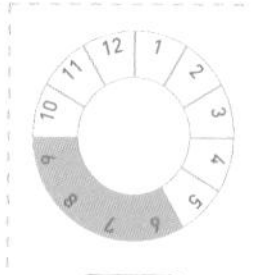

구멍버섯강 Class Sordariomycetes

콩꼬투리버섯아강 Subclass Xylariomycetidae

≫ 콩꼬투리버섯목 Order Xylariales

콩꼬투리버섯과 Xylariaceae

자실체는 곤봉~구형이며, 나무에 다발로 형성한다. 자실체는 매우 어두운 색이고, 흑갈색~검은색의 포자를 형성한다.

- 콩버섯속 *Daldinia*
- 콩꼬투리버섯속 *Xylaria*

콩버섯 068

Daldinia concentrica (Bolton) Ces. & De Not.

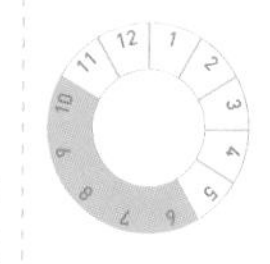

식독여부 | 식용부적합　발생시기 | 여름~가을

발생장소 | 활엽수 고사목이나 쓰러진 나무의 줄기 위에 무리지어 발생한다.

형태 | 자실체의 지름은 1~3cm이고, 반구형~불규칙한 혹 모양이다. 표면은 흑갈색~흑적색, 후에 포자의 방출로 검은색 분말이 덮여 있다. 조직은 단면을 보면 외피층은 약간 탄질이고, 여기에 자낭각이 분포한다. 조직이 흑갈색~검은색이고 섬유질이며, 폭 1mm 정도 간격의 동심원상 고리 무늬가 있다. **미세구조:** 포자는 암갈색을 띠고, 크기는 10~12×5~6μm이다. 모양은 광타원형이며, 표면은 평활하고 한쪽이 넓적하다.

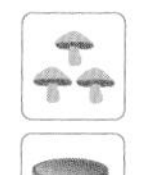

069 땅콩버섯

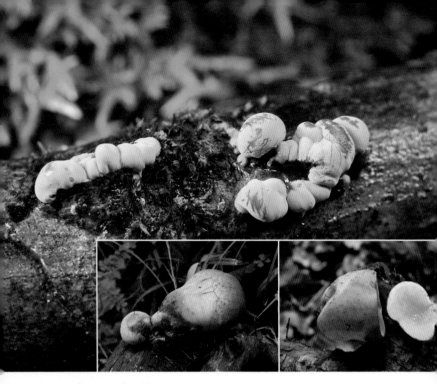

Entonaema splendens (Berk. et Curt.) Lloyd

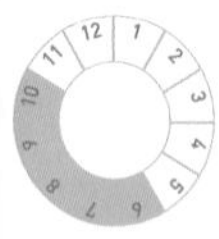

식독여부 | 식독불명 발생시기 | 여름~가을

발생장소 | 썩은 활엽수에 달라붙어 발생한다.

형태 | 자실체의 지름은 1~4cm이며 대개 둥글거나 일정하지 않은 모양을 하고 있다. 신선한 것은 탄성이 조금 있지만 건조하면 단단해진다. 자실체 표면은 붉은빛을 띤 황색 또는 적갈색으로 처음에 편평하고 미끄럽지만 상처를 입으면 적변하고, 차차 작은 검은 점이 생기며 그 검은 점에서 검은색의 포자가 비산되면서 자실체의 표면이 더러워진다. 조직은 젤라틴질로 말랑말랑하며 강한 당귀 냄새가 난다. **미세구조:** 포자는 크기가 8.5~11.5×4.5~6μm이고 타원형으로 매끄러우며 검은 갈색이다.

실콩꼬투리버섯 070

Xylaria filiformis (Alb. & Schwein.) Fr.

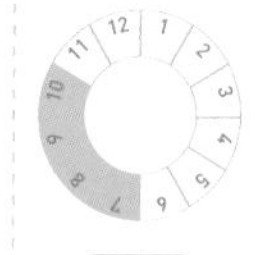

식독여부 | 식용부적합　발생시기 | 여름~가을

발생장소 | 초본류, 양치식물 등의 죽은 유기체나 열매껍질에서 무리지어 발생한다.

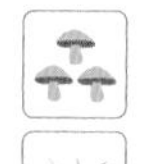

형태 | 자실체의 크기는 3~10cm×0.5~15mm이고, 모양은 섬유상이며, 분지하지 않는다. 표면은 검은색이고, 자실체 윗부분은 흰색이나 끝부분은 갈색을 띤다. 조직은 흰색이고 목질로 질기고 단단하다. **미세구조:** 포자는 흑갈색이며, 크기는 12.5~17×5~6.5μm이다. 타원형이며, 표면은 평활하고, 한쪽이 넓적하다. 자낭각의 윗부분은 약간 두툼하다.

071 뿔콩꼬투리버섯

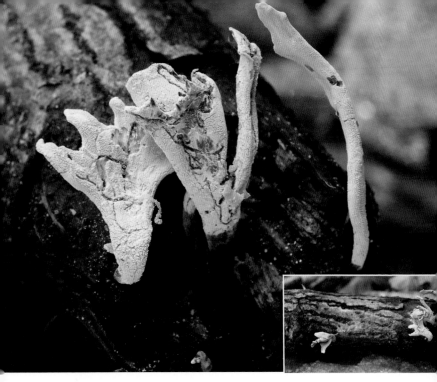

Xylaria hypoxylon (L.) Grev.

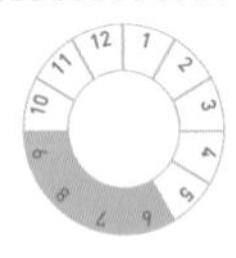
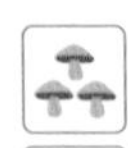

식독여부 | 식용부적합　발생시기 | 여름~가을

발생장소 | 활엽수 고사목, 땅에 묻힌 나무나 썩은 뿌리 등에 무리지어 발생한다.

형태 | 자실체의 높이는 3~7cm이고, 자실체의 끝부분은 사슴뿔 모양으로 분지한다. 자루는 기주와 접해 있는 기부 쪽에 짧고 가는 털이 빽빽하다. 일반적으로 윗부분에는 미색 바탕에 황토색 점이 박힌 듯이 자낭각이 촘촘이 분포하고 있는 완전세대의 자실체보다는 흰가루 모양의 분생포자가 윗부분에 덮여 있는 불완전세대 자실체를 발견하기 쉽다. 조직은 흰색이며 질기고 단단하다. **미세구조:** 포자는 흑갈색이며, 크기는 12~14×5~6.5μm이다. 모양은 콩팥형이며, 표면은 평활하다.

콩꼬투리버섯(다형콩꼬투리버섯) 072

Xylaria polymorpha (Pers.) Grev.

식독여부 | 식용부적합　발생시기 | 여름~가을(연중)

발생장소 | 활엽수 고사목, 땅에 묻힌 나무나 썩은 뿌리 등에 무리지어 발생한다.

형태 | 자실체의 높이는 3~7cm이고, 머리 부분의 지름은 0.9~1.5cm이다. 보통 방망이 모양이며 형태의 변화가 많다. 전체가 검은색의 목탄질이다. 자루는 위아래 굵기가 같은 원통형이다. 조직은 흰색이며, 목질로 질기고 단단하다. **미세구조:** 포자는 갈색을 띠며, 크기는 20~30×5~6.5μm이고 타원형이며, 표면은 평활하고 한쪽이 넓적하다. 자낭각은 외피층에 묻혀 있고, 표면에 점상으로 입구를 연다.

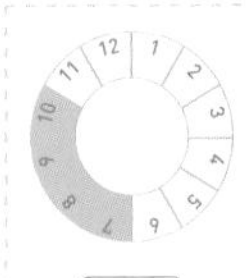

Basidiomycota
담자균문

주름버섯강 Class Agaricomycetes
주름버섯아강 Subclass Agaricomycetidae
≫ 주름버섯목 Order Agaricales

주름버섯과 Agaricaceae

방사상으로 날 모양의 주름살을 가지고 있는 분류군으로 대부분의 버섯조직이 부드럽다. 주름버섯으로부터 어원이 시작되었고, 버섯분류의 아버지라 불리우는 Elias Fries에 의해 만들어졌다. 대부분이 갓과 자루로 이루어져 있다. 갓에는 주름살이 있고, 이 주름살에 다양한 색깔의 포자가 존재한다.

- 주름버섯속 *Agaricus*
- 흰갈대버섯속 *Chlorophyllum*
- 주름찻잔버섯속 *Cyathus*
- *Cystodermella*
- 댕구알버섯속 *Lanopila*
- 여우갓버섯속 *Leucoagaricus*
- 말불버섯속 *Lycoperdon*
- 새둥지버섯속 *Nidula*
- 말징버섯속 *Calvatia*
- 먹물버섯속 *Coprinus*
- 낭피버섯속 *Cystoderma*
- 솜갓버섯속 *Cystolepiota*
- 갓버섯속 *Lepiota*
- 각시버섯속 *Leucocoprinus*
- 큰갓버섯속 *Macrolepiota*
- 턱받이금버섯속 *Phaeolepiota*

광대버섯과 Amanitaceae

중형~대형의 자실체를 숲속 땅 위에 형성한다. 대부분의 종이 턱받이와 대주머니를 가지고 있고, 포자문은 흰색이다.

- 광대버섯속 *Amanita*

소똥버섯과 Bolbitiaceae

소형~중형의 자실체를 형성한다. 부엽토층이나 썩은 나무 줄기에 나고, 조직은 매우 연하여 쉽게 부서지는 특징이 있다. 포자문은 황갈색이다.

- 소똥버섯속 *Bolbitius*
- 종버섯속 *Conocybe*

국수버섯과 Clavariaceae

갓을 형성하지 않고, 가늘고 긴 막대형 또는 산호 모양 자실체를 땅 위에 형성한다. 자실체는 부서지기 쉽고, 흰색의 포자문을 형성한다.

- 국수버섯속 *Clavaria*
- 쇠뜨기버섯속 *Ramariopsis*
- 창싸리버섯속 *Clavulinopsis*

끈적버섯과 Cortinariaceae

소형~대형의 자실체를 형성한다. 숲속 땅 위에 나고, 거미집막Cortina이라는 거미줄 모양의 턱받이나 일반 턱받이가 있고, 대주머니는 없다. 포자문은 황갈색에서 갈색을 띤다.

- 끈적버섯속 *Cortinarius*
- 돌버섯속 *Descolea*
- 까마귀버섯속 *Flammulaster*

외대버섯과 Entolomataceae

소형~대형의 자실체를 형성한다. 숲속 땅 위나 부식토 위에 나며, 포자문은 분홍색이고, 턱받이와 대주머니는 형성하지 않는다.

- 외대버섯속 *Entoloma*
- 외대버섯속 *Rhodophyllus*

소혀버섯과 Fistulinaceae

최근 구멍장이버섯과Polyporaceae에서 파생되어 나온 과로, 주름버섯목Agaricales으로 새로 편입되었다. 밑부분이 구멍처럼 보이나 여러 개의 관이 뭉쳐 있으며, 포자문은 분홍색이다.

- 그물코버섯속 *Porodisculus*

Hydnangiaceae

송이버섯과Tricholomataceae에서 파생되어 나온 과. 소형~중형으로 땅 위에 자실체를 형성한다. 조직은 밀납질, 주름살 간격이 넓고, 흰색이나 옅은 자주색의 포자문을 형성한다.

- 졸각버섯속 *Laccaria*

벚꽃버섯과 Hygrophoraceae

소형~중형의 자실체를 형성한다. 대부분 땅 위에 발생하며, 갓은 일반적으로 평활하고 밝은 색을 띤다. 주름살은 부드럽고 왁스질로 되어 있다. 자루는 중심생이고, 턱받이와 대주머니는 없다. 포자문은 흰색이다.

- *Ampulloclitocybe*
- 무명버섯속 *Hygrocybe*
- 벚꽃버섯속 *Hygrophorus*

땀버섯과 Inocybaceae

끈적버섯과Cortinariaceae에서 파생되어 나온 과로, 소형~중소형의 자실체를 형성한다. 땅 위나 썩은 나무줄기에 나며, 턱받이와 대주머니는 없고, 포자문은 갈색이다.

- 귀버섯속 *Crepidotus*
- 땀버섯속 *Inocybe*

만가닥버섯과 Lyophyllaceae

송이버섯과Tricholomataceae에서 파생되어 나온 과로, 소형~ 중소형의 자실체를 만든다. 일반적으로 다발을 형성하며, 땅 위, 부식토층, 균류다른 버섯 등에 난다. 자루는 육질이고, 턱받이와 대주머니는 형성하지 않는다.

- 덧부치버섯속 *Asterophora*
- 느티만가닥버섯속 *Hypsizygus*
- 만가닥버섯속 *Lyophyllum*

낙엽버섯과 Marasmiaceae

송이버섯과Tricholomataceae에서 파생되어 나온 과로, 소형~중형의 자실체를 만든다. 낙엽,

퇴비, 나뭇가지에 무리지어 난다. 백색부후균이며, 포자문은 흰색이다.

- 솔방울버섯속 *Baeospora*
- 잎맥버섯속 *Campanella*
- 털가죽버섯속 *Crinipellis*
- *Gymnopus*
- 맑은대버섯속 *Hydropus*
- 표고속 *Lentinula*
- 선녀버섯속 *Marasmiellus*
- 낙엽버섯속 *Marasmius*
- 좀솔밭버섯속 *Micromphale*
- *Omphalotus*
- *Rhodocollybia*

애주름버섯과 Mycenaceae

송이버섯과Tricholomataceae에서 파생되어 나온 과. 소형~중형의 자실체를 형성하며, 나무에 무리지어 발생하는 백색부후균이다. 포자문은 흰색이다.

- 선녀애주름버섯속 *Hemimycena*
- 애주름버섯속 *Mycena*
- 부채버섯속 *Panellus*
- *Roridomyces*
- 이끼살이버섯속 *Xeromphalina*

Physalacriaceae

송이버섯과Tricholomataceae에서 파생되어 나온 과. 중형~대형의 자실체를 만든다. 생입목과 고사목 줄기 또는 나무에 연결되어 땅 위에 나며, 턱받이는 있거나 없고, 대주머니는 없다. 포자문은 흰색이나 아주 옅은 황색을 띤다.

- 뽕나무버섯속 *Armillaria*
- 비녀버섯속 *Cyptotrama*
- 팽이버섯속 *Flammulina*
- 긴뿌리버섯속 *Oudemansiella*
- *Xerula*

느타리과 Pleurotaceae

소형~대형의 자실체를 형성하며, 나무를 썩히는 부생균이다. 주름살은 내린형이고, 자루가 없거나, 있어도 편심생이다. 턱받이와 대주머니는 없고, 포자문은 흰색이다.

- 꼬막버섯속 *Hohenbuehelia*
- 느타리속 *Pleurotus*

난버섯과 Pluteaceae

소형~중형의 자실체를 형성한다. 퇴비나 썩은 목재 위에 나며, 턱받이는 없고, 대주머니는 있는 종과 없는 종이 있다. 분홍색 포자문을 형성하고, 주름살은 자루와 떨어져 있다. 땅 위에 자실체를 형성하는 외대버섯과Entolomataceae와 구분된다.

- 난버섯속 *Pluteus*
- 비단털버섯속 *Volvariella*

눈물버섯과 Psathyrellaceae

먹물버섯속*Coprinus*이 여러 속으로 분열되면서 먹물버섯과Coprinaceae의 바뀐 이름이다. 암갈색~검은색의 포자문을 형성한다. 자실체는 부서지기 쉽다.

- *Coprinellus*
- *Coprinopsis*
- 고슴도치버섯속 *Cystoagaricus*
- *Lacrymaria*

- *Parasola*
- 눈물버섯속 *Psathyrella*

깃싸리버섯과 Pterulaceae

국수버섯과Clavariaceae에서 파생된 과. 나무를 썩히는 부생성균이라는 것이 국수버섯과와 다른 점이다.

- 성게버섯속 *Deflexula*
- 깃싸리버섯속 *Pterula*

치마버섯과 Schizophyllaceae

치마버섯속*Schizophyllum* 1속에 1종만 포함하고 있고, 주름살 끝부분이 세로로 2개로 갈라지는 특징이 있다.

- 치마버섯속 *Schizophyllum*

독청버섯과 Strophariaceae

소형~대형의 자실체를 만든다. 나무줄기나 부식토층에 나고, 포자문은 갈색~자흑색이다. 턱받이는 형성하나 대주머니는 없다.

- 볏짚버섯속 *Agrocybe*
- 황토버섯속 *Galerina*
- 미치광이버섯속 *Gymnopilus*
- *Hypholoma*
- 무리우산버섯속 *Kuehneromyces*
- 개암버섯속 *Naematoloma*
- 비늘버섯속 *Pholiota*
- 독청버섯속 *Stropharia*

Tapinellaceae

중형의 자실체를 나무 위나 땅 위에 형성한다. 주름살은 황색~주황색이며, 내린형이고, 자루는 중심생, 편심생 또는 형성하지 않는 종도 있다. 포자문은 황색~갈색이다.

- 주름버짐버섯속 *Pseudomerulius*
- *Tapinella*

송이버섯과 Tricholomataceae

주름버섯류 중에서 가장 큰 분류군이다. 최근에 낙엽버섯과Marasmiaceae, 애주름버섯과 Mycenaceae, Physalacriaceae 등 여러 개의 분류군으로 나뉘어 크기가 줄어들었다. 백색 포자를 가지고, 중형~대형이며, 썩은 나무, 땅 위, 부식토 위에 발생한다.

- *Arrhenia*
- 겨자버섯속 *Callistosporium*
- 깔대기버섯속 *Clitocybe*
- 애기버섯속 *Collybia*
- 자주방망이버섯속 *Lepista*
- 흰우단버섯속 *Leucopaxillus*
- *Megacollybia*
- 귀느타리속 *Phyllotopsis*
- 헛깔때기버섯속 *Pseudoclitocybe*
- 꽃무늬애버섯속 *Resupinatus*
- 탈버섯속 *Ripartites*
- 송이속 *Tricholoma*
- 솔버섯속 *Tricholomopsis*

미확정분류균 *Incertae sedis*

주름버섯목의 미확정분류과로 국내에서는 주름고약버섯속*Plicaturopsis*만 여기에 속한다.

- 주름고약버섯속 *Plicaturopsis*

073 등색주름버섯

Agaricus abruptibulbus Peck

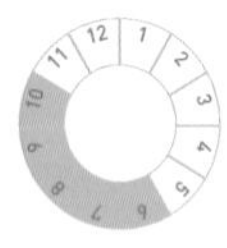

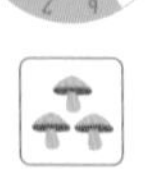

식독여부 | 식용　발생시기 | 여름~가을

발생장소 | 활엽수림, 혼합림, 죽림 내 땅 위에 무리지어 발생한다.

형태 | 갓의 지름은 5~15cm이고, 처음에는 반구형에서 편평하게 전개되며, 갓의 표면은 흰색~담황색이다. 주름살은 떨어진형이고, 빽빽하며, 흰색~담홍색~암자갈색으로 변한다. 자루의 길이는 9~15cm이고, 위아래 굵기가 같은 원통형이며, 갓과 같은 색을 띤다. 자루의 부착형태는 중심생이다. 위쪽에 흰색 막질의 턱받이가 있다. **미세구조:** 포자는 갈색~암갈색을 띠고, 크기는 6.5~7.5×3.5~5μm이다. 모양은 타원형이며, 표면은 평활하다.

흰주름버섯 074

Agaricus arvensis Schaeff.

식독여부 | 식용　발생시기 | 봄~가을

발생장소 | 숲속 풀밭, 목초지, 잔디밭 등에 홀로 또는 무리지어 난다. 균환을 만들기도 한다.

형태 | 갓의 지름은 8~20cm이고, 처음에는 반구형에서 편평하게 전개되며, 갓의 표면은 흰색~담황색을 띤다. 주름살은 떨어진형이고, 아주 빽빽하며, 흰색~회홍색~흑갈색으로 변한다. 자루는 길이 9~15cm이고, 위아래 굵기가 같은 원통형으로 속은 비었으며, 흰색을 띤다. 자루의 부착형태는 중심생이다. 위쪽에 흰색 막질의 턱받이가 있다. 조직은 손에 닿으면 황변한다. **미세구조:** 포자는 갈색~암갈색을 띠고, 크기는 7.5~10×4.5~5μm이다. 모양은 타원형이며, 표면은 평활하다.

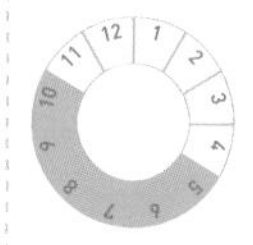

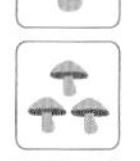

075 주름버섯

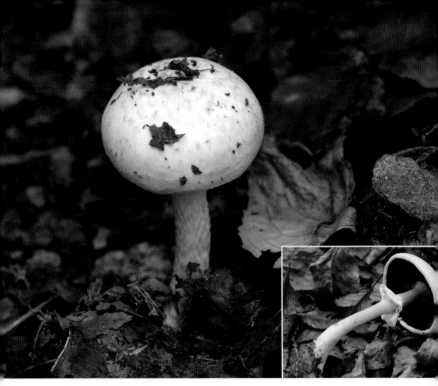

Agaricus campestris var. *campestris* L.
Agaricus campestris L.
Psalliota campestris (L.) Quél.

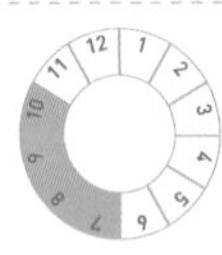
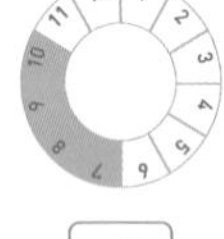

식독여부 | 식용　발생시기 | 봄~가을

발생장소 | 비옥한 풀밭이나 잔디밭 등에 홀로 또는 무리지어 난다. 균환을 만들기도 한다.

형태 | 갓의 지름은 5~10cm이고, 처음에는 반구형에서 편평하게 전개된다. 갓의 표면은 흰색~담황색담적색을 띤다. 주름살은 떨어진형으로 빽빽하며, 담홍색~자갈색~흑갈색으로 변한다. 자루는 길이 5~10cm이고, 위아래 굵기가 같은 원통형으로 흰색을 띤다. 자루의 부착형태는 중심생이고, 위쪽에 흰색 막질의 턱받이가 있다. 조직은 손이 닿거나 수산화칼륨KOH액에 황변한다.

미세구조: 포자는 자갈색을 띠고, 크기는 6~9.5×4.5~7.5μm이다. 모양은 타원형~달걀형이며, 표면은 평활하다.

>>> 양송이와 비슷하고 서양인이 선호하는 식용버섯이다.

광양주름버섯(꼬마주름버섯) 076

Agaricus dulcidulus Schulzer
Agaricus purpurellus (F. H. Møller) F. H. Møller

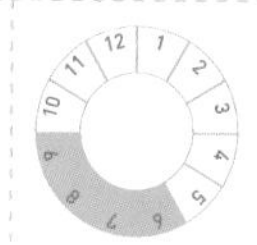

식독여부 | 식용부적합 발생시기 | 여름~가을
발생장소 | 침엽수림 내 땅 위에 홀로 또는 무리지어 발생한다.
형태 | 갓의 지름은 1.5~4.5cm이고, 처음에는 반구형에서 편평하게 전개된다. 갓의 표면은 흰색 바탕에 자갈색의 섬유상 인편이 중앙부에 밀집되어 있다. 주름살은 떨어진형이고, 빽빽하다. 자루는 길이 3.5~6cm이고, 아래쪽이 두꺼우며 흰색을 띤다. 자루의 부착형태는 중심생이고, 턱받이가 있다. 조직은 손이 닿으면 황색~갈색으로 변한다. **미세구조:** 포자는 갈색~암갈색을 띠고, 크기는 4~6×2.5~3.5μm이다. 모양은 타원형이며, 표면은 평활하다. 낭상체의 크기는 12~29×8~12μm이고, 곤봉형~방추형이다.

077 노란대주름버섯

Agaricus moelleri Wasser

Agaricus praeclaresquamosus A. E. Freeman

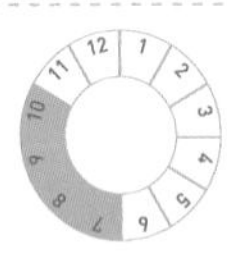

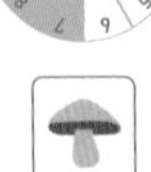

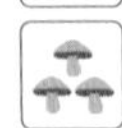

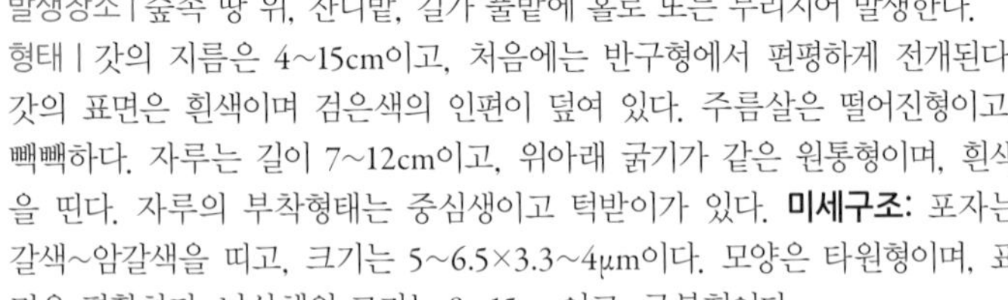

식독여부 | 독　발생시기 | 여름~가을

발생장소 | 숲속 땅 위, 잔디밭, 길가 풀밭에 홀로 또는 무리지어 발생한다.

형태 | 갓의 지름은 4~15cm이고, 처음에는 반구형에서 편평하게 전개된다. 갓의 표면은 흰색이며 검은색의 인편이 덮여 있다. 주름살은 떨어진형이고, 빽빽하다. 자루는 길이 7~12cm이고, 위아래 굵기가 같은 원통형이며, 흰색을 띤다. 자루의 부착형태는 중심생이고 턱받이가 있다. **미세구조:** 포자는 갈색~암갈색을 띠고, 크기는 5~6.5×3.3~4μm이다. 모양은 타원형이며, 표면은 평활하다. 낭상체의 크기는 8~15μm이고, 곤봉형이다.

주름버섯아재비 078

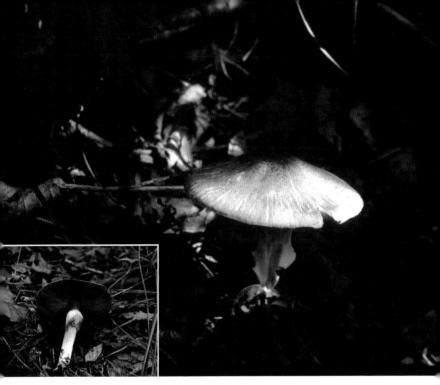

Agaricus placomyces var. *placomyces* Peck
Agaricus placomyces Peck

식독여부 | **식독불명** 발생시기 | 여름~가을

발생장소 | 혼합림, 잡목림 내 땅 위에 홀로 또는 무리지어 발생한다.

형태 | 갓의 지름은 5~15cm이고, 반구형구형에서 편평하게 전개된다. 갓의 표면은 흰색이며 검은색의 인편이 덮여 있다. 주름살은 떨어진형이고, 빽빽하며, 담홍색~자갈색~흑갈색으로 변한다. 자루는 길이 4~11cm이고, 위아래 굵기가 같은 원통형으로 속이 비어 있으며, 기부는 구근상이고, 흰색을 띤다. 자루의 부착형태는 중심생이고, 위쪽에 흰색 막질의 턱받이가 있다. 조직은 상처가 나면 담황색갈색으로 변한다. **미세구조:** 포자는 갈색~암갈색을 띠고, 크기는 4~6×3~3.5μm이다. 모양은 타원형이며, 표면은 평활하다.

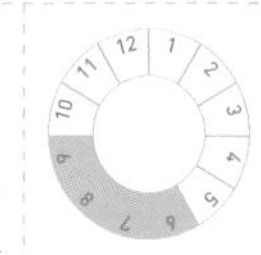

079 숲주름버섯

Agaricus silvaticus Schaeff.
Psalliota silvatica (Schaeff.) P. Kumm.

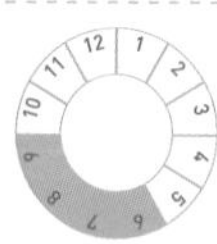

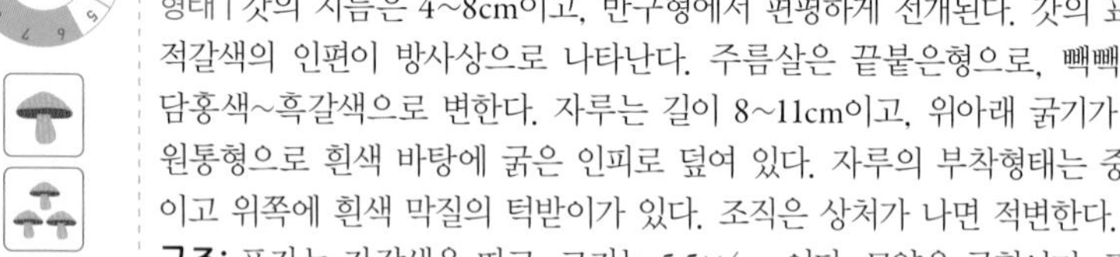

식독여부 | 식독불명   발생시기 | 여름~가을

발생장소 | 침엽수림 내 땅 위에 홀로 또는 무리지어 발생한다.

형태 | 갓의 지름은 4~8cm이고, 반구형에서 편평하게 전개된다. 갓의 표면에 적갈색의 인편이 방사상으로 나타난다. 주름살은 끝붙은형으로, 빽빽하며, 담홍색~흑갈색으로 변한다. 자루는 길이 8~11cm이고, 위아래 굵기가 같은 원통형으로 흰색 바탕에 굵은 인피로 덮여 있다. 자루의 부착형태는 중심생이고 위쪽에 흰색 막질의 턱받이가 있다. 조직은 상처가 나면 적변한다. **미세구조:** 포자는 자갈색을 띠고, 크기는 5.5×4μm이다. 모양은 구형이며, 표면은 평활하다.

진갈색주름버섯 080

Agaricus subrutilescens (Kauffman) Hotson & D. E. Stuntz.

식독여부 | 식용 발생시기 | 여름~가을

발생장소 | 숲속특히 침엽수림 땅 위에 홀로 또는 무리지어 발생한다.

형태 | 갓의 지름은 7~20cm이고, 반구형에서 편평하게 전개된다. 갓의 표면에 흰색이나 자갈색의 인편이 주로 중앙에 밀집되어 있다. 주름살은 떨어진형이고, 아주 빽빽하며, 흰색~핑크색~흑갈색으로 변한다. 자루는 길이 9~20cm이고, 위아래 굵기가 같은 원통형으로 속은 비어 있으며, 흰색 바탕에 섬유상 인편이 있다. 자루의 부착형태는 중심생이고, 큰 턱받이가 위쪽에 있다. **미세구조:** 포자는 회자갈색을 띠고, 크기는 5~6×3~3.5μm이다. 모양은 타원형이며, 표면은 평활하다.

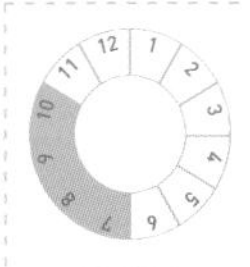

081 말징버섯

Calvatia craniiformis (Schwein.) Fr.

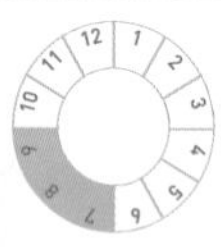
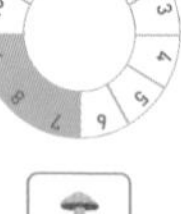

식독여부 | 식용(어린 자실체만 식용)　발생시기 | 여름~가을

발생장소 | 숲속 유기물이 많은 땅 위나 부식질이 많은 곳에 흩어져 나거나 무리지어 발생한다.

형태 | 갓은 높이 6~10cm, 지름 5~8cm이고, 머리 부분은 구형~달걀형이다. 자루는 아래에 역원뿔형의 무성기부無性基部가 있다. 기본체는 처음에는 흰색에서 갈색으로 되고, 황갈색의 액즙을 내면서 분해, 악취를 낸다. 성숙하면 외피가 벗겨지고 황색의 포자괴胞子塊가 드러나며, 바람에 포자를 날린다. 마지막에는 팽이 모양의 기부만 남는다. **미세구조:** 포자는 담갈색을 띠고, 크기는 3~4μm이다. 모양은 구형이며, 표면은 미세한 돌기가 있다.

082 흰독큰갓버섯

Chlorophyllum neomastoideum (Hongo) Vellinga
Macrolepiota neomastoidea (Hongo) Hongo

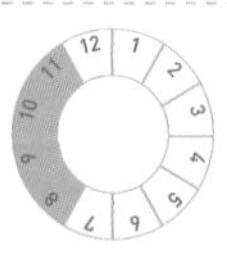
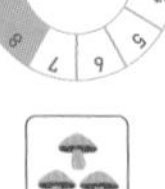
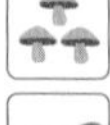

식독여부 | 독 발생시기 | 가을

발생장소 | 숲속 땅 위, 대나무밭의 낙엽 등 부식질이 많은 곳에 무리지어 발생한다.

형태 | 갓의 지름은 8~10cm이고, 구형에서 중앙볼록편평형으로 전개된다. 갓의 표면은 흰색 바탕에 중앙에 황갈색의 큰 인편을 만들고, 갓 둘레에는 소형 인편이 흩어져 있다. 주름살은 떨어진형으로 빽빽하고 흰색을 띤다. 자루의 크기는 10~12cm×4~8mm이고, 기부는 순무처럼 부풀어 오르며, 흰색으로 나중에 갈변한다. 자루의 부착형태는 중심생이고, 흰색 막질의 턱받이를 가진다. 조직은 흰색으로 상처가 나면 적변한다. **미세구조:** 포자는 흰색을 띠며, 크기는 7.5~9×5~6㎛이다. 모양은 장타원형이며, 표면은 평활하고 두꺼운 막이 있다. 낭상체의 크기는 19~40×10~22㎛이고, 곤봉형~방추형이다.

끝말림먹물버섯 083

Coprinus aokii Hongo

식독여부 | 식독불명　발생시기 | 봄~가을

발생장소 | 마른 풀, 마른 가지 등에 홀로 또는 무리지어 발생한다.

형태 | 갓의 지름은 2~3cm이고, 어릴 때는 원주형~종형으로 후에 편평하게 전개되며, 다시 갓 끝이 위로 말린다. 갓의 표면은 황갈색~담황갈색~회갈색을 띠고, 전체에 미세한 털이 빽빽하다. 주름살은 거의 떨어진형으로 빽빽하고, 흰색~암회갈색~검은색으로 변한다. 자루는 길이 4~10cm이고, 미세한 털이 있으며, 속은 비어 있고, 흰색을 띤다. 자루의 부착형태는 중심생이고, 턱받이는 없다. 조직은 아주 얇고 담갈색을 띤다. **미세구조:** 포자는 검은색을 띠고, 크기는 10~13×6~7.5μm이다. 모양은 타원형이며, 표면에 돌기가 존재한다. 낭상체의 크기는 30~60×20~35μm이고, 곤봉형~방추형이다.

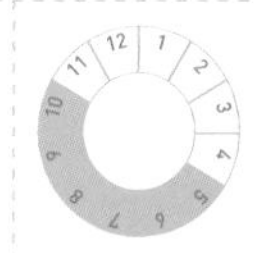

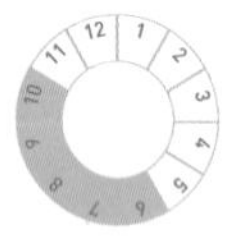

084 먹물버섯

Coprinus comatus (O. F. Műll.) Pers.

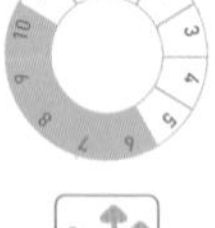

식독여부 | 식용(어린 자실체만 식용)　발생시기 | 봄~가을

발생장소 | 정원, 목장, 잔디밭 등 비옥한 땅 위에 다발로 또는 무리지어 발생한다.

형태 | 갓은 높이 5~10cm, 지름 3~5cm이다. 어릴 때는 자루의 반 이상이 덮인 원주형이고 후에 종형이 된다. 갓의 표면은 흰색 바탕에 담갈색의 거스러미상 인편이 덮여 있다. 주름살은 흰색~담홍색~갈색~검은색으로 되고, 결국 검은 잉크같이 액화된다. 자루는 길이 15~25cm이고, 속이 비어 있으며, 기부가 약간 굵고, 흰색을 띤다. 자루의 부착형태는 중심생이고, 턱받이는 없다. **미세구조:** 포자는 검은색을 띠고, 크기는 13~18×7~8μm이다. 모양은 타원형이며, 표면은 평활하다. 낭상체의 크기는 25~55×13~25μm이고, 곤봉형~방추형이다.

>>> 길가, 정원 등 집 주변에 많이 나고, 술과 함께 먹으면 해가 있다.

주름찻잔버섯 085

Cyathus striatus (Huds.) Willd.

식독여부 | 식용부적합　발생시기 | 여름~가을

발생장소 | 유기질이 많은 땅 위나 썩은 가지 위에 다발로 또는 무리지어 발생한다.

형태 | 갓은 높이 0.8~1.3cm, 지름 0.6~0.8cm이고, 역원추형이다. 갓의 외피에는 갈색~암갈색의 털이 빽빽하고, 내피에는 회색~회갈색의 세로줄이 있다. 주름살 내부에는 바둑돌 모양의 지름 1.5mm 크기의 소피자小皮子가 여러 개 들어 있다. **미세구조:** 포자는 흰색을 띠며, 크기는 16~20×8~9μm이다. 모양은 장타원형이며, 표면은 평활하고 두꺼운 막이 있다.

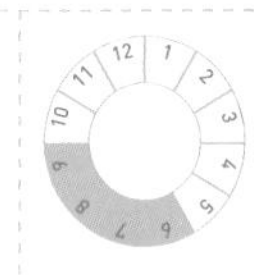

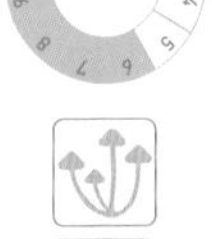

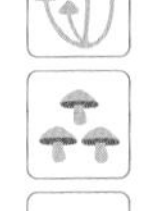

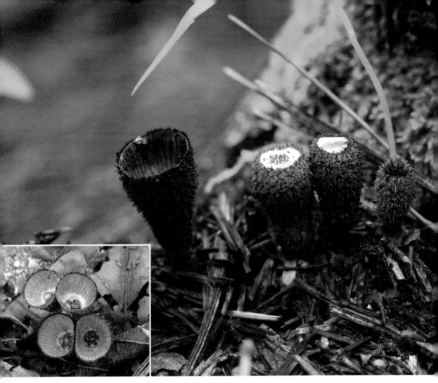

086 참낭피버섯(낭피버섯)

Cystoderma amianthinum (Scop.) Fayod

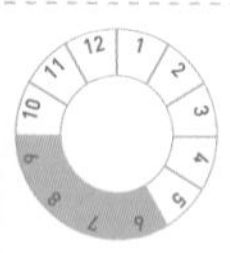
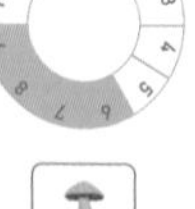

식독여부 | 식용　발생시기 | 여름~가을

발생장소 | 잣나무 등 침엽수림 내 땅 위에 무리지어 발생한다.

형태 | 갓의 지름은 2~5cm이고, 원추형에서 중앙볼록편평형으로 전개된다. 갓의 표면에 황토색의 분말이 덮여 있고, 방사상 주름이 있다. 갓 둘레에는 내피막의 잔유물이 남아 있다. 주름살은 끝붙은형이고, 빽빽하며, 흰색~담황색을 띤다. 자루는 길이 3~6cm이고, 위아래 굵기가 같으며, 아래쪽에 담황색 분말이 덮여 있다. 자루의 색깔은 갓과 같은 색을 띤다. 자루의 부착형태는 중심생이고 위쪽에 조기탈락성 턱받이가 있다. **미세구조:** 포자는 흰색을 띠며, 크기는 5~6×2.8~3.5μm이다. 모양은 타원형이며, 표면은 평활하다. 낭상체의 크기는 14~42×12~31μm이고, 곤봉형~방추형이다.

과립낭피버섯 087

Cystodermella granulosa (Batsch) Harmaja
Cystoderma granulosum (Batsch) Fayod

식독여부 | 식용　발생시기 | 여름~가을
발생장소 | 숲속 땅 위에 홀로 또는 무리지어 발생한다.
형태 | 갓의 지름은 2~5cm이고, 원추형에서 중앙볼록편평형으로 전개된다. 갓의 표면은 적갈색 바탕에 미세입자가 덮여 있다. 주름살은 완전붙은형 또는 끝붙은형이고, 다소 빽빽하며, 흰색~담크림색을 띤다. 자루는 길이 2.5~9cm이고, 위아래 굵기가 같다. 적갈색 분말이 덮여 있고, 갓과 같은 색을 띤다. 자루의 부착형태는 중심생이고, 조기탈락성 턱받이를 가진다. **미세구조:** 포자는 흰색을 띠며, 크기는 4.5~5.5×2.5~3.2μm이다. 모양은 타원형이며, 표면은 평활하다. 낭상체의 크기는 19~35×13~27μm이고, 곤봉형~방추형이다.

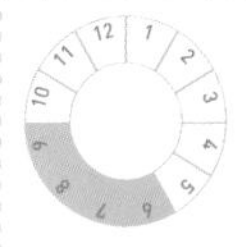

088 흰여우갓버섯아재비

Cystolepiota pseudogranulosa (Berk. & Broome) Pegler
Lepiota pseudogranulosa (Berk. & Broome) Sacc.

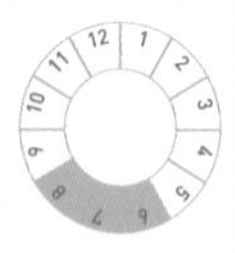
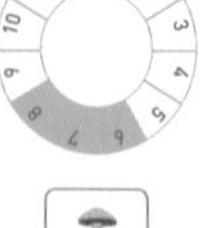

식독여부 | 식용부적합　발생시기 | 여름

발생장소 | 숲속 땅 위에 무리지어 발생한다.

형태 | 갓의 지름은 1~2cm이고, 원추형~종형에서 반구형으로 전개된다. 갓의 표면은 흰색, 담황색, 담홍색을 띠고, 표면에 흰색 분말이 덮여 있으나 쉽게 소실되며, 갓 둘레에는 내피막의 잔유물이 남아 있다. 주름살은 떨어진형이고, 약간 빽빽하며, 흰색~갈색의 얼룩무늬가 성글다. 자루는 길이 2~4cm이고, 표면에 갓과 같이 흰색 분말이 덮여 있으며, 갓과 같은 색을 띤다. 자루의 부착형태는 중심생이고, 턱받이는 위쪽에 있으나 분말상으로 쉽게 소실되고, 흔적만 남는다. **미세구조:** 포자는 흰색을 띠며, 크기는 4.5~5.5×2.5~3μm이다. 모양은 타원형이며, 표면은 평활하다. 낭상체의 크기는 14~25×6.5~8μm이고, 곤봉형~방추형이다.

댕구알버섯 089

Lanopila nipponica (Kawam.) Kobayasi

식독여부 | 식용(어린 자실체만 식용)　발생시기 | 여름~가을
발생장소 | 잡목림, 정원, 대나무밭, 논두렁길 등에 홀로 또는 무리지어 발생한다.
형태 | 자실체의 지름은 20~50cm이고, 대형이며, 구형이다. 외피는 2층으로 흰색이고, 조직은 성숙하면 불규칙하게 파열되는데 벗겨져서 내부는 황갈색~자갈색으로 변하며, 포자괴胞子塊가 드러나고, 균열하여 포자를 비산시킨다. 성숙하면 악취를 낸다. **미세구조:** 포자는 황갈색~갈색을 띠고, 크기는 2~6μm이다. 모양은 구형이며, 표면에 돌기가 있다.

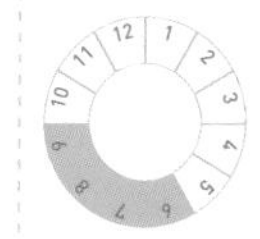

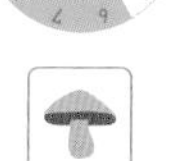

090 가시갓버섯

Lepiota aspera (Pers.) Quél.
Lepiota acutesquamosa (Weinm.) P. Kumm.

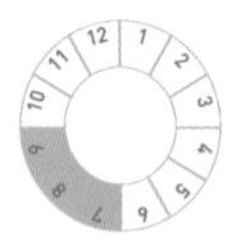

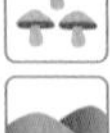

식독여부 | 식용　발생시기 | 여름~가을

발생장소 | 숲속, 정원 등 부식질이 많은 땅 위에 홀로 또는 무리지어 나는 낙엽분해균이다.

형태 | 갓의 지름은 7~10cm, 표면은 담갈색~갈색, 그 위에 직립한 작은 돌기를 만든다. 주름은 떨어진형, 흰색으로 분지하고, 빽빽하다. 자루의 크기는 8~10cm이고, 속이 비어 있으며, 뿌리쪽이 약간 부풀었고, 위쪽에 흰색 막질의 턱받이가 있으며, 아래쪽은 갈색을 띤다. **미세구조:** 포자의 크기는 5.5~7.5×2.5~3μm이고, 타원형 또는 원주형으로 표면은 매끄럽고 색깔은 흰색이다.

노랑갓버섯 091

Lepiota aurantioflava Hongo

식독여부 | 식용　발생시기 | 여름~가을

발생장소 | 숲속 낙엽 위에 다발 또는 무리지어 발생한다.

형태 | 갓의 지름은 1~5cm이고, 처음에는 반구형에서 중앙볼록편평형으로 전개된다. 갓의 표면은 등황색 바탕에 끝이 뾰족하여 떨어지기 쉬운 사마귀형 돌기가 덮여 있으며 쉽게 소실된다. 주름살은 떨어진형이고, 등황색이며, 빽빽하다. 자루는 길이 2.5~5cm이고, 표면은 등황색 바탕에 끝에 약간의 돌기로 덮여 있다. 자루는 등황색 바탕에 갈색의 작은 인편이 있다. 자루의 부착형태는 중심생이고, 턱받이는 황색으로 발달이 나빠 일찍 탈락한다. **미세구조:** 포자는 흰색을 띠며, 크기는 18~27×6~7μm이다. 모양은 좁은 방추형이며, 표면은 평활하다. 낭상체의 크기는 26~70×6.5~26μm이고, 곤봉형~방추형이다.

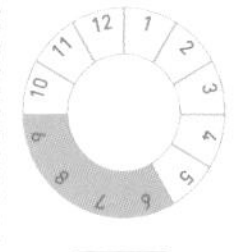

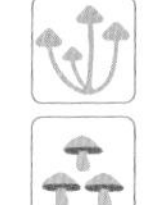

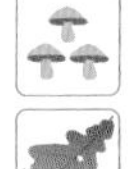

092 밤색갓버섯

Lepiota castanea Quél.

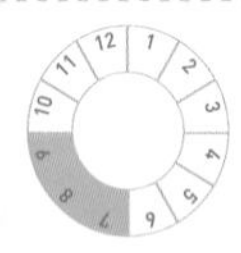

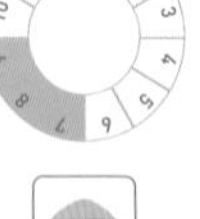

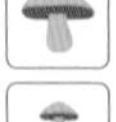

식독여부 | 독　발생시기 | 여름~가을

발생장소 | 숲속 땅 위에 홀로 또는 무리지어 난다.

형태 | 갓의 지름은 1.5~3cm, 반구형에서 중앙볼록편평형으로 된다. 표면은 황갈색~등갈색이며, 표피가 째져서 입상粒狀 인편으로 된다. 주름살은 떨어진형으로, 흰색이며, 약간 성기다. 자루의 크기는 3~5.5cm이고, 기부가 약간 두꺼우며, 위쪽은 흰색, 아래쪽은 옅은 등갈색 바탕에 갓과 같은 인피가 흩어져 있다. 턱받이는 거미집 모양이고, 흰색이며, 일찍 탈락한다. **미세구조:** 포자는 흰색을 띠며, 크기는 7.2~10×2.6~3.6μm이다. 모양은 한쪽 끝이 잘린 듯한 포탄형이며, 표면은 평활하다. 낭상체의 크기는 35~38×15~20μm이고, 타원형이다.

방패갓버섯 093

Lepiota clypeolaria (Bull.) P. Kumm.

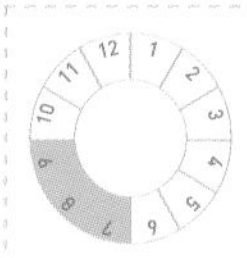

식독여부 | 식용(식용가치는 낮음)　발생시기 | 여름~가을
발생장소 | 숲속 땅 위에 홀로 또는 흩어져 발생한다.
형태 | 갓의 지름은 4~7cm이고, 원추형에서 중앙볼록편평형으로 전개된다. 갓의 표면은 전체가 황갈색이고, 양탄자 같지만 표피가 가늘게 찢어져서 인편이 되어 흩어져 있다. 주름살은 떨어진형이고, 흰색으로 빽빽하다. 자루는 길이 5~10cm이고, 원통형으로 속은 비어 있다. 자루는 턱받이 위쪽은 흰색이며, 평활하고, 아래는 갓과 같이 솜털상~분말상이다. 자루의 부착형태는 중심생이고, 턱받이는 흰색으로 일찍 탈락한다. **미세구조:** 포자는 흰색을 띠며, 크기는 14~22×4~6μm이다. 모양은 좁은 방추형이며, 표면은 평활하다.

094 갈색고리갓버섯

Lepiota cristata (Bolton) P. Kumm.

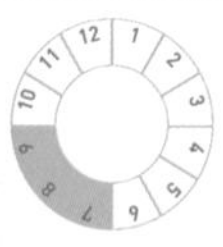
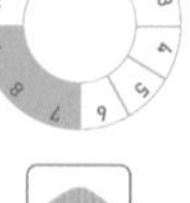

식독여부 | 독　발생시기 | 여름~가을

발생장소 | 정원 또는 숲속 땅 위에 홀로 또는 무리지어 발생한다.

형태 | 갓의 지름은 2~4cm이고, 종형~반구형에서 중앙볼록편평형으로 전개된다. 갓의 표면은 담갈색~적갈색으로 중앙 부위 외에는 째져서 인편으로 되고, 흰색 섬유 바탕에 흩어져 있다. 주름살은 떨어진형이고, 흰색~크림색으로 빽빽하다. 자루는 길이 3~5cm이고, 원통형으로 속이 비어 있다. 자루는 흰색~살색을 띠며, 광택이 있다. 자루의 부착형태는 중심생이고, 턱받이는 흰색 막질의 턱받이가 위쪽에 있지만 쉽게 소실된다. **미세구조:** 포자는 흰색을 띠며, 크기는 5.5~8×3.4~4.5μm이다. 모양은 마름모꼴이며, 표면은 평활하다. 낭상체의 크기는 16~31×7.5~12.5μm이고, 곤봉형~방추형이다.

095 꼬마갓버섯

Lepiota fusciceps Hongo

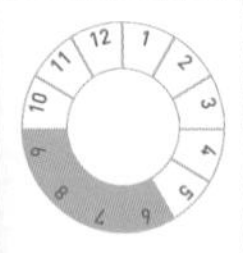

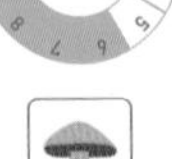

식독여부 | 식독불명　발생시기 | 여름~가을

발생장소 | 썩은 나무 위에 홀로 발생한다.

형태 | 갓의 지름은 1~2cm이고, 반구형에서 편평하게 전개된다. 갓의 표면에 암회갈색 인편이 빽빽이 덮여 있고, 주변부는 방사상으로 째져서 흰색 바탕이 드러난다. 주름살은 떨어진형이고, 흰색~크림색으로 빽빽하다. 자루는 길이 1.5~3cm이고, 원통형으로 속은 비어 있으며, 흰색이고 아래쪽으로 미세한 섬유상 인편이 있다. 자루의 부착형태는 중심생이고, 중앙부에 암회갈색의 턱받이가 있다. **미세구조:** 포자는 흰색을 띠며, 크기는 4.5~6.5×3~3.5μm이다. 모양은 타원형이며, 표면은 평활하다. 낭상체의 크기는 21~34×8~10μm이고, 곤봉형~방추형이다.

과립여우갓버섯(과립각시버섯) 096

Leucoagaricus americanus (Peck) Vellinga

Leucocoprinus bresadolae (Schulzer) Wasser

식독여부 | 식독불명　발생시기 | 여름~가을

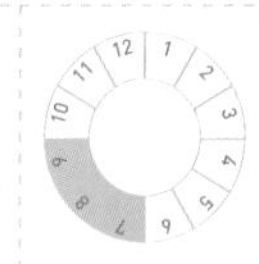

발생장소 | 톱밥, 퇴비, 왕겨더미, 그루터기 등에 다발 또는 무리지어 발생한다.

형태 | 갓의 지름은 5~10cm이고, 처음에는 달걀 모양에서 반구형~중앙볼록편평형으로 전개된다. 갓의 표면은 흰색 바탕에 담갈색~암갈색의 가는 인편이 덮여 있고, 주변부는 성글다. 주름살은 떨어진형이며, 흰색으로 빽빽하다. 자루는 길이 10~12cm이고, 흰색 바탕에 갈색의 입상 인편이 덮여 있으며 위쪽은 흰색, 아래쪽은 적갈색~자갈색을 띤다. 자루의 부착형태는 중심생이고, 두꺼운 막질의 턱받이가 있다. **미세구조:** 포자는 흰색을 띠며, 크기는 8~12×6~7.5μm이다. 모양은 타원형이며, 표면은 평활하다. 낭상체의 크기는 40~100×5~20μm이고, 곤봉형~방추형이다.

097 여우갓버섯

Leucoagaricus rubrotinctus (Peck) Singer

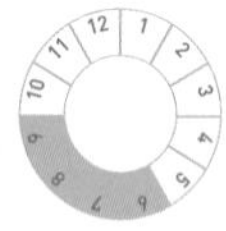
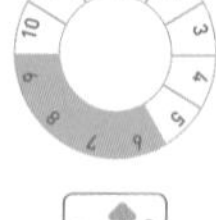

식독여부 | 식독불명　발생시기 | 여름~가을

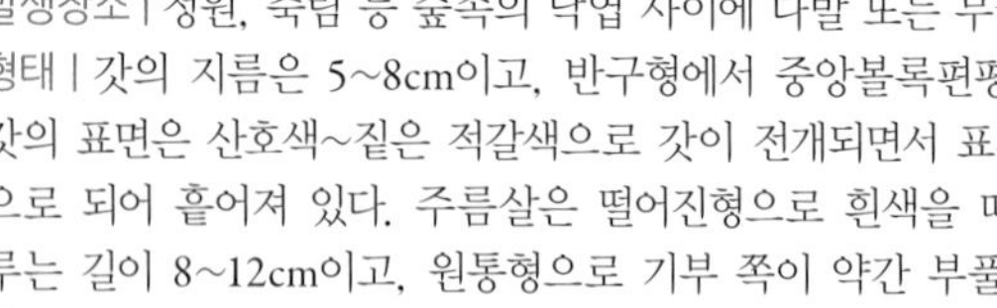

발생장소 | 정원, 죽림 등 숲속의 낙엽 사이에 다발 또는 무리지어 발생한다.
형태 | 갓의 지름은 5~8cm이고, 반구형에서 중앙볼록편평형으로 전개된다. 갓의 표면은 산호색~짙은 적갈색으로 갓이 전개되면서 표피가 째지고, 인편으로 되어 흩어져 있다. 주름살은 떨어진형으로 흰색을 띠며, 빽빽하다. 자루는 길이 8~12cm이고, 원통형으로 기부 쪽이 약간 부풀었으며 속이 비어 있고, 흰색을 띤다. 자루의 부착형태는 중심생이고, 흰색 막질의 턱받이가 있다. **미세구조:** 포자는 흰색을 띠며, 크기는 7~8×4~4.5µm이다. 모양은 타원형이며, 표면은 평활하다. 낭상체의 크기는 24~32×7~12µm이고, 곤봉형~방추형이다.

노란각시갓버섯 098

Leucocoprinus birnbaumii (Corda) Singer
Lepiota lutea (Bolton) Matt.
Leucocoprinus luteus (Bolton) Locq.

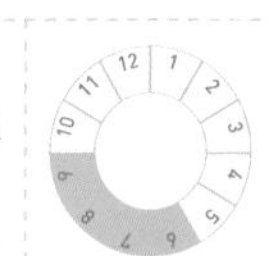

식독여부 | 식독불명　발생시기 | 여름~가을

발생장소 | 정원이나 숲속 땅 위에 발생하며, 온실의 화분에도 다발 또는 무리지어 발생한다.

형태 | 갓의 지름은 2.5~5cm이고, 처음에는 달걀형에서 종형~원추형을 거쳐 편평하게 전개된다. 갓의 표면은 전체가 레몬색이고, 가루~솜조각 모양의 인편으로 덮여 있는 아름다운 버섯으로 갓 주변부는 방사상 홈선이 있다. 주름살은 떨어진형으로, 담황색을 띠며, 빽빽하다. 자루는 길이 5~7.5cm이고, 원통형으로 기부 쪽이 약간 부풀었으며 속이 비어 있고, 레몬색을 띤다. 자루의 부착형태는 중심생이고 조기탈락하는 막질의 턱받이를 가지고 있다.

미세구조: 포자는 흰색을 띠며, 크기는 8.5~11×5.5~8.5μm이다. 모양은 타원형이며, 표면은 평활하다.

>>> 열대~아열대 분포종이다.

099 백조갓버섯

Leucocoprinus cygneus (J. E. Lange) Bon
Lepiota cygnea (J. E. Lange) Bon

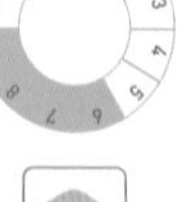

식독여부 | 식독불명　발생시기 | 여름~가을
발생장소 | 숲속의 습한 부식질 땅 위에 홀로 또는 흩어져 발생한다.
형태 | 갓의 지름은 1.5~3cm이고, 처음에는 달걀형에서 종형~원추형을 거쳐 편평하게 전개된다. 갓의 표면은 흰색이며 비단상 광택이 있다. 주름살은 떨어진형이고, 흰색을 띠며, 빽빽하다. 자루는 길이 2~3.5cm이고, 속이 비어 있으며, 위쪽으로 가늘어지고, 흰색을 띤다. 자루의 부착형태는 중심생이고, 거의 중앙부에 흰색 막질의 턱받이가 있다. **미세구조:** 포자는 흰색을 띠며, 크기는 7~8×4~5μm이다. 모양은 타원형이며, 표면은 평활하다. 낭상체의 크기는 25~50×8~12μm이고, 곤봉형~방추형이다.

긴꼬리말불버섯 100

Lycoperdon caudatum J. Schröt.

식독여부 | 식독불명　발생시기 | 여름~가을

발생장소 | 활엽수림의 낙엽층 속에 홀로 발생한다.

형태 | 자실체의 지름은 2~3cm이며, 소형이고 옆으로 퍼진 구형이다. 표면은 바늘침을 가진 집합가시이며, 쉽게 벗겨지고 내피 표면에 흔적이 남는다. 자루는 짧거나 거의 없다. 기부에 뿌리 모양 균사속根狀菌絲束이 있다. **미세구조:** 포자는 갈색을 띠며, 지름은 3~4μm이다. 모양은 구형이며, 표면은 평활하다.

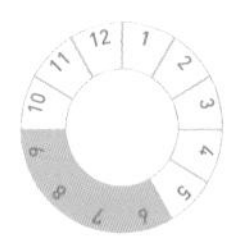

101 말불버섯

Lycoperdon perlatum Pers.
Lycoperdon gemmatum Batsch

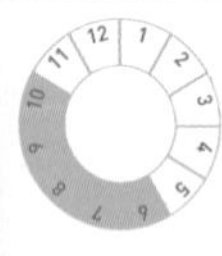

식독여부 | 식용(어린 자실체만 식용)　발생시기 | 여름(장마기)~가을

발생장소 | 숲속 땅 위, 풀밭, 밭 등 부식질이 많은 곳에 홀로 또는 무리지어 발생한다.

형태 | 자실체의 크기는 2~6×3~6cm이고, 갓의 머리 부분은 구형이다. 표면은 처음에는 흰색이나 차츰 황갈색으로 되며, 길고 짧은 돌기와 가시가 무수히 많이 부착하였다가 나중에 탈락하며, 성숙하면 위쪽의 구멍을 통해 연기 모양으로 포자를 분출한다. 아래쪽의 무성기부無性基部는 자루 모양을 한다. 기부에 뿌리 모양 균사속根狀菌絲束이 있다. **미세구조:** 포자는 갈색을 띠며, 지름은 3~4μm이다. 모양은 구형이며, 표면에는 미세한 돌기가 있고, 꼬리는 없다.

102 목장말불버섯

Lycoperdon pratense Pers.
Lycoperdon hiemale Bull.
Vascellum pratense (Pers.) Kreisel

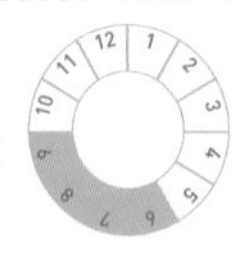

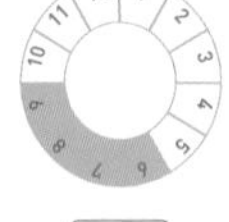

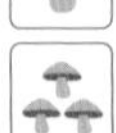

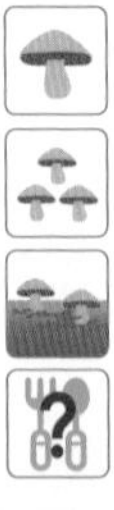

식독여부 | 식독불명　발생시기 | 여름(장마기)~가을

발생장소 | 잔디밭, 풀밭, 임지 주변 등에 홀로 또는 무리지어 발생한다.

형태 | 자실체의 지름은 1~2cm이다. 머리 부분은 구형이며, 무성기부가 있는 경우는 서양배 모양이다. 처음에는 흰색이나 후에 황갈색으로 변한다. 외피는 여러 가지이지만 3~4개의 집합가시가 많다. 내피는 평활한 지질로 갈색이고, 광택이 있으며, 꼭대기의 구멍을 열어 포자를 방출한다. **미세구조:** 포자는 갈색을 띠며, 지름은 4~6μm이다. 모양은 구형이며, 표면은 평활하다.

좀말불버섯 103

Lycoperdon pyriforme Schaeff.

식독여부 | 식용(어린 자실체만 식용)　발생시기 | 여름~가을

발생장소 | 숲속의 낙엽층 위 또는 썩은 나무줄기나 가지 위에 무리지어 발생한다.

형태 | 자실체의 크기는 2~5×1.5~3cm이고, 구형~서양배 모양이다. 표면은 흰색~황갈색이고 분말상~비듬상으로 되었다가 벗겨져 탈락되며, 성숙하면 갈변하고 광택이 있는 지질의 내피를 남기며, 자실체 윗부분에 구멍이 열리고 측면을 누르면 암갈색의 포자가 분출된다. 때때로 곤충들이 집으로 이용하면서 옆쪽에 구멍이 생겨 포자가 옆으로 분출되기도 한다. **미세구조:** 포자는 암록갈색, 지름은 3~4µm이다. 모양은 구형이며, 표면은 평활하다.

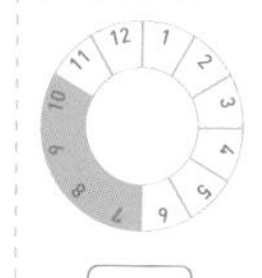

104 큰갓버섯(갓버섯)

Macrolepiota procera var. *procera* (Scop.) Singer
Macrolepiota procera (Scop.) Singer
Lepiota procera (Scop.) Gray

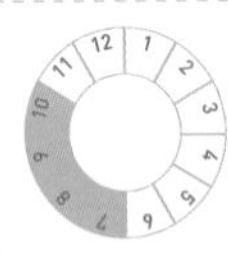
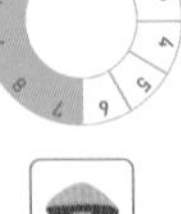

식독여부 | 식용 발생시기 | 여름~가을

발생장소 | 죽림, 산림 또는 길가 풀밭이나 목장 등에 홀로 또는 흩어져 발생한다.

형태 | 갓의 지름은 8~20cm이고, 처음에는 달걀형~구형에서 중앙볼록편평형으로 전개된다. 갓의 표면은 담회갈색 바탕에 표피가 갈라지면서 생긴 적갈색 인편이 흩어져 있다. 주름살은 떨어진형이고, 흰색을 띠며, 빽빽하다. 자루는 길이 15~30cm이고, 원통형으로 속은 비어 있으며, 기부는 구근상球根狀이다. 자루의 표면에 갈색~회갈색의 인편이 얼룩덜룩 붙어 있다. 자루의 부착형태는 중심생이고, 두꺼우며 상하로 움직일 수 있는 턱받이를 가지고 있다. **미세구조:** 포자는 흰색을 띠며, 크기는 15~20×10~13μm이다. 모양은 달걀형 또는 타원형이며, 표면은 평활하고 발아공이 있다.

새둥지버섯 105

Nidula niveotomentosa (Henn.) Lloyd

식독여부 | **식용부적합** 발생시기 | **봄~가을**

발생장소 | 침엽수의 썩은 나무나 죽은 가지 위에 무리지어 발생한다.

형태 | 자실체의 크기는 0.4~0.5×0.5~1.0cm이다. 자실체는 처음에는 주발 모양의 입구가 흰색의 막으로 덮여 있지만, 성숙하면 위가 열리고 역원추형 모양이 된다. 어릴 때는 짧은 털이 덮여 있고, 담회갈색이며, 후에 황갈색으로 변한다. 내피는 평활하고 적갈색을 띤다. **미세구조:** 포자는 적갈색을 띠고, 크기는 6~9×4~6μm이다. 모양은 타원형이며, 표면은 평활하다.

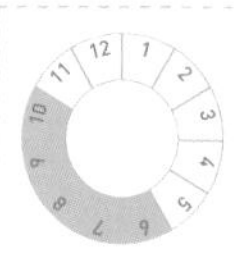

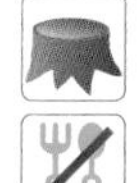

106 양파광대버섯(비탈광대버섯)

Amanita abrupta Peck

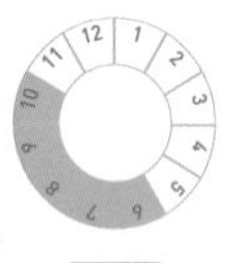
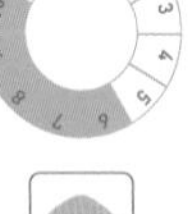

식독여부 | 맹독 발생시기 | 늦여름~가을

발생장소 | 외생균근을 형성하며 활엽수림, 잡목림 내 땅 위에 홀로 또는 흩어져 발생한다.

형태 | 갓의 지름은 3~7cm이며, 처음에는 반구형에서 편평하게 전개된다. 갓의 표면은 전체적으로 흰색이나 종종 담갈색으로 퇴색되며, 표면에 추 모양의 작은 돌기가 많이 생기지만 쉽게 탈락된다. 주름살은 떨어진형이고, 흰색을 띠며, 빽빽하다. 자루는 길이 8~14cm이고, 원통형으로 표면에 돌기가 부착되며, 기부는 양파 모양이다. 자루의 색깔은 갓과 같은 색이다. 자루의 부착형태는 중심생이고, 막질의 턱받이가 있다. **미세구조:** 포자는 흰색을 띠며, 크기는 7~9.5×6.5~8.5μm이다. 모양은 장타원형이며, 표면은 평활하다. 낭상체의 크기는 28~53×12~16μm이고, 곤봉형~방추형이다.

백황색광대버섯 107

Amanita alboflavescens Hongo

식독여부 | 식독불명　발생시기 | 여름~가을

발생장소 | 잡목림, 혼합림 내 땅 위에 홀로 또는 흩어져 발생한다.

형태 | 갓의 지름은 5~6.5cm이고, 처음에는 반구형에서 편평하게 전개된다. 갓의 표면은 분말상으로, 거의 흰색이지만 나중에 담황색으로 되며, 흰색~황색의 크고 작은 외피막 파편이 붙어 있다. 갓 가장자리에는 내피막의 일부가 남아 있다. 주름살은 떨어진형이고, 약간 성기거나 약간 빽빽하며, 흰색에서 크림색으로 변한다. 자루는 길이 5~7cm이고, 원통형이며 기부가 방추형으로 두꺼워진다. 자루의 색깔은 갓과 같으며 작은 인편이 덮여 있다. 자루의 부착형태는 중심생이고, 분말상의 막질의 턱받이가 있다. 조직은 상처가 나면 황변하고, 독특한 냄새가 난다. **미세구조:** 포자는 흰색을 띠며, 크기는 8~12×4.5~6.5μm이다. 모양은 장타원형이며, 표면은 평활하다.

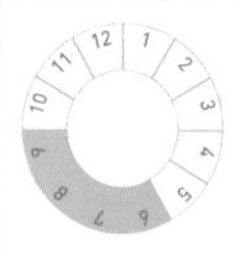

108 흰오뚜기광대버섯

Amanita castanopsis Hongo

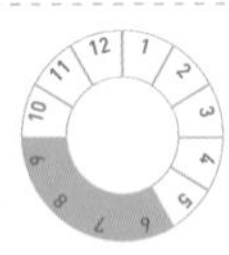
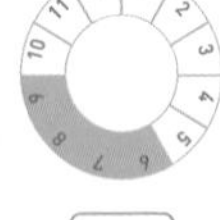

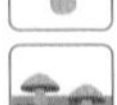

식독여부 | 식독불명　발생시기 | 여름~가을

발생장소 | 활엽수림, 혼합림 내 땅 위에 홀로 발생한다.

형태 | 갓의 지름은 4~8cm이고, 처음에는 반구형에서 편평하게 전개된다. 갓은 전체적으로 흰색이며, 표면에 1~3mm의 추 모양 돌기가 빽빽하다. 돌기의 선단부는 점차 회색~갈색으로 변하고, 갓 끝에 내피막의 일부가 남는다. 주름살은 떨어진형이고, 약간 성글다. 자루는 길이 7~8cm이며, 원통형으로 기부가 크게 부풀고, 돌기가 있다. 자루의 색깔은 갓과 같은 색이다. 자루의 부착형태는 중심생이고, 턱받이는 솜~거미줄 모양이며 소실성이다. **미세구조:** 포자는 흰색을 띠며, 크기는 8~12×5.5~7μm이다. 모양은 장타원형이며, 표면은 평활하다.

점박이광대버섯 109

Amanita ceciliae (Berk. & Broome) Bas

Amanita inaurata Secr.

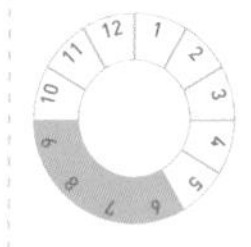

식독여부 | 식독불명　발생시기 | 여름~가을

발생장소 | 활엽수림, 혼합림 내 땅 위에 홀로 발생한다.

형태 | 갓의 지름은 4~7cm이고, 처음에는 반구형에서 편평하게 전개된다. 갓 둘레에 방사상의 홈선이 있고, 갓의 표면은 황갈색~회갈색 바탕에 회흑색의 외피막 파편이 붙어 있다. 처음 흰색에서 회색 분말이 생긴다. 주름살은 떨어진형이고, 약간 빽빽하다. 자루는 길이 9~13cm이고, 원통형으로 속이 비어 있으며, 표면에 회색의 작은 인편이 덮여 있다. 자루의 부착형태는 중심생이고, 턱받이가 없으며, 기부에는 회흑색의 불완전한 대주머니가 남아 있다. **미세구조:** 포자는 흰색을 띠며, 지름은 11~15μm이다. 모양은 구형이며, 표면은 평활하다.

110 애광대버섯

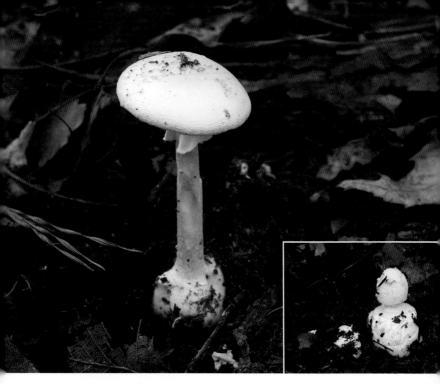

Amanita citrina var. *citrina* (Schaeff.) Pers.
Amanita citrina (Schaeff.) Pers.

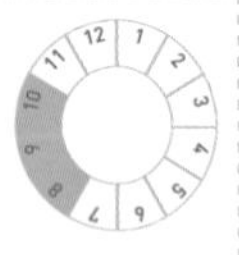

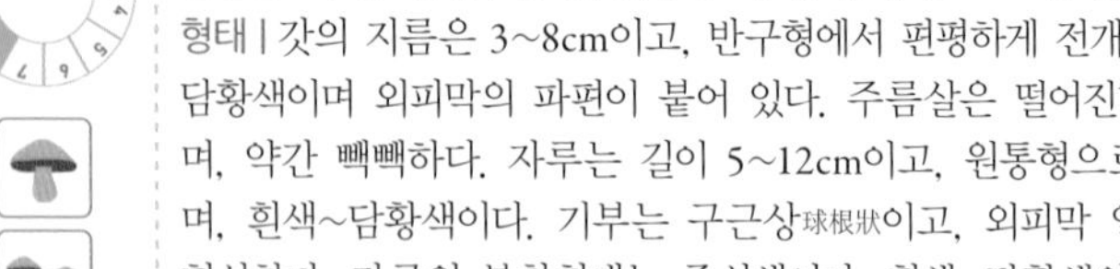

식독여부 | 독　발생시기 | 여름~가을

발생장소 | 침·활엽수림 및 혼합림 내 땅 위에 홀로 또는 흩어져 발생한다.

형태 | 갓의 지름은 3~8cm이고, 반구형에서 편평하게 전개된다. 갓의 표면은 담황색이며 외피막의 파편이 붙어 있다. 주름살은 떨어진형이고, 흰색을 띠며, 약간 빽빽하다. 자루는 길이 5~12cm이고, 원통형으로 속은 비어 있으며, 흰색~담황색이다. 기부는 구근상球根狀이고, 외피막 일부가 대주머니를 형성한다. 자루의 부착형태는 중심생이다. 흰색~담황색의 턱받이가 있으나 성숙하면 소실되고, 조직에서는 독특한 생감자 냄새가 난다. **미세구조:** 포자는 흰색을 띠며, 지름은 7.5~9.5μm이다. 모양은 구형이고, 표면은 평활하다.

흰거스러미광대버섯 111

Amanita cokeri f. *roseotincta* Nagas. & Hongo

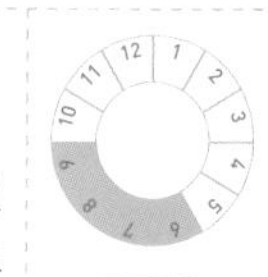

식독여부 | 식독불명　발생시기 | 여름~가을

발생장소 | 침·활엽수림 및 혼합림 내 땅 위에 홀로 또는 흩어져 발생한다.

형태 | 갓의 지름은 4~8cm이고, 반구형에서 편평하게 전개된다. 갓의 표면은 전체적으로 거의 흰색이지만 후에 부분적으로 담적갈색으로 변한다. 표면에 외피막 파편이 많이 붙어 있고, 중앙부는 크며 갓 둘레는 작다. 주름살은 거의 떨어진형이고, 흰색~옅은 크림색을 띠며, 빽빽하다. 자루는 길이 11~15cm이고, 원통형으로 기부 쪽은 방추형으로 부풀어 오른다. 자루 아래쪽에 비늘 모양의 거스러미를 환상으로 만들지만, 위쪽은 크기도 작고 불명확하다. 자루의 부착형태는 중심생이고, 위쪽에 막질의 턱받이가 있다. **미세구조:** 포자는 흰색을 띠며, 크기는 8~12×6~8μm이다. 모양은 광타원형이며, 표면은 평활하다.

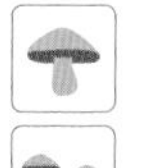

112 애우산광대버섯

Amanita farinosa Schwein.

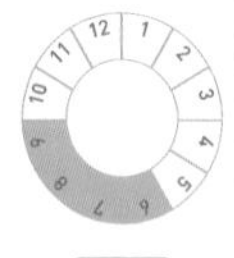
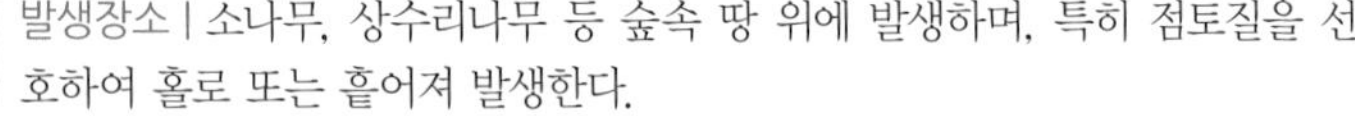
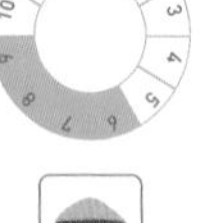

식독여부 | 식독불명　발생시기 | 초여름~가을

발생장소 | 소나무, 상수리나무 등 숲속 땅 위에 발생하며, 특히 점토질을 선호하여 홀로 또는 흩어져 발생한다.

형태 | 갓의 지름은 3~6cm이고, 처음에는 거의 구형에서 편평하게 전개된다. 갓의 표면은 회색~갈회색의 분말이 덮여 있고, 주변부에는 방사상의 홈선이 있다. 주름살은 떨어진형이고, 흰색을 띠며, 약간 성글다. 자루는 길이 5~8cm이며, 원통형으로 속은 비어 있고, 흰색이며, 기부는 부풀어 있다. 기부 쪽에 갓과 같이 분말이 덮여 있다. 자루의 부착형태는 중심생이고, 턱받이가 없다. **미세구조:** 포자는 흰색을 띠며, 크기는 6.5~8×4.5~6.5μm이다. 모양은 광타원형이며, 표면은 평활하다.

노란대광대버섯 113

Amanita flavipes S. Imai

식독여부 | 식용　발생시기 | (여름~)가을

발생장소 | 활엽수림, 혼합림 내 땅 위에 홀로 또는 흩어져 발생한다.

형태 | 갓의 지름은 4~7cm이고, 처음에는 달걀형에서 편평하게 전개된다. 갓의 표면은 갈색~황갈색을 띠며, 습할 때는 다소 점성이 있다. 갓 둘레에는 선황색 분상물외피막 파편이 흩어져 있다. 주름살은 떨어진형이고, 흰색~담황색을 띠며, 약간 빽빽하다. 자루는 길이 7~11cm이고, 원통형으로 담황색상부는 거의 흰색을 띠며, 아래쪽에 황색 분상물이 치밀하게 덮여 있다. 기부는 약간 구근상이다. 자루의 부착형태는 중심생이고, 위쪽에 막질의 턱받이가 있다.

미세구조: 포자는 흰색을 띠며, 크기는 8~9×6~7μm이다. 모양은 광타원형이며, 표면은 평활하다.

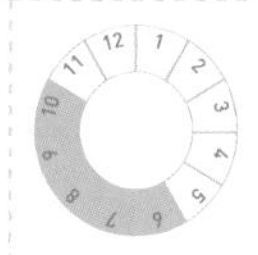

114 고동색우산버섯

Amanita fulva (Schaeff.) Fr.
Amanita vaginata var. *fulva* (Schaeff.) Gillet

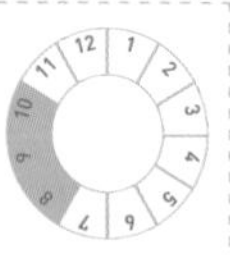
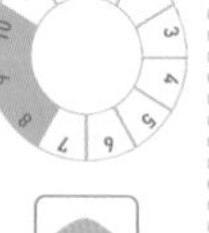

식독여부 | 식용 발생시기 | 여름~가을

발생장소 | 활엽수림 내 땅 위에 홀로 또는 흩어져 발생한다.

형태 | 갓의 지름은 4~9cm이고, 처음에는 구형에서 편평하게 전개되며, 갓 둘레에 뚜렷한 방사상의 홈선이 있다. 갓의 표면이 황갈색인 것이 우산버섯과 다르다. 주름살은 떨어진형이고, 흰색을 띠며, 약간 성글다. 자루는 길이 7~15cm이고, 위쪽이 약간 가늘며, 속은 비어 있고, 기부에 대주머니가 있다. 자루의 색깔은 갓과 거의 같은 색을 띤다. 자루의 부착형태는 중심생이고, 턱받이가 없으며, 조직은 흰색이다. **미세구조:** 포자는 흰색을 띠며, 지름은 9~12μm이다. 모양은 구형이며, 표면은 평활하다.

잿빛가루광대버섯 115

Amanita griseofarinosa Hongo

식독여부 | 식용　발생시기 | 여름~가을

발생장소 | 활엽수림 내 땅 위에 홀로 또는 흩어져 발생한다.

형태 | 갓의 지름은 3~7(15)cm이고, 처음에는 반구형에서 편평하게 전개된다. 갓 끝에 흰색의 내피막 파편이 붙어 있다. 갓의 표면은 담회색 바탕에 회색~암회갈색의 분말상 또는 솜털 모양의 외피막 파편이 두껍게 덮여 있다. 주름살은 떨어진형이고, 흰색을 띠며, 약간 빽빽하다. 자루는 길이 7~12(25)cm이고, 갓과 같은 외피막 파편이 덮여 있으며, 갓과 비슷하거나 약간 옅은 색을 띤다. 자루의 부착형태는 중심생이고, 턱받이는 쉽게 탈락한다. **미세구조:** 포자는 흰색을 띠며, 크기는 9.5~11.5×7.5~9.5μm이다. 모양은 타원형~유구형이며, 표면은 평활하다.

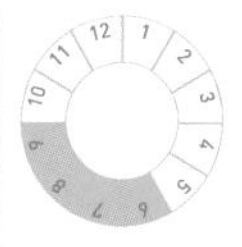

116 달걀버섯

Amanita hemibapha subsp. *hemibapha* (Berk. & Broome) Sacc.
Amanita hemibapha (Berk. & Broome) Sacc.
Amanita caesarea (Scop.) Pers.

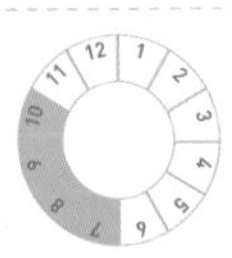
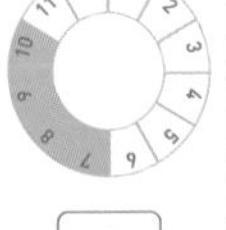

식독여부 | 식용 발생시기 | 여름~가을

발생장소 | 침·활엽수림 내 땅 위에 홀로 또는 무리지어 발생한다.

형태 | 갓의 지름은 6~18cm이다. 어린 자실체는 외피막에 둘러싸여 달걀 모양이지만, 점차 막의 상부가 파괴되고, 갓이 드러나며 편평하게 전개된다. 갓 둘레에 방사상의 홈선이 있으며, 표면은 적색~적황색을 띤다. 주름살은 황색을 띠며, 약간 빽빽하다. 자루는 길이 10~20cm이고, 원통형으로 속은 비어 있으며, 황색이고, 적황색의 인편이 있으며 기부에 흰색의 두꺼운 대주머니가 있다. 자루의 부착형태는 중심생이고, 대 위쪽에 등황색의 턱받이가 있다. 조직은 담황색을 띤다. **미세구조:** 포자는 흰색을 띠며, 크기는 7.5~11×5.5~8μm이다. 모양은 광타원형이며, 표면은 평활하다.

117 노란달걀버섯

Amanita hemibapha subsp. *javanica* Corner & Bas

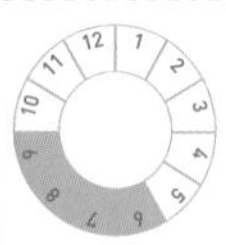
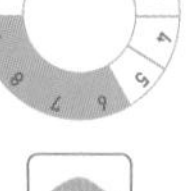

식독여부 | 식용　발생시기 | 여름~가을

발생장소 | 침·활엽수림 내 땅 위에 홀로 또는 무리지어 발생한다.

형태 | 갓의 지름은 5~15cm이다. 어린 자실체는 달걀 모양이지만, 반구형을 거쳐 편평하게 전개된다. 갓 둘레에 방사상의 홈선이 있고, 표면은 황색~등황색을 띤다. 주름살은 떨어진형이고, 황색을 띠며, 약간 빽빽하다. 자루는 길이 8~18cm이고, 원통형으로 속은 비어 있으며 기부에는 영구성인 흰색 대주머니가 있다. 자루의 색깔은 황색이며 등황색의 섬유상 인편이 있다. 자루의 부착형태는 중심생이고, 황색 턱받이가 있으며, 조직은 담황색을 띤다. **미세구조:** 포자는 흰색을 띠며, 크기는 7~9×5~7μm이다. 모양은 광타원형이며, 표면은 평활하다.

긴골광대버섯아재비 118

Amanita longistriata S. Imai

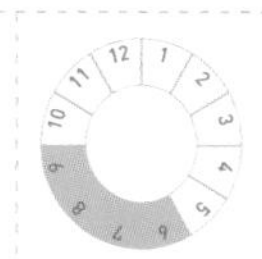

식독여부 | 독　발생시기 | 여름~가을

발생장소 | 침·활엽수림 내 땅 위에 홀로 또는 흩어져 발생한다.

형태 | 갓의 지름은 4~8cm이고, 처음에는 달걀형~종형에서 편평하게 전개된다. 갓 둘레에 방사상의 홈선이 있다. 갓의 표면은 평활하고, 회갈색~회색이며, 습하면 점성이 있다. 주름살은 떨어진형이고, 담홍색을 띠며, 약간 빽빽하다. 자루는 길이 4~9cm이고, 위쪽이 약간 가늘며, 흰색이고, 기부에는 흰색의 컵 모양 또는 칼집 모양의 대주머니가 있다. 자루의 부착형태는 중심생이고, 막질의 회백색 턱받이가 있으며, 조직은 흰색이다. **미세구조:** 포자는 흰색을 띠며, 크기는 10.5~14×7.5~9.5μm이다. 모양은 달걀형이며, 표면은 평활하다.

119 파리광대버섯(파리버섯)

Amanita melleiceps Hongo

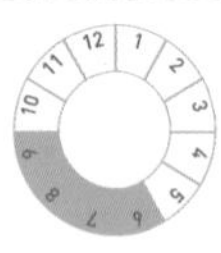

식독여부 | 독　발생시기 | 여름~가을

발생장소 | 참나무 등 활엽수림 내 점토질 토양 위에 홀로 또는 무리지어 발생한다.

형태 | 갓의 지름은 3~6cm이고, 처음에는 거의 구형에서 편평하게 전개된다. 갓의 표면은 연갈색~연황색이고, 연황회색의 사마귀점이 분포한다. 주름살은 떨어진형이고, 흰색을 띠며, 약간 성글다. 자루는 길이 5~8cm이고, 원통형으로 속은 비어 있으며, 흰색이고, 기부는 부풀어 있다. 자루의 부착형태는 중심생이며, 턱받이가 없다. 조직은 연하여 부서지기 쉽다. **미세구조:** 포자는 흰색을 띠며, 크기는 8~12×6~8.5μm이다. 모양은 광타원형이며, 표면은 평활하다.

>>> 곤충 신경독소가 있어 예부터 으깬 자실체를 밥과 같이 비벼 파리를 잡는 데 사용했다.

광대버섯 120

Amanita muscaria var. *muscaria* (L.) Lam.
Amanita muscaria (L.) Lam.

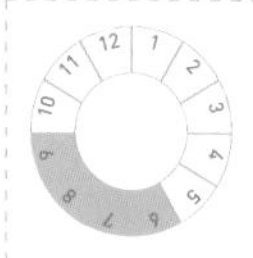

식독여부 | 독　발생시기 | 여름~가을
발생장소 | 침·활엽수림 내 땅 위(특히 자작나무류 숲속)에 홀로 또는 흩어져 발생한다.
형태 | 갓의 지름은 6~15(20)cm이고, 처음에는 달걀 모양이며 성숙하면서 편평형으로 된다. 갓 둘레에 방사상의 홈선이 있다. 갓의 표면은 적색~등황색, 흰색의 외피막 파편이 흩어져 있다. 주름살은 떨어진형이고, 흰색을 띠며, 빽빽하다. 자루는 크기가 10~20×1~3cm이고, 흰색이며, 원통형으로 기부가 부풀고, 외피막의 파편이 돌기가 되어 환상으로 붙어 있다. 자루의 부착형태는 중심생이고, 자루의 위쪽에 막질의 턱받이가 있으며, 조직은 흰색이다. **미세구조:** 포자는 흰색을 띠며, 크기는 10.5~12.5×6.5~8μm이다. 모양은 장타원형이며, 표면은 평활하다.

121 신알광대버섯

Amanita neo-ovoidea Hongo

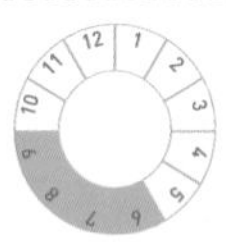
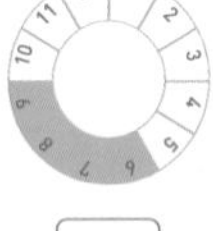

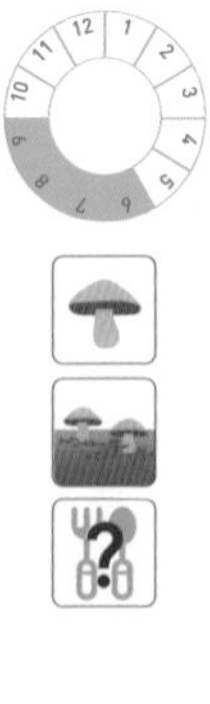

식독여부 | 식독불명　발생시기 | 여름~가을

발생장소 | 활엽수림, 혼합림 내 땅 위에 홀로 또는 흩어져 발생한다.

형태 | 갓의 지름은 7.5~10cm이고, 처음에는 반구형에서 편평형을 거쳐 오목편평형으로 전개된다. 갓의 표면은 습할 때 다소 점성이 있고, 흰가루 같은 물질이 덮여 있으며, 담황갈색 외피막 파편이 남는다. 주름살은 떨어진형이고, 흰색~담크림색을 띠며, 빽빽하다. 자루의 크기는 1~13cm×12~15mm이고, 표면은 분말~섬유상이며, 흰색이고, 뿌리는 곤봉형 또는 방추형이다. 기부에 대주머니같이 싸고 있는 것은 대부분 내층內層이다. 자루의 부착형태는 중심생이고, 턱받이는 흰색으로 조기탈락된다. 조직은 흰색이다. **미세구조:** 포자는 흰색을 띠며, 크기는 7~9×5.5~6μm이다. 모양은 타원형~유구형이며, 표면은 평활하다.

마귀광대버섯 122

Amanita pantherina (DC.) Krombh.

식독여부 | 맹독　발생시기 | 여름~가을

발생장소 | 침·활엽수림 내 땅 위에 홀로 또는 흩어져 발생한다.

형태 | 갓의 지름은 4~25cm이고, 처음에는 반구형에서 오목편평형으로 전개된다. 갓의 표면은 회갈색~황갈색을 띠며, 습하면 점성이 있고, 흰색의 사마귀 모양 외피막 파편이 흩어져 있다. 갓 둘레에 방사상의 홈선이 있다. 주름살은 떨어진형이고, 흰색을 띠며, 다소 빽빽하다. 자루의 크기는 5~35cm×6~30mm이고, 흰색이며, 원통형으로 아래는 거스러미 모양으로 덮여 있다. 기부는 부풀고 외피막 흔적이 반지처럼 남는다. 자루의 부착형태는 중심생이고, 위쪽에 흰색 막질의 턱받이가 있으며, 조직은 흰색이다. **미세구조:** 포자는 흰색을 띠며, 크기는 9.5~12×7~9μm이다. 모양은 광타원형이며, 표면은 평활하다.

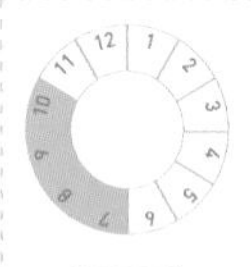

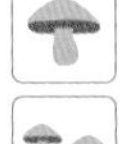

123 사마귀광대버섯

Amanita perpasta Corner & Bas

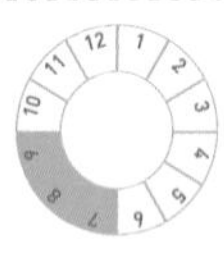
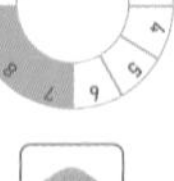

식독여부 | 식독불명　발생시기 | 여름~가을

발생장소 | 혼효림 지상에서 홀로 또는 무리지어 발생한다.

형태 | 갓은 높이 1~3cm, 지름 5~12cm이고, 원추형에서 편평해지며 연한 황갈색을 띤다. 갓의 표면에는 사마귀점 또는 돌기가 드문드문 분포하며 그 크기는 2~3mm이고 갈색을 띤다. 자루는 길이 5~20cm, 굵기 1~2cm이며, 기부에는 대주머니처럼 굵게 부풀어 그 두께가 4~5cm에 이른다. 또한 후에 표면이 갈라져 세로로 깊게 골이 파이고 이 부분이 적갈색으로 변한다. 턱받이는 부서지기 쉬워 갓 끝부분이나 자루의 표면에 흩어져 있다. 조직은 흰색이나 오래 되면 적갈색으로 변한다. **미세구조:** 포자는 흰색을 띠며, 크기는 7~9.5×6~7.5μm이다. 모양은 구형~유구형이며, 표면에는 미세한 반점이 분포한다.

암회색광대버섯아재비 124

Amanita pseudoporphyria Hongo

식독여부 | 맹독　발생시기 | 여름~가을

발생장소 | 침·활엽수림 내 땅 위에 홀로 또는 무리지어 발생한다.

형태 | 갓의 지름은 3~11cm이고, 처음에는 반구형에서 편평하게 전개된다. 갓의 표면은 회색~회갈색이고 중앙은 짙은 색을 띤다. 갓 둘레에 외피막 파편이 남아 있지만 생장하면서 없어진다. 주름살은 떨어진형이고, 흰색을 띠며, 빽빽하다. 자루는 크기가 5~12cm×6~18mm이고, 흰색이며, 원통형으로 표면은 약간 거스러미상이고 기부에 대주머니가 있다. 자루의 부착형태는 중심생이고, 위쪽에 흰색 막질의 턱받이가 있다. 조직은 흰색이다. **미세구조:** 포자는 흰색을 띠며, 크기는 7~8.5×4~5μm이다. 모양은 타원형이며, 표면은 평활하다.

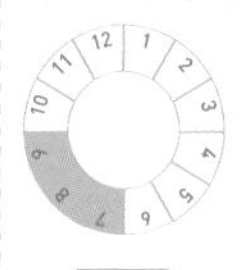

125 큰우산버섯

Amanita punctata (Cleland & Cheel) D. A. Reid

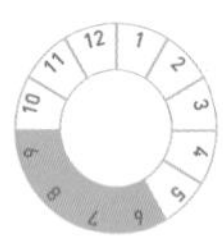
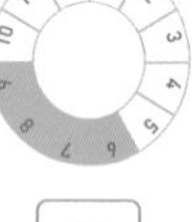

식독여부 | 식용　발생시기 | 여름~가을

발생장소 | 활엽수림 내 땅 위에 홀로 또는 흩어져 발생한다.

형태 | 갓의 지름은 7~10cm이고, 우산버섯보다 조금 크고, 편평하게 전개된다. 갓의 표면은 흑갈색으로 짙은 색을 띤다. 주름살은 떨어진형이며, 암회색을 띠고, 주름살 날은 테두리가 있다. 자루는 길이 7~15cm이고, 자루가 땅속 깊이 묻혀 있으며, 속이 비어 있고, 대주머니도 땅속에 묻혀 있다. 자루의 색깔은 흰색 바탕에 표면에 암회색 분상물이 얼룩덜룩한 가로무늬를 나타낸다. 자루의 부착형태는 중심생이고, 턱받이가 없다. 조직은 흰색이다. **미세구조:** 포자는 흰색을 띠며, 크기는 9.5~12.5㎛이다. 모양은 구형이며, 표면은 평활하다.

붉은점박이광대버섯 126

Amanita rubescens var. *rubescens* Pers.

Amanita rubescens Pers.

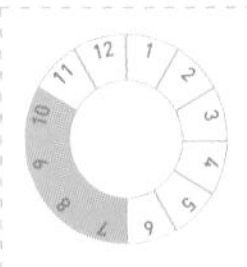

식독여부 | 식용(생식하면 중독)　발생시기 | 여름~가을

발생장소 | 침·활엽수림 내 땅 위에 홀로 또는 흩어져 발생한다.

형태 | 갓의 지름은 6~18cm이고, 처음에는 반구형에서 편평하게 전개된다. 갓의 표면은 적갈색이며 회백색~담갈색의 외피막 파편이 있다. 주름살은 떨어진형이고, 흰색을 띠며, 약간 빽빽하다. 자루의 크기는 8~24×0.6~2.5cm이다. 자루는 원통형으로 아래는 거스러미 모양으로 덮여 있고, 담적갈색이며 아래쪽으로 짙어진다. 자루의 기부는 부풀고 외피막 흔적이 반지처럼 남으며, 부착형태는 중심생이고 위쪽에 흰색 막질의 턱받이가 있다. 조직은 흰색이나 상처가 나면 적갈색으로 얼룩진다. **미세구조:** 포자는 흰색을 띠며, 크기는 7.5~10×5~7.5μm이다. 모양은 타원형~달걀형이며, 표면은 평활하다.

127 암적색광대버섯

Amanita rufoferruginea Hongo

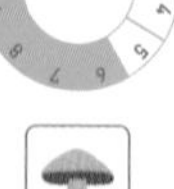

식독여부 | 식독불명 발생시기 | 여름~가을

발생장소 | 소나무림, 혼합림 내 땅 위에 홀로 또는 흩어져 발생한다.

형태 | 갓의 지름은 4.5~9cm이고, 구형, 반구형을 거쳐 오목편평형으로 전개된다. 갓의 표면은 등갈색 분말이 빽빽이 덮여 있어 접촉하면 손에 묻어난다. 갓 둘레에 짧은 홈선이 있다. 주름살은 떨어진형이고, 흰색을 띠며, 빽빽하다. 자루의 크기는 9~12cm×4~9mm이다. 자루는 위쪽이 가늘고 뿌리는 구근상이며, 표면에 갓과 같은 분말이 덮여 있다. 자루의 색깔은 갓과 비슷하거나 약간 옅은 색이다. 자루의 부착형태는 중심생이고, 턱받이는 위쪽에 흰색 막질의 턱받이가 있으나 쉽게 탈락된다. 조직은 흰색이다. **미세구조:** 포자는 흰색을 띠며, 크기는 7.5~9μm이다. 모양은 유구형이며, 표면은 평활하다.

뱀껍질광대버섯 128

Amanita spissacea S. Imai

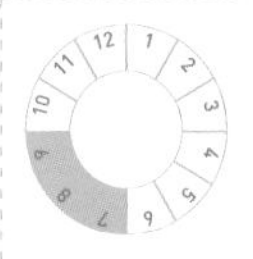

식독여부 | 독 발생시기 | 여름~가을

발생장소 | 침·활엽수림 내 땅 위에 홀로 또는 무리지어 발생한다.

형태 | 갓의 지름은 4~12.5cm이고, 처음에는 반구형에서 편평하게 전개된다. 갓의 표면은 회갈색~암회갈색이고, 흑갈색이면서 분말상인 외피막 파편이 밀집하여 있지만 성장하면서 갈라져서, 크고 작은 집단으로 흩어져 있다. 주름살은 떨어진형 또는 내린형이고, 흰색을 띠며, 빽빽하다. 자루의 크기는 5~15cm×8~15mm이다. 기부는 구근상이고, 회색~회갈색의 섬유상 인편이 덮여 있다. 자루에서 턱받이 위쪽은 얼룩덜룩한 가로무늬가 있다. 자루의 부착형태는 중심생이고, 위쪽에 회백색 막질의 턱받이가 있다. 조직은 흰색이다. **미세구조:** 포자는 흰색을 띠며, 크기는 8~10.5×7~7.5㎛이다. 모양은 타원형이며, 표면은 평활하다.

129 개나리광대버섯

Amanita subjunquillea S. Imai

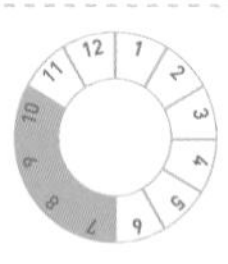

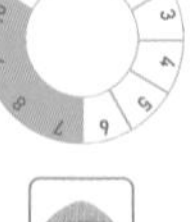

식독여부 | 맹독　발생시기 | 여름~가을

발생장소 | 침·활엽수림 내 땅 위에 홀로 또는 흩어져 발생한다.

형태 | 갓의 지름은 3~7cm이고, 원추형에서 거의 편평형으로 전개된다. 갓의 표면은 담황색~등황색이고, 습하면 약간 점성이 있으며, 때로는 흰색의 외피막 파편이 붙어 있다. 주름살은 떨어진형이고, 흰색을 띠며, 약간 빽빽하다. 자루는 크기가 6~11cm이고, 흰색~약간 황색을 띠며, 속이 비어 있고, 아래쪽으로 굵어지며, 황색~갈황색의 섬유질 인편이 있다. 자루의 부착형태는 중심생이고, 흰색~갈색의 대주머니가 있다. 조직은 흰색이다. **미세구조:** 포자는 흰색을 띠며, 크기는 7~7.6×5~5.6μm이다. 모양은 유구형이며, 표면은 평활하다.

흰우산버섯 130

Amanita vaginata var. *alba* Gillet

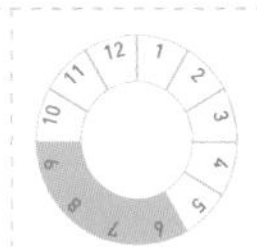

식독여부 | 식용(생식하면 중독) 발생시기 | 여름~가을

발생장소 | 소나무림, 혼합림 내 땅 위에 홀로 또는 흩어져 발생한다.

형태 | 갓의 지름은 3~9cm이고, 반구형에서 편평하게 전개된다. 갓의 표면은 흰색을 띠며, 평활하고, 갓 둘레에 선명한 방사상의 홈선이 있다. 주름살은 떨어진형이고, 흰색을 띠며, 빽빽하다. 자루의 크기는 5~20cm×14~20mm이다. 자루가 땅속 깊이 묻혀 있고, 속이 비었으며, 대주머니도 땅속에 묻혀 있다. 자루의 색깔은 흰색~회갈색을 띠며, 분말상 인편이 있다. 자루의 부착 형태는 중심생이고, 턱받이가 없으며, 조직은 흰색이다. **미세구조:** 포자는 흰색을 띠며, 크기는 9.5~11.5μm이다. 모양은 구형이며, 표면은 평활하다.

>>> 이 종은 치명적인 독성을 가진 유사종이 많다.

131 **우산버섯**

Amanita vaginata (Bull.) Lam.

Amanita vaginata (Bull.) Lam.
Amanitopsis vaginata (Bull.) Roze

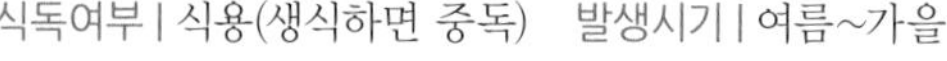

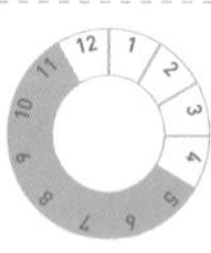

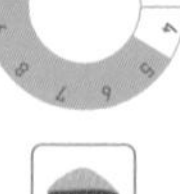

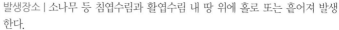

식독여부 | 식용(생식하면 중독)　발생시기 | 여름~가을

발생장소 | 소나무 등 침엽수림과 활엽수림 내 땅 위에 홀로 또는 흩어져 발생한다.

형태 | 갓의 지름은 5~7cm이고, 처음에는 달걀형에서 종형~반구형을 거쳐 편평하게 전개된다. 갓의 표면은 회색~회갈색, 가끔 흰색의 외피막 파편이 붙어 있으며, 갓 둘레에 방사상 홈선이 있다. 주름살은 떨어진형이며, 흰색이고, 성글다. 자루는 크기가 9~12cm×10~15mm이고 위쪽이 약간 가늘며, 속이 비어 있고, 흰색 막질의 칼집 모양 대주머니가 있다. 자루의 표면은 흰색~담회색을 띤고 평활하거나 부드러운 솜털상의 인편이 있다. 자루의 부착 형태는 중심생이고, 턱받이가 없으며, 조직은 흰색이다. **미세구조:** 포자는 흰색을 띠며, 크기는 10~12μm이다. 모양은 구형이며, 표면은 평활하다.

흰알광대버섯 132

Amanita verna (Bull.) Lam.

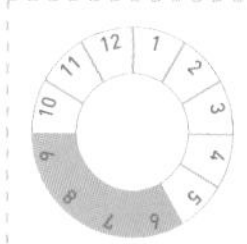

식독여부 | 맹독　발생시기 | 여름~가을
발생장소 | 침·활엽수림 내 땅 위에 홀로 발생한다.
형태 | 갓의 지름은 5~8cm이고, 처음에는 달걀형에서 반구형을 거쳐 편평하게 전개된다. 갓의 표면은 흰색이다. 주름살은 떨어진형이고, 흰색을 띠며, 빽빽하다. 자루는 흰색으로 크기가 7~10cm×10~15mm이고, 원통 모양이며 날씬한 느낌이다. 뿌리는 부풀며 흰색의 대주머니가 있다. 자루의 부착형태는 중심생이고, 위쪽에 흰색 막질의 턱받이가 있다. 조직은 흰색이다. **미세구조:** 포자는 흰색을 띠며, 크기는 7~12μm이다. 모양은 구형이며, 표면은 평활하다.

133 흰가시광대버섯

Amanita virgineoides Bas

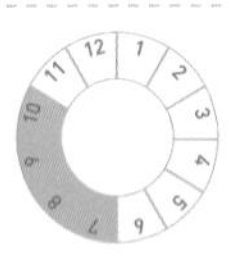
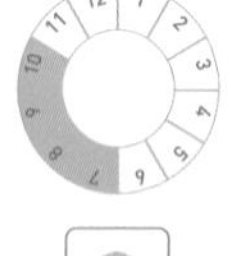

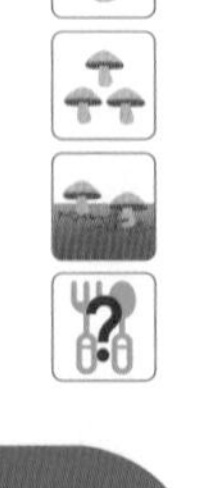

식독여부 | 식독불명　발생시기 | 여름~가을

발생장소 | 침·활엽수림 내 땅 위에 홀로 또는 무리지어 발생한다.

형태 | 갓의 지름은 9~20cm이고, 반구형을 거쳐 편평하게 전개된다. 갓의 표면은 흰색이고 분말이 덮여 있으며, 1~3mm 크기의 뾰족한 돌기외피막의 파편가 많은데 쉽게 탈락한다. 갓 끝에 내피막 파편이 붙어 있다. 주름살은 떨어진형이고, 흰색~크림색이며, 약간 빽빽하다. 자루는 흰색으로 크기가 12~22cm×15~25mm이고, 속은 비어 있으며, 표면에 솜털상 인편이 빽빽이 덮여 있고, 기부는 곤봉형이며, 갓과 같은 돌기가 환문을 이루고 있다. 자루의 부착형태는 중심생이고, 대형 턱받이가 맨 위쪽에 있다. 조직은 흰색이고, 마르면 강한 향이 있다. **미세구조:** 포자는 흰색을 띠며, 크기는 8~10.5×6~7.5μm이다. 모양은 타원형이며, 표면은 평활하다.

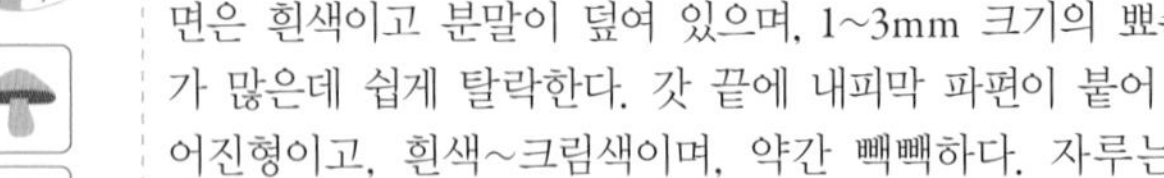

독우산광대버섯 134

Amanita virosa (Fr.) Bertill.

식독여부 | 맹독(1송이 이상 먹으면 죽음에 이름) 발생시기 | 여름~가을

발생장소 | 침·활엽수림 내 땅 위에 홀로 또는 무리지어 발생한다.

형태 | 갓의 지름은 6~15cm이고, 처음에는 종형~원추형에서 중앙볼록편평형으로 전개된다. 갓의 표면은 평활하고 흰색이며, 습하면 점성이 있다. 주름살은 떨어진형이고, 흰색을 띠며, 약간 성기거나 약간 빽빽하다. 자루는 흰색으로 크기가 14~24cm×10~23mm이고, 아래쪽으로 두꺼우며, 흰색 막질의 대형 턱받이가 위쪽에 있고, 그 아래는 섬유상, 거스러미 모양의 인편이 덮여 있다. 뿌리에 큰 대주머니가 있다. 자루의 부착형태는 중심생이고, 조직은 흰색이다. **미세구조:** 포자는 흰색을 띠며, 크기는 7~12μm이다. 모양은 구형이며, 표면은 평활하다.

>>> 수산화칼륨KOH과 반응하여 노란색으로 변색된다.

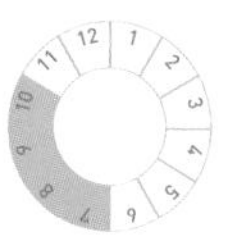

135 큰주머니광대버섯

Amanita volvata (Peck) Martin
Amanita agglutinata (Berk. & M. A. Curtis) Lloyd

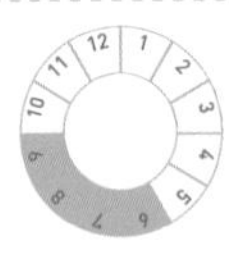
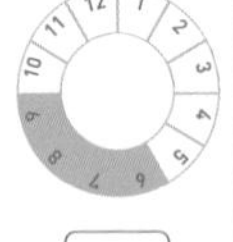

식독여부 | 맹독　발생시기 | 여름~가을
발생장소 | 침·활엽수림 내 땅 위에 홀로 또는 무리지어 발생한다.
형태 | 갓의 지름은 5~8cm이고, 처음에는 종형에서 편평하게 전개된다. 갓의 표면은 흰색이며 담홍갈색의 분말~솜털상 인편이 있고, 때로는 큰 외피막의 파편이 붙어 있기도 한다. 주름살은 떨어진형이고, 빽빽하며, 흰색에서 후에 담홍갈색을 띤다. 자루는 흰색으로 크기가 6~14cm×5~10mm이고, 아래쪽으로 두꺼우며, 갓과 같은 인편이 덮여 있다. 막질의 대주머니는 흰색~담홍갈색을 띤다. 자루의 부착형태는 중심생이고, 턱받이가 없다. 조직은 흰색이나 상처가 나면 적갈색으로 얼룩진다. **미세구조:** 포자는 흰색을 띠며, 크기는 7.5~12.5×5~7μm이다. 모양은 장타원형이며, 표면은 평활하다. 낭상체의 크기는 24~45×12~26μm이고, 곤봉형~방추형이다.

볏짚소똥버섯 136

Bolbitius demangei (Quél.) Sacc.& D. Sacc.

식독여부 | 식독불명 발생시기 | 봄~가을

발생장소 | 소똥, 말똥, 짚더미 등에 다발 또는 무리지어 발생한다.

형태 | 갓의 지름은 4~6cm이고, 처음에는 달걀형~종형에서 편평하게 전개된다. 갓의 표면은 핑크색~살색에서 담갈색~담회갈색으로 되며, 방사상의 홈선이 있다. 주름살은 떨어진형이고, 황갈색을 띠며, 빽빽하다. 자루는 분홍색으로 크기가 7~10cm×4~6mm이고, 원통형이며 속이 비어 있다. 자루의 부착형태는 중심생이고, 턱받이가 없다. 조직은 살색이다. **미세구조:** 포자는 황토색을 띠고, 크기는 12.5~16×6~9μm이다. 모양은 장타원형이며, 표면은 평활하다. 낭상체의 크기는 26~40×14~26μm이고, 곤봉형~방추형이다.

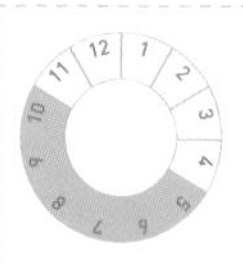

137 그물소똥버섯

Bolbitius reticulatus var. *reticulatus* (Pers.) Ricken

Bolbitius reticulatus (Pers.) Ricken

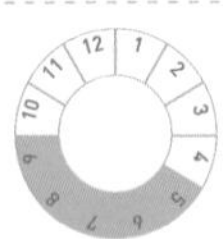
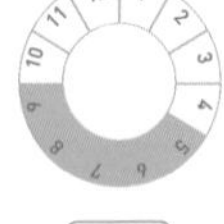

식독여부 | 식독불명　발생시기 | 봄~가을

발생장소 | 활엽수의 썩은 나무에서 발생하고, 오래된 표고골목에도 흔히 발견되며, 다발 또는 무리지어 발생한다.

형태 | 갓의 지름은 3~5cm이고, 반구형에서 중앙볼록편평형으로 전개된다. 갓의 표면은 점성이 강하고, 중심부는 자흑색, 주변부는 자색을 띤 회색이며, 중심에서 방사상으로 뻗어가는 뚜렷한 그물망 같은 물결무늬가 있다. 주름살은 떨어진형이고, 약간 빽빽하며 녹색으로 변한다. 자루는 흰색으로 크기가 4~5cm×3~5mm이고, 원통형이며 속이 비어 있고 아래쪽으로 두꺼워진다. 자루의 부착형태는 중심생이고, 턱받이가 없다. 조직은 흰색이다. **미세구조:** 포자는 황토색을 띠고, 크기는 9~12×4~5μm이다. 모양은 장타원형이며, 표면은 평활하다. 낭상체의 크기는 21~30×5.5~12μm이고, 곤봉형~방추형이다.

노란종버섯 138

Conocybe apala (Fr.) Arnold

Conocybe lactea (J. E. Lange) Métrod

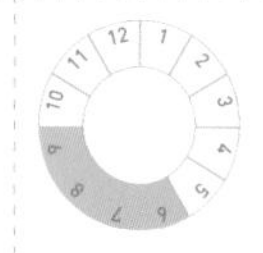

식독여부 | 식용부적합 발생시기 | 초여름~가을

발생장소 | 길가 풀밭, 목초지, 보리밭, 잔디밭 등에 홀로 또는 흩어져 발생한다.

형태 | 갓의 지름은 3.5~4.5cm이고, 포물선형이며, 나중에 갓 끝이 위로 말려 올라간다. 갓의 표면은 평활하고, 중앙은 황갈색이며, 주변은 흰색~담황색이고, 습할 때 방사상 선이 드러난다. 주름살은 완전붙은형이고, 빽빽하며, 성숙하면 녹색으로 변한다. 자루는 크기가 11~13cm×3~4mm이고, 원통형이며 속이 비어 있고, 미세한 분말이 덮여 있으며, 뿌리는 구형이다. 자루의 부착형태는 중심생이고, 턱받이가 없으며, 조직은 흰색이다. **미세구조:** 포자는 황토색을 띠고, 크기는 12~15×7~8.5μm이다. 모양은 장타원형이며, 표면은 평활하다. 2가지 크기가 존재한다. 낭상체의 크기는 19~27×7.5~9μm이고, 볼링핀형이다.

139 장다리종버섯

Conocybe tenera (Schaeff.) Fayod

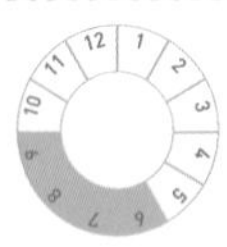

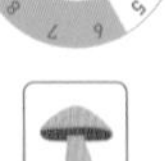

식독여부 | 식독불명　발생시기 | 여름~가을

발생장소 | 숲속, 길가, 풀밭 등의 땅 위에 홀로 또는 흩어져 발생한다.

형태 | 갓의 지름은 1~4cm이고, 원추형~종형이며, 습하면 방사상의 선이 나타난다. 갓의 표면은 흡수성이며, 적갈색~황갈색이고 건조하면 담황색을 띤다. 주름살은 완전붙은형이며, 황갈색을 띠고 약간 빽빽하다. 자루는 크기가 4~10cm×1~2mm이고, 원통형이며 속이 비어 있고, 위아래 굵기가 같다. 자루의 색깔은 갓과 같은 색이며 미세한 분말이 덮여 있다. 자루의 부착형태는 중심생이고, 턱받이가 없으며, 조직은 흰색이다. **미세구조:** 포자는 황토색을 띠고, 크기는 9~12×5.5~6.5μm, 17~25×9~11μm이다. 모양은 장타원형이며, 표면은 평활하다. 4포자형, 2포자형으로 2가지가 존재한다. 낭상체의 크기는 20~26×7.5~10.5μm이고, 볼링핀형이다.

자주국수버섯 140

Clavaria purpurea O. F. Műll.

식독여부 | 식용　발생시기 | 여름~가을

발생장소 | 소나무 등 침엽수림 내 땅 위에 다발 또는 무리지어 발생한다.

형태 | 자실체는 높이 2.5~12cm, 폭 1.5~5mm이고, 끝이 뭉뚝한 막대형~곤봉형으로 속이 빈다. 기부에 흰색 털이 분포한다. 자실체 색깔은 전체적으로 담자색~회자색으로 아름답다. 기부를 제외한 자실체 전체에 자실층이 발달한다. 기부에는 흰색의 솜털 같은 균사가 발달한다. 조직은 흰색~담자색을 띠며, 부서지기 쉽다. **미세구조:** 포자는 흰색을 띠며, 크기는 5.5~9×3~5μm이다. 모양은 타원형이며, 표면은 평활하다.

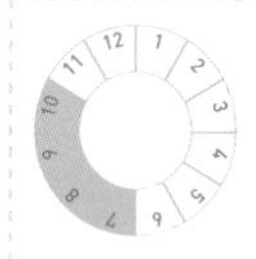

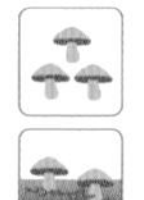

141 국수버섯

Clavaria vermicularis Batsch
Clavaria vermiculata Scop.

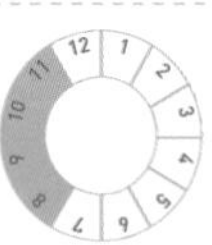
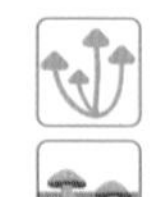

식독여부 | 식용　발생시기 | 가을

발생장소 | 활엽수림이나 이끼가 있는 숲속 땅 위에 3~8개체가 뭉쳐진 다발 또는 무리지어 발생한다. 때때로 잔디밭 위에 발생하는 경우도 있다.

형태 | 자실체의 높이는 3~12cm이고, 폭은 1~3mm이다. 끝이 뭉뚝한 원통형~국수형으로 가늘고 굴곡이 진다. 때때로 윗부분에 2~3개의 가지가 생기기도 한다. 자루의 색깔은 전체적으로 흰색이지만 오래되면 황색 빛을 띤다. 자루는 구별되지 않을 정도로 매우 짧다. 조직은 흰색이고 연하여 매우 잘 부서진다. **미세구조:** 포자는 흰색을 띠며, 크기는 5~7×3~4μm이다. 모양은 타원형~방추형이며, 표면은 평활하다.

자주싸리국수버섯 142

Clavaria zollingeri Lév.

식독여부 | 식용　발생시기 | 가을

발생장소 | 숲속 땅 위나 낙엽층 위에 홀로 또는 무리지어 발생한다.

형태 | 자실체의 높이는 2~7.5cm이고, 두께는 2~3mm이다. 나뭇가지처럼 잘 분지하는 것도 있고, 하지 않는 것도 있다. 1~4회 가는 가지를 분기한다. 자실체의 색깔은 전체적으로 담자색~회자색으로 아름답다. 낙엽이나 흙에 가려진 자루는 흰색을 띠며 기부에는 흰색의 솜털 같은 균사가 발달한다. 조직은 흰색~담자색을 띠며, 부서지기 쉽다. **미세구조:** 포자는 흰색을 띠며, 크기는 4~7×3~5㎛이다. 모양은 타원형~방추형이며, 표면은 평활하다.

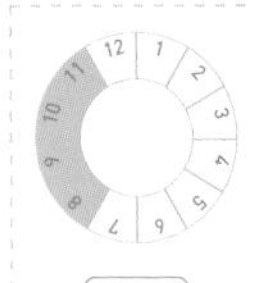

143 노란창싸리버섯

Clavulinopsis fusiformis (Sowerby) Corner

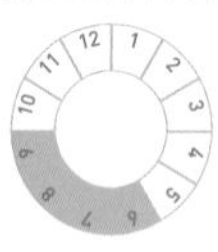

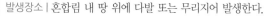

식독여부 | 식용　발생시기 | 여름~가을

발생장소 | 혼합림 내 땅 위에 다발 또는 무리지어 발생한다.

형태 | 자실체의 높이는 5~14cm이고, 두께는 2~5mm이다. 장방추형이며, 조금 찌부러져 납작하다. 끝부분이 뾰족하고 황색~선황색이나 후에 끝부분이 갈변한다. 자루는 구별되지 않을 정도로 매우 짧으며 자실체의 다른 부위보다 가늘다. 기부에는 흰색의 솜털 같은 균사가 발달한다. 조직은 황색을 띠며, 속이 비고 부서지기 쉽다. **미세구조:** 포자는 흰색~담황색을 띠며, 크기는 5~8×4~8μm이다. 모양은 구형~타원형이며, 표면은 평활하다.

좀노란창싸리버섯 144

Clavulinopsis helvola (Pers.) Corner

식독여부 | 식용　발생시기 | 여름~가을

발생장소 | 혼합림 내 땅 위에 홀로 나지만 드물게 다발로도 발생한다.

형태 | 자실체의 높이는 3~8cm이고, 두께는 1~3mm이다. 모양은 곤봉상이며 끝은 뾰족하지 않고, 황색~등황색을 띤다. 자루는 구별되지 않을 정도로 매우 짧으며 자실체의 다른 부위보다 가늘다. 기부에는 흰색의 솜털 같은 균사가 발달한다. 조직은 황색을 띠며, 속이 비고 부서지기 쉽다. **미세구조:** 포자는 흰색~담황색을 띠며, 크기는 4~7×3.5~6μm이다. 모양은 구형~타원형이며, 표면은 평활하다.

>>> 모양은 노란창싸리버섯과 비슷하나, 곤봉상이며 끝은 뾰족하지 않다.

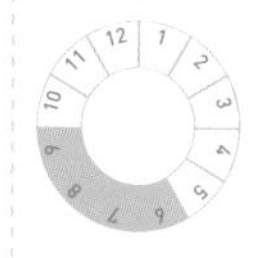

145 주걱창싸리버섯

Clavulinopsis laeticolor (Berk. & M. A. Curtis) R. H. Peterson
Clavulinopsis pulchra (Peck) Corner

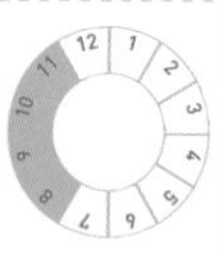

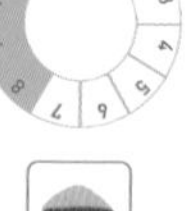

식독여부 | 식독불명 발생시기 | 가을

발생장소 | 숲속 땅 위에 홀로 또는 무리지어 발생한다.

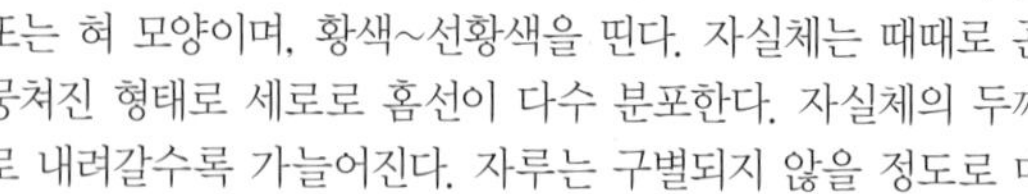

형태 | 자실체의 높이는 3~10cm이고, 두께는 2~6mm이다. 대부분이 주걱 또는 혀 모양이며, 황색~선황색을 띤다. 자실체는 때때로 곤봉이 여러 개가 뭉쳐진 형태로 세로로 홈선이 다수 분포한다. 자실체의 두께는 위에서 아래로 내려갈수록 가늘어진다. 자루는 구별되지 않을 정도로 매우 짧으며 자실체의 다른 부위보다 가늘다. 기부에는 흰색~연황색으로 옅은색을 띠며 솜털 같은 균사가 발달하는 경우도 있다. 조직은 흰색으로 연하다. **미세구조:** 포자는 흰색을 띠며, 크기는 5~7.5×3.5~6μm이다. 모양은 유구형이며, 표면은 평활하다.

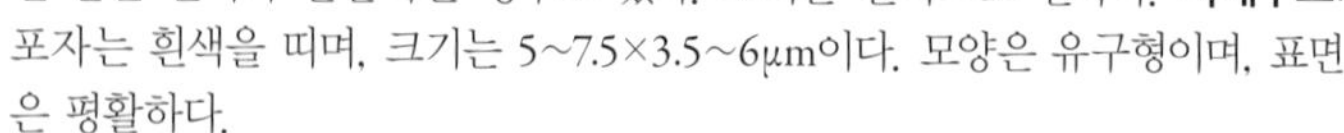

붉은창싸리버섯 146

Clavulinopsis miyabeana (S. Ito) S. Ito

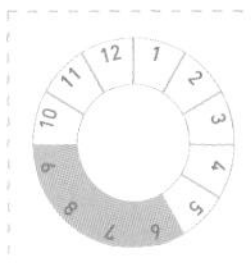

식독여부 | 식용　발생시기 | 여름~가을

발생장소 | 풀밭이나 숲속 땅 위에 다발로 무리지어 발생한다.

형태 | 자실체의 높이는 5~10cm이고, 두께는 3~10mm이다. 끝이 뭉뚝한 원통형~국수형으로 가늘고 굴곡이 진다. 때때로 윗부분에 2~3개의 가지가 생기기도 한다. 자실체 전체가 주홍색을 띤다. 자루는 구별되지 않을 정도로 매우 짧으며 자실체의 다른 부위보다 가늘다. 기부에는 흰색의 솜털 같은 균사가 발달한다. 조직은 붉은색이고 연하여 매우 쉽게 부서진다. **미세구조:** 포자는 흰색을 띠며, 크기는 5~7.5μm이다. 모양은 구형이며, 표면은 평활하다.

147 쇠뜨기버섯

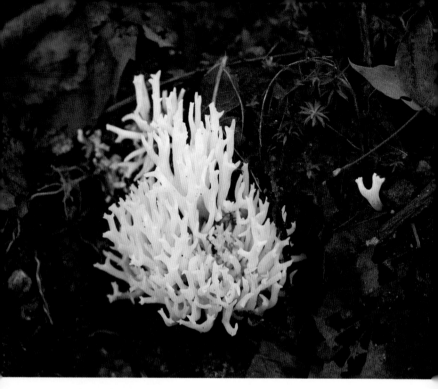

Ramariopsis kunzei (Fr.) Donk

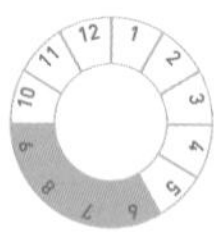

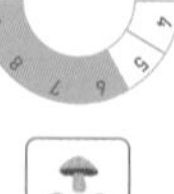

식독여부 | 식용　발생시기 | 여름~가을

발생장소 | 적송림 내 지상에 흩어져서 발생하거나 무리지어 발생한다.

형태 | 자실체의 크기는 25~55×15~45mm이고, 성근 산호~뿔 모양이며, 크기나 폭이 매우 다양하다. 가지는 2개 이상이며, 위쪽으로 갈수록 2~3회 갈라지고 가지 끝이 뭉툭하다. 대 밑에는 아주 작은 털이 있으나 자라면 없어지기도 한다. 흰색이나 마르면 갈색~담황색을 띠고, 가지 선단 부분이 붉은색을 띠기도 한다. 조직이 흰색이고, 조금 질기며, 부드럽고, 맛과 향이 특별하지 않다. 자실층이 가지의 표면에 분포되어 있다. **미세구조:** 포자의 크기는 3.9~4.4×3.0~3.5μm이고, 구형이며, 표면에는 아주 작은 돌기가 있고 흰색이다.

노란끈적버섯 148

Cortinarius allutus Fr.

식독여부 | 식용　발생시기 | 가을

발생장소 | 침·활엽수림 내 땅 위에 홀로 또는 무리지어 발생한다.

형태 | 갓의 지름은 4~10cm이고, 반구형에서 거의 편평하게 전개된다. 갓의 표면은 점성이 있는 담황갈색이다. 처음 비단 광택이 있는 섬유상 피막이 덮여 있지만 나중에는 없어지고 평활하게 된다. 주름살은 홈생긴형이고, 흰색~육계색을 띠며, 빽빽하다. 자루는 크기가 5~10cm×7~18mm이고, 원통형이며, 흰색이었다가 후에 황갈색을 띤다. 기부는 괴경상塊莖狀으로 부풀어 있다. 자루의 부착형태는 중심생이고, 턱받이는 어린 시기에는 거미줄상으로 붙어 있다가 갓이 전개되면서 흔적만 남는다. 조직은 꽉 차있고 단단하며 흰색이다. **미세구조:** 포자는 황갈색을 띠고, 크기는 7.5~9.5×4.5~5μm이다. 모양은 타원형이며, 표면은 미세한 돌기가 있다.

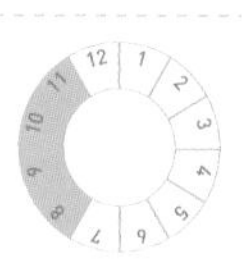

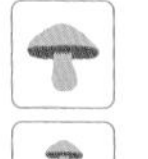

149 겹빛끈적버섯

Cortinarius calochrous var. *haasii* (M. M. Moser) Brandrud
Cortinarius haasii (M. M. Moser) M. M. Moser

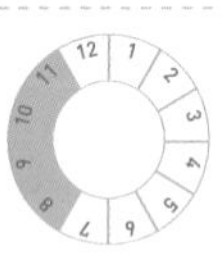
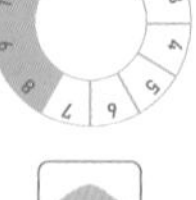

식독여부 | 식독불명　발생시기 | 가을

발생장소 | 침엽수림, 혼합림 내 땅 위에 홀로 또는 무리지어 발생한다.

형태 | 갓의 지름은 5.5~9cm이고, 반구형에서 편평하게 전개된다. 갓의 표면은 황색이며, 얼룩이 생기면서 황갈색으로 변색하고, 습할 때는 점성이 있다. 주름살은 끝붙은형이며, 빽빽하고, 전체적으로는 자색~황갈색, 가장자리는 자색을 띤다. 자루는 크기가 5~7cm×8~15mm이고, 원통형 또는 원뿔형이며, 기부는 괴경상塊莖狀으로 부풀어 있다. 자루의 표면은 섬유상이고 담자색을 띤다. 자루의 부착형태는 중심생이고, 턱받이는 어린 시기에는 거미줄상으로 붙어 있다가 갓이 전개되면서 흔적만 남는다. 조직은 꽉 차있고 단단하며 담자색을 띤다. **미세구조:** 포자는 황갈색을 띠고, 크기는 9~12×5.5~7.5μm이다. 모양은 타원형이며, 표면은 미세한 돌기가 분포한다.

실끈적버섯 150

Cortinarius hemitrichus (Pers.) Fr.

식독여부 | 식용　발생시기 | 가을

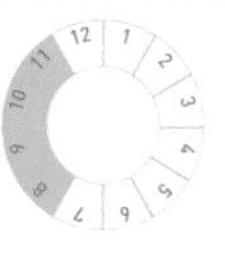

발생장소 | 활엽수림 내 땅 위에 홀로 또는 무리지어 발생한다.

형태 | 갓의 지름은 3~5cm이고, 반구형에서 중앙이 돌출한 편평형으로 전개된다. 갓의 표면은 암갈색~흑갈색이며, 처음에는 흰색의 미세한 솜털상 피막이 덮여 있지만 쉽게 없어진다. 주름살은 완전붙은형이며, 점토색~암황갈색을 띠고, 약간 빽빽하거나 약간 성글다. 자루는 크기가 4.5~7cm×4~7mm이고, 원통형이며, 갓과 같은 색이고 표면에 흰색 섬유가 있다. 자루의 부착형태는 중심생이고, 여러 개의 불완전한 턱받이 모양의 띠를 만든다. **미세구조:** 포자는 황갈색을 띠고, 크기는 7~10×4.5~6μm이다. 모양은 타원형이며, 표면은 미세한 돌기가 분포한다.

151 적갈색포자끈적버섯

Cortinarius obtusus (Fr.) Fr.

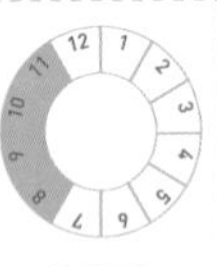
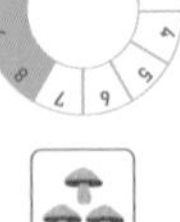

식독여부 | 식용　발생시기 | 가을

발생장소 | 활엽수림 내 땅 위에 무리지어 발생한다.

형태 | 갓의 지름은 2~3.5cm이고, 종형에서 거의 편평하게 전개되지만, 중앙부는 반구형이다. 갓의 표면은 황갈색을 띠고, 습한 상태에 있을 때 갓 둘레에 선이 나타나지만, 건조하면 없어진다. 주름살은 완전붙은형 또는 끝붙은형이고, 황갈색을 띠며, 성글다. 자루는 크기가 3.5~7cm×4~8mm이고, 보통 굴곡이 있으며, 기부 쪽이 가늘다. 자루의 색깔은 흰색~담황갈색이고, 비단 광택이 있다. 자루의 부착형태는 중심생이고, 턱받이는 어린 시기에는 거미줄상으로 붙어 있다가 갓이 전개되면서 흔적만 남는다. **미세구조:** 포자는 황갈색을 띠고, 크기는 7~9.5×4.5~5㎛이다. 모양은 타원형이며, 표면에는 미세한 돌기가 분포한다.

자주색끈적버섯 152

Cortinarius purpurascens (Fr.) Fr.

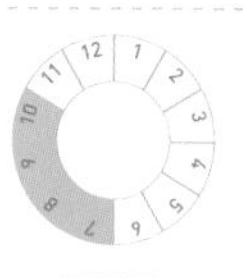

식독여부 | 식용　발생시기 | 가을

발생장소 | 침·활엽수림 내 땅 위에 홀로 발생한다.

형태 | 갓의 지름은 3~8(15)cm이고, 반구형에서 편평하게 전개된다. 갓의 표면은 섬유상이고 습할 때 점성이 있다. 갓 중앙은 갈색~황토갈색을 띠고, 주변부는 옅은 색에서 자주색으로 변한다. 주름살은 완전붙은형이고, 빽빽하며, 처음에는 자주색~갈색에서 상처가 나면 짙은 자색으로 변한다. 자루는 크기가 3~12cm×8~20mm이고, 표면은 섬유상이며, 기부는 괴경상이다. 자루의 색깔은 담자색이며, 상처가 나면 짙은 자색을 띤다. 자루의 부착형태는 중심생이고, 턱받이는 어린 시기에는 거미줄상으로 붙어 있다가 갓이 전개되면서 흔적만 남는다. **미세구조:** 포자는 황갈색을 띠고, 크기는 9.5~10.5×5~6.5μm이다. 모양은 타원형이며, 표면에는 미세한 돌기가 분포한다.

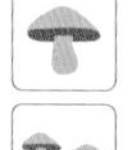

153 푸른끈적버섯

Cortinarius salor Fr.

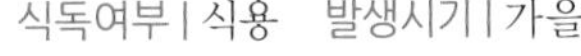

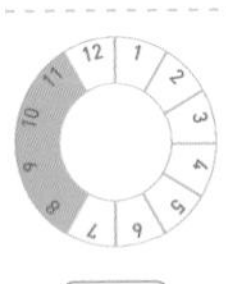

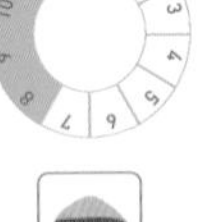

식독여부 | 식용 발생시기 | 가을

발생장소 | 활엽수림 내 땅 위에 홀로 또는 무리지어 발생한다.

형태 | 갓의 지름은 3~5cm이고, 구형~반구형을 거쳐 중앙볼록편평형으로 전개된다. 갓의 표면은 전체가 담자색을 띠며 강한 점액질을 포함하고 있다. 주름살은 완전붙은형 또는 끝붙은형이고, 약간 성글며, 담황토색에서 적갈색으로 변한다. 자루는 크기가 4~7cm×5~10mm이고, 원통형으로 아래쪽으로 두꺼워지며, 갓과 같은 색이고 점액질이 덮여 있다. 자루의 부착형태는 중심생이고, 턱받이는 어린 시기에는 거미줄상으로 붙어 있다가 갓이 전개되면서 흔적만 남는다. 조직은 담자색이며 기부 쪽은 옅은 황색을 띤다. **미세구조:** 포자는 황갈색을 띠고, 크기는 12~15×6~8.5μm이다. 모양은 유구형~달걀형이고, 표면에는 미세한 돌기가 있다.

달걀끈적버섯 154

Cortinarius subalboviolaceus Hongo

Dermocybe sanguinea (Wulfen) Gray

식독여부 | 식독불명　발생시기 | 봄~여름

발생장소 | 활엽수림 내 땅 위에 무리지어 발생한다.

형태 | 갓의 지름은 1.5~4.5cm이고, 반구형에서 중앙볼록편평형으로 전개된다. 갓의 표면은 연보라색을 띠지만 거의 흰색으로 변한다. 습할 땐 점성이 있지만 건조하면 비단 광택을 띤다. 주름살은 완전붙은형, 끝붙은형 또는 홈생긴형이고, 연보라색에서 흰색으로 변하며, 약간 성글다. 자루는 크기가 3~7cm×3~7mm이고, 아래쪽은 곤봉형으로 부풀어 있다. 자루의 색깔은 갓과 같은 색이지만 오래되면 약간 황갈색을 띠고, 솜털상~섬유상이다. 자루의 부착형태는 중심생이고, 턱받이는 어린 시기에는 거미줄상으로 붙어 있다가 갓이 전개되면서 흔적만 남는다. **미세구조:** 포자는 황갈색을 띠고, 크기는 6.5~8×5~6μm이다. 모양은 타원형이며, 표면에는 미세한 돌기가 있다.

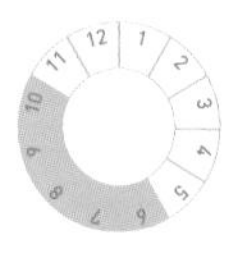

155 연자색끈적버섯

Cortinarius traganus (Fr.) Fr.

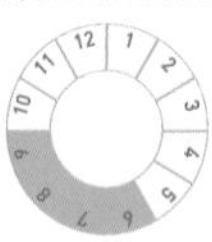

식독여부 | 식용부적합　발생시기 | 여름~가을

발생장소 | 침엽수림 내 땅 위에 무리지어 발생한다.

형태 | 갓의 지름은 3~10cm이고, 구형~반구형을 거쳐 중앙볼록편평형으로 전개된다. 갓의 표면은 전체가 담자색을 띠는 중~대형균이며, 성숙·노화하면 퇴색하여 황갈색을 띤다. 주름살은 완전붙은형 또는 끝붙은형이고 약간 성글며, 담황토색에서 적갈색으로 변한다. 자루는 길이 6~10cm×10~30mm이고, 통형으로 아래쪽으로 두꺼워지며, 갓과 같은 색이다. 자루의 부착형태는 중심생이고, 턱받이는 어린 시기에는 거미줄상으로 붙어 있다가 갓이 전개되면서 흔적만 남는다. 조직은 황갈색이며 불쾌한 자극성 냄새가 난다. **미세구조:** 포자는 황갈색을 띠고, 크기는 7~9×4.5~5.5μm이다. 모양은 타원형이며, 표면에는 미세한 돌기이다.

노란턱돌버섯 156

Descolea flavoannulata (Lj. N. Vassiljera) E. Horak

식독여부 | 식독불명　발생시기 | 가을

발생장소 | 침엽수림이나 활엽수림에 나지만 비교적 드물게 홀로 또는 무리지어 발생한다.

형태 | 갓의 지름은 5~8cm이고, 반구형을 거쳐 편평하게 전개된다. 갓의 표면은 황갈색~암황갈색이고, 방사상의 주름이 있으며, 황색의 외피막 파편이 있다. 주름살은 완전붙은형이고 약간 성기며, 황갈색이다. 자루는 크기가 6~10cm×7~10mm이고, 원통형으로 기부에는 대주머니 흔적이 환상으로 남아 있으며, 갓과 거의 동색이다. 자루의 부착형태는 중심생이고, 위쪽에 황색 막질의 턱받이가 있다. **미세구조:** 포자는 황토색을 띠고, 크기는 11~15×7~9.5μm이다. 모양은 타원형이며, 표면에는 미세한 돌기가 있다. 낭상체의 크기는 30~40×7~15μm이고, 곤봉형이다.

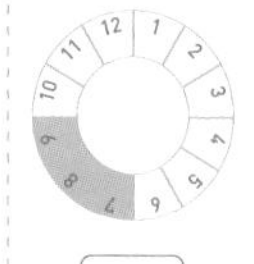

157 수원까마귀버섯(털개암버섯)

Flammulaster erinaceella (Peck) Watling
Phaeomarasmius erinaceellus (Peck) Singer
Phaeomarasmius erinaceella (Peck) Singer

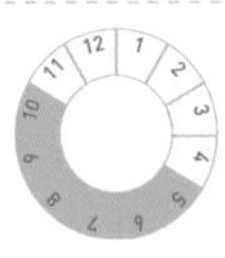
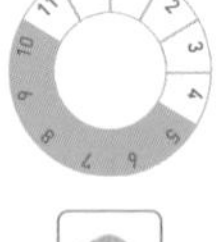

식독여부 | 식독불명　발생시기 | 봄~가을

발생장소 | 활엽수의 썩은 나무에 홀로 또는 무리지어 발생한다.

형태 | 갓의 지름은 1~4cm이고, 처음에는 반구형에서 편평하게 전개된다. 갓의 표면은 건조하고, 황갈색의 가시 모양 인편이 빽빽이 덮여 있지만, 탈락하면 담황색 표피가 노출된다. 주름살은 완전붙은형~끝붙은형이고, 빽빽하며 황백색~황갈색이다. 자루는 크기가 2~6cm×2~4mm이고, 속은 비어 있으며, 섬유질이고, 단단하다. 자루의 색깔은 턱받이 아래는 갓과 같은 색의 인편이 덮여 있다. 자루의 부착형태는 중심생이고, 막질~분말상 턱받이는 쉽게 탈락된다. **미세구조:** 포자는 황토색을 띠고, 크기는 6~7×4~5μm이다. 모양은 타원형 또는 콩팥형이며, 표면에는 미세한 돌기가 있다. 낭상체의 크기는 40~60×6.5~13μm이고, 곤봉형이다.

좀깔때기외대버섯 158

Entoloma cephalotrichum (P. D. Orton) Noordel.

식독여부 | 식독불명　발생시기 | 여름~가을

발생장소 | 잡목림 내 땅 위에 홀로 또는 무리지어 발생한다.

형태 | 갓의 지름은 0.5~1cm이고, 반구형~반반구형에서 성장하면 평평해지거나 뒤로 젖혀진다. 갓의 표면은 짧은 털이 있고, 흑자색을 띤다. 주름살은 약간 성글다. 자루는 크기가 2~3cm×0.5~1.5mm이고, 원주형이며 속은 비어 있고, 표면은 짧으며 부드러운 흰색 털로 덮여 있다. 자루의 색깔은 흰색 또는 투명이다. 자루의 부착형태는 중심생이고, 턱받이가 없다. 조직은 흰색 또는 투명으로 매우 연하여 부서지기 쉽다. **미세구조:** 포자는 분홍색을 띠며, 크기는 8.2~11×5.8~7.9μm이고, 5~7면체이다.

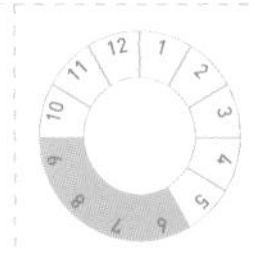

159 영취외대버섯

Entoloma conferendum var. *conferendum* (Britzelm.) Noordel.
Entoloma conferendum (Britzelm.) Noordel.
Rhodophyllus staurosporum (Bres.) J. E. Lange

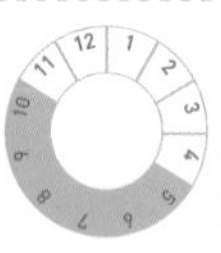
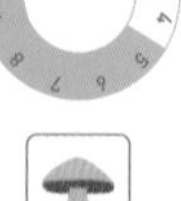

식독여부 | 식독불명　발생시기 | 봄~가을

발생장소 | 침·활엽수림 내 땅 위에 홀로 발생한다.

형태 | 갓의 지름은 2.5~7cm이고, 원추형~종형에서 중앙볼록편평형으로 전개된다. 갓의 표면은 암회갈색이고 습할 때 주변부에 선 모양이 나타나지만 건조하면 소멸된다. 주름살은 떨어진형이고, 회백색~살색이다. 자루는 크기가 3.5~9cm×3~6mm이고, 속이 빈 원통형이며, 자루의 색깔은 회갈색이고, 가끔 뒤틀린 섬유상의 줄무늬가 있다. 자루의 부착형태는 중심생이고, 턱받이가 없다. **미세구조:** 포자는 분홍색을 띠며, 크기는 11~14×7.5~9μm이고, 다면체이다.

검정외대버섯 160

Entoloma lepidissimum (Svrček) Noordel.

식독여부 | 식독불명　발생시기 | 늦봄~여름

발생장소 | 침·활엽수림 내 땅 위에 홀로 또는 무리지어 발생한다.

형태 | 갓의 지름은 2~5cm이고, 반구형에서 편평형 그리고 그릇 모양 위로 젖혀진다. 갓의 표면에는 아주 짧은 털이 나 있고, 흑청색~흑자색이다. 주름살은 약간 성글다. 자루는 크기가 3~5cm×4~7mm이고, 원주형이며, 짧고 부드러운 털로 덮여 있다. 자루의 색깔은 흑청색이며 굵은 세로주름이 있다. 자루의 부착형태는 중심생이고, 턱받이가 없다. 조직은 육질형으로 흰색이다. **미세구조:** 포자는 분홍색을 띠며, 크기는 8.5~11×5.5~6.3μm이고, 6~8면체이다.

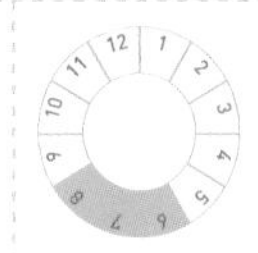

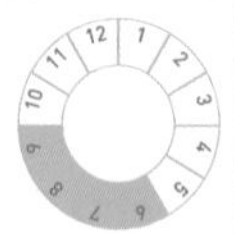
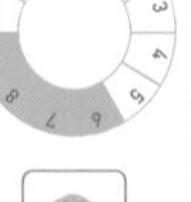

161 붉은꼭지외대버섯

Entoloma quadratum (Berk. & M. A. Curtis) E. Horak
Rhodophyllus quadratus (Berk. & Curt) Hongo

식독여부 | 독 발생시기 | 여름~가을

발생장소 | 침·활엽수림 내 땅 위에 홀로 또는 무리지어 발생한다.

형태 | 갓의 지름은 1~4cm이고, 원추형~종형이며, 중심부에 작은 유두 모양 돌기가 있다. 갓의 표면은 주홍색 또는 짙은 살색이다. 주름살은 완전붙은형 또는 끝붙은형이고, 갓과 동색이며 약간 성글다. 자루는 크기가 5~10cm×1.5~3mm이고, 위아래 굵기가 같으며, 속은 비어 있고, 약간 뒤틀린 모양이다. 자루의 색깔은 갓과 같은 색이며 자루의 부착형태는 중심생이고, 턱받이가 없다. **미세구조:** 포자는 분홍색을 띠며, 크기는 10~13.5×9~11µm이고, 육면체이다.

삿갓외대버섯 162

Entoloma rhodopolium (Fr.) Kumm.

Rhodophyllus rhodopolius (Fr.) Quél.

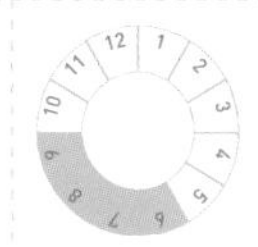

식독여부 | 독　발생시기 | 여름~가을

발생장소 | 활엽수림이나 소나무와의 혼합림 내 땅 위에 무리지어 발생한다.

형태 | 갓의 지름은 3~8cm이고, 처음에는 종형에서 중앙볼록편평형으로 전개된다. 갓의 표면은 평활하고 흡수성이며 담흑색이고, 건조하면 비단 광택을 띤다. 주름살은 완전붙은형이고 흰색~살색이며 약간 빽빽하다. 자루는 크기가 5~10cm×5~15mm이며, 위아래 굵기가 같거나 아래가 약간 굵고, 속이 비어 있으며, 거의 흰색이고 윤기가 있다. 자루의 부착형태는 중심생이고 턱받이가 없다. **미세구조:** 포자는 분홍색을 띠며, 크기는 8~10.5×7~8μm이고, 5~6면체이다.

163 외대버섯(굽은외대버섯)

Entoloma sinuatum (Bull.) P. Kumm.
Rhodophyllus sinuatus (Bull.) Quél.

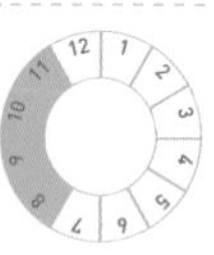
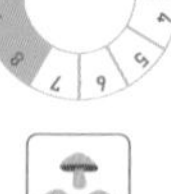

식독여부 | 맹독　발생시기 | 가을

발생장소 | 활엽수림 내 땅 위에 흩어져 나거나 무리지어 발생한다.

형태 | 갓의 지름은 5~12cm이고, 처음에는 종형에서 중앙볼록편평형으로 전개된다. 갓의 표면은 평활하고 약한 점성을 띠며 황색이다. 주름살은 완전붙은형이고 흰색~살색이며 약간 빽빽하다. 자루는 크기가 5~10cm×5~15mm이며, 위아래 굵기가 같거나 아래가 약간 굵고 속이 비어 있으며, 거의 흰색이고 윤기가 있다. 자루의 부착형태는 중심생이고 턱받이가 없다. 조직은 흰색을 띤다. **미세구조:** 포자는 분홍색을 띠며, 크기는 8~10.5×7~8μm이고, 5~6면체이다.

검은외대버섯 164

Rhodophyllus ater Hongo
Entoloma ater (Hongo) Hongo & Izawa

식독여부 | 식독불명　발생시기 | 여름(초여름)
발생장소 | 잔디 위에 홀로 또는 무리지어 발생한다.
형태 | 갓의 지름은 1~4cm이고, 반구형에서 오목편평형으로 전개된다. 갓의 표면은 검은색~흑자색이고, 미세한 인편이 있으며 습하면 주변부에 방사상의 선이 드러난다. 주름살은 완전붙은형 또는 약간내린형이며 성기고, 담회색 후 담홍색으로 변한다. 자루는 크기가 2~5cm×1.5~4mm이며, 위아래 굵기가 같고, 속은 비어 있으며, 가끔 뒤틀려 있다. 기부에 백색균사가 덮여 있다. 자루의 색깔은 회갈색이며, 부착형태는 중심생이고 턱받이가 없다. **미세구조:** 포자는 분홍색을 띠며, 크기는 10~13.5×9~11μm이고, 육면체이다.

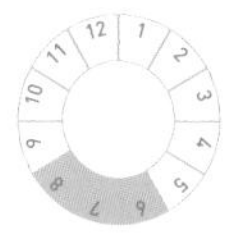

165 삼풀외대버섯(흰꼬마외대버섯)

Rhodophyllus chamaecyparidis Hongo

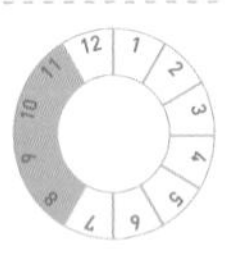
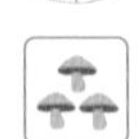

식독여부 | 식독불명 발생시기 | 가을

발생장소 | 편백나무 등 침엽수림의 부식질이 많은 땅 위나 돌 위에 무리지어 발생한다.

형태 | 갓의 지름이 3~9mm인 소형버섯으로, 갓은 반구형에서 오목편평형으로 전개된다. 중앙은 분말상이며 주변부에 홈선이 있고, 가장자리는 가끔 불규칙하게 굴곡한다. 갓의 표면은 흰색이지만 약간 핑크색을 띤다. 주름살은 완전붙은형이며 성기고, 담홍색이다. 자루는 크기가 1~4mm×0.5~1mm이며, 위아래 굵기가 같고, 속이 비어 있으며, 갓과 같은 색이다. 자루의 부착형태는 편심생 또는 중심생이며 턱받이가 없다. 조직은 얇고 아주 여리다. **미세구조:** 포자는 분홍색을 띠며, 크기는 8.5~10.5×6~6.5μm이고, 다면체이다.

군청색외대버섯 166

Rhodophyllus coelestinus var. *violaceus* (Kauffman) A. H. Sm.

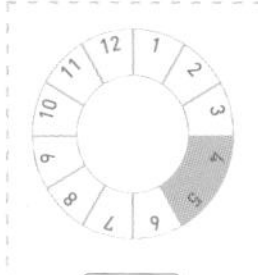

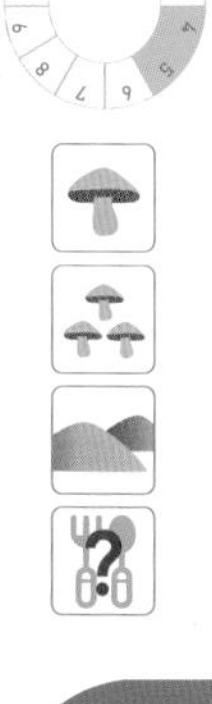

식독여부 | 식독불명 발생시기 | 봄

발생장소 | 침엽수림 내 부식질이 많은 땅 위에 홀로 또는 무리지어 발생한다.

형태 | 갓의 지름이 0.5~1.3cm인 소형버섯으로, 갓은 원추형~반구형이며, 표면은 미세한 섬유상이다. 갓의 표면은 짙은 청자색이고, 주름살은 완전붙은형, 끝붙은형 또는 내린형이며, 성기고, 자색을 띤다. 자루는 크기가 2~3cm×0.7~1mm이며, 원통형으로 위아래 굵기가 같고 속이 비어 있으며, 갓과 같은 색이다. 자루의 부착형태는 중심생이고, 턱받이가 없다. **미세구조:** 포자는 분홍색을 띠며, 크기는 8~10.5×6~7μm이고, 다면체이다.

167 외대덧버섯

Rhodophyllus crassipes (Imazeki & Toki) Imazeki & Hongo

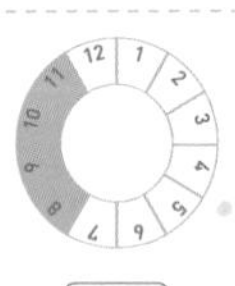
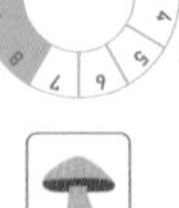

식독여부 | 식용　발생시기 | 가을

발생장소 | 침·활엽수림 내 땅 위에 홀로 또는 무리지어 발생한다.

형태 | 갓의 지름은 7~12cm이고, 끝이 둥근 원추형에서 중앙볼록편평형으로 전개된다. 갓의 표면은 평활하고 회갈색이지만 흰 섬유질이 엷게 덮고 있다. 주름살은 완전붙은형에 홈이 생긴 모양이며, 약간 성기고, 흰색에서 차츰 담홍색으로 변한다. 자루는 크기 10~18cm×15~20mm이며, 위아래 굵기가 같고, 속은 비어 있으며, 약간 뒤틀린 모양이고, 흰색이다. 자루의 부착형태는 중심생이고, 턱받이가 없다. 조직은 흰색이고 밀가루 냄새가 난다. **미세구조:** 포자는 분홍색을 띠며, 크기는 9~13.5×6~11μm이고, 다면체이다.

노란꼭지외대버섯 168

Rhodophyllus murrayi (Berk. & M.A. Curtis) Singer
Rhodophyllus murraii (Berk. & M. A. Curtis) Singer

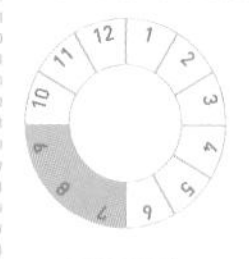

식독여부 | 식독불명　발생시기 | 여름~가을
발생장소 | 숲속 땅 위에 홀로 또는 흩어져 발생한다.
형태 | 갓의 지름은 1~6cm이고, 원추형~종형이며, 중앙에 유두 같은 돌기가 있다. 갓의 표면은 전체가 황색이고, 습하면 갓 둘레에 홈선이 드러난다. 주름살은 완전붙은형~끝붙은형이고, 약간 성글며, 포자가 성숙하면 담홍색을 띤다. 자루는 크기가 3~10cm×2~4mm이며, 위아래 굵기가 같고, 속은 비었으며, 약간 뒤틀린 모양이다. 자루의 색깔은 갓과 같거나 약간 옅은 색이며, 표면은 섬유상이다. 자루의 부착형태는 중심생이고, 턱받이가 없다. **미세구조:** 포자는 분홍색을 띠며, 크기는 11~14×11~12μm이고, 다면체이다.

169 흰꼭지외대버섯

Rhodophyllus murrayi f. *albus* (Hiroë) Hongo
Rhodophyllus murraii f. *albus* (Hiroé) Hongo

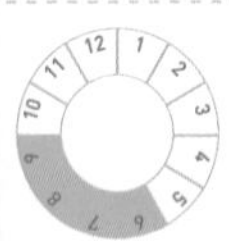

식독여부 | 식독불명　발생시기 | 여름~가을
발생장소 | 숲속 땅 위에 홀로 또는 흩어져 발생한다.

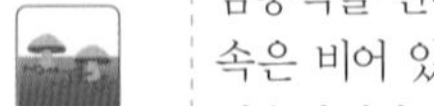

형태 | 갓의 지름은 1~6cm이고, 원추형~종형이며, 중앙에 유두 같은 돌기가 있다. 갓의 표면은 전체가 흰색~연분홍이고, 습하면 갓 둘레에 홈선이 드러난다. 주름살은 완전붙은형~끝붙은형이고, 약간 성글며, 포자가 성숙하면 담홍색을 띤다. 자루는 크기가 3~10cm×2~4mm이며, 위아래 굵기가 같고, 속은 비어 있으며, 약간 뒤틀린 모양이다. 자루의 색깔은 갓과 같고, 표면은 섬유상이다. 자루의 부착형태는 중심생이고, 턱받이가 없다. **미세구조:** 포자는 분홍색을 띠며, 크기는 11~14×11~12μm이고, 다면체이다.

>>> 노란꼭지외대버섯과 거의 같은 모양, 같은 크기이지만 전체가 황백색을 띤다.

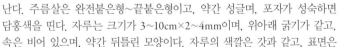

170 젖꼭지외대버섯

Rhodophyllus mycenoides Hongo

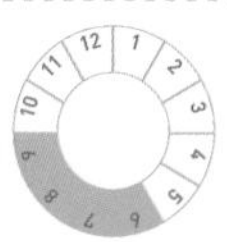
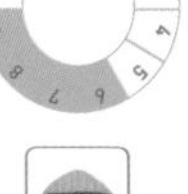

식독여부 | 식독불명　발생시기 | 여름~가을

발생장소 | 침·활엽수림 내 땅 위에 홀로 또는 무리지어 발생한다.

형태 | 갓의 지름은 0.6~1.5cm이고, 원추형에서 반구형으로 전개된다. 갓의 표면은 평활하고 습할 때 중앙은 암갈색, 주변은 옅은 색의 홈선이 나타나지만, 건조하면 없어지고 옅은 담흑색으로 변한다. 주름살은 완전붙은형이고, 성기며, 회색~적갈색이다. 자루는 크기가 2~4cm×0.8~2mm이고, 관 모양이며, 표면은 섬유상으로 이따금 뒤틀려 있다. 자루의 색깔은 갓과 같은 색이며, 자루의 부착형태는 중심생이고, 턱받이가 없다. **미세구조:** 포자는 분홍색을 띠며, 크기는 10~12×7~8μm이고, 다면체이다.

민꼭지외대버섯 171

Rhodophyllus omiensis Hongo

식독여부 | 식독불명　발생시기 | 가을

발생장소 | 활엽수림 내 낙엽이 많은 땅 위나 썩은 나무 위에 홀로 또는 무리 지어 난다.

형태 | 갓의 지름은 2~7cm이고, 원추 모양의 반구형이며, 표면은 섬유상으로 회색을 띤 갈황색이며 방사상의 선이 있다. 중앙부는 짙은 색이다. 주름살은 떨어진형이고, 흰색이다가 후에 담홍색이 된다. 자루는 크기가 5~10cm×3~6mm이며, 속이 비어 있고, 갓보다 색이 옅다. 표면은 섬유상으로 이따금 뒤틀려 있다. **미세구조:** 포자의 크기는 11~13×9~11μm로 구형에 가까운 다각형이며, 표면은 매끄럽고 색깔은 분홍색이다.

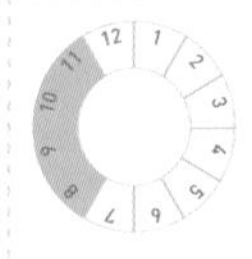

172 그물코버섯

Porodisculus pendulus (Schwagrichen) Schwein.

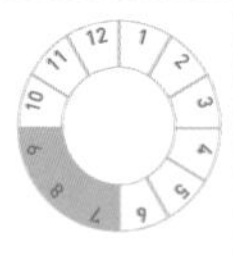

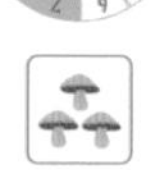

식독여부 | 식용부적합　발생시기 | 여름~가을

발생장소 | 활엽수의 죽은 줄기나 가지 위에 무리지어 발생한다.

형태 | 갓은 높이 5~10mm, 지름 2~5mm이며, 자실체는 소형이고, 다공균多孔菌이며, 앞에서 보면 경단같이 동그란 코 모양이다. 가장자리는 안쪽으로 말리고, 갓의 표면은 갓과 자루 모두 적갈색이지만, 오래되면 회갈색에서 회백색으로 색이 바랜다. 전면에 분말상 털이 덮여 있는 유연한 가죽질이며, 표층은 갈색 털이 덮여 있다. 자루는 크기가 1~5mm×1~3mm이고, 원통형으로 매우 짧으며, 갓과 같은 색이다. 자루의 부착형태는 중심생 또는 편심생이고, 턱받이가 없다. 조직은 흰색이고, 두께는 1~2mm이다. **미세구조:** 포자는 흰색을 띠며, 크기는 3~4×1μm이다. 모양은 콩팥형이며, 표면은 평활하다.

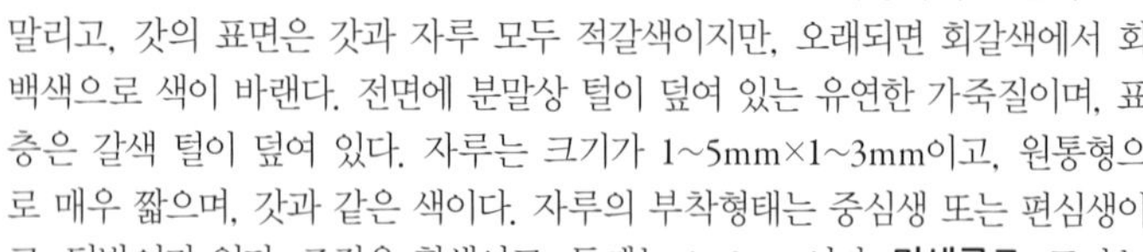

자주졸각버섯 173

Laccaria amethystina Cooke

Laccaria amethystea (Bull.) Murrill

식독여부 | 식용　발생시기 | 여름~가을

발생장소 | 숲속 땅 위나 길가에 무리지어 발생한다.

형태 | 갓의 지름은 1.5~3cm이고, 반구형에서 중앙부가 배꼽 모양으로 움푹 파여서 오목편평형으로 전개된다. 갓의 표면은 전체가 자색이다. 주름살은 끝붙은형이며, 두껍고 성글며, 주름은 짙은 자색을 띠지만 건조하면 주름 이외는 색이 바래서 담황갈색~담회갈색으로 된다. 자루는 크기 3~7cm×2~5mm이고, 위아래 굵기가 같으며, 갓과 색이 같고 섬유상 무늬가 있다. 자루의 부착형태는 중심생 또는 편심생이고, 턱받이가 없다. **미세구조:** 포자는 흰색을 띠며, 크기는 7.5~9μm이다. 모양은 구형이며, 밤송이상의 침상 돌기가 빽빽하다.

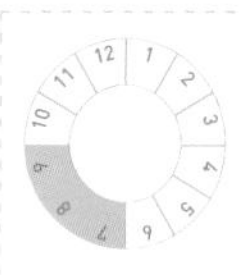

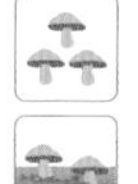

174 졸각버섯

Laccaria laccata (Scop.) Berk & Br.
Clitocybe laccata (Scop.) P. Kumm.

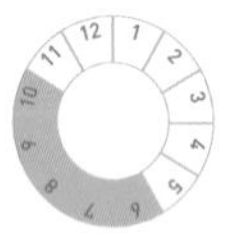
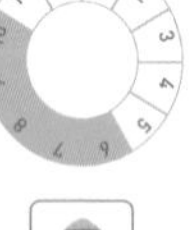

식독여부 | 식용 발생시기 | 여름~가을
발생장소 | 숲속 땅 위나 길가에 무리지어 발생한다.
형태 | 갓의 지름은 1.5~3.5cm이고, 갓의 모양은 반구형에서 오목편평형으로 전개된다. 갓의 표면은 담적갈색이고, 표면이 갈라져서 생긴 미세한 인편이 빽빽히 분포한다. 주름살은 끝붙은형이고, 성글며, 담홍색이다. 자루는 크기가 3~5cm×2~3mm이며, 위아래 굵기가 같고, 갓과 같은 색이다. 자루의 부착형태는 중심생 또는 편심생이고, 턱받이가 없다. **미세구조:** 포자는 흰색을 띠며, 크기는 7.5~9μm이다. 모양은 구형이며, 밤송이상의 침상 돌기가 빽빽하다.

>>> 보라발졸각버섯과 유사하지만 주름이 담홍색이고, 자루의 기부에 자색의 균사는 없다.

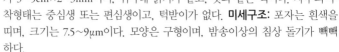

젖꼭지졸각버섯 175

Laccaria ohiensis (Mont.) Singeer

식독여부 | 식용부적합　발생시기 | 여름~가을

발생장소 | 숲속 땅 위에 무리지어 발생한다.

형태 | 갓의 지름은 1~4.5cm이고, 처음에는 반구형에서 오목편평형으로 전개된다. 갓의 표면은 평활하고 중앙부에만 미세인편이 있으며, 황갈색이고 습할 때 홈선이 드러난다. 주름살은 완전붙은형 또는 약간내린형이고, 성글며, 담홍색이다. 자루는 크기가 3~6cm×2.5~6mm이고, 위아래 굵기가 같으며, 속이 비어 있고, 갓과 색이 같으며 섬유상 무늬가 있다. 자루의 부착형태는 중심생이고, 턱받이가 없다. **미세구조:** 포자는 흰색을 띠며, 크기는 8~11.5×7.5~10.5μm이다. 모양은 타원형~방추형이며, 표면은 밤송이상의 침상 돌기가 빽빽하다.

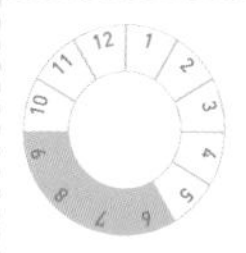

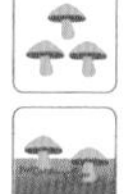

176 색시졸각버섯

Laccaria vinaceoavellanea Hongo

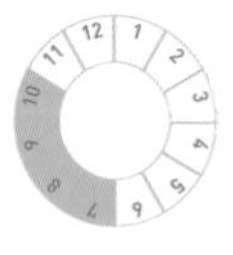
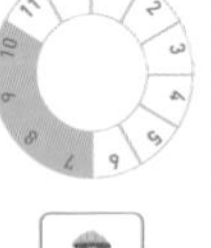

식독여부 | 식용 발생시기 | 여름~가을

발생장소 | 숲속 땅 위에 무리지어 발생한다.

형태 | 갓의 지름은 4~6(10)cm이고, 중앙오목편평형이다. 갓의 표면은 전체가 선명치 않은 담홍색이고, 건조하면 옅어진다. 표면에 방사상 홈선이 있다. 주름살은 완전히 붙은내린형이고, 성기며, 갓과 같은 색이다. 자루는 크기가 5~8cm×6~8mm이고, 세로줄이 있으며, 갓과 같은 색이다. 자루의 부착형태는 중심생이고, 턱받이가 없다. **미세구조:** 포자는 흰색을 띠며, 크기는 7.5~8.5μm이다. 모양은 구형이며, 밤송이상의 침상 돌기가 빽빽하다.

배불뚝이깔때기버섯 177

Ampulloclitocybe clavipes (Pers.) Readhead. Lutzoni. Moncalvo & Vilgalys

Clitocybe clavipes (Pers.) P. Kumm.

식독여부 | 식용　발생시기 | 가을

발생장소 | 숲속 땅 위 특히 낙엽송림 내 땅 위에 흩어져 나거나 균환菌環을 만들며 무리지어 발생한다.

형태 | 갓의 지름은 3~7cm이고, 거의 편평하게 전개되며, 역원추형 같다. 갓의 표면은 평활하며 회갈색이고, 중앙은 짙은 색이며, 갓 끝은 안쪽으로 말린다. 주름살은 내린형이며, 흰색~옅은 크림색이다. 자루는 크기가 3~6cm×6~10mm이고, 아래쪽으로 부풀며, 기부는 아주 두껍다. 자루의 색깔은 갓보다 옅은 색이다. 자루의 부착형태는 중심생이고, 턱받이가 없다. **미세구조:** 포자는 흰색을 띠며, 크기는 5~7×3~4㎛이다. 모양은 타원형~방추형이며, 표면은 평활하다.

>>> 식용버섯이지만 술과 함께 먹으면 사람에 따라서는 중독될 수 있다.

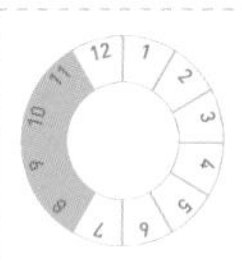

178 화병무명버섯

Hygrocybe cantharellus (Schwein.) Murrill
Craterellus cantharellus (Schwein.) Fr.

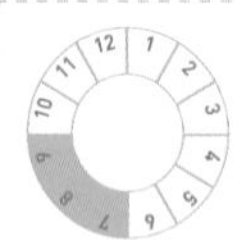
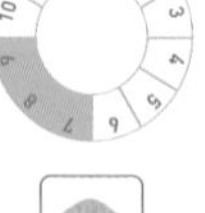
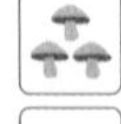

식독여부 | 식용부적합　발생시기 | 여름~가을
발생장소 | 소나무림 등 숲속 땅 위에 홀로 또는 무리지어 발생한다.
형태 | 갓의 지름은 1~3.5cm이고, 반반구형에서 때로는 중앙부가 약간 오목하다. 갓의 표면에 미세인편이 있고, 선홍색~주홍색이다. 주름살은 긴내린형이고, 성기며, 황색~등황색이다. 자루는 크기가 4~9cm×1.5~4mm이고, 원통형으로 속이 비어 있으며, 선홍색이다. 자루의 부착형태는 중심생이고, 턱받이가 없다. **미세구조:** 포자는 흰색을 띠며, 크기는 6.5~10×4.5~6.5μm, 9~12.5×6~7.5μm이다. 모양은 타원형이며, 표면은 평활하다. 4포자형, 2포자형으로 2가지 크기가 존재한다.

진빨간무명버섯 179

Hygrocybe coccinea (Schaeff.) P. Kumm.

Hygrophorus coccineus (Schaeff.) Fr.

식독여부 | 식용　발생시기 | 이른 봄~가을

발생장소 | 풀밭이나 숲속 땅 위에 무리지어 발생한다.

형태 | 갓의 지름은 2~5cm이고, 원추형~반구형을 거쳐 편평하게 전개된다. 갓의 표면은 진홍색이며 색이 바래면 등황색~황색으로 퇴색된다. 약간 빽빽하며 갓과 같은 색이다. 자루는 크기가 5~6cm×5~13mm이고, 원통형으로 섬유상의 줄무늬가 있으며, 갓과 같은 색이다. 자루의 부착형태는 중심생이고, 턱받이가 없다. **미세구조:** 포자는 흰색을 띠며, 크기는 7.5~10.5×4~5μm이다. 모양은 타원형으로 표면은 평활하다.

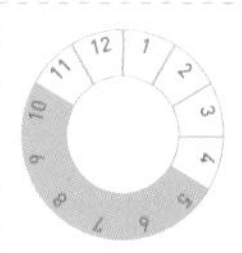

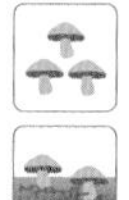

180 붉은산무명버섯(붉은산벚꽃버섯)

Hygrocybe conica (Schaeff.) P. Kumm.
Hygrophorus conicus (Fr.) Fr.

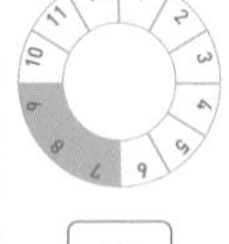

식독여부 | 식용　발생시기 | 여름~가을

발생장소 | 풀밭이나 숲속 땅 위에 홀로 또는 무리지어 발생한다.

형태 | 갓의 지름은 1~3cm이고, 처음에는 뿔형에서 중앙이 볼록하지만 후에 거의 편평하게 전개된다. 갓의 표면은 매끄럽고 전체가 거의 흰색을 띤다. 주름살은 긴 내린형이고, 성글며, 가로로 연락맥이 있다. 자루는 길이 1~5cm이고, 아래쪽으로 가늘어지며, 갓과 같은 색이다. 자루의 부착형태는 중심생이고, 턱받이가 없다. 조직은 연황색을 띠고, 무르며 상처를 입거나 오래되면 검은색으로 변색한다. **미세구조:** 포자는 흰색을 띠며, 크기는 7.5~10×5.5~6.5μm이다. 모양은 타원형이며, 표면은 평활하다.

181 노란대무명버섯

Hygrocybe flavescens (Kauffman) Singer
Hygrophorus flavescens (Kauffman) A. H. Smith & Hesler

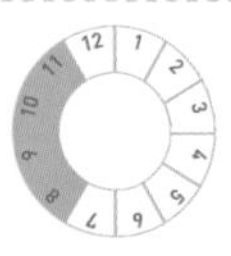

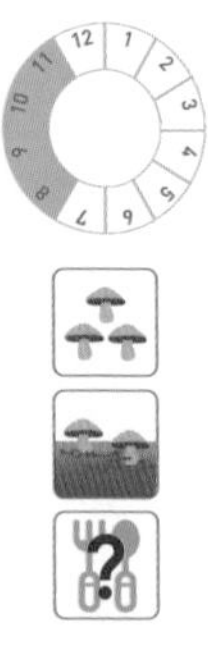

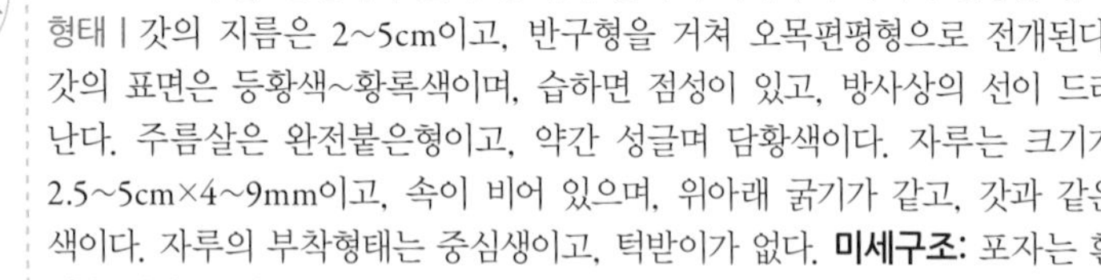

식독여부 | 식독불명 발생시기 | 가을

발생장소 | 목장, 풀밭이나 숲속 땅 위에 흩어져 나거나 무리지어 발생한다.

형태 | 갓의 지름은 2~5cm이고, 반구형을 거쳐 오목편평형으로 전개된다. 갓의 표면은 등황색~황록색이며, 습하면 점성이 있고, 방사상의 선이 드러난다. 주름살은 완전붙은형이고, 약간 성글며 담황색이다. 자루는 크기가 2.5~5cm×4~9mm이고, 속이 비어 있으며, 위아래 굵기가 같고, 갓과 같은 색이다. 자루의 부착형태는 중심생이고, 턱받이가 없다. **미세구조:** 포자는 흰색을 띠며, 크기는 7~9×4~5μm이다. 모양은 타원형이며, 표면은 평활하다.

이끼무명버섯(이끼꽃버섯, 이끼벚꽃버섯) 182

Hygrocybe psittacina (Schaeff.) W
Hygrophorus psittacinus (Schaeff.) Fr.

식독여부 | 식용　발생시기 | 여름~가을
발생장소 | 풀밭이나 숲속 땅 위에 홀로 또는 무리지어 발생한다.
형태 | 갓의 지름은 0.5~3cm이고, 처음에는 종형에서 중앙볼록편평형으로 전개된다. 갓의 표면은 어린 시기에는 황색의 갓 표면에 연녹색의 점액질이 있다가 성숙되면서 점점 그 색이 옅어진다. 주름살은 내린형~떨어진형이며, 약간 성글다. 자루는 크기가 1~5cm×1.5~3mm이고, 위아래 굵기가 같으며, 속이 비어 있다. 자루의 색깔은 갓보다 약간 옅은 황색을 띠며, 자루의 위쪽에서 중간까지 갓에서와 같은 연녹색의 점액질이 묻어 있다. 자루의 부착형태는 중심생이고, 턱받이가 없다. 조직은 연황색을 띠며 무르다. **미세구조:** 포자는 흰색을 띠며, 크기는 7.5~9×4.5~5μm이다. 모양은 타원형이며, 표면은 평활하다.

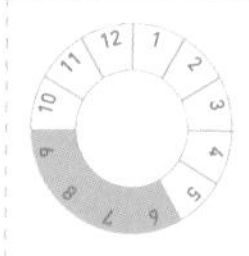

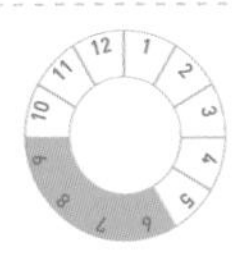

183 처녀버섯(흰색처녀버섯)

Hygrocybe virginea var. *virginea* (Wulfen) P. D. Orton & Watling
Camarophyllus virgineus (Wulfen) P. Kumm.
Hygrophorus virgineus (Wulfen) Fr.

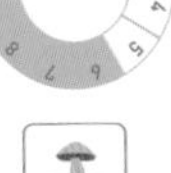

식독여부 | 식용　발생시기 | 여름~가을

발생장소 | 낙엽송림 등 숲속 땅 위와 풀밭 등에 무리지어 발생한다.

형태 | 갓의 지름은 2~5cm이고, 반구형에서 중앙이 볼록하지만 후에 거의 편평하게 전개된다. 갓의 표면은 매끄럽고 전체가 거의 흰색이다. 주름살은 긴 내린형이고, 성글며, 가로로 연락맥이 있다. 자루는 길이 1~5cm이고, 아래쪽으로 가늘어지며, 갓과 같은 색이다. 자루의 부착형태는 중심생이고, 턱받이가 없다. **미세구조:** 포자는 흰색을 띠며, 크기는 7.5~10×5.5~6.5μm이다. 모양은 타원형이며, 표면은 평활하다.

노란구름벚꽃버섯 184

Hygrophorus camarophyllus (Alb. & Schwein.) Dumée, Grandjean & Maire

Hygrophorus caprinus (Scop.) Fr.

식독여부 | 식용 발생시기 | 가을

발생장소 | 소나무림, 참나무림 등 숲속 땅 위에 홀로 또는 무리지어 발생한다.

형태 | 갓의 지름은 4~10cm이고, 반구형에서 중앙볼록편평형으로 전개된다. 갓의 표면은 회갈색~암회갈색이며, 약간 점성이 있지만 쉽게 마른다. 주름살은 완전붙은내린형이고, 성기며, 거의 흰색이다. 자루는 크기가 5~12cm×10~20mm이고, 위아래 같은 굵기 또는 아래쪽으로 가늘며, 섬유상이다. 자루의 색깔은 갓보다 옅은 색이며, 자루의 부착형태는 중심생이고, 턱받이가 없다. 조직은 흰색이고 무르다. **미세구조:** 포자는 흰색을 띠며, 크기는 6~9×4~5.5μm이다. 모양은 타원형이며, 표면은 평활하다.

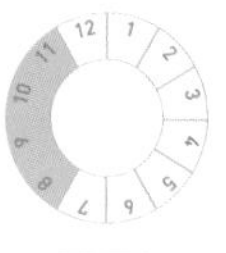
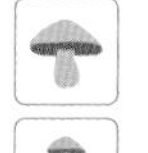
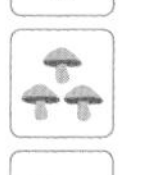

185 노란털벚꽃버섯

Hygrophorus lucorum Kalchbr.

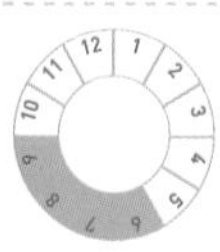
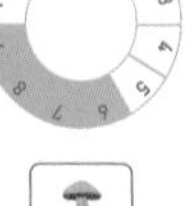

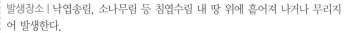

식독여부 | 식용 발생시기 | 여름~가을

발생장소 | 낙엽송림, 소나무림 등 침엽수림 내 땅 위에 흩어져 나거나 무리지어 발생한다.

형태 | 갓의 지름은 2~5cm이고, 반구형에서 거의 편평하게 전개된다. 갓의 표면은 레몬색이고 점성이 있다. 주름살은 내린형이고, 성기며, 담황색이다. 자루는 크기가 5~6cm×5~7mm이고, 위아래 같은 굵기 또는 아래쪽으로 가늘며, 섬유상이다. 자루의 색깔은 흰색 또는 약간 황색을 띠고, 점질성 피막이 둘러싸고 있다. 자루의 부착형태는 중심생이고, 턱받이가 없다. 조직은 흰색이고 무르다. **미세구조:** 포자는 흰색을 띠며, 크기는 8~9×4~5.5μm이다. 모양은 타원형으로 표면은 평활하다.

다색벚꽃버섯 186

Hygrophorus russula (Schaeff.) Kauffman

식독여부 | 식용 발생시기 | 늦여름~가을

발생장소 | 침·활엽수림 내 땅 위에 흩어져 나거나 무리지어 발생한다.

형태 | 갓의 지름은 5~12cm이고, 반구형에서 볼록평평형을 거쳐 편평형으로 전개된다. 갓의 표면은 점성이 있으나 쉽게 마르고, 중앙은 암적색이며, 갓 둘레는 담적색이다. 갓 끝은 어릴 때 안쪽으로 말린다. 주름살은 완전붙은내린형이고, 약간 빽빽하며, 흰색~담홍색이고, 갓과 같은 색의 얼룩이 생긴다. 자루는 크기가 3~8cm×10~30mm이고, 원통형이며, 흰색이나 점차 갓과 같은 색을 띠고, 섬유상이다. 자루의 부착형태는 중심생이고, 턱받이가 없다. 조직은 흰색~담홍색이며 가끔 암적색의 얼룩을 띤다. **미세구조:** 포자는 흰색을 띠며, 크기는 6~8×3.5~5μm이다. 모양은 타원형으로 표면은 평활하다.

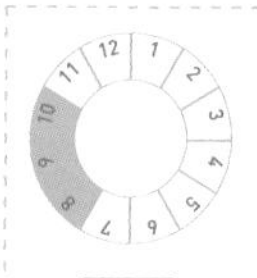

187 노루귀버섯

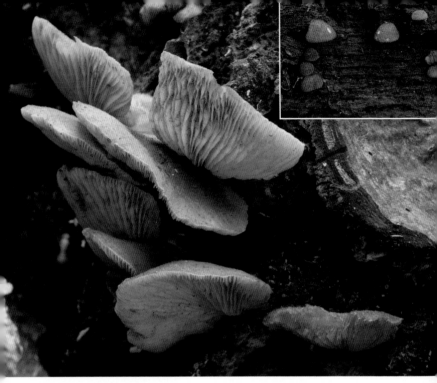

Crepidotus badiofloccosus S. Imai

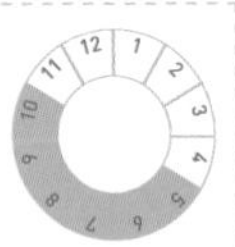

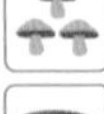

식독여부 | 식용부적합　발생시기 | 봄~가을

발생장소 | 활엽수류 썩은 나무줄기에 무리지어 발생한다.

형태 | 갓의 지름은 1~5.5×1~3cm이고, 콩팥형~반구형이며, 초기에는 가장자리가 안으로 말린다. 갓의 표면은 갈색 솜털이 빽빽하지만 갓이 열리면서 줄어 들어 황백색 바탕이 드러난다. 주름살은 끝붙은형이며, 빽빽하고, 황백색~흰색이다가 포자가 성숙하면 등갈색~회갈색으로 된다. 자루는 짧거나 거의 없으며, 기부에는 황갈색~황백색의 부드러운 털이 빽빽하다. 자루의 부착형태는 측생이고, 턱받이가 없다. **미세구조:** 포자는 황갈색을 띠고, 크기는 5~7μm이다. 모양은 구형~유구형으로 표면은 사마귀상 돌기가 있다.

주걱귀버섯 188

Crepidotus cesatii var. *subsphaerosporus* (J. E. Lange) Senn-Irlet
Crepidotus subsphaerosporus (J. E. Lange) Kűhner & Romagn

식독여부 | 식용부적합 발생시기 | 여름~가을
발생장소 | 활엽수류 썩은 나무줄기에 무리지어 발생한다.
형태 | 갓의 지름은 0.5~3×0.5~2cm이고, 콩팥형이며, 깊숙이 찢어진다. 갓의 표면은 흰색이며 짧은 털이 덮여 있고, 양탄자상이다. 주름살은 빽빽하고, 흰색에서 갈황색으로 변한다. 자루는 짧거나 거의 없으며, 갓과 같은 색이다. 자루의 부착형태는 측생이며, 턱받이가 없다. **미세구조:** 포자는 황갈색을 띠고, 크기는 6.5~7×4.5~5.3μm이다. 모양은 달걀형~타원형이며, 표면에 주름상 돌기가 있다.

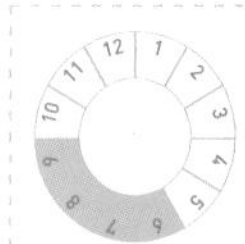

189 곤약귀버섯

Crepidotus hygrophanus Murrill

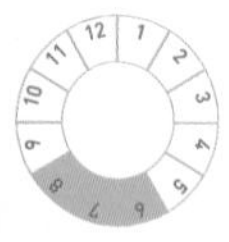
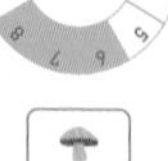

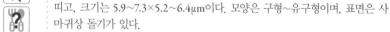

식독여부 | 식독불명　발생시기 | 여름

발생장소 | 활엽수 고사목, 쓰러진 나무줄기나 가지에 무리지어 발생한다.

형태 | 갓의 지름은 1~2cm이고, 반반구형에서 거의 편평하게 전개된다. 갓의 표면은 건성이고, 흰색이며, 습기가 많으면 투명하게 된다. 주름살은 빽빽하며, 처음에는 흰색에서 옅은 분홍색으로 변한다. 포자가 완전히 성숙되면 진갈색으로 된다. 자루는 짧거나 거의 없으며, 자루의 부착형태는 측생이고, 턱받이가 없다. 조직은 부드러우며, 맛은 순하다. **미세구조:** 포자는 황갈색을 띠고, 크기는 5.9~7.3×5.2~6.4μm이다. 모양은 구형~유구형이며, 표면은 사마귀상 돌기가 있다.

노란귀버섯 190

Crepidotus sulphurinus Imazeki & Toki

식독여부 | 식독불명 발생시기 | 여름~가을

발생장소 | 활엽수류 썩은 나무줄기에 중첩되게 무리지어 발생한다.

형태 | 갓의 지름은 0.5~3cm이고, 부채형~콩팥형이다. 갓의 표면은 황색~황갈색이고, 거친 털이 빽빽하다. 주름살은 완전붙은형 또는 끝붙은형이고, 약간 빽빽하며, 담황색~황갈색이고 주름살날은 분말상이다. 자루는 짧거나 거의 없으며, 갓과 같은 색이다. 자루의 부착형태는 측생이며, 턱받이가 없다. **미세구조:** 포자는 황갈색을 띠고, 크기는 9~10×8~8.5㎛이다. 모양은 구형~유구형이며, 표면에 사마귀상 돌기가 있다.

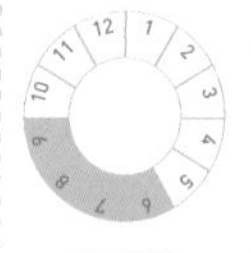

191 끈적귀버섯

Crepidotus uber (Berk. & M. A. Curtis) Sacc.

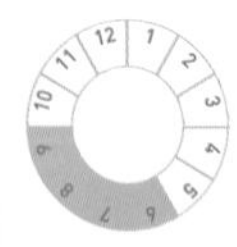
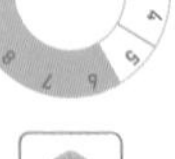

식독여부 | 식독불명　발생시기 | 여름~가을

발생장소 | 활엽수 고사목, 쓰러진 나무줄기나 가지에 무리지어 발생한다.

형태 | 갓의 지름은 0.5~3cm이고, 반구형에서 거의 편평하게 전개된다. 갓의 표면은 흰색이고, 성숙하면서 점액질이 많은 표면에 갈색 포자가 묻어 갈색을 띤다. 주름살은 빽빽하며, 어릴 때 흰색에서 성숙하면서 진갈색으로 변한다. 자루는 없거나 매우 짧고, 갓과 같은 색이다. 자루의 부착형태는 측생이고, 턱받이가 없다. 조직은 흰색 또는 투명하며, 맛은 순하고 냄새는 없다. **미세구조:** 포자는 황갈색을 띠고, 크기는 6~9×5~7μm이다. 모양은 타원형이며, 표면은 평활하다.

삿갓땀버섯 192

Inocybe asterospora Quél.

식독여부 | 독 　발생시기 | 여름~가을

발생장소 | 침·활엽수림 내와 정원 등의 나무 밑에 홀로 또는 흩어져 발생한다.

형태 | 갓의 지름은 2.5~3cm이고, 원추형에서 중앙볼록편평형으로 전개된다. 갓의 표면은 섬유상이며, 적갈색이고, 나중에 방사상으로 갈라져 흰색 조직이 보인다. 주름살은 끝붙은형이고, 약간 빽빽하며, 흰색~탁한 담홍색이다. 자루는 크기가 2.5~5cm×4~8mm이고, 흰색, 황갈색, 적갈색을 띠며, 기부는 구근상이고, 표면은 섬유상의 선이 있다. 자루의 부착형태는 중심생이고, 턱받이가 없다. **미세구조:** 포자는 갈색을 띠며, 크기는 8.5~11×7.5~9.5μm이다. 모양은 별 모양으로 표면은 혹 모양의 커다란 돌기가 있다. 낭상체의 크기는 55~80×14~23μm이고, 곤봉형이다.

193 바늘땀버섯

Inocybe calospora Quél.

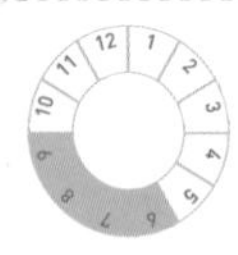
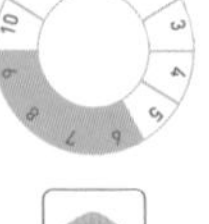

식독여부 | 식독불명 발생시기 | 여름~가을

발생장소 | 침·활엽수림 내 땅 위에 홀로 또는 흩어져 발생한다.

형태 | 갓의 지름은 1~3cm이고, 원추형에서 중앙볼록편평형으로 전개된다. 갓의 표면은 짙은 갈색이고, 섬유상이며, 중앙부를 중심으로 거스러미 모양의 작은 인편으로 덮여 있다. 주름살은 끝붙은형 또는 떨어진형이고, 회갈색이며, 약간 성글다. 자루는 크기가 3~4cm×2~3mm이고, 원통형이며, 갓과 같은 색이다. 자루의 부착형태는 중심생이고, 턱받이가 없다. **미세구조:** 포자는 갈색을 띠며, 크기는 8~10×7~7.5μm이다. 모양은 별 모양으로 표면은 혹 모양의 커다란 돌기가 있다. 낭상체의 크기는 25~55×10~25μm이고, 곤봉형이다.

곱슬머리땀버섯 194

Inocybe cincinnata var. *cincinnata* (Fr.) Quél.

Inocybe cincinnata (Fr.) Quél.

식독여부 | 독　발생시기 | 여름~가을

발생장소 | 침·활엽수림 내 땅 위에 홀로 또는 흩어져 발생한다.

형태 | 갓의 지름은 1~3.5cm이고, 원추형~반구형에서 거의 편평하게 전개된다. 갓의 표면은 자색을 띤 회갈색이고, 주변부는 섬유상이며, 중앙부는 거스러미 모양의 인편이 빽빽이 덮여 있다. 주름살은 완전붙은형 또는 끝붙은형이고, 자회색~갈색이다. 자루는 크기가 3~5cm×2~3mm이고, 표면은 자색이며, 뿌리가 약간 부풀고, 섬유상의 작은 인편이 붙어 있다. 자루의 부착형태는 중심생이고, 턱받이가 없다. **미세구조:** 포자는 갈색을 띠며, 크기는 9~11×5~6μm이다. 모양은 타원형이며, 표면은 평활하다. 낭상체의 크기는 40~60×13~18.5μm이고, 곤봉형이다.

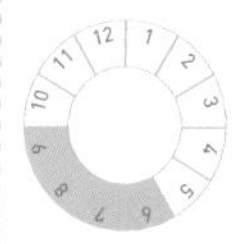

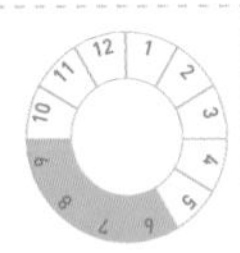

195 단발머리땀버섯

Inocybe cookei Bres.

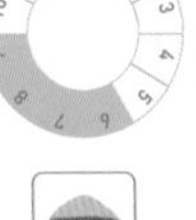

식독여부 | 식독불명　발생시기 | 여름~가을
발생장소 | 침엽수림 내 땅 위에 홀로 또는 흩어져 발생한다.
형태 | 갓의 지름은 2~4.5cm이고, 원추형에서 중앙볼록편평형으로 전개된다. 갓의 표면은 황갈색이고, 섬유상이며, 방사상으로 갈라져 바탕색이 드러난다. 완전붙은형 또는 떨어진형이고, 회갈색이다. 자루는 크기가 2~6cm×2~5mm이고, 표면은 섬유상이며 담황갈색이고, 원통형이며, 기부는 약간 구근상이다. 자루의 부착형태는 중심생이고, 턱받이가 없다. 조직은 흰색~황백색이다. **미세구조:** 포자는 갈색을 띠며, 크기는 7~9.5×5~6μm이다. 모양은 방원형이며, 표면은 평활하다. 낭상체의 크기는 16~27×8~12μm이고, 곤봉형이다.

보라땀버섯 196

Inocybe geophylla var. *lilacina* Gillet

Inocybe geophylla (Sowerby) P. Kumm.

식독여부 | 독　발생시기 | 여름~가을

발생장소 | 침엽수림 내 땅 위에 홀로 또는 무리지어 발생한다.

형태 | 갓의 지름은 1~2cm이고, 원추형에서 중앙볼록편평형으로 전개된다. 갓의 표면은 전체가 흰색이지만 때로는 자색을 띠고, 비단 광택이 있다. 주름살은 끝붙은형 또는 떨어진형이고, 황갈색에서 점토색으로 된다. 자루는 크기가 2~5cm×2~4mm이고, 갓과 같은 색이며, 원통형이고, 기부는 약간 구근상이다. 자루의 부착형태는 중심생이고, 턱받이는 어릴 때 거미집 모양의 막이 있다. **미세구조:** 포자는 갈색을 띠며, 크기는 7.5~9.5×4.5~5μm이다. 모양은 타원형이며, 표면은 평활하다. 낭상체의 크기는 45~60×11~15μm이고, 곤봉형이다.

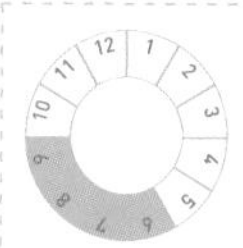

197 센털땀버섯아재비

Inocybe hirtella var. *hirtella* Bres.
Inocybe hirtella Bres.

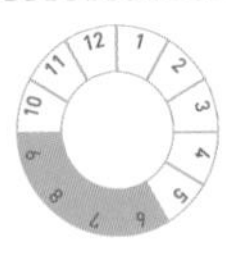
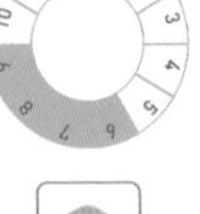

식독여부 | 식독불명　발생시기 | 여름~가을

발생장소 | 침·활엽수림 내 땅 위에 홀로 또는 흩어져 발생한다.

형태 | 갓의 지름은 2~4cm이고, 종형~반구형에서 중앙볼록편평형으로 전개된다. 갓의 표면은 섬유상이고 옅은 황갈색이며, 중앙부에는 거스러미 모양의 작은 인편이 밀생하고, 짙은 색을 띤다. 주름살은 끝붙은형 또는 홈생긴형이고, 흰색~갈색이며, 약간 성글다. 자루는 크기가 2~4cm×3~5mm이고, 원통형이다. 자루의 색깔은 표면에 섬유상의 가는 선이 있고, 갓보다 옅은 색 또는 거의 흰색이다. 자루의 부착형태는 중심생이고, 턱받이가 없다. **미세구조:** 포자는 갈색을 띠며, 크기는 9~11.5×5~5.5μm이다. 모양은 타원형이며, 표면은 평활하다. 낭상체의 크기는 55~75×11~20μm이고, 곤봉형이다.

비듬땀버섯 198

Inocybe lacera var. *lacera* (Fr.) P. Kumm.

Inocybe lacera (Fr.) P. Kumm.

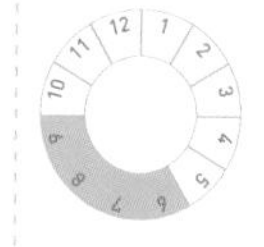

식독여부 | 독　발생시기 | 여름~가을

발생장소 | 침엽수림 내 모래땅 특히 소나무림에 홀로 또는 무리지어 발생한다.

형태 | 갓의 지름은 1~4cm이고, 반구형에서 중앙볼록편평형으로 전개된다. 갓의 표면은 섬유상으로 작은 인편이 있고, 암갈색을 띤다. 주름살은 완전붙은형 또는 끝붙은형이고, 약간 성글며, 흰색~황갈색~회갈색으로 변한다. 자루는 크기가 2~6cm×2~5mm이고, 섬유상이며, 갓과 같은 색이고, 원통형이다. 자루의 부착형태는 중심생이고, 턱받이가 없다. **미세구조:** 포자는 갈색을 띠며, 크기는 10~15×4.5~6μm이다. 모양은 원통~장타원형이며, 표면은 평활하다. 낭상체의 크기는 40~60×10~13μm이고, 곤봉형이다.

199 털땀버섯

Inocybe maculata Boud.

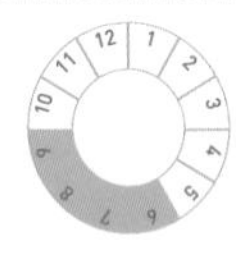
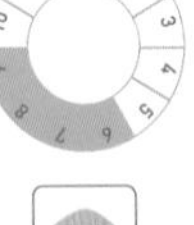

식독여부 | 독　발생시기 | 여름~가을

발생장소 | 활엽수림 내 땅 위에 홀로 또는 흩어져 발생한다.

형태 | 갓의 지름은 2.5~5.5cm이고, 원추형, 반구형을 거쳐 편평하게 전개된다. 갓의 표면은 암갈색의 섬유상으로 흰색 외피막이 반점 모양으로 부착되고 나중에 표피는 방사상으로 갈라진다. 주름살은 끝붙은형이고, 약간 빽빽하며, 탁한 갈색을 띤다. 자루는 크기가 3~9cm×3~8mm이며, 위아래 굵기가 같고, 섬유상이며, 때로는 뒤틀린 모양이다. 자루의 색깔은 흰색이지만 아래쪽은 갈색이다. 자루의 부착형태는 중심생이고, 턱받이가 없다. **미세구조:** 포자는 갈색을 띠며, 크기는 8~11×5~6μm이다. 모양은 광타원형이며, 표면은 평활하다. 낭상체의 크기는 31~50×11.5~18.6μm이고, 곤봉형이다.

애기비늘땀버섯 200

Inocybe nodulosospora Kobayasi

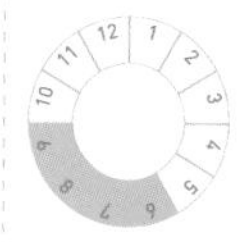

식독여부 | 독　발생시기 | 여름~가을

발생장소 | 소나무림 등 숲속 땅 위에 홀로 또는 흩어져 발생한다.

형태 | 갓의 지름은 1.5~3cm이고, 종형, 반구형을 거쳐 중앙볼록편평형으로 전개된다. 갓의 표면은 회갈색이고, 주변부는 방사상으로 갈라지며, 중앙부에는 거스러미 모양의 인편이 생긴다. 주름살은 홈생긴형, 끝붙은형 또는 떨어진형이고, 약간 빽빽하거나 약간 성글다. 자루의 크기는 3.5~5cm×2~3mm이고, 원통형이며, 갓과 같은 색이고, 상부는 분말상, 하부는 흰색 섬유로 덮여 있다. 자루의 부착형태는 중심생이고, 턱받이가 없다. **미세구조:** 포자는 갈색을 띠며, 크기는 7.5~9×5.5~7μm이다. 모양은 별 모양으로 표면은 혹 모양의 커다란 돌기가 있다. 낭상체의 크기는 35~65×13.5~19μm이고, 곤봉형이다.

201 솔땀버섯

Inocybe rimosa (Bull.) P. Kumm.
Inocybe fastigiata (Schaeff.) Quél.

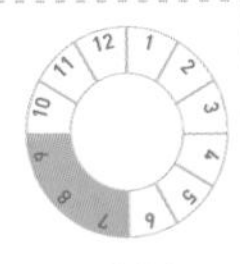

식독여부 | 독　발생시기 | 여름~가을
발생장소 | 숲속 땅 위에 홀로 발생한다.
형태 | 갓의 지름은 2~6.5cm이고, 처음에는 원추형에서 중앙볼록편평형으로 전개된다. 갓의 표면은 섬유상이고 갈황색이며, 중앙부는 갈색이고, 방사상으로 갈라진다. 주름살은 끝붙은형 또는 떨어진형이고, 약간 빽빽하며, 회갈색이다. 자루의 크기는 3.5~8cm×3~9mm이고, 원통형으로 위아래 굵기가 같으며, 표면은 섬유상이고 갓보다 옅은 색이다. 자루의 부착형태는 중심생이고, 턱받이가 없다. **미세구조:** 포자는 갈색을 띠며, 크기는 8.5~13×4.5~7.5μm이다. 모양은 타원형이며 표면은 평활하다. 낭상체의 크기는 25~45×9~22μm이고, 곤봉형이다.

흰땀버섯 202

Inocybe umbratica Quél.

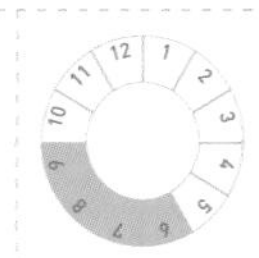

식독여부 | 식독불명　발생시기 | 여름~가을

발생장소 | 침엽수림 내 땅 위에서 무리지어 발생한다.

형태 | 갓의 지름은 2~3cm이고, 전체가 흰색이며 비단 같은 광택이 난다. 원추형이나 차차 펴지면서 가운데가 볼록한 편평형으로 전개된다. 주름살은 끝붙은주름살이며, 회갈색이고 치밀하다. 자루는 크기가 2.5~5×0.4~0.8cm이고, 기부는 둥글게 부풀어 있다. 조직은 속이 차 있으며 흰색이다. **미세구조:** 포자의 크기는 7.5~9×5.5~6.5μm이고, 각진 모양이며 혹처럼 생긴 돌기가 있고, 갈색이다.

>>> 보라땀버섯 *I. geophylla*과 유사하나 보라땀버섯의 갓이 자색인 점에서 차이가 있다.

203 덧부치버섯

Asterophora lycoperdoides (Bull.) Ditmar

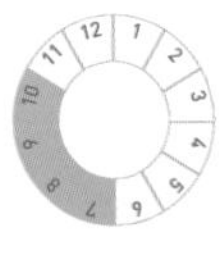
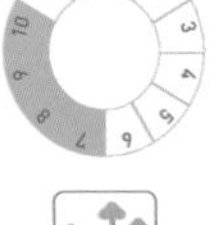

식독여부 | 식독불명　발생시기 | 여름~가을

발생장소 | 굴털이, 절구버섯 등의 노화된 자실체 위에 기생하여 다발성으로 무리지어 발생한다.

형태 | 갓의 지름은 0.4~2.2cm이고, 반구형~반반구형이다. 갓의 표면은 최초에는 흰색이지만 성숙하면 중앙부에서부터 담갈색의 분말상 후막포자가 생성된다. 주름살은 성기고, 두꺼우며 흰색이다. 자루는 크기가 0.5~6cm×1.5~4mm이고, 원통형이며, 기부 쪽으로 더 굵어진다. 자루의 부착형태는 중심생이고, 흰색이나 기부는 갈색이다. 턱받이가 없다. **미세구조:** 포자는 흰색을 띠며, 크기는 3.5~5.5×2.5~3.5㎛이다. 모양은 오이씨형이고, 표면은 평활하다.

>>> 갓 윗부분에 12~16×14~18㎛ 크기의 별 모양 후막포자가 분포한다.

만가닥느티버섯 204

Hypsizygus marmoreus (Peck) H. E. Bigelow

식독여부 | 식용(재배버섯) 발생시기 | 가을

발생장소 | 활엽수 고사목이나 쓰러진 나무, 그루터기 등에 다발성으로 무리지어 발생한다.

형태 | 갓의 지름은 4~15cm이고, 반구형에서 거의 편평하게 전개된다. 갓의 표면은 흰색~회갈색이고, 갈색의 고리 무늬가 있으며, 짙은 대리석 모양이 나타난다. 주름살은 홈생긴형이고, 빽빽하거나 약간 성기며, 흰색이다. 자루는 크기가 3~10cm×10~20mm이고, 흰색이며, 원통형이고, 기부 쪽으로 더 굵어진다. 자루의 부착형태는 편심생 또는 중심생이고, 턱받이가 없다. **미세구조:** 포자는 흰색을 띠며, 크기는 4~5×3.5~4μm이다. 모양은 구형~유구형이며, 표면은 평활하다.

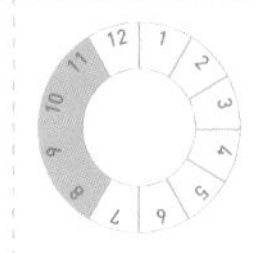

205 방망이만가닥버섯(잿빛만가닥버섯)

Lyophyllum decastes (Fr.) Singer
Clitocybe decastes (Fr.) P. Kumm.
Lyophyllum aggregatum (Schaeff.) Kűhner

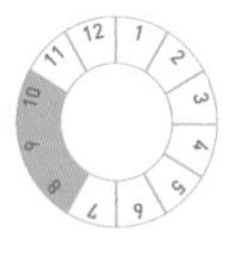

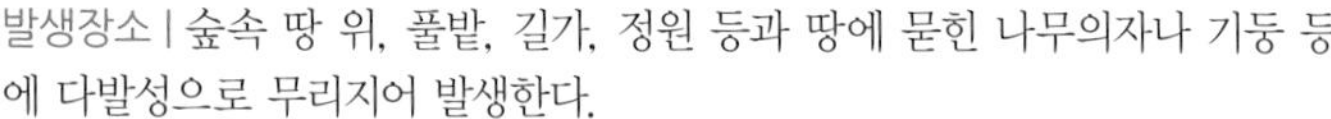

식독여부 | 식용　발생시기 | 가을

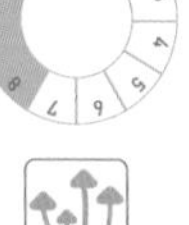

발생장소 | 숲속 땅 위, 풀밭, 길가, 정원 등과 땅에 묻힌 나무의자나 기둥 등에 다발성으로 무리지어 발생한다.

형태 | 갓의 지름은 4~9cm이고, 반구형에서 편평하게 전개된다. 갓의 표면은 회갈색, 담회흑색, 황갈색을 띠고 노숙하면 열어진다. 주름살은 완전붙은형, 홈생긴형 또는 약간내린형이고, 빽빽하며 흰색이다. 자루는 크기가 5~8cm×7~10mm이고, 위아래가 같거나 아래가 약간 두꺼우며, 섬유상이고, 흰색~담황갈색이다. 자루의 부착형태는 중심생이고, 턱받이가 없다. 조직은 흰색으로 육질형이다. **미세구조:** 포자는 흰색을 띠며, 크기는 5.5~7.5×5~7μm이다. 모양은 구형~유구형이며, 표면은 평활하다.

연기색만가닥버섯 206

Lyophyllum fumosum (Pers.) P. D. Orton
Tricholoma conglobatum (Vittad.) Sacc.

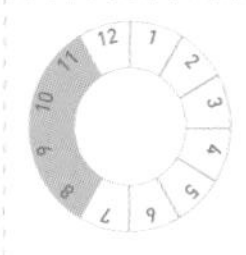

식독여부 | 식용　발생시기 | 가을

발생장소 | 활엽수림이나 소나무와의 혼합림 내 땅 위에 다발성으로 무리지어 발생한다.

형태 | 갓의 지름은 2~5cm이고, 반구형에서 편평하게 전개되며 위로 젖혀지기도 한다. 갓의 표면은 암회갈색에서 회색~회갈색으로 변한다. 주름살은 완전붙은형, 홈생긴형 또는 약간내린형이고, 빽빽하며, 흰색~담회색이다. 자루는 크기가 1~10cm×3~7mm이고, 흰색이며, 섬유질이고, 기부는 여러 개의 자루가 모여 괴경상塊莖狀이 된다. 자루의 부착형태는 중심생이고, 턱받이가 없다. 조직은 흰색의 육질형이다. **미세구조:** 포자는 흰색을 띠며, 크기는 5~6μm이다. 모양은 구형이며 표면은 평활하다.

207 땅찌만가닥버섯

Lyophyllum shimejii (Kawam.) Hongo

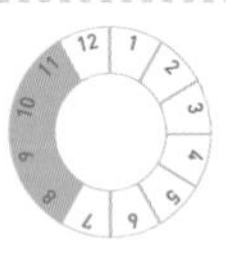

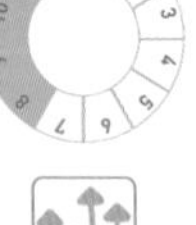

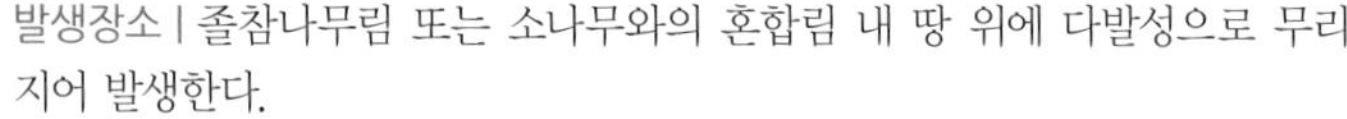

식독여부 | 식용 발생시기 | 가을

발생장소 | 졸참나무림 또는 소나무와의 혼합림 내 땅 위에 다발성으로 무리지어 발생한다.

형태 | 갓의 지름은 2~8cm이고, 반구형에서 편평하게 전개된다. 갓의 표면은 평활하고, 암회갈색~담회갈색이며, 초기에 갓 끝은 안으로 말린다. 주름살은 홈생긴형 또는 약간내린형이고, 빽빽하며, 흰색~황백색이다. 자루는 크기가 3~8cm×5~15mm이고, 흰색이며, 기부는 입구가 잘록한 술병처럼 두꺼워진다. 자루의 부착형태는 중심생이고, 턱받이가 없다. 조직은 흰색이며 치밀하다. **미세구조:** 포자는 흰색을 띠며, 크기는 4~6μm이다. 모양은 구형이며, 표면은 평활하다.

>>> 일본에서 '향香의 송이, 맛味의 시메지' 라고도 하는 가장 선호하는 식용버섯 중 하나다.

갈색솔방울버섯 208

Baeospora myosura (Fr.) Singer

Collybia myosura (Fr.) Quél.

식독여부 | 식용부적합　발생시기 | 늦가을~초겨울

발생장소 | 숲속의 땅속에 묻힌 솔방울에 홀로 또는 무리지어 발생한다.

형태 | 갓의 지름은 0.8~2.3cm이고, 거의 편평하게 전개되며 중앙이 약간 솟아오른다. 갓의 표면은 평활하고 담황갈색~갈색이며, 건조하면 열어진다. 주름살은 끝붙은형이고, 빽빽하며, 거의 흰색이다. 자루는 크기가 2.5~5cm×1~2.5mm이고, 막대형이며, 기부에 흰색의 긴 털이 있다. 자루의 색깔은 갓보다 옅으며, 거의 흰색이고, 흰색 분말이 덮여 있다. 자루의 부착형태는 중심생이고, 턱받이가 없다. **미세구조:** 포자는 흰색을 띠며, 크기는 3.5~6×2.5~3μm이다. 모양은 타원형이며, 표면은 평활하다. 낭상체의 크기는 17~22×5~8.5μm이고, 곤봉형~방추형이다.

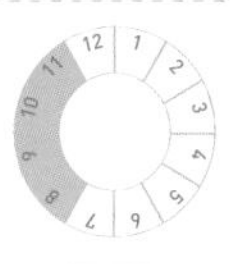

209 양상치잎맥버섯(유착나무종버섯)

Campanella junghuhnii (Mont.) Singer

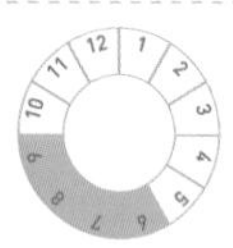

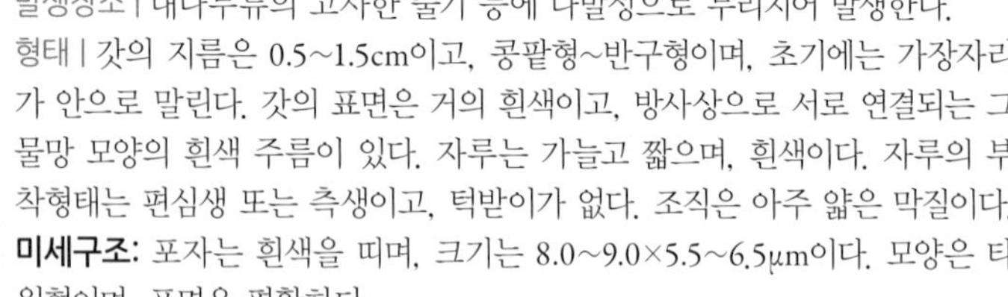

식독여부 | 식용부적합　발생시기 | 여름~가을

발생장소 | 대나무류의 고사한 줄기 등에 다발성으로 무리지어 발생한다.

형태 | 갓의 지름은 0.5~1.5cm이고, 콩팥형~반구형이며, 초기에는 가장자리가 안으로 말린다. 갓의 표면은 거의 흰색이고, 방사상으로 서로 연결되는 그물망 모양의 흰색 주름이 있다. 자루는 가늘고 짧으며, 흰색이다. 자루의 부착형태는 편심생 또는 측생이고, 턱받이가 없다. 조직은 아주 얇은 막질이다.

미세구조: 포자는 흰색을 띠며, 크기는 8.0~9.0×5.5~6.5μm이다. 모양은 타원형이며, 표면은 평활하다.

털가죽버섯 210

Crinipellis scabella (Alb. & Schwein.) Murrill

Crinipellis stipitaria (Fr.) Pat.

식독여부 | 식용부적합　발생시기 | 여름~가을

발생장소 | 살아 있는 또는 죽은 벼과식물의 줄기나 지하경地下莖 등에 홀로 또는 무리지어 발생한다.

형태 | 갓의 지름은 0.7~1.4cm이고, 반구형에서 편평하게 전개된다. 갓의 표면은 밤색 광택의 털이 덮여 있고, 고리 무늬를 가진다. 주름살은 떨어진형이고, 흰색이다. 자루는 크기가 2~4.5cm×1mm이며, 가늘고 긴데 위아래 같은 굵기이다. 자루의 색깔은 암갈색이며 짧은 털이 덮여 있다. 자루의 부착형태는 중심생이고, 턱받이가 없다. 조직은 아주 질긴 가죽질이다. **미세구조:** 포자는 흰색을 띠며, 크기는 6~9×2.5~4μm이다. 모양은 달걀형이며, 표면은 평활하다.

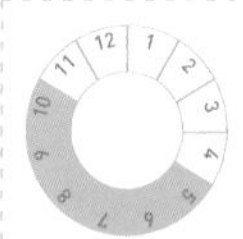

211 밀버섯(밀애기버섯)

Gymnopus confluens (Pers.) Antonin, Halling & Noordel.
Collybia confluens (Pers.) P. Kumm.

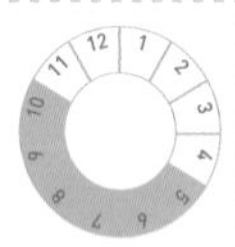
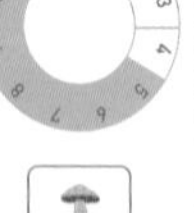

식독여부 | 식용　발생시기 | 여름~가을

발생장소 | 숲속 땅 위의 낙엽에 무리지어 발생한다.

형태 | 갓의 지름은 1~3.5cm이고, 반구형에서 거의 편평하게 전개된다. 갓의 표면은 평활하고 살색이며, 중앙은 약간 짙은 색이다. 건조하면 퇴색된다. 주름살은 끝붙은형 또는 떨어진형이고, 빽빽하며, 갓과 같은 색이다. 자루는 크기가 2.5~9cm×1.5~4mm이며, 위아래 굵기가 같고, 속이 비어 있으며, 전면에 털이 덮여 있다. 기부에는 백색균사가 분포한다. 자루의 색깔은 갓과 같은 색이다. 자루의 부착형태는 중심생이고, 턱받이가 없다. **미세구조:** 포자는 흰색을 띠며, 크기는 6.5~10×2~4μm이다. 모양은 장타원형이며, 표면은 평활하다.

애기버섯(굽은애기무리버섯) 212

Gymnopus dryophilus (Bull.) Murrill
Collybia dryophila (Bull.) P. Kumm.

식독여부 | 식용　발생시기 | 봄~가을

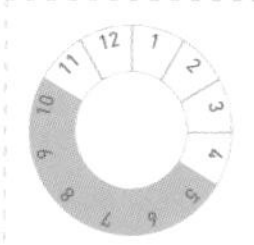

발생장소 | 숲속 부식질 위나 낙엽 위에 무리지어 발생하며 가끔 균륜을 형성한다.

형태 | 갓의 지름은 1~4cm이고, 반구형에서 편평하게 전개된다. 갓의 표면은 평활하고 황갈색~크림색이며, 건조하면 옅어진다. 주름살은 끝붙은형 또는 떨어진형이고, 빽빽하며, 흰색~담황색이다. 자루는 크기가 5~6cm×1.5~3mm이고, 가늘고 길며, 기부는 약간 두껍고 속은 비어 있으며, 평활하다. 자루의 색깔은 갓과 거의 같은 색이다. 자루의 부착형태는 중심생이고, 턱받이가 없다. **미세구조:** 포자는 흰색을 띠며, 크기는 4.5~6.5×3~3.5μm이다. 모양은 타원형이며, 표면은 평활하다.

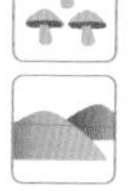

213 가랑잎애기버섯

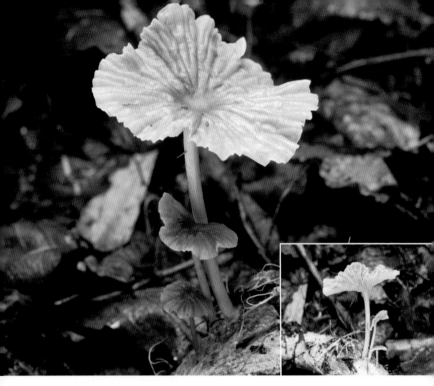

Gymnopus peronatus (Bolton) Antonin, Halling & Noordel.
Collybia peronata (Bolton) P. Kumm.

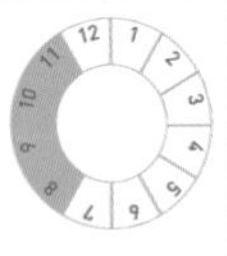
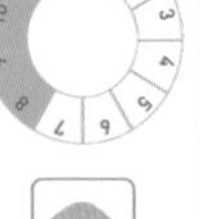

식독여부 | 식독불명　발생시기 | 가을

발생장소 | 숲속 땅 위의 낙엽에 홀로 또는 무리지어 발생한다.

형태 | 갓의 지름은 1.5~3.5cm이고, 반구형에서 편평하게 전개된다. 갓의 표면에는 약간 불규칙한 방사상 주름이 있고, 황갈색~암갈색이다. 주름살은 완전붙은형~끝붙은형에서 거의 떨어진형으로 되고, 성글며, 담황색~담갈색이다. 자루는 크기가 2.5~5cm×2~3mm이고, 갓보다 옅은 색이며, 가늘고 긴 원통형으로 하반부는 담황색의 털이 빽빽이 나 있는 양탄자상이다. 자루의 부착형태는 중심생이고, 턱받이가 없다. 조직은 신맛이 있다. **미세구조:** 포자는 흰색을 띠며, 크기는 7.5~12.5×2.5~5μm이다. 모양은 장타원형이며, 표면은 평활하다.

잔디맑은대버섯 214

Hydropus erinensis (Dennis) Singer

식독여부 | 식독불명　발생시기 | 여름~가을

발생장소 | 침엽수 고사목 밑동, 가지, 그루터기 등에 무리지어 발생한다.

형태 | 갓의 지름은 7~23mm이고, 반구형~반반구형에서 편평형으로 전개된다. 갓의 표면은 평활하고, 갈색~적갈색이며, 중앙부는 짙은 색이다. 주름살은 끝붙은형이고, 흰색이며, 약간 빽빽하거나 성글다. 자루는 크기가 2~5cm×1.5~3.5mm이고, 속이 빈 원통형이며, 주황색~황회색이다. 자루의 부착형태는 중심생이고, 턱받이가 없다. 조직은 흰색이다. **미세구조:** 포자는 흰색을 띠며, 크기는 7.5~8×5.0~5.5μm이다. 모양은 광란형~유구형이며, 표면은 평활하다.

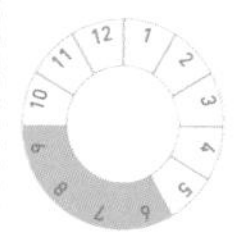

215 솜털맑은대버섯

Hydropus floccipes (Fr.) Singer

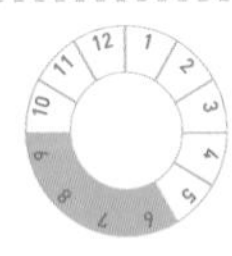

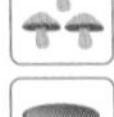

식독여부 | 식용부적합　발생시기 | 여름~가을

발생장소 | 숲속 생입목生立木, 고사목의 밑동, 줄기 및 가지에 무리지어 발생한다.

형태 | 갓의 지름은 1~2cm이고, 종형~반구형이다. 갓의 표면은 평활하고, 처음은 검은색이지만 후에 갈색으로 변한다. 주름살은 끝붙은형이고, 약간 성글며, 흰색이다. 자루는 크기가 3~6cm×1~3mm이고, 가는 원통형이며, 흰색~담황색이고, 표면에 짙은 색의 작은 반점이 있으며, 아래쪽으로 많아진다. 자루의 부착형태는 중심생이고, 턱받이가 없다. **미세구조:** 포자는 흰색을 띠며, 크기는 6.5~8×4.5~6.5μm이다. 모양은 광란형~유구형이며, 표면은 평활하다.

제주맑은대버섯 216

Hydropus marginellus (Pers.) Singer

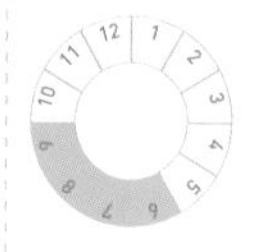

식독여부 | 식독불명　발생시기 | 여름~가을

발생장소 | 침엽수 고사목의 밑동이나 썩은 나무줄기에 홀로 또는 흩어져 발생한다.

형태 | 갓의 지름은 4~15mm이고, 어릴 때 고깔형에서 성숙하면 테두리만 안쪽으로 살짝 말린 편평형으로 전개된다. 갓의 표면은 평활하고, 흰색의 반투명에서 성숙하면 담갈색~회갈색을 띤다. 주름살은 끝붙은형에 약간 내린모습이며, 흰색이고, 빽빽하다. 자루는 크기가 8~26×2~4mm이고, 가는 원통형이며, 회갈색이다. 자루의 부착형태는 중심생이고, 턱받이가 없다. **미세구조:** 포자는 흰색을 띠며, 크기는 5.5~8×3.5~4.5μm이다. 모양은 광란형~유구형이며, 표면은 평활하다.

217 표고

Lentinula edodes (Berk.) Pegler
Lentinus edodes (Berk.) Singer

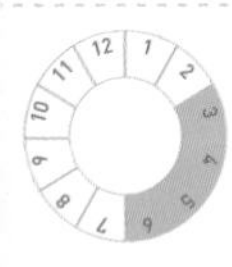

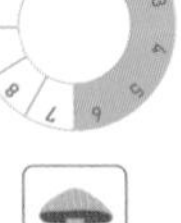

식독여부 | 식용(재배버섯)　발생시기 | 봄, 가을

발생장소 | 참나무류 등 활엽수 고사목, 쓰러진 나무, 그루터기 등에 홀로 또는 무리지어 발생한다.

형태 | 갓의 지름은 4~10(20)cm이고, 반구형에서 편평하게 전개된다. 갓의 표면은 담갈색~흑갈색이고, 가끔 얕게 또는 깊게 갈라져서 생긴 인편이 덮여 있거나 거북등 모양으로 된다. 주름살은 끝붙은형이거나 홈생긴형이고, 빽빽하며, 흰색이고 오래되면 갈색의 얼룩이 생긴다. 자루는 크기가 3~10cm×10~20mm이고, 원통형이다. 자루의 색깔은 턱받이 위쪽은 흰색, 아래쪽은 흰색~갈색이다. 자루의 부착형태는 중심생 또는 편심생이고, 턱받이가 인편상으로 흔적만 있다. 조직은 치밀하고 탄력성이 있으며 흰색이고, 건조하면 특유의 강한 향이 난다. **미세구조:** 포자는 흰색~담갈색이며, 크기는 4~6.5×3~4μm이다. 모양은 타원형이며, 표면은 평활하다.

218 하얀선녀버섯

Marasmiellus candidus (Bolton) Singer

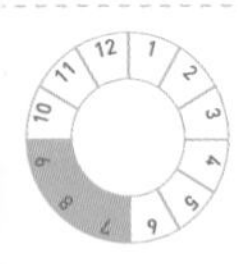
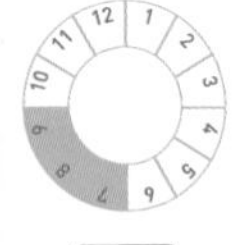
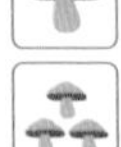

식독여부 | 식용부적합　발생시기 | 여름~가을

발생장소 | 숲속의 고사목이나 낙지 등에 홀로 또는 무리지어 발생한다.

형태 | 갓의 지름은 0.7~3cm이고, 반구형에서 편평하게 전개된다. 갓의 표면은 흰색이고, 평활하며, 방사상의 홈선이 있다. 주름살은 완전붙은형이고, 성글며, 흰색이고, 분지하여 서로 연결된다. 자루는 크기가 0.8~2cm×1~1.5mm이고, 위아래 같은 굵기의 가는 원통형이다. 자루의 표면은 미세한 분말상으로 전체가 거의 흰색이지만, 기부는 검은색 빛을 띤다. 자루의 부착형태는 중심생 또는 편심생이고, 턱받이가 없다. 조직은 얇고, 막질이며 흰색이다. **미세구조:** 포자는 흰색을 띠며, 크기는 12~17×4~5μm이다. 모양은 종자형~곤봉형이며, 표면은 평활하다.

삭정이선녀버섯(마른가지선녀버섯) 219

Marasmiellus ramealis (Bull.) Singer

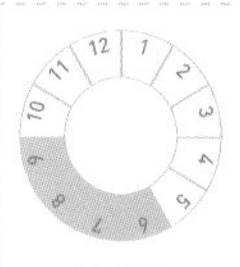

식독여부 | 식용부적합　발생시기 | 여름~가을

발생장소 | 숲속의 썩은 가지나 낙지 등에 무리지어 발생한다.

형태 | 갓의 지름은 0.6~1.1cm이고, 반구형에서 편평하게 전개된다. 갓의 표면은 담홍색이고 중앙부는 짙은 색이다. 주름살은 끝붙은형이고, 성글며, 흰색~담홍색이다. 자루는 크기가 1.2~1.7cm×0.1~1.2mm이고, 위아래 같은 굵기이며, 섬유질이다. 자루의 표면에 분말상 물질이 있으며 위쪽은 흰색, 기부는 흑갈색이다. 자루의 부착형태는 중심생이고, 턱받이가 없다. 조직은 얇고, 막질이며 흰색이다. **미세구조:** 포자는 흰색을 띠며, 크기는 8~10×3~4μm이다. 모양은 장타원형이며, 표면은 평활하다.

220 우산낙엽버섯

Marasmius cohaerens (Alb. & Schwein.) Cooke & Quél.

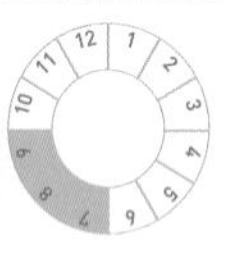

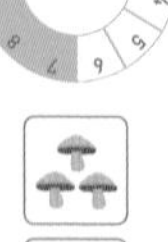

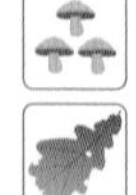

식독여부 | 식용부적합 발생시기 | 가을

발생장소 | 활엽수림 내의 낙엽 위에 무리지어 발생한다.

형태 | 갓의 지름은 2~3.5cm이고, 원추형에서 중앙볼록편평형으로 전개된다. 갓의 표면은 담적갈색이고 짧은 털이 있다. 주름살은 거의 떨어진형이고, 성글며, 흰색이다가 후에 갈색이 된다. 자루는 크기가 7~9cm×1.5~3mm이고, 속이 비어 있으며, 각질角質이고, 기부는 솜털상의 균사로 덮여 있다. 자루의 색깔은 위는 흰색, 아래는 암갈색이다. 자루의 부착형태는 중심생이고, 턱받이가 없다. **미세구조:** 포자는 흰색을 띠며, 크기는 7~9×4~5μm이다. 모양은 타원형이며, 표면은 평활하다.

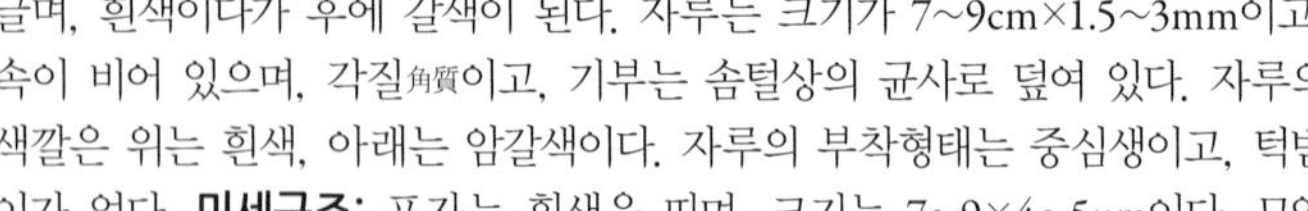

221 말총낙엽버섯

Marasmius crinis-equi F. Muell. ex Karlchbr.

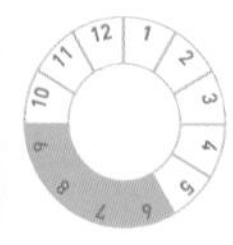

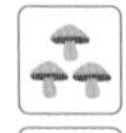

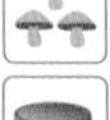

식독여부 | 식용부적합　발생시기 | 여름~가을

발생장소 | 썩은 가지 위에 뿌리 모양의 균사根狀菌絲束를 많이 형성시키고, 그 위에 자실체를 만든다. 무리지어 발생한다.

형태 | 갓의 지름은 0.6~0.7cm이고, 종형~반구형이다. 갓의 표면은 흰색이다가 후에 황갈색으로 되고, 방사상의 홈선이 있다. 주름살은 떨어진형이고, 아주 성글며, 갓보다 옅은 색이다. 자루는 크기가 1~10cm×0.1~0.2mm이고, 머리털 모양이며, 검은색이다. 자루의 부착형태는 중심생이고, 턱받이가 없다. **미세구조:** 포자는 흰색이다.

풀잎낙엽버섯 222

Marasmius graminum (Lib.) Berk.

식독여부 | 식용부적합　발생시기 | 여름~가을

발생장소 | 벼과식물의 줄기 위에 무리지어 발생한다.

형태 | 갓의 지름은 0.2~0.6cm이고, 반구형에서 거의 편평하게 전개되고 아주 작다. 갓의 표면은 벽돌색을 띠고, 방사상의 홈선이 있다. 주름살은 완전붙은형이고, 아주 성글며, 옅은 크림색이다. 자루는 길이 1~2.5cm이고, 막대형으로 가늘고 길며, 하반부는 암갈색, 상반부는 흰색이다. 자루의 부착형태는 중심생이고, 턱받이가 없다. 조직은 종이처럼 아주 얇다. **미세구조:** 포자는 흰색을 띠며, 크기는 8~11×5~5.5μm이다. 모양은 타원형이며, 표면은 평활하다. 낭상체의 크기는 10~22×5~9μm이고, 혹이 많이 달린 주걱형이다.

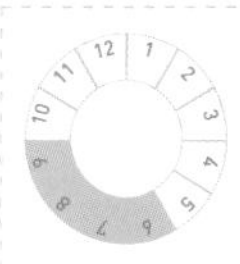

223 주름낙엽버섯

Marasmius leveilleanus (Berk.) Sacc.

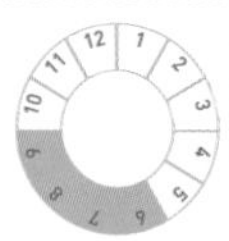
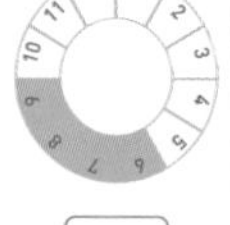

식독여부 | 식용부적합 발생시기 | 여름~가을

발생장소 | 숲속의 고사목이나 낙엽, 낙지에 무리지어 발생한다.

형태 | 갓의 지름은 1~3cm이고, 반구형에서 거의 편평하게 전개된다. 갓의 표면은 짙은 적갈색이고 방사상의 홈선이 있다. 주름살은 떨어진형이고, 성글며, 흰색~황색이다. 자루는 크기가 3.5~8cm×0.5~1mm이고, 막대형으로 평활하며, 위아래 굵기가 같거나 아래쪽이 가늘고, 속은 비었다. 자루의 색깔은 흑갈색이며, 자루의 부착형태는 중심생이고, 턱받이가 없다. 조직은 종이처럼 아주 얇다. **미세구조:** 포자는 흰색을 띠며, 크기는 7~9.5×3.5~4.5μm이다. 모양은 타원형이며, 표면은 평활하다. 낭상체의 크기는 12~15×4~7μm이고, 돌기가 많이 달린 주걱형이다.

큰낙엽버섯 224

Marasmius maximus Hongo

식독여부 | 식용 발생시기 | 여름~가을

발생장소 | 숲, 대나무밭, 정원 등의 땅 위나 낙엽 위에 무리지어 또는 다발로 발생한다.

형태 | 갓의 지름은 3~10cm이고, 종형~반구형에서 중앙볼록편평형으로 전개된다. 갓의 표면에는 방사상의 홈선이 있고, 담황색~담황갈색이며, 중앙부는 갈색, 건조하면 흰색이나 미색으로 된다. 주름살은 끝붙은형이거나 떨어진형이고, 성글며, 갓보다 옅은 색이다. 자루는 크기가 5~9cm×2~3.5mm이고, 담황갈색이며, 위아래 굵기가 같고, 표면은 섬유상이나 질기다. 자루의 부착형태는 중심생이고, 턱받이가 없다. 조직은 가죽처럼 아주 질기다. **미세구조:** 포자는 흰색을 띠며, 크기는 7~9×3~4μm이다. 모양은 방추형~타원형이며, 표면은 평활하다.

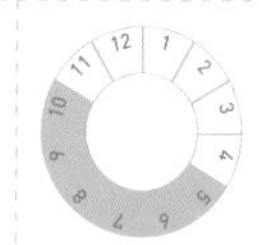

225 선녀낙엽버섯

Marasmius oreades (Bolton) Fr.

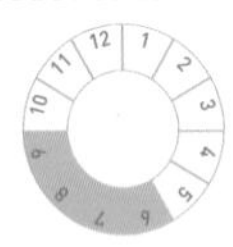

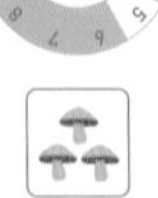

식독여부 | 식용　발생시기 | 여름~가을

발생장소 | 잔디밭이나 풀밭 등에 무리지어 발생하며 가끔 균륜을 형성한다.

형태 | 갓의 지름은 2~5cm이고, 반구형에서 중앙볼록편평형으로 전개된다. 갓의 표면은 평활하고 등황색이며, 습할 때 주변부에 방사상의 선이 드러나지만, 건조하면 퇴색한다. 주름살은 떨어진형이고, 성글며, 갓보다 옅은 색이다. 자루는 크기가 4~7cm×2~4mm이고, 위아래 굵기가 같으며, 평활하고 속이 비어 있다. 자루의 색깔은 갓과 같은 색이며, 자루의 부착형태는 중심생이고, 턱받이가 없다. **미세구조:** 포자는 흰색을 띠며, 크기는 7.5~10×5~6μm이다. 모양은 타원형이며, 표면은 평활하다.

앵두낙엽버섯 226

Marasmius pulcherripes Peck

식독여부 | 식용부적합 발생시기 | 여름~가을

발생장소 | 활엽수림 내의 낙엽 위에 흩어져 나거나 무리지어 발생한다.

형태 | 갓의 지름은 0.8~1.5cm이고, 종형~반구형에서 편평하게 전개하며, 중앙에 작은 돌기가 있다. 갓의 표면은 담홍색~자홍색이고, 방사상의 홈선이 있다. 주름살은 완전붙은형 또는 떨어진형이고, 아주 성글며, 흰색~담홍색이다. 자루는 크기가 3~6cm×0.4~0.8mm이고, 가는 철사 모양이며, 흑갈색이다. 자루의 부착형태는 중심생이고, 턱받이가 없다. 조직은 종이처럼 얇고 질기다. **미세구조:** 포자는 흰색을 띠며, 크기는 11~15×3.5~4μm이다. 모양은 곤봉형이며, 표면은 평활하다.

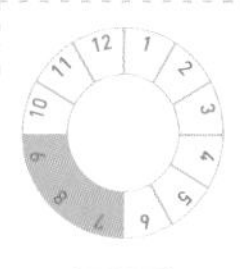

227 애기낙엽버섯

Marasmius siccus (Schwein.) Fr.

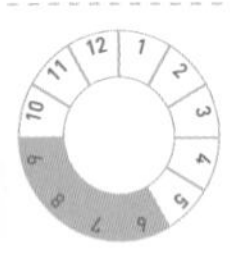

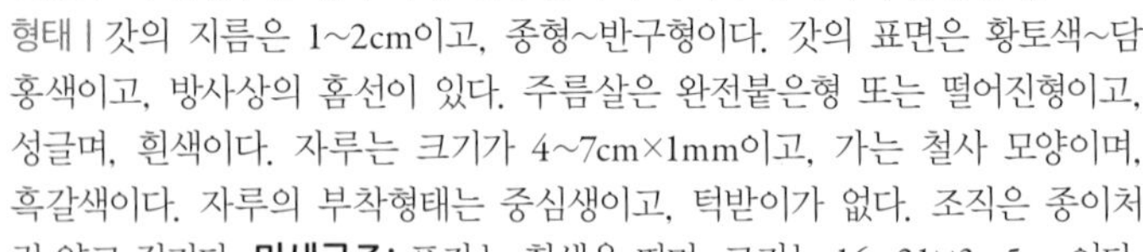

식독여부 | 식용부적합　발생시기 | 여름~가을

발생장소 | 활엽수림 내의 낙엽 위에 흩어져 나거나 무리지어 발생한다.

형태 | 갓의 지름은 1~2cm이고, 종형~반구형이다. 갓의 표면은 황토색~담홍색이고, 방사상의 홈선이 있다. 주름살은 완전붙은형 또는 떨어진형이고, 성글며, 흰색이다. 자루는 크기가 4~7cm×1mm이고, 가는 철사 모양이며, 흑갈색이다. 자루의 부착형태는 중심생이고, 턱받이가 없다. 조직은 종이처럼 얇고 질기다. **미세구조:** 포자는 흰색을 띠며, 크기는 16~21×3~5μm이다. 모양은 방추형이며, 표면은 평활하다.

악취좀솔밭버섯 228

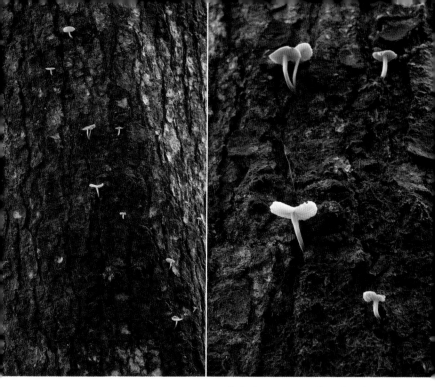

Micromphale foetidum (Sowerby) Singer

식독여부 | 식독불명　발생시기 | 봄~초여름

발생장소 | 숲속 쓰러진 나무줄기나 가지 및 그루터기 위에 홀로 또는 무리지어 발생한다.

형태 | 갓의 지름은 1.5~3cm이고, 처음에는 반구형에서 중앙오목편평형으로 전개된다. 갓의 표면은 방사상의 홈이 있고, 갓 끝은 물결 모양이 있다. 습하면 적갈색을 띠고 건조하면 담갈색을 띤다. 주름살은 성글며, 약간 점액성이 있다. 자루는 크기가 1.5~5cm×2~4mm이며, 원통형이고, 위쪽이 약간 두꺼워지며, 담적갈색이고, 기부 쪽은 암색을 띤다. 자루의 부착형태는 중심생이고, 턱받이가 없다. 조직은 흰색이다. 강한 생선 비린내가 난다. **미세구조:** 포자는 흰색을 띠며, 크기는 6~10×3.2~4.7μm이다. 모양은 방추형이며, 표면은 평활하다. 낭상체의 크기는 30~35×5~6μm이고, 곤봉형이다.

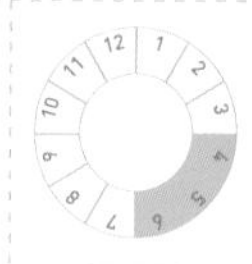

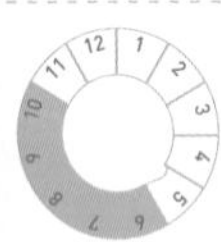

229 화경버섯

Omphalotus japonicus (Kawam.) Kirchm. & O.K. Mill.
Lampteromyces japonicus (Kawam.) Singer
Pleurotus japonicus Kawam.

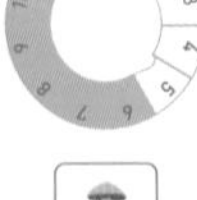

식독여부 | 독　발생시기 | 여름~가을
발생장소 | 서어나무 등 활엽수의 죽은 나무줄기 위에 중첩되게 무리지어 발생한다.
형태 | 갓의 지름은 10~25cm이고, 반구형~콩팥형이다. 갓의 표면은 어릴 때 등황색이고, 성숙하면 자갈색~암갈색이 되며, 비늘 모양의 작은 인편이 있다. 주름살은 내린형이고, 담황색이다가 후에 포자가 성숙하며서 흰색을 띤다. 자루는 크기가 1.5~2.5cm×15~30mm이며, 굵고 짧으며, 옅은 황색이다. 자루와 주름 부착 부위에 턱받이처럼 환상環狀의 융기대隆起帶가 있다. 자루의 부착형태는 측생이다. 자루 조직의 내부를 잘라 보면 짙은 자색~흑갈색이며, 이 점이 다른 버섯과 구별된다. **미세구조:** 포자는 흰색을 띠며, 크기는 11.5~15μm이다. 모양은 구형이며, 표면은 평활하다.
>>> 캄캄한 밤이나 어두운 곳에서는 청백색의 형광빛을 낸다.

230 버터애기버섯

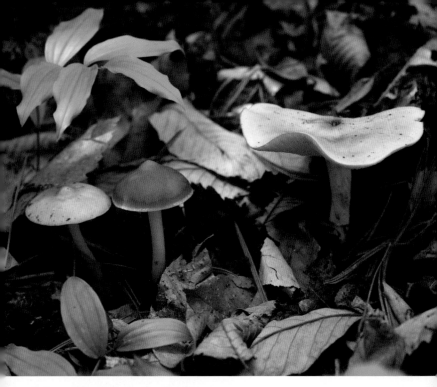

Rhodocollybia butyracea f. *butyracea* (Bull.) Lennox
Rhodocollybia butyracea (Bull.) Lennox
Collybia butyracea (Fr.) P. Kumm.

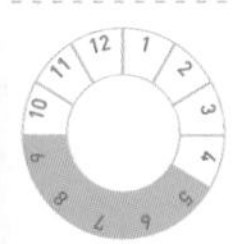
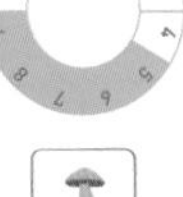

식독여부 | 식용　발생시기 | 여름~가을

발생장소 | 침·활엽수림 내 땅 위나 낙엽, 낙지에 홀로 또는 무리지어 발생하며 가끔 균륜을 형성한다.

형태 | 갓의 지름은 3~6cm이고, 처음에는 반구형에서 중앙볼록편평형으로 전개된다. 갓의 표면은 평활하고, 습하면 적갈색, 마르면 황갈색이다. 주름살은 끝붙은형~떨어진형이고, 흰색이며, 빽빽하다. 자루는 크기가 2~8cm×4~8mm이고, 적갈색이며, 원통형으로 속은 비어 있고, 기부는 부풀며, 백색 균사가 덮여 있다. 자루의 부착형태는 중심생이고, 턱받이가 없다. 조직은 흰색이다. **미세구조:** 포자는 담황색을 띠며, 크기는 5~7×2.5~4µm이다. 모양은 장타원형이며, 표면은 평활하다.

231 점박이애기버섯

Rhodocollybia maculata (Alb. & Schwein.) Singer

Collybia maculata (Alb. & Schwein.) P. Kumm.

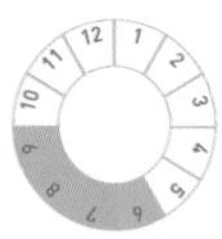

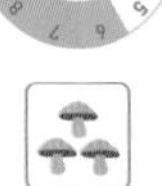

식독여부 | 식용　발생시기 | 여름~가을

발생장소 | 침·활엽수림 내 땅 위나 낙엽, 낙지에 홀로 또는 무리지어 발생한다.

형태 | 갓의 지름은 7~12cm이고, 처음에는 반구형에서 거의 편평하게 전개된다. 갓의 표면은 평활하고 전체가 거의 흰색이지만 점차 적갈색의 얼룩반점이 생기고 확산되며, 가장자리는 안으로 말린다. 주름살은 홈생긴형~떨어진형이고 빽빽하며, 적갈색 얼룩반점이 생긴다. 자루는 크기가 7~12cm×10~20mm이고, 원통형으로 속이 비어 있으며, 섬유상의 세로줄이 있고, 적갈색 반점이 생긴다. 자루의 부착형태는 중심생이고, 턱받이가 없다. 조직은 흰색으로 질기다. **미세구조:** 포자는 담황색을 띠며, 크기는 5.5~6.5×4.5~5μm이다. 모양은 유구형~광타원형이며, 표면은 평활하다.

선녀애주름버섯 232

Hemimycena lactea (Pers.) Singer

Hemimycena delicatella (Peck) Singer

Mycena lactea (Pers.) P. Kumm.

식독여부 | **식용부적합** 발생시기 | 가을

발생장소 | 침엽수림 내 낙엽 위에 홀로 또는 무리지어 발생한다.

형태 | 갓의 지름이 0.5~0.8cm인 소형버섯이고, 갓은 반구형~종형이다. 갓의 표면은 평활하며 흰색이다. 주름살은 완전붙은형이고, 약간 성글다. 자루는 크기가 1.2~2.2cm×0.5~1mm이고, 가늘고 긴 관 모양이며, 갓과 같은 색이고, 뿌리에는 방사상으로 흰색 털이 난다. 자루의 부착형태는 중심생이고, 턱받이가 없다. 조직은 흰색으로 매우 얇고 여리다. **미세구조:** 포자는 흰색을 띠며, 크기는 7.5~9×2.5~3.5μm이다. 모양은 장타원형이며, 표면은 평활하다. 낭상체의 크기는 18.5~22×5~7.5μm이고, 볼링핀형이다.

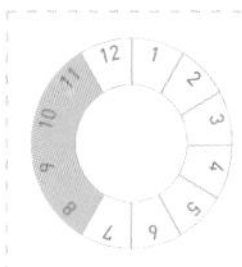

233 흰애주름버섯

Mycena alphitophora (Berk.) Sacc.
Mycena osmundicola J. E. Lange

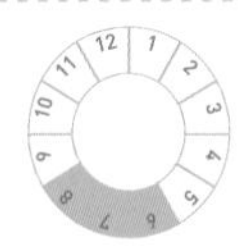
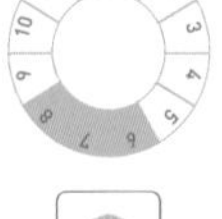
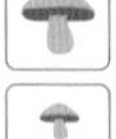

식독여부 | 식용부적합　발생시기 | 여름

발생장소 | 침엽수 낙엽이나 낙지 위에 홀로 또는 무리지어 발생한다.

형태 | 갓의 지름이 0.2~0.8cm인 소형버섯으로, 갓은 원추형~종형이다. 갓의 표면은 전면에 흰색 분말이 덮여 있고, 방사상 홈선이 있다. 주름살은 떨어진형이며 약간 성글다. 자루는 크기가 1~2cm×0.5~1mm이고, 가늘고 긴 관모양이며, 기부가 약간 부풀어 있다. 표면에 흰색의 미세한 털이 덮여 있다. 자루의 색깔은 갓과 같은 색이며, 자루의 부착형태는 중심생이고, 턱받이가 없다. 조직은 흰색으로 매우 얇고 여리다. **미세구조:** 포자는 흰색을 띠며, 크기는 6~8×3.5~4.5μm이다. 모양은 타원형이며, 표면은 평활하다. 낭상체의 크기는 17.5~22.5×10~17.5μm이고, 타원형이다.

흰가죽애주름버섯 234

Mycena corynephora Maas Geest.

식독여부 | 식용부적합 발생시기 | 여름~가을

발생장소 | 고사목의 수피 위나 이끼, 지의류 사이에 홀로 또는 무리지어 발생한다.

형태 | 갓의 지름은 2~5mm이고, 처음에는 종 모양에서 반구형으로 전개된다. 갓의 표면은 흰색의 솜털이 빽빽이 덮여 있고, 흰색 또는 투명하다. 주름살은 넓고, 흰색이다. 자루는 크기가 5~10×0.3~0.5mm이고, 원통형이며, 갓과 같은 색이고, 미세한 흰색 털이 분포한다. 자루의 부착형태는 중심생이고, 턱받이가 없다. 조직은 투명하다. **미세구조:** 포자는 흰색을 띠며, 크기는 7.1~8.8×6.0~7.8μm이다. 모양은 유구형이며, 표면은 평활하다. 낭상체의 크기는 25~30×7~14μm이고, 돌기가 많이 달린 주걱형이다.

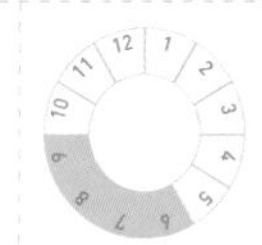
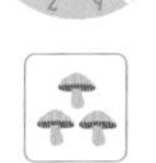

235 노란애주름버섯

Mycena crocata (Schrad.) P. Kumm.

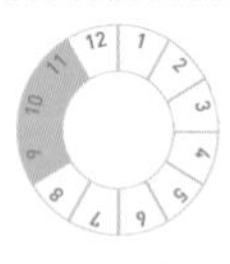

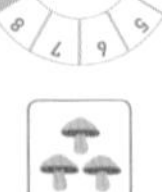

식독여부 | 식독불명 발생시기 | 가을

발생장소 | 가을철 너도밤나무 등 활엽수의 죽은 나무 또는 낙엽에 무리지어 발생한다.

형태 | 갓의 지름은 1~2.5cm이며 처음에는 원뿔 모양이다가 삿갓 모양 또는 가운데가 볼록한 편평형으로 전개된다. 갓의 표면은 올리브색, 진흙색, 붉은색이다. 주름살은 끝붙은주름살로 흰색이지만 흠집이 생기면 황적색으로 변한다. 자루는 크기가 10~15cm×2~35mm이고, 오렌지색 또는 주홍색이며 윗부분의 색이 연하고 흠집이 생기면 등홍색의 액체가 나온다. **미세구조:** 포자의 크기는 7.5~11×5~6μm이고, 타원형이며, 표면은 매끈하고, 흰색이다.

콩나물애주름버섯 236

Mycena galericulata (Scop.) Gray

식독여부 | 식용　발생시기 | 여름~가을

발생장소 | 활엽수의 부후목 줄기나 그루터기 위에 무리지어 또는 다발로 발생한다.

형태 | 갓의 지름은 2~5cm이고, 처음에는 원추 모양의 종형에서 중앙볼록편평형으로 전개된다. 갓의 표면은 회갈색이며 건조하면 엷어지고, 방사상으로 주름이 있다. 주름살은 완전붙은형이고, 흰색~회백색에서 담홍색으로 되며, 약간 성글다. 자루는 크기가 5~13cm×2~6mm이고, 가늘고 길며, 갓과 거의 같은 색이고, 기부는 가끔 뿌리 모양으로 뻗는다. 자루의 부착형태는 중심생이고, 턱받이가 없다. 조직은 부드럽고 연한 육질형이다. **미세구조:** 포자는 흰색을 띠며, 크기는 8~10×5~7μm이다. 모양은 광타원형이며 표면은 평활하다. 낭상체의 크기는 29~48×8~14μm이고, 곤봉형~방추형이다.

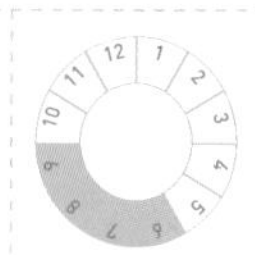

237 적갈색애주름버섯

Mycena haematopus (Pers.) P. Kumm.
Mycena haematopoda (Pers.) P. Kumm.

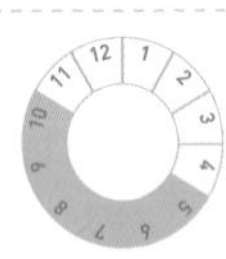

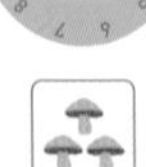

식독여부 | 식용부적합　발생시기 | 여름~가을

발생장소 | 활엽수의 썩은 나무줄기나 그루터기에 무리지어 또는 다발로 발생한다.

형태 | 갓의 지름은 1~3.5cm이고, 처음에는 원추 모양의 종형에서 중앙볼록 편평형으로 전개된다. 갓의 표면은 자갈색~적갈색이고, 주변부에 방사상 선이 있으며, 가장자리는 톱니형이다. 주름살은 완전붙은형에 약간 내린모양이며, 흰색이나 후에 적갈색으로 된다. 자루의 크기는 2~13cm×1.5~3mm, 가늘고 길며, 갓과 거의 같거나 약간 옅은 색이다. 자루의 부착형태는 중심생이고, 턱받이가 없다. 조직은 상처가 나면 적색 유액이 나온다. **미세구조:** 포자는 흰색을 띠며, 크기는 7.5~10×7.5μm이다. 모양은 구형~유구형이며, 표면은 평활하다.

얇은갓애주름버섯 238

Mycena leptocephala (Pers.) Gillet

식독여부 | 식용부적합　　발생시기 | 봄~초여름
발생장소 | 숲속 부엽토, 낙엽 및 이끼 위에 다발로 발생한다.
형태 | 갓의 지름은 1~2cm이고, 처음에는 종형에서 반구형으로 전개된다. 갓의 표면은 평활하고, 담회색을 띤다. 주름살은 완전붙은형에 약간 내린모양이며, 흰색이다. 자루는 크기가 3~8×0.1~0.2cm이고, 갓과 같은 색이며, 원통형이고, 기부가 약간 두껍다. 기부에는 흰색의 뿌리 모양 균사속이 있다. 자루의 부착형태는 중심생이고, 턱받이가 없다. 조직은 흰색이다. **미세구조:** 포자는 흰색을 띠며, 크기는 6.0~8.5×3.4~4.5μm이다. 모양은 장타원형이며, 표면은 평활하다. 낭상체의 크기는 40~60×15~25μm이고, 곤봉형~방추형이다.

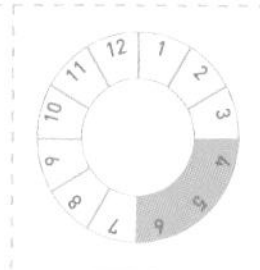

239 너도애주름버섯

Mycena luteopallens Peck

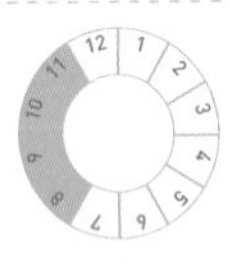

식독여부 | 식용부적합　발생시기 | 가을(늦가을)

발생장소 | 천연림에서 전년도 결실 나무종자가 땅속에 묻힌 후, 그 종자에서 홀로 또는 흩어져 발생한다.

형태 | 갓의 지름은 5~7mm이고, 처음에는 종형~반구형 또는 거의 편평하게 전개된다. 갓의 표면은 평활하고, 황색~담황색이다가 후에 퇴색하여 황백색으로 되며, 습할 때 방사상의 선이 드러난다. 주름살은 완전붙은형에 내린 주름이고, 약간 성글며 담황토색이다. 자루의 크기는 5~7cm×1mm, 가늘고 길며, 뿌리 모양으로 신장하고, 긴 털이 있다. 자루는 황색~담황색이고, 기부는 황백색이다. 자루의 부착형태는 중심생이고, 턱받이가 없다. **미세구조:** 포자는 흰색을 띠며, 크기는 8.5~12×4.5~5.5μm이다. 모양은 장타원형이며, 표면은 평활하다. 낭상체의 크기는 35~45×8~15μm이고, 곤봉형~방추형이다.

키다리애주름버섯 240

Mycena polygramma (Bull.) Gray

식독여부 | 식독불명 발생시기 | 여름~가을

발생장소 | 활엽수류의 낙엽, 낙지 또는 오래된 그루터기 등에 홀로 또는 흩어져 발생한다.

형태 | 갓의 지름은 2~5cm이고, 처음에는 원추형에서 중앙이 약간 돌출한다. 갓의 표면은 회갈색이고, 방사상의 선이 있다. 주름살은 떨어진형이고, 약간 성글며, 담회색이다. 자루는 크기가 6~12cm×2~4mm이며, 가늘고 길며 세로선이 뚜렷하고, 기부에 뿌리 모양의 털이 있다. 자루의 색깔은 회색이며, 자루의 부착형태는 중심생이고, 턱받이가 없다. 조직은 부드럽고 연한 육질형이다. **미세구조:** 포자는 흰색을 띠며, 크기는 9.5~12×6.5~8.5μm이다. 모양은 장타원형이며, 표면은 평활하다. 낭상체의 크기는 35~45×8~13μm이고, 곤봉형~방추형이다.

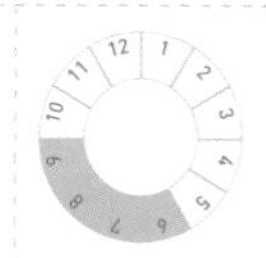
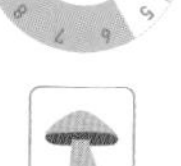

241 맑은애주름버섯

Mycena pura (Pers.) P. Kumm.

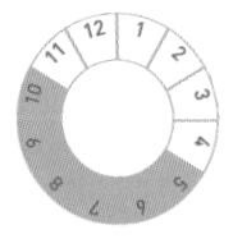
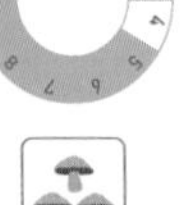

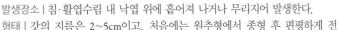

식독여부 | 독 발생시기 | 봄~가을

발생장소 | 침·활엽수림 내 낙엽 위에 흩어져 나거나 무리지어 발생한다.

형태 | 갓의 지름은 2~5cm이고, 처음에는 원추형에서 종형 후 편평하게 전개된다. 갓의 표면은 평활하고 장미색, 홍자색, 흰색 등 변화가 많으며, 습할 때 방사상의 선이 있다. 주름살은 완전붙은형 또는 끝붙은형이며, 성글고, 담홍색~흰색이며, 주름살 사이에 연락선이 있다. 자루는 크기가 5~8cm×2~7mm이고, 원통형이며, 기부가 약간 두꺼우며, 흰색의 뿌리 모양 균사속이 있다. 자루의 색깔은 갓과 거의 같거나 약간 옅은 색이다. 자루의 부착형태는 중심생이고, 턱받이가 없다. 조직에서 날감자 냄새가 난다. **미세구조:** 포자는 흰색을 띠며, 크기는 5~9×3~4µm이다. 모양은 장타원형이며, 표면은 평활하다.

주홍애주름버섯 242

Mycena sanguinolenta (Alb. & Schwein.) P. Kumm.

식독여부 | **식용부적합** 발생시기 | 봄~가을

발생장소 | 침·활엽수림 내 낙엽, 낙지 위에 흩어져 나거나 무리지어 발생한다.

형태 | 갓의 지름은 0.5~1.3cm이고, 원추형~종형이다. 갓의 표면은 자줏빛을 띤 적갈색이고, 습하면 방사상의 선이 나타난다. 주름살은 완전붙은형이고, 흰색~담홍색이다. 자루는 크기가 2.5~5cm×0.5~1mm이며, 가늘고 길며, 기부에는 흰색의 뿌리 모양 균사속이 있다. 자루의 색깔은 갓과 같은 색이며, 자루의 부착형태는 중심생이고, 턱받이가 없다. 조직은 상처가 나면 적색 즙액이 나온다. **미세구조:** 포자는 흰색을 띠며, 크기는 7.5~9.5×4~5.5μm이다. 모양은 장타원형이며, 표면은 평활하다. 낭상체의 크기는 35~45×7~11μm이고, 곤봉형~방추형이다.

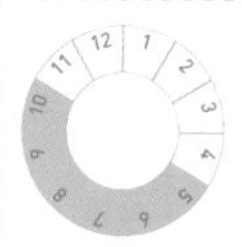

243 수레바퀴애주름버섯(빨판애주름버섯)

Mycena stylobates (Pers.) P. Kumm.

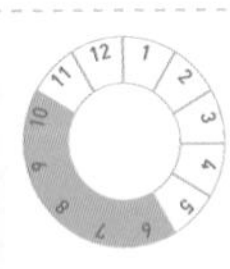

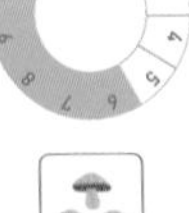

식독여부 | 식용부적합　발생시기 | 여름~가을

발생장소 | 숲속의 낙엽, 낙지 위에 무리지어 또는 다발로 발생한다.

형태 | 갓의 지름은 0.3~1cm 내외의 작은 버섯이고, 종형~반구형이다. 갓의 표면은 흰색이며, 중앙은 담회색이고, 습하면 방사상의 선이 나타난다. 주름살은 떨어진형이고, 흰색이며 성글다. 자루는 크기가 1.5~5×0.5~1mm이며, 가늘고 길며, 흰색~담회색이고, 뿌리에 1.5~2mm 크기의 빨판 같은 기반이 있다. 자루의 부착형태는 중심생이고, 턱받이가 없다. **미세구조:** 포자는 흰색을 띠며, 크기는 6~7×3~4μm이다. 모양은 타원형이며, 표면은 평활하다. 낭상체의 크기는 20~50×10~15μm이고, 곤봉형~방추형이다.

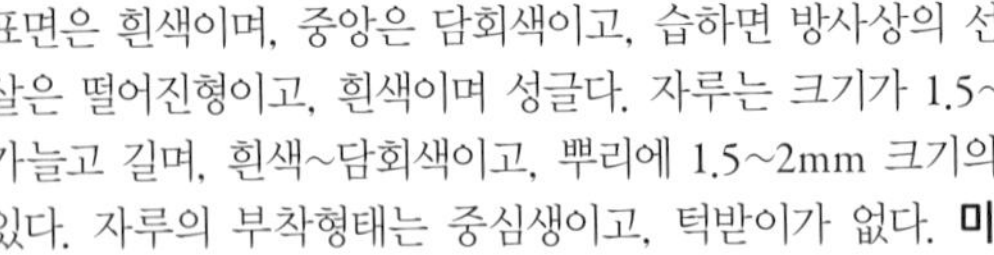

244 참부채버섯

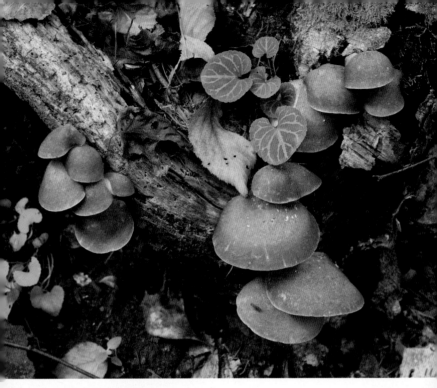

Panellus serotinus (Schrad.) Kűhner

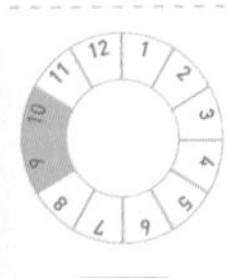

식독여부 | 식용　발생시기 | 가을

발생장소 | 참나무류 등 활엽수류의 고사목이나 쓰러진 나무줄기에 중첩되게 무리지어 발생한다.

형태 | 갓의 지름은 5~10cm이고, 반원형~콩팥형이다. 갓의 표면은 점성이 있고, 가는 털로 덮여 있으며, 황색~황갈색이고, 녹색이나 자색을 띠는 것도 있다. 주름살은 빽빽하며 황백색이다. 자루는 크기가 1.5~3cm×15~40mm이고, 황갈색이며, 원통형으로 굵고 짧으며, 짧은 털이 있다. 자루의 부착형태는 편심생 또는 측심생이고, 턱받이가 없다. 조직은 부드럽고 연한 육질형이다. **미세구조:** 포자는 흰색을 띠며, 크기는 4~5.5×1μm이다. 모양은 타원형이고, 표면은 평활하다.

>>> 독버섯인 화경버섯과 유사하여 주의가 필요하다.

245 부채버섯

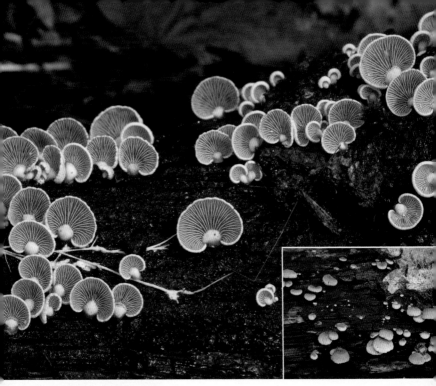

Panellus stipticus (Bull.) P. Karst.
Panus stipticus (Bull.) Fr.

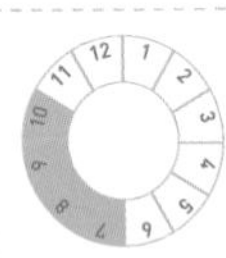
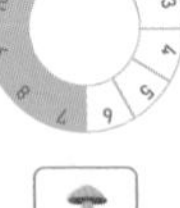

식독여부 | 식용부적합　발생시기 | 여름~가을

발생장소 | 활엽수류의 고사목이나 그루터기에 중첩되게 무리지어 발생한다.

형태 | 갓의 지름은 1~2cm이고, 부채형~콩팥형이다. 갓의 표면은 담황갈색이고 가장자리는 안으로 말린다. 주름살은 빽빽하고 황갈색이며, 연락맥이 있다. 자루는 매우 짧고, 황갈색이다. 자루의 부착형태는 측심생이다. 턱받이가 없다. 조직은 흰색~담황색이며, 가죽질로 질기고, 강한 매운맛이 있다. **미세구조:** 포자는 흰색을 띠며, 크기는 3~6×2~3μm이다. 모양은 타원형이며, 표면은 평활하다.

점질대애주름버섯 246

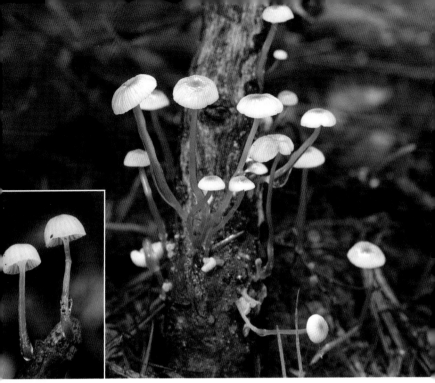

Roridomyces roridus (Scop.) Rexer

Mycena rorida (Scop.) Quél.

식독여부 | 식용부적합 발생시기 | 봄~가을

발생장소 | 숲속의 낙엽, 낙지 위에 홀로 또는 무리지어 발생한다.

형태 | 갓의 지름은 0.4~1.3cm이고, 반구형이다. 갓의 표면은 회갈색~백황색, 점성은 없고, 습하면 방사상의 선이 드러난다. 주름살은 끝붙은형이고, 성글며, 흰색이다. 자루는 크기 1~4.5cm×1mm이며, 가늘고 길며, 기부에 흰색 털이 있다. 자루의 색깔은 흰색~회색이며, 젤라틴질의 점액이 다량 덮여 있다. 자루의 부착형태는 중심생이고, 턱받이가 없다. **미세구조:** 포자는 흰색을 띠며, 크기는 7~10.5×3.5~5μm이다. 모양은 방추형이며, 표면은 평활하다.

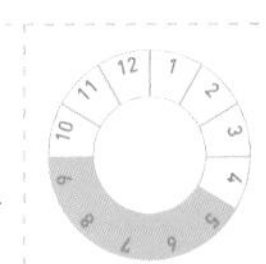

247 이끼살이버섯

Xeromphalina campanella (Batsch) Maire

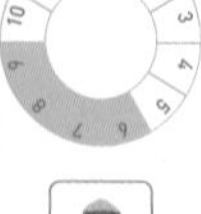

식독여부 | 식용부적합   발생시기 | 여름~가을

발생장소 | 이끼가 낀 침엽수 고사목이나 그루터기에 무리지어 또는 다발로 발생한다.

형태 | 갓의 지름은 0.8~2cm이고, 처음에는 종형~반구형에서 오목편평형으로 전개된다. 갓의 표면은 평활하고 황갈색이며, 습하면 방사상의 선이 드러난다. 주름살은 끝붙은내린형이며, 황색이고, 약간 성글다. 자루는 크기가 1~3cm×0.5~2mm이며, 아주 가늘고 길다. 자루의 색깔은 위쪽은 담황색, 아래쪽은 갈색이며, 자루의 부착형태는 중심생 또는 편심생이고, 턱받이가 없다. 조직은 대부분이 가죽질로 질기다. **미세구조:** 포자는 담적황색을 띠며, 크기는 5~7×3~4㎛이다. 모양은 장타원형이며, 표면은 평활하다.

248 가랑잎이끼살이버섯

Xeromphalina cauticinalis (With.) Kűhner & Maire

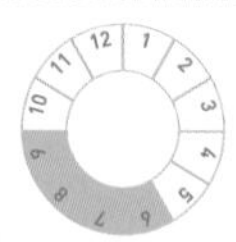

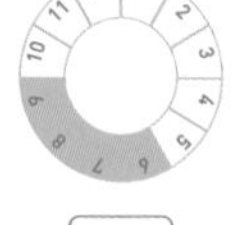

식독여부 | 식독불명 발생시기 | 여름~가을

발생장소 | 침엽수림 내 낙엽 위에 홀로 또는 무리지어 발생한다.

형태 | 갓의 지름은 1~2.5cm이고, 처음에는 반구형에서 오목편평형으로 전개된다. 갓의 표면은 평활하고 황갈색인데 중앙은 암갈색이며, 방사상의 홈선이 있다. 주름살은 끝붙은내린형이고, 성글며, 황갈색을 띤다. 자루는 크기가 2~8cm×0.5~2mm으로, 가늘고 길며 뿌리에 황갈색 균사괴菌絲塊가 있다. 자루의 색깔은 흑갈색, 위쪽은 옅은 색이며, 자루의 부착형태는 중심생이고, 턱받이가 없다. 조직은 대부분이 가죽질로 질기다. **미세구조:** 포자는 황갈색을 띠고, 크기는 5~6×2.5~3㎛이다. 모양은 장타원형이며, 표면은 평활하다.

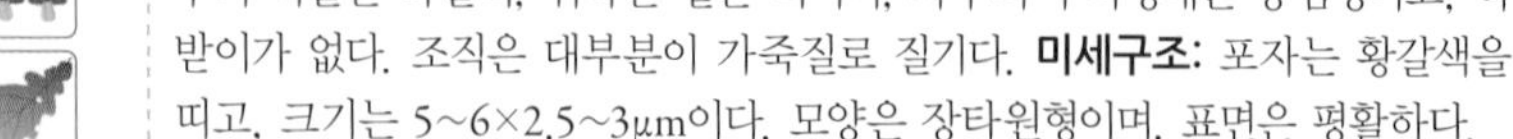

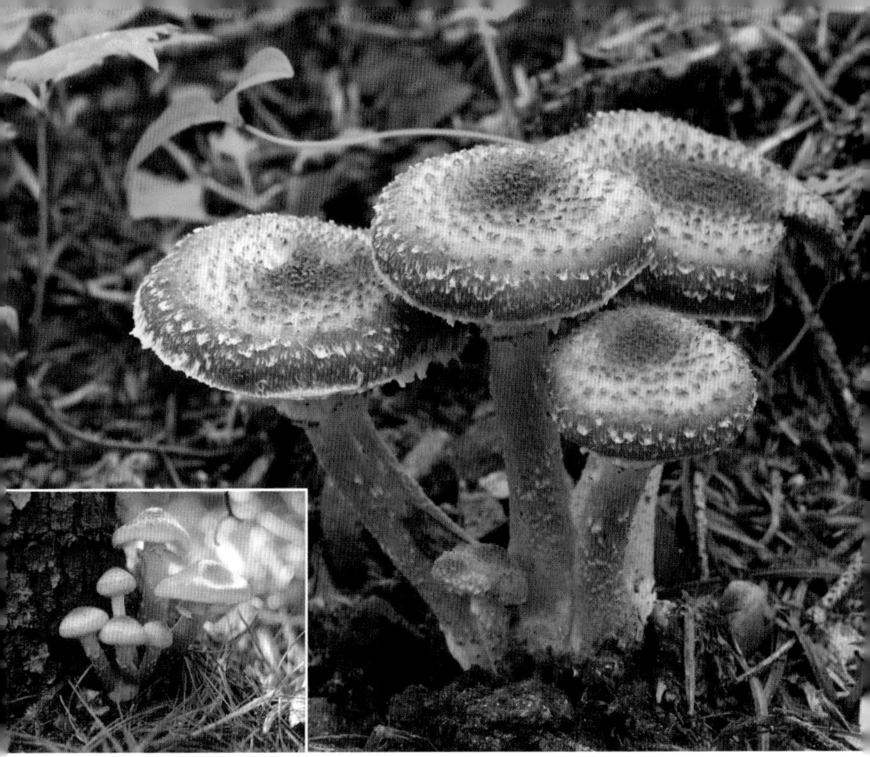

뽕나무버섯 249

Armillaria mellea (Vahl) P. Kumm.

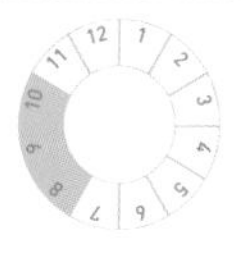

식독여부 | 식용(생식하면 중독)　발생시기 | 봄~가을

발생장소 | 침·활엽수류의 줄기(생목, 고사목), 그루터기 등에 다발 또는 무리지어 발생한다.

형태 | 갓의 지름은 4~12cm이고, 처음에는 반구형에서 거의 편평하게 전개된다. 갓의 표면은 황색~갈색이고, 중앙부에 인편이 분포하고 짙은 색을 띤다. 주변부는 방사상으로 선이 있다. 주름살은 끝붙은내린형이고, 빽빽하며 흰색이다가 후에 담갈색 얼룩이 생긴다. 자루는 크기가 4~15cm×5~15mm이고, 원통형으로 섬유질이며, 담황갈색~갈색인데 위쪽은 흰색, 아래쪽은 나중에 검은색을 띤다. 자루의 부착형태는 중심생이고, 턱받이는 막질, 흰색~황색의 턱받이가 있다. 조직은 부드럽고 연한 육질형이다. **미세구조:** 포자는 흰색을 띠며, 크기는 7~8.5×4.5~6.5μm이다. 모양은 타원형이며, 표면은 평활하다.

250 뽕나무버섯부치

Armillaria tabescens (Scop.) Emel

Armillariella tabescens (Scop.) Singer

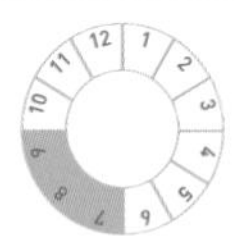

식독여부 | 식용 발생시기 | 여름~가을

발생장소 | 활엽수류 생입목의 밑동 부위, 뿌리 그리고 고사목, 쓰러진 나무, 그루터기 등에 다발 또는 무리지어 발생한다.

형태 | 갓의 지름은 4~6cm이고, 처음에는 반구형에서 거의 편평하게 전개된다. 갓의 표면은 황색이고, 중앙부에 가느다란 인편이 빽빽하다. 주름살은 내린형이고 흰색이다가 후에 담갈색의 얼룩이 생긴다. 자루는 크기가 5~8cm×4~10mm이고, 원통형으로 섬유질이며, 갓과 거의 같은 색이다. 자루의 부착형태는 중심생이고, 턱받이가 없다. 조직은 부드럽고 연한 육질형이다. **미세구조:** 포자는 흰색을 띠며, 크기는 7~9×4~6μm이다. 모양은 타원형이며, 표면은 평활하다.

>>> 뽕나무버섯과 닮았지만 턱받이가 없는 점이 다르다.

비녀버섯(등색가시비녀버섯) 251

Cyptotrama asprata (Berk.) Redhead & Ginns

식독여부 | 식용부적합　발생시기 | 여름~가을

발생장소 | 숲속 활엽수류의 쓰러진 나무나 낙지 등에 홀로 또는 무리지어 발생한다.

형태 | 갓의 지름은 1~3cm이고, 처음에는 반구형에서 거의 편평하게 전개된다. 갓의 표면은 등황색 바탕에 솜털상의 주황색 가시가 빽빽이 난 아름다운 버섯이다. 주름살은 완전붙은형 또는 끝붙은형이고, 흰색이며 성글다. 자루는 크기가 1.5~5cm×2~4mm이고, 원통형이며, 섬유질로 뿌리는 부풀어 있다. 자루의 색깔은 솜털상 또는 섬유상이며, 등황색을 띠고, 갓과 같은 색의 인편이 덮여 있다. 자루의 부착형태는 중심생이고, 턱받이가 없다. 조직은 부드럽고 연한 육질형이다. **미세구조:** 포자는 흰색을 띠며, 크기는 7~8×5~6μm이다. 모양은 타원형이며, 표면은 평활하다.

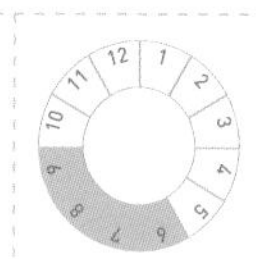

252 팽이버섯

Flammulina velutipes (Curtis) Singer

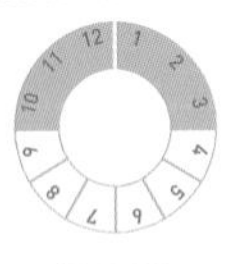
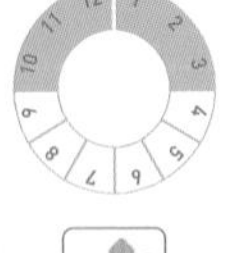

식독여부 | 식용(재배버섯)　발생시기 | 봄, 가을(늦가을)

발생장소 | 활엽수류 고사목, 쓰러진 나무, 그루터기 등에 다발 또는 무리지어 발생한다.

형태 | 갓의 지름은 2~8cm이고, 처음에는 반구형에서 거의 편평하게 전개된다. 갓의 표면은 황색~황갈색이고 점성이 강하다. 주름살은 끝붙은형이고, 흰색이며 성글다. 자루는 크기가 2~9cm×2~8mm이고, 원통형으로 섬유질이며, 황갈색~암갈색이고, 짧은 털이 빽빽이 덮여 있어, 우단상이다. 자루의 부착형태는 중심생이고, 턱받이가 없다. 조직은 흰색으로 질기다. **미세구조:** 포자는 흰색을 띠며, 크기는 4.5~7.5×3~4μm이다. 모양은 타원형이며, 표면은 평활하다.

>>> 국내에서 인기 있는 재배버섯 중 하나이며, 이른 봄과 늦가을에 채집되는 야생버섯은 더욱 깊은 풍미가 있다.

253 갈색날긴뿌리버섯

Oudemansiella brunneomarginata Vassilieva

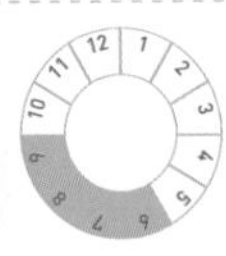

식독여부 | 식용　발생시기 | 여름~가을

발생장소 | 활엽수 고사목, 쓰러진 나무, 그루터기 등에 무리지어 다발로 발생한다.

형태 | 갓의 지름은 3~12cm이고, 처음에는 반구형에서 거의 편평하게 전개된다. 갓의 표면은 갈색으로 점성이 있으며, 나중에는 갈색 표피가 탈락하여 흰 바탕의 조직이 드러난다. 주름살은 완전붙은형이고, 흰색이며, 성글다. 날 끝은 진한 갈색을 띤다. 자루는 크기가 3~10cm×5~10mm이고, 섬유질의 긴 원통형이며 아래쪽으로 두꺼워진다. 자루의 색깔은 흰색 또는 회색 바탕에 진한 갈색의 인피가 불규칙하게 덮고 있으며 탈락하기 쉽다. 자루의 부착형태는 중심생이고, 턱받이가 없다. 조직은 흰색으로 질기다. **미세구조:** 포자는 흰색을 띠며, 크기는 14~21×10~12μm이다. 모양은 유구형~타원형이며, 표면은 평활하다. 낭상체의 크기는 50~80×10~22μm이고, 방추형이다.

끈적긴뿌리버섯 254

Oudemansiella mucida (Schrad.) Höhn.
Amanita agglutinata (Berk. & M. A. Curtis) Lloyd

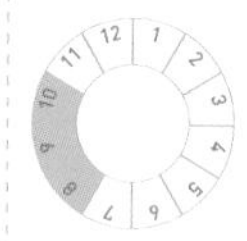

식독여부 | 식용　발생시기 | 여름~가을
발생장소 | 활엽수류의 고사목, 쓰러진 나무 등에 흩어져 나거나 몇 개씩 다발로 발생한다.
형태 | 갓의 지름은 3~8cm이고, 처음에는 반구형에서 거의 편평하게 전개된다. 갓의 표면은 엷은 회갈색 또는 흰색이고, 약간 투명하며 점성이 있다. 주름살은 완전붙은형이고, 흰색이며, 성글다. 자루는 크기가 3~7cm×3~7mm이고, 원통형으로 섬유질이며, 흰색~회색이다. 자루의 부착형태는 중심생이고, 턱받이는 위쪽에 흰색 막질의 턱받이가 있다. 조직은 흰색으로 질기다.
미세구조: 포자는 흰색을 띠며, 크기는 16~23.5×15~21.5μm이다. 모양은 원형~유구형이며, 표면은 평활하다.

255 털긴뿌리버섯

Xerula pudens (Pers.) Singer
Oudemansiella pudens (Pers.) Pegler & T. W. K. Young
Oudemansiella longipes (P. Kumm.) M. M. Moser

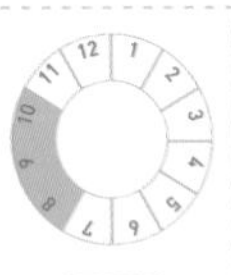

식독여부 | 식용　발생시기 | 여름~가을
발생장소 | 활엽수림 내 땅 위에 발생한다.
형태 | 갓의 지름은 1.5~6cm이고, 반구형에서 거의 편평하게 전개한다. 표면은 회갈색 바탕에 적황갈색 털이 빽빽하다. 주름살은 떨어진형이고, 흰색이며, 성글다. 자루는 크기가 6~20cm×3~5mm이고, 기부는 약간 두껍다가 다시 가늘어져 뿌리 모양으로 땅속 깊이 들어간다. 표면에는 털이 빽빽이 덮여 있다. **미세구조:** 포자의 크기는 10~12×9~10μm이고, 구형~유구형으로 표면은 매끄럽고 흰색이다.

민긴뿌리버섯 256

Xerula radicata (Relhan) Dörfelt

Oudemansiella radicata (Relhan) Singer

Collybia radicata (Relhan) Quél.

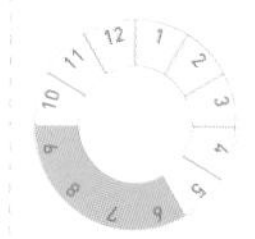

식독여부 | 식용　발생시기 | 여름~가을

발생장소 | 침·활엽수림, 죽림 내 땅 위나 썩은 나무 위에 홀로 또는 흩어져 발생한다.

형태 | 갓의 지름은 4~10cm이고, 처음에는 반구형에서 중앙볼록편평형으로 전개된다. 갓의 표면은 담갈색~회갈색이고, 방사상으로 불규칙한 주름이 있으며, 습하면 강한 점성을 띤다. 주름살은 완전붙은형 또는 끝붙은형이고, 흰색이며 성글다. 자루는 크기가 5~12cm×4~9mm이고, 기부는 약간 부풀고, 다시 가늘어져 뿌리 모양으로 땅속 깊이(3~35cm) 들어가서 묻혀 있는 나무와 연결된다. 자루의 색깔은 갓과 같고, 섬유상의 선이 있다. 자루의 부착형태는 중심생이고, 턱받이가 없다. 조직은 대부분이 가죽질로 질기다. **미세구조:** 포자는 흰색을 띠며, 크기는 10~12×9~10μm이다. 모양은 원형~유구형이며, 표면은 평활하다.

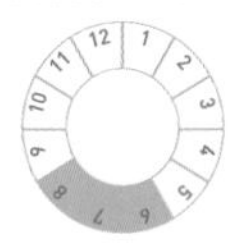

257 애기꼬막버섯

Hohenbuehelia reniformis (G. Mey.) Singer

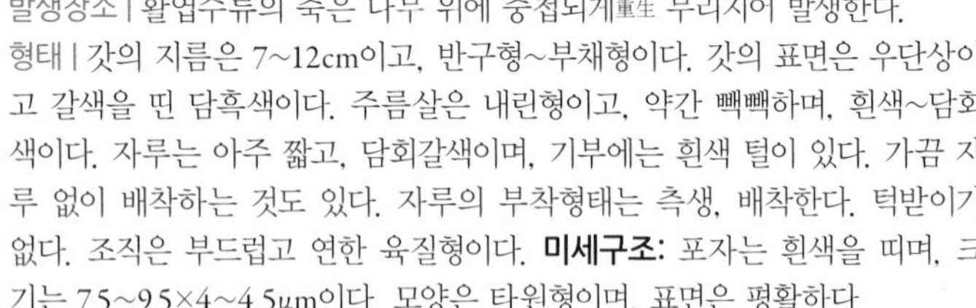

식독여부 | 식독불명　발생시기 | 여름(초여름)

발생장소 | 활엽수류의 죽은 나무 위에 중첩되게重生 무리지어 발생한다.

형태 | 갓의 지름은 7~12cm이고, 반구형~부채형이다. 갓의 표면은 우단상이고 갈색을 띤 담흑색이다. 주름살은 내린형이고, 약간 빽빽하며, 흰색~담회색이다. 자루는 아주 짧고, 담회갈색이며, 기부에는 흰색 털이 있다. 가끔 자루 없이 배착하는 것도 있다. 자루의 부착형태는 측생, 배착한다. 턱받이가 없다. 조직은 부드럽고 연한 육질형이다. **미세구조:** 포자는 흰색을 띠며, 크기는 7.5~9.5×4~4.5μm이다. 모양은 타원형이며, 표면은 평활하다.

산느타리 258

Pleurotus pulmonarius (Fr.) Quél.

식독여부 | 식용　발생시기 | 봄~가을

발생장소 | 활엽수류의 고사목, 쓰러진 나무, 그루터기 등에 중첩되게 무리지어 발생한다.

형태 | 갓의 지름은 2~8cm이고, 처음에는 반구형에서 콩팥형, 깔때기형 등으로 전개된다. 갓의 표면은 평활하고 습기를 띠며, 연회색~흰색을 띤다. 주름살은 약간 빽빽하며, 처음에는 흰색이나 오래되면 크림색~황록색으로 변한다. 자루는 길이가 0.5~1.5cm이나 때로는 없고, 흰색이며, 기부는 흰색의 털이 덮여 있다. 자루의 부착형태는 측생 또는 편심생이고, 턱받이가 없다. 조직은 밀가루 냄새가 난다. **미세구조:** 포자는 흰색을 띠며, 크기는 6~10×3~4μm이다. 모양은 타원형이며, 표면은 평활하다.

>>> 느타리와 닮았으나, 일반적으로 자실체가 작고, 조직이 얇으며, 갓이 처음부터 흰색이거나 담회갈색에서 흰색~담황색으로 되는 점이 다르다.

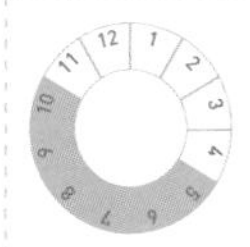

259 느타리

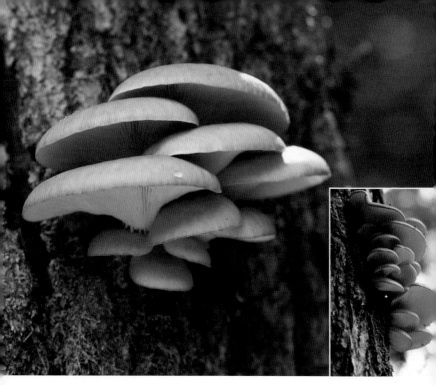

Pleurotus ostreatus (Jacq.) P. Kumm.

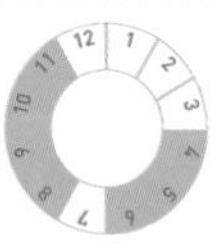

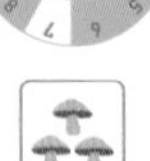

식독여부 | 식용(재배버섯)　발생시기 | 봄~늦가을

발생장소 | 활엽수류의 고사목, 쓰러진 나무, 그루터기 등에 중첩되게 무리지어 발생한다.

형태 | 갓의 지름은 5~15cm이고, 처음에는 반구형에서 콩팥형, 깔때기형 등으로 전개된다. 갓의 표면은 평활하고 습기를 띠며, 검은색~회청색을 거쳐 회색, 회갈색, 흰색이다. 주름살은 긴 내린형이고, 다소 빽빽하며, 흰색~회색이다. 자루는 크기가 1~3cm×1~2.5mm이고, 흰색이며, 기부는 흰색의 털이 덮여 있다. 자루의 부착형태는 측생 또는 편심생이고, 턱받이가 없다. 조직은 부드럽고 연한 육질형이다. **미세구조:** 포자는 흰색~담자회색을 띠고, 크기는 7.5~11×3~4.5μm이다. 모양은 타원형이며, 표면은 평활하다.

>>> 널리 재배되는 우리나라의 대표적인 식용버섯이다.

260 수실난버섯

Pluteus atromarqinatus (Konrad) Kűhner
Pluteus tricuspidatus Velen.

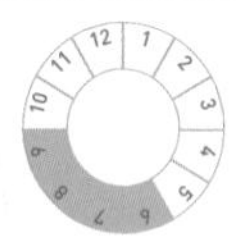
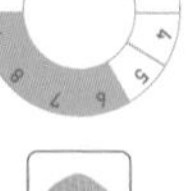

식독여부 | 식용 발생시기 | 여름~가을

발생장소 | 침엽수림 내의 썩은 나무줄기나 톱밥 등에 홀로 또는 흩어져 발생한다.

형태 | 갓의 지름은 3.5~16cm이고, 처음에는 반구형에서 중앙볼록편평형으로 전개된다. 갓의 표면은 황갈색 바탕에 흑갈색의 인편이 방사상으로 얕은 주름 모양을 만들며, 갓 둘레는 길고 짧은 털이 테두리를 이루고 있다. 주름살은 빽빽하고, 흰색이다가 이후 담홍색으로 변한다. 자루는 크기가 4~16cm×6~17mm이고, 원통형으로 섬유질이며, 흰색~살색 바탕에 섬유상 짙은 무늬가 있다. 자루의 부착형태는 중심생이고, 턱받이가 없다. 조직은 얇고 무르다. **미세구조:** 포자는 분홍색을 띠며, 크기는 5.5~8.0×3.5~5.5μm이다. 모양은 유구형이며, 표면은 평활하다.

빨간난버섯 261

Pluteus aurantiorugosus (Trog) Sacc.

식독여부 | 식독불명 발생시기 | 여름~가을
발생장소 | 활엽수의 썩은 나무줄기나 그루터기에 홀로 또는 흩어져 발생한다.
형태 | 갓의 지름은 2.5~4cm이고, 처음에는 반구형에서 중앙볼록편평형으로 전개된다. 갓의 표면은 등적색橙赤色이고 습하면 방사상으로 선이 드러난다. 주름살은 떨어진형, 빽빽하며, 흰색이다가 이후 담홍색으로 변한다. 자루는 크기가 3~4cm×4~7mm이고, 원통형으로 섬유질이며, 표면은 섬유상이고 등황색이며, 자루의 부착형태는 중심생이고, 턱받이가 없다. 조직은 얇고 무르다. **미세구조:** 포자는 분홍색을 띠며, 크기는 5~6.5×4.5~5.5μm이다. 모양은 유구형이며, 표면은 평활하다.

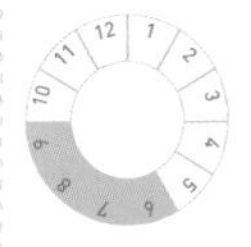

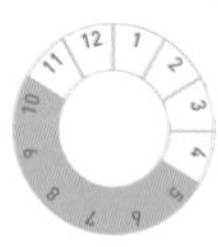

262 난버섯

Pluteus cervinus var. *cervinus* P. Kumm.
Pluteus atricapillus (Batsch) Fayod
Pluteus cervinus P. Kumm.

식독여부 | 식용　발생시기 | 봄~가을

발생장소 | 활엽수 고사목의 썩은 줄기나 그루터기에 홀로 또는 흩어져 발생한다.

형태 | 갓의 지름은 5~14cm이고, 처음에는 반구형에서 거의 편평하게 전개된다. 갓의 표면은 회갈색이고, 방사상의 섬유 무늬 또는 미세한 인편이 덮여 있다. 주름살은 떨어진형이고, 빽빽하며, 흰색이다가 이후 담홍색으로 변한다. 자루는 크기가 3.5~12cm×6~12mm이고, 원통형으로 속이 비어 있으며, 흰색 바탕에 갓과 같은 섬유 무늬가 있다. 자루의 부착형태는 중심생이고, 턱받이가 없다. 조직은 얇고 무르다. **미세구조:** 포자는 분홍색을 띠며, 크기는 7~8×5~6μm이다. 모양은 광타원형이며, 표면은 평활하다.

노랑난버섯 263

Pluteus leoninus (Schaeff.) P. Kumm.

식독여부 | 식용　발생시기 | 늦봄~초겨울

발생장소 | 활엽수 고사목의 썩은 줄기나 그루터기, 톱밥 등에 홀로 또는 무리지어 발생한다.

형태 | 갓의 지름은 2~6cm이고, 처음에는 종형~반구형에서 거의 편평하게 전개된다. 갓의 표면은 평활하고 선황색이며, 때로는 중심 부근에 주름이 있고, 습하면 갓 둘레에 방사상의 선이 드러난다. 주름살은 떨어진형이고, 빽빽하며, 흰색이다가 이후 담홍색으로 변한다. 자루는 크기가 3~7cm×3~12mm이고, 원통형으로 속이 비어 있으며, 황백색이고 섬유상이며, 하부에는 짙은 섬유 무늬가 있다. 자루의 부착형태는 중심생이고, 턱받이가 없다. 조직은 얇고 무르다. **미세구조:** 포자는 분홍색을 띠며, 5.5~7×4.5~6μm이다. 모양은 유구형이며, 표면은 평활하다.

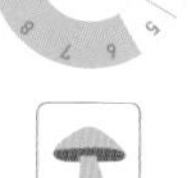

264 애기난버섯

Pluteus nanus (Pers.) P. Kumm.

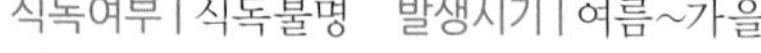

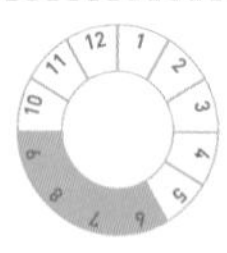

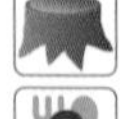

식독여부 | 식독불명　발생시기 | 여름~가을

발생장소 | 고사목의 썩은 줄기나 낙지 등에 홀로 또는 무리지어 발생한다.

형태 | 갓의 지름은 1.5~3cm이고, 처음에는 반구형에서 중앙볼록편평형으로 전개된다. 갓의 표면은 분말상이고 회갈색, 중앙부는 흑갈색이고 때로는 방사상으로 주름이 있다. 주름살은 떨어진형이며, 약간 빽빽하고, 흰색이다가 후에 담홍색으로 변한다. 자루의 크기는 2~4cm×2~3mm이고, 원통형으로 속이 비어 있다. 자루의 표면은 섬유상이고, 때로는 미세한 세로줄이 있다. 자루의 부착형태는 중심생이고, 턱받이가 없다. 조직은 얇고 무르다. **미세구조:** 포자는 분홍색을 띠며, 크기는 6.5~7×5.5~6μm이다. 모양은 유구형~구형이며, 표면은 평활하다.

호피난버섯 265

Pluteus pantherinus Courtec. & M. Uchida

식독여부 | 식독불명 발생시기 | 여름~가을

발생장소 | 활엽수의 썩은 줄기나 그루터기에 홀로 또는 무리지어 발생한다.

형태 | 갓의 지름은 5~6cm이고, 처음에는 종형~반구형에서 편평하게 전개되며, 나중에 중앙이 약간 오목하다. 갓의 표면은 황갈색~암황갈색 바탕에 크고 작은 흰색 반점이 흩어져 있다. 주름살은 떨어진형이고, 빽빽하며, 흰색이다가 이후 담홍색으로 변한다. 자루는 길이 6~8cm이고, 위아래가 같은 굵기거나 위쪽이 가늘며, 원통형으로 속이 비어 있고, 담황색이며 섬유상이다. 자루의 부착형태는 중심생이고, 턱받이가 없다. 조직은 얇고 무르다. **미세구조:** 포자는 분홍색이다.

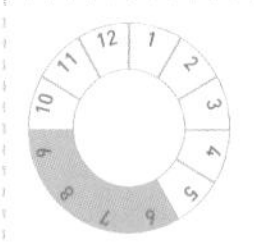

266 톱밥난버섯

Pluteus podospileus Sacc. & Cub.

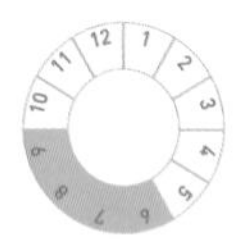
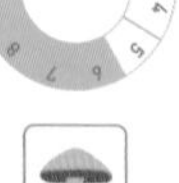

식독여부 | 독　발생시기 | 여름~가을

발생장소 | 활엽수림 내 쓰러진 나무의 썩은 줄기, 그루터기 등에 홀로 발생한다.

형태 | 갓의 지름은 1~2cm이고, 처음에는 종 모양~반구형에서 편평형으로 전개된다. 갓의 표면은 약간 거칠고, 황갈색에 바탕에 흑갈색의 입자들이 덮여 있으며, 표면이 불규칙하게 갈라진다. 주름살은 떨어진형이고, 연분홍색이다가 이후 옅은 적갈색이 되며, 빽빽하다. 자루는 크기가 3~4cm×2~3mm이고, 원통형으로 속이 비어 있으며, 담갈색이다. 자루의 부착형태는 중심생이고, 턱받이가 없다. 조직은 흰색이다. 냄새는 없고, 맛은 순하다. **미세구조:** 포자는 분홍색을 띠며, 크기는 5.0~7×4.5~6μm이다. 모양은 달걀형~타원형이고, 표면은 평활하다.

흰비단털버섯 267

Volvariella bombycina (Schaeff.) Singer

식독여부 | 식용 발생시기 | 여름~가을

발생장소 | 활엽수 고사목 줄기 위에 흩어져 나거나 무리지어 발생한다.

형태 | 갓의 지름은 8~20cm이고, 처음에는 구형에서 반구형을 거쳐 거의 편평하게 전개된다. 갓의 표면은 흰색 또는 담황색이고, 명주실 같은 털 또는 작은 인편이 빽빽이 덮여 있다. 주름살은 떨어진형이고, 빽빽하며, 흰색이다가 이후 담홍색으로 변한다. 자루는 크기가 6~20cm×10~20mm이고, 원통형으로 아래쪽이 두꺼우며, 커다란 막질의 대주머니외피막가 있다. 자루의 색깔은 흰색이며, 자루의 부착형태는 중심생이고, 턱받이가 없다. 조직은 부드럽고 연한 육질형이다. **미세구조:** 포자는 분홍색을 띠며, 크기는 6.5~8×4.5~6μm이다. 모양은 달걀형~타원형이며, 표면은 평활하다. 낭상체의 크기는 40~100×17~35μm이고, 곤봉형, 볼링핀형이다.

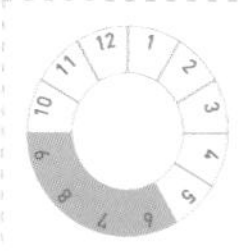

268 예쁜비단털버섯아재비

Volvariella gloiocephala (DC.) Boekhout & Enderle
Volvariella speciosa var. *speciosa* (Fr.) Singer

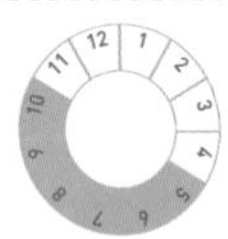
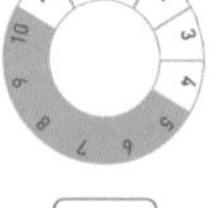

식독여부 | 식용　발생시기 | 봄~가을

발생장소 | 숲속 또는 정원이나 경작지 등 비옥한 땅 위에 홀로 발생한다.

형태 | 갓의 지름은 7~11cm이고, 처음에는 구형에서 반구형을 거쳐 거의 편평하게 전개된다. 갓의 표면은 평활하며 약간 점성이 있고, 암회갈색으로 중앙부는 짙다. 주름살은 떨어진형이고, 빽빽하며, 흰색이다가 담홍색으로 변한다. 자루는 길이가 8~18cm이고, 흰색이며, 기부에는 흰색 막질의 대주머니가 있다. 자루의 부착형태는 중심생이고, 턱받이가 없다. 조직은 얇고 무르다. **미세구조:** 포자는 분홍색을 띠며, 크기는 11~16×7~9.5μm이다. 모양은 달걀형~타원형이며, 표면은 평활하다. 낭상체의 크기는 33~70×15~25μm이고, 끝이 뾰족한 곤봉형이다.

요정비단털버섯 269

Volvariella pusilla (Pers.) Singer

식독여부 | 식용부적합　발생시기 | 여름~가을

발생장소 | 숲속의 길가나 정원, 잔디밭 등에 홀로 또는 무리지어 발생한다.

형태 | 갓의 지름은 0.5~3cm이고, 달걀형, 반구형을 거쳐 편평하게 전개된다. 갓의 표면은 섬유상, 갓 둘레에 방사상의 홈선이 있으며, 주름살은 떨어진형이고, 약간 성글며, 흰색이다가 후에 담홍색을 띤다. 자루는 크기가 1~5cm×1~5mm이고, 위아래 같은 굵기이며, 표면은 평활하고, 막질의 대주머니는 상단이 2~3갈래 찢어진다. 자루의 색깔은 흰색이며, 자루의 부착형태는 중심생이고, 턱받이가 없다. 조직은 얇고 무르다. **미세구조:** 포자는 분홍색을 띠며, 크기는 5.5~6.5×4~5μm이다. 모양은 유구형이며, 표면은 평활하다. 낭상체의 크기는 25~52×9.5~19μm이고, 끝이 뾰족한 곤봉형이다.

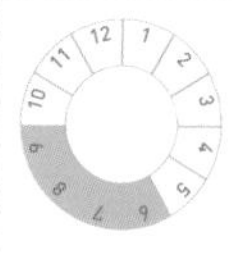

270 풀버섯

Volvariella volvacea (Bull.) Singer

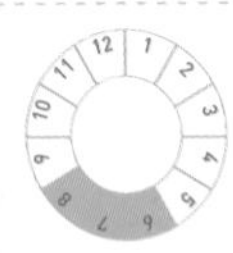

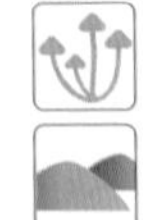

식독여부 | 식용　발생시기 | 여름

발생장소 | 숲속 부엽토나 퇴비 위에 무리지어 다발로 발생한다.

형태 | 갓의 지름은 3~20cm이고, 처음에는 반구형에서 거의 편평하게 전개된다. 갓의 표면은 갈색으로 점성이 있으며, 중앙부를 중심으로 흑갈색 가는 인피가 방사상으로 덮여 있다. 주름살은 떨어진형이고, 매우 빽빽하며, 처음에는 거의 흰색이다가 포자가 성숙되면서 담홍색으로 변한다. 자루는 크기가 5~20cm×7~20mm이고, 섬유질의 긴 원통형으로 아래쪽에 흑갈색의 막질형 대주머니가 있으며, 흰색이고, 가는 섬유상의 세로줄이 분포한다. 자루의 부착형태는 중심생이고, 턱받이가 없다. 조직은 흰색으로 육질이다. **미세구조:** 포자는 분홍색을 띠며, 크기는 7~10×5~6μm이다. 모양은 달걀형~타원형이며, 표면은 평활하나. 낭상체의 크기는 50~80×10~25μm이고, 방추형이다.

고깔먹물버섯 271

Coprinellus disseminatus (Pers.) J. E. Lange

Coprinus disseminatus (Pers.) Gray

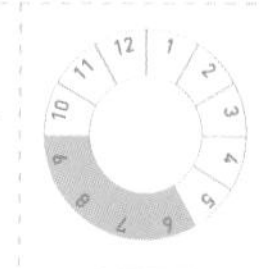

식독여부 | 식용부적합　발생시기 | 여름~가을

발생장소 | 고사목의 썩어가는 줄기, 그루터기 또는 땅에 묻힌 나무 등에 아주 많은 개체가 무리지어 발생한다.

형태 | 갓의 지름은 1~1.5cm이고, 달걀형에서 반구형~종형으로 전개된다. 갓의 표면은 흰색~회색이고, 미세한 털이 덮여 있으며, 방사상의 홈선이 있어 부채살처럼 펴진다. 주름살은 흰색이다가 후에 검은색이 되지만 액화하지 않는다. 자루는 크기가 2~3.5cm×1~2mm이고, 원통형으로 아래가 약간 어두우며, 속이 비어 있고, 미세 털이 덮여 있다. 자루의 색깔은 흰색이고, 반투명이다. 자루의 부착형태는 중심생이고, 턱받이가 없다. 조직은 아주 연약하다. **미세구조:** 포자는 흑갈색~황갈색이며, 크기는 7~9.5×3.7~5μm이다. 모양은 타원형이며, 표면은 평활하다.

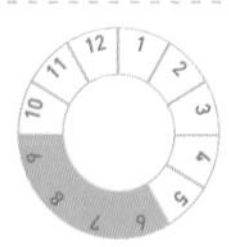

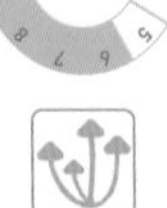

272 갈색먹물버섯

Coprinellus micaceus (Bull.) Vilgalys, Hopple & Jacq. Johnson
Coprinus micaceus (Bull.) Fr.

식독여부 | 식용(어린 자실체만 식용)　발생시기 | 여름~가을

발생장소 | 활엽수 고사목 줄기, 그루터기, 땅에 묻힌 나무 등에 다발 또는 무리지어 발생한다.

형태 | 갓의 지름은 1~4cm이고, 달걀형에서 종형~원추형을 거쳐 편평하게 전개되며, 나중에는 갓 끝이 위로 젖혀진다. 갓의 표면은 담황갈색이고, 운모雲母상의 미세인편이 덮여 있으나 곧 없어진다. 주름살은 흰색이다가 후에 검은색으로 되어 액화된다. 자루는 크기가 3~8cm×2~4mm이고, 원통형으로 아래가 약간 두꺼우며 속이 비어 있고, 흰색이다. 자루의 부착형태는 중심생이고, 턱받이가 없다. 조직은 얇고 무르다. **미세구조:** 포자는 검은색을 띠고, 크기는 6.5~12×4~8μm이다. 모양은 타원형이며, 표면은 평활하다.

노랑먹물버섯 273

Coprinellus radians (Desm.) Vilgalys, Hopple & Jacq. Johnson
Coprinus radians (Desm.) Fr.

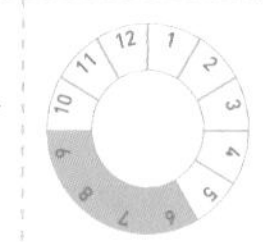

식독여부 | 식독불명　발생시기 | 여름~가을

발생장소 | 활엽수 고사목의 썩은 줄기, 그루터기 등에 다발 또는 무리지어 발생한다.

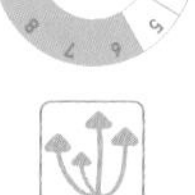

형태 | 갓의 지름은 2~3cm이고, 달걀형에서 종형~원추형을 거쳐 편평하게 전개되며, 나중에는 갓 끝이 위로 젖혀진다. 갓의 표면은 황갈색이고, 탈락성 인편이 덮여 있으며, 방사상의 홈선이 있다. 주름살은 빽빽하며, 흰색이다가 후에 자흑색으로 변한다. 자루는 크기가 2~5cm×3~4mm이고, 원통형으로 아래가 약간 두꺼우며 속이 비어 있고 뿌리와 기주에 황갈색의 균사괴菌絲塊가 있다. 자루의 색깔은 흰색이며, 부착형태는 중심생이고, 턱받이가 없다. 조직은 얇고 무르다. **미세구조:** 포자는 검은색을 띠고, 크기는 6~8×3~4㎛이다. 모양은 달걀형~타원형이고, 표면은 평활하다.

274 두엄먹물버섯

Coprinopsis atramentaria (Bull.) Readhead, Vilgalys & Moncalvo
Coprinus atramentarius (Bull.) Fr.

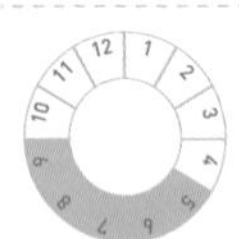
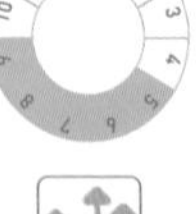

식독여부 | 독　발생시기 | 여름~가을

발생장소 | 숲속 길가나 정원, 밭 등에 다발 또는 무리지어 발생한다.

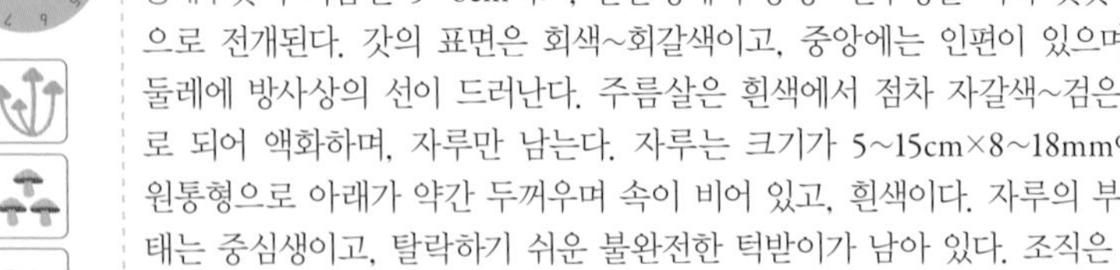

형태 | 갓의 지름은 5~8cm이고, 달걀형에서 종형~원추형을 거쳐 삿갓 모양으로 전개된다. 갓의 표면은 회색~회갈색이고, 중앙에는 인편이 있으며, 갓 둘레에 방사상의 선이 드러난다. 주름살은 흰색에서 점차 자갈색~검은색으로 되어 액화하며, 자루만 남는다. 자루는 크기가 5~15cm×8~18mm이고, 원통형으로 아래가 약간 두꺼우며 속이 비어 있고, 흰색이다. 자루의 부착형태는 중심생이고, 탈락하기 쉬운 불완전한 턱받이가 남아 있다. 조직은 얇고 무르다. **미세구조:** 포자는 검은색을 띠고, 크기는 8~12×4.5~6.5μm이다. 모양은 타원형이며, 표면은 평활하다.

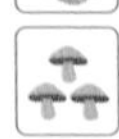

>>> 술과 함께 먹으면 중독된다.

재먹물버섯 275

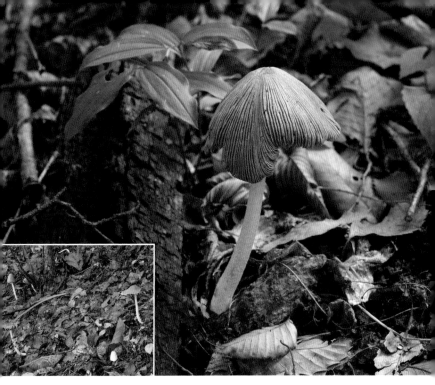

Coprinopsis cinerea (Schaeff.) Redhead, Vilgalys & Moncalvo
Coprinus cinereus (Schaeff.) Gray

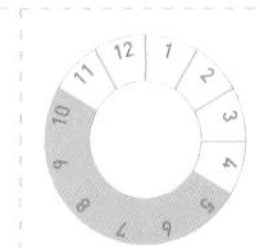

식독여부 | 식용　발생시기 | 여름~가을

발생장소 | 퇴비더미, 소똥 등에 홀로 또는 무리지어 발생한다.

형태 | 갓의 지름은 2~5cm이고, 달걀형, 종형을 거쳐 나중에는 갓 끝이 위로 젖혀진다. 갓의 표면은 어릴 때 표면에 흰색~갈색의 섬유상 피막이 덮였다가 자라면서 탈락하고, 회갈색 바탕이 드러난다. 방사상의 홈선이 있다. 주름살은 빽빽하며 생장하면서 검은색으로 되고 액화된다. 자루는 크기가 4~12cm×3~6mm이고, 기부는 약간 부풀었다가 다시 가늘어져 뿌리 모양으로 기주 속에 들어간다. 자루는 흰색이며, 부착형태는 중심생이고, 턱받이가 없다. 조직은 얇고 무르다. **미세구조:** 포자는 검은색을 띠고, 크기는 7.5~11×5.5~7.5μm이다. 모양은 타원형이고, 표면은 평활하다. 낭상체의 크기는 45~85×25~37μm이고, 곤봉형, 주걱형이다.

276 꼬마먹물버섯

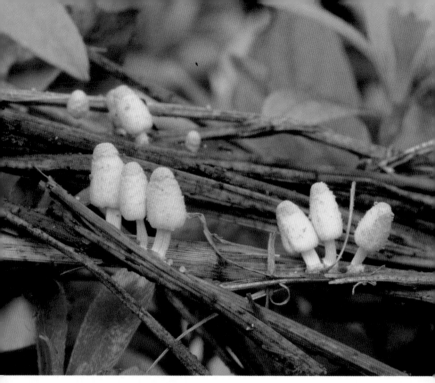

Coprinopsis friesii (Quél.) P. Karst
Coprinus friesii Quél.

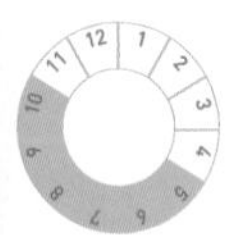
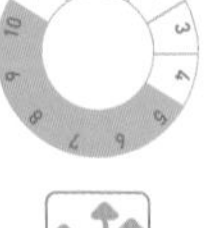
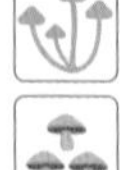

식독여부 | 식독불명 발생시기 | 봄~가을

발생장소 | 볏짚, 수수대, 옥수수대 등 벼과식물의 죽은 줄기 위에 다발 또는 무리지어 발생한다.

형태 | 갓의 지름은 0.5~1cm이고, 달걀 모양에서 타원형, 종형을 거쳐 거의 편평하게 전개된다. 갓의 표면은 흰색이다가 후에 회색이 되고, 주변에 선이 드러난다. 주름살은 떨어진형이고, 빽빽하며, 흰색이다가 자갈색이 된다. 자루의 크기는 1~2cm×1mm이고, 원통형으로 아래가 약간 두꺼워져 기부는 약간 부풀고 속이 비어 있다. 자루의 표면은 분말상이고, 흰색 털이 있다. 자루의 부착형태는 중심생이고, 턱받이가 없다. 조직은 흰색으로 매우 얇고 여리다. **미세구조:** 포자는 검은색을 띠고, 크기는 7~9×6~7μm이다. 모양은 타원형이며, 표면은 평활하다. 낭상체의 크기는 22~58×8~16μm이고, 곤봉형~주걱형이다.

277 갈색비듬먹물버섯

Coprinopsis narcotica (Batsch) Redhead, Vilgalys & Moncalvo
Coprinus narcoticus (Batsch) Fr.

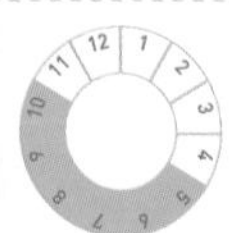

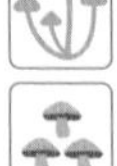

식독여부 | 식독불명 발생시기 | 봄~가을

발생장소 | 분糞, 비옥한 흙, 썩은 볏짚보리짚 등에 다발 또는 무리지어 발생한다.

형태 | 갓의 지름은 2~2.5cm이고, 달걀 모양에서 종형을 거쳐 거의 편평하게 전개하며, 갓이 바깥쪽으로 말린다. 갓의 표면은 흰색~담회색의 분말상의 피막이 빽빽이 덮여 있고, 방사상의 홈선이 있다. 주름살은 떨어진형이고, 흰색~적갈색~검은색으로 변한다. 자루는 크기가 2~6cm×1~3.5mm이고, 원통형으로 아래가 약간 두꺼워져 기부는 약간 부풀고 속이 비어 있다. 자루의 표면은 분말상이고, 흰색~담회색이다. 자루의 부착형태는 중심생이고, 턱받이가 없다. 조직은 얇고 무르다. **미세구조:** 포자는 검은색을 띠고, 크기는 10~13.5×6.5~8μm이다. 모양은 유구형이며, 표면에는 날개상의 돌기가 분포한다.

고슴도치버섯 278

Cystoagaricus strobilomyces (Murrill) Singer

식독여부 | 식독불명　발생시기 | 여름~가을

발생장소 | 활엽수류의 썩은 줄기 위에 흩어져 나거나 무리지어 발생한다.

형태 | 갓의 지름은 1.2~3cm이고, 반구형에서 거의 편평하게 전개된다. 갓의 표면은 짙은 회갈색 바탕에 같은 색의 뾰족한 가시가 빽빽이 붙어 있다. 주름살은 완전붙은형 또는 끝붙은형에 내린모양이고, 회갈색이다가 후에 담홍색을 띤다. 자루는 크기가 1.5~4cm×2~3.5mm이고, 속이 빈 원통형으로 위아래 같은 굵기이며, 갓과 같은 가시가 덮여 있다. 자루의 색깔은 회갈색이며 위쪽은 옅은 색을 띤다. 자루의 부착형태는 중심생이고, 턱받이가 없다. 조직은 얇고 무르다. **미세구조:** 포자는 연갈색을 띠며, 크기는 5.5~7×4.5~6μm이다. 모양은 달걀형~유구형이고, 표면은 평활하다.

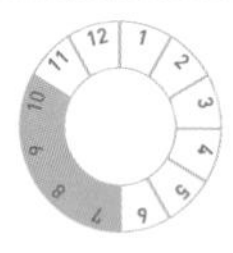

279 큰눈물버섯

Lacrymaria lacrymabunda (Bull.) Pat.
Psathyrella velutina (Pers.) Singer

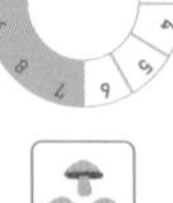

식독여부 | 식용 발생시기 | 여름~가을

발생장소 | 숲속, 길가, 풀밭 등에 흩어져 나거나 무리지어 발생한다.

형태 | 갓의 지름은 2~10cm이고, 달걀형, 종형을 거쳐 나중에는 갓 끝이 위로 젖혀진다. 갓의 표면은 갈색~황갈색이고, 섬유상의 인편이 빽빽이 덮여 있으며, 갓 끝에 내피막의 일부가 남아 있다. 주름살은 완전붙은형 또는 끝붙은형이고, 빽빽하며 처음은 흰색이다가 후에 짙은 자갈색으로 되고, 검은색 반점이 생긴다. 자루는 크기 3~10cm×3~10mm이고, 원통형으로 기부는 약간 부풀고 속이 비어 있다. 자루의 부착형태는 중심생이고, 턱받이는 섬유상이며, 조직은 얇고 대가 부러지기 쉽다. **미세구조:** 포자는 자갈색을 띠고, 크기는 8.5~11.5×4.5~7μm이다. 모양은 타원형이며, 표면은 돌기가 분포한다.

좀밀먹물버섯 280

Parasola plicatilis (Curtis) Readhead, Vilgalys & Hopple
Coprinus plicatilis (Curtis) Fr.

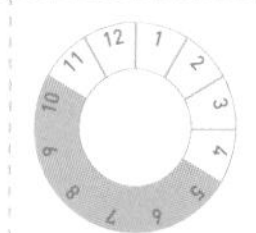

식독여부 | 식용부적합　발생시기 | 봄~가을
발생장소 | 숲속 낙엽 위나 길가, 잔디밭, 풀밭 등에 흩어져 나거나 무리지어 발생한다.
형태 | 갓의 지름은 0.5~1.5cm이고, 처음에는 달걀형이나 거의 편평하게 전개하고, 중앙은 갈색을 띤다. 갓의 표면은 중앙이 원형으로 약간 오목하고, 여기에서 방사상의 선이 부채 모양으로 주름을 만든다. 주름살은 떨어진형이고, 회색~검은색이며, 액화하지 않고 얇은 종이처럼 된다. 자루는 크기가 4~7cm×1~2mm이고, 원통형으로 아래가 약간 두꺼워지며 기부는 약간 부풀고 속이 비어 있으며, 흰색~갈색이다. 자루의 부착형태는 중심생이고, 턱받이가 없다. 조직은 흰색으로 매우 얇고 여리다. **미세구조:** 포자는 검은색을 띠고, 크기는 10~13×7.5~10.5μm이다. 모양은 원통형이며, 표면은 평활하다.

281 족제비눈물버섯

Psathyrella candolleana (Fr.) Maire

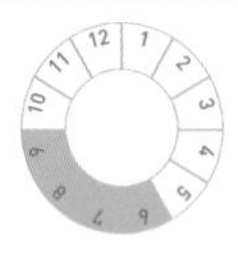

식독여부 | 식용　발생시기 | 여름~가을

발생장소 | 활엽수 고사목의 줄기나 그루터기 등에 흩어져 나거나 무리지어 발생한다.

형태 | 갓의 지름은 3~7cm이고, 종형에서 거의 편평하게 전개된다. 갓의 표면은 평활하고 담황갈색이며, 점성은 없고, 갓이 열리면서 흰색의 피막이 갓 끝에 부착하지만 탈락하기 쉽다. 주름살은 빽빽하고, 흰색이다가 후에 자갈색이 되며, 자루는 크기가 4~8cm×4~8mm이며, 원통형으로 아래가 약간 두꺼워져 기부는 약간 부풀고 속이 비어 있으며, 흰색이다. 자루의 부착형태는 중심생이고, 턱받이가 없다. 조직은 얇고 대가 부러지기 쉽다. **미세구조:** 포자는 자갈색을 띠고, 크기는 6~8×4~5μm이다. 모양은 타원형이며, 표면은 평활하다.

각모눈물버섯 282

Psathyrella conopilus (Fr.) A. Pearson & Dennis

Psathyrella subatrata (Batsch) Gillet

식독여부 | 식독불명　발생시기 | 여름~가을

발생장소 | 숲속 또는 정원, 목장 등에 흩어져 나거나 무리지어 발생한다.

형태 | 갓의 지름은 2~4.5cm이고, 원추형에서 종형으로 전개된다. 갓의 표면은 평활하며, 습하면 암갈색이고, 방사상의 선이 드러나지만 건조하면 없어진다. 주름살은 완전붙은형이고, 약간 성글며, 성숙하면 흑갈색으로 된다. 자루는 크기가 4~10cm×1.5~3mm이며, 원통형으로 아래가 약간 두꺼워져 기부는 약간 부풀고 속이 비어 있으며 평활하다. 자루의 색깔은 흰색이며, 자루의 부착형태는 중심생이고, 턱받이가 없다. 조직은 얇고 대가 부러지기 쉽다. **미세구조:** 포자는 자갈색을 띠고, 크기는 12~17×6.5~8μm이다. 모양은 타원형이며, 표면은 평활하다. 낭상체는 크기가 45~65×9~20μm이고, 곤봉형, 주걱형이다.

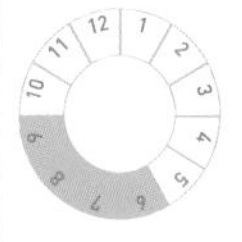

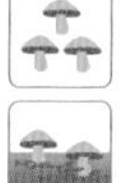

283 갈색눈물버섯

Psathyrella multissima (S. Imai) Hongo

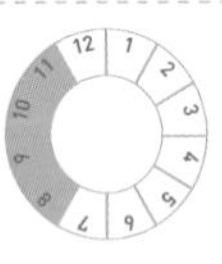

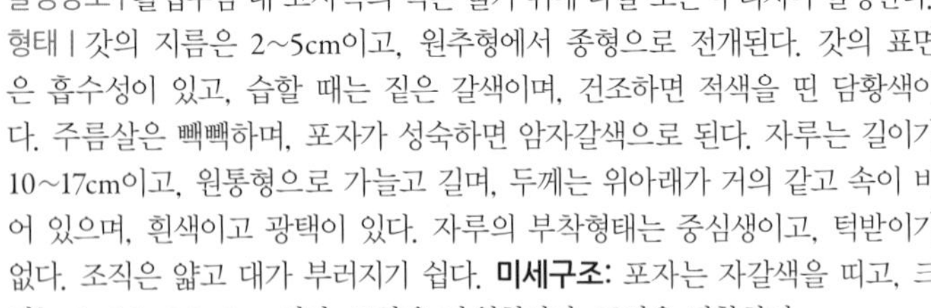

식독여부 | 식독불명　발생시기 | 가을

발생장소 | 활엽수림 내 고사목의 썩은 줄기 위에 다발 또는 무리지어 발생한다.

형태 | 갓의 지름은 2~5cm이고, 원추형에서 종형으로 전개된다. 갓의 표면은 흡수성이 있고, 습할 때는 짙은 갈색이며, 건조하면 적색을 띤 담황색이다. 주름살은 빽빽하며, 포자가 성숙하면 암자갈색으로 된다. 자루는 길이가 10~17cm이고, 원통형으로 가늘고 길며, 두께는 위아래가 거의 같고 속이 비어 있으며, 흰색이고 광택이 있다. 자루의 부착형태는 중심생이고, 턱받이가 없다. 조직은 얇고 대가 부러지기 쉽다. **미세구조:** 포자는 자갈색을 띠고, 크기는 6~8.1×3.7~5㎛이다. 모양은 타원형이며, 표면은 평활하다.

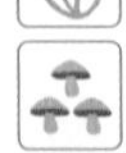

애기눈물버섯 284

Psathyrella obtusata var. *obtusata* (Pers.) A. H. Sm.
Psathyrella obtusata (Pers.) A. H. Sm.

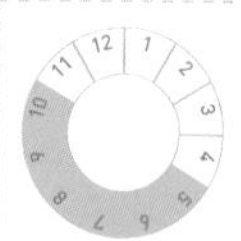

식독여부 | 식독불명　발생시기 | 봄~가을

발생장소 | 숲속 땅 위나 땅에 묻힌 나무 위에 흩어져 나거나 무리지어 발생한다.

형태 | 갓의 지름은 1~3cm이고, 종형~반구형을 거쳐 중앙볼록편평형으로 전개된다. 갓의 표면은 갓 끝에 흰색의 피막이 붙지만 곧 없어지고, 암갈색이며 건조하면 담황색이 되고, 방사상의 주름을 띠며, 습할 때 선이 드러난다. 주름살은 완전붙은형 또는 약간 내린형이고, 성글며, 회갈색~짙은 자갈색을 띤다. 자루는 크기가 3~8.5cm×2~3.5mm이고, 흰색이며, 원통형으로 가늘고 길다. 두께는 위아래가 거의 같으며 속이 비어 있다. 자루의 부착형태는 중심생이고, 턱받이가 없다. 조직은 얇고 대가 부러지기 쉽다. **미세구조:** 포자는 자갈색을 띠고, 크기는 7.5~9×4.5~5μm이다. 모양은 타원형~달걀형이며, 표면은 평활하다. 낭상체의 크기는 20~26×12~15μm이고, 모양은 곤봉형, 주걱형이다.

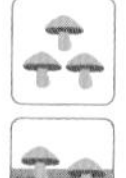

285 # 흰붓버섯

Deflexula fascicularis (Bres. & Pat.) Corner

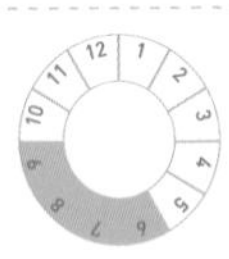
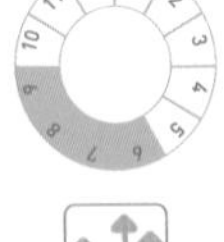

식독여부 | 식독불명 발생시기 | 여름~가을

발생장소 | 활엽수류의 쓰러진 나무줄기나 가지 위에 다발 또는 무리지어 발생한다.

형태 | 자실체의 길이는 2cm 정도이다. 자실체는 갓이나 다른 구조물들이 없는 싸리나 산호형이다. 어린 시기에는 기주에 솟아난 뿔처럼 보이다가 자라면서 가지가 생기고 가지가 구부러져 아래로 처진다. 자실체의 색깔은 흰색이다가 후에 담황갈색으로 변하고, 오래되면 탁한 황갈색으로 된다. 자실체의 색깔의 변화는 기부에서부터 시작되고 점점 위쪽으로 퍼져 나간다. 조직은 어린 시기에는 유연하다가 성숙하면 단단해진다.

바늘깃싸리버섯 286

Pterula subulata Fr.
Pterula multifida (Chevall.) Fr.

식독여부 | 식용부적합 발생시기 | 가을
발생장소 | 숲속의 낙엽, 낙지 위나 땅 위에 다발 또는 무리지어 발생한다.
형태 | 자루의 높이는 1~7cm이고, 자루는 기부에서부터 분지하여 빗자루 모양을 띤다. 자루와 가지는 모두 가늘고, 가지 선단은 예리하게 뾰족하지만 건조하면 털처럼 가늘어진다. 자루의 색깔은 처음은 연한 색이지만 나중에 황갈색으로 되며, 턱받이가 없고, 조직은 딱딱한 연골질軟骨質이다. **미세구조:** 포자는 흰색을 띠며, 크기는 6~7.5×3~4μm이다. 모양은 타원형이며, 표면은 평활하다.

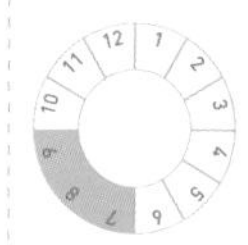

287 치마버섯

Schizophyllum commune Fr.

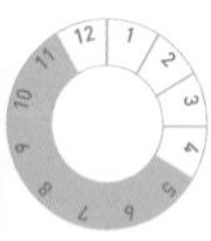

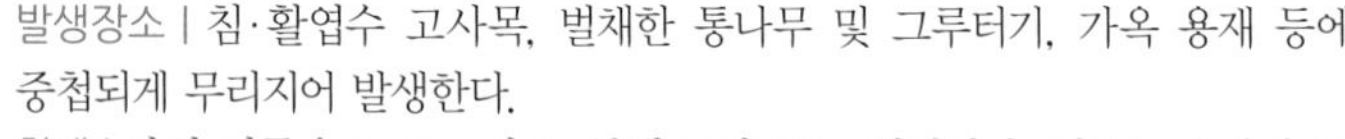

식독여부 | 식용부적합　발생시기 | 봄~가을

발생장소 | 침·활엽수 고사목, 벌채한 통나무 및 그루터기, 가옥 용재 등에 중첩되게 무리지어 발생한다.

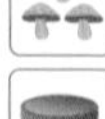

형태 | 갓의 지름은 1~3cm이고, 부채 모양 또는 원형이며, 때로는 손바닥 모양으로 갈라진다. 가장자리를 세로로 찢으면 2매씩 중첩된 것처럼 보인다. 갓의 표면은 거친 털이 빽빽하고, 흰색~회색 또는 회갈색이며, 주름살은 흰색~회색 또는 약간 자색을 띤다. 자루 없이 갓 일부가 기주에 부착하고, 자루의 부착형태는 측생한다. 턱받이가 없으며, 조직은 가죽질이고, 건조하거나 젖으면 수축한다. **미세구조:** 포자는 흰색을 띠며, 크기는 4~6×1.5~2μm이다. 모양은 원통형이며, 표면은 평활하다.

>>> 부후력은 약하지만 벌채목 등에 가장 빨리 기생하는 균의 하나로, 백색부후를 일으킨다.

288 보리볏짚버섯

Agrocybe erebia (Fr.) Kűhner ex Singer

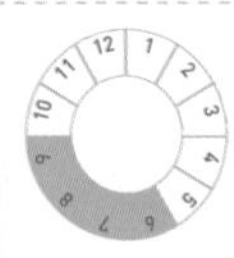

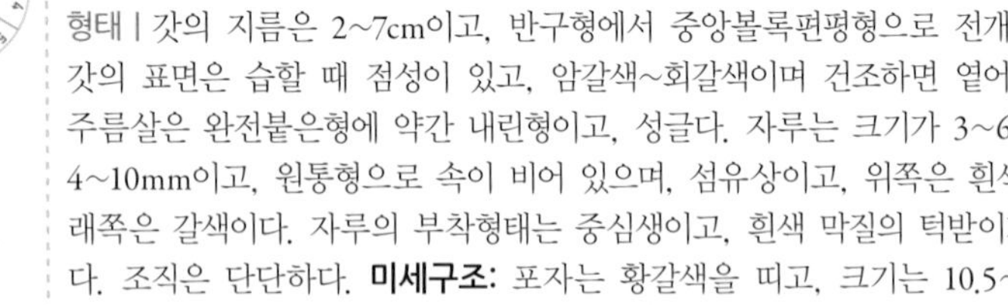

식독여부 | 식용 발생시기 | 여름~가을

발생장소 | 숲속 땅 위 또는 정원 내 땅 위에 홀로 또는 무리지어 발생한다.

형태 | 갓의 지름은 2~7cm이고, 반구형에서 중앙볼록편평형으로 전개된다. 갓의 표면은 습할 때 점성이 있고, 암갈색~회갈색이며 건조하면 옅어진다. 주름살은 완전붙은형에 약간 내린형이고, 성글다. 자루는 크기가 3~6cm×4~10mm이고, 원통형으로 속이 비어 있으며, 섬유상이고, 위쪽은 흰색, 아래쪽은 갈색이다. 자루의 부착형태는 중심생이고, 흰색 막질의 턱받이가 있다. 조직은 단단하다. **미세구조:** 포자는 황갈색을 띠고, 크기는 10.5~15×6~7.5μm이다. 모양은 장타원형~방추형이며, 표면은 평활하다. 낭상체의 크기는 27~40×11~19μm이고, 모양은 곤봉형, 볼링핀형이다.

가루볏짚버섯 289

Agrocybe farinacea Hongo

식독여부 | 식독불명　발생시기 | 봄~가을

발생장소 | 밭 또는 퇴비, 왕겨 등에 다발 또는 무리지어 발생한다.

형태 | 갓의 지름은 2~6cm이고, 반구형에서 거의 편평하게 전개된다. 갓의 표면은 평활하고 주름이 있으며, 황갈색이고, 어릴 때 갓 끝이 안으로 말린다. 주름살은 완전붙은형이고, 암갈색이며, 빽빽하다. 자루는 크기가 3~8cm×4~8mm이고, 갓과 같은 색의 원통형으로 속이 비어 있으며, 기부는 부풀어 있다. 자루의 부착형태는 중심생이고, 턱받이가 없다. 조직은 단단하다. **미세구조:** 포자는 황갈색을 띠고, 크기는 9~11×5.5~7μm이다. 모양은 달걀형~유구형이며, 표면은 평활하다. 낭상체의 크기는 30~56×9~14μm이고, 모양은 곤봉형, 볼링핀형이다.

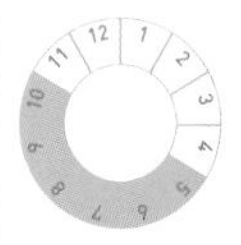

290 볏짚버섯

Agrocybe praecox (Pers.) Fayod

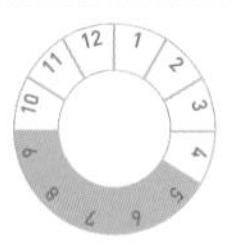

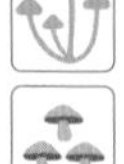

식독여부 | 식용　발생시기 | 봄~가을(~초여름)

발생장소 | 숲속, 풀밭, 길가, 밭 등의 땅 위에 다발 또는 무리지어 발생한다.

형태 | 갓의 지름은 3~9cm이고, 반구형에서 편평하게 전개된다. 갓의 표면은 평활하고 황갈색이며, 주름살은 완전붙은형~끝붙은형이며, 빽빽하고, 성숙하면 암갈색으로 변한다. 자루는 크기가 4~12cm×3~9mm이고, 원통형으로 속이 비어 있으며, 기부는 약간 부풀어 있다. 자루의 표면은 흰색 또는 갓과 같은 색이며, 자루의 부착형태는 중심생이고, 위쪽에 흰색 막질의 턱받이가 있다. 조직은 단단하다. **미세구조:** 포자는 황갈색을 띠고, 크기는 8.5~10×5~7.5㎛이다. 모양은 달걀형이며, 표면은 평활하다.

갈잎에밀종버섯 291

Galerina helvoliceps (Berk. & M. A. Curtis) Singer

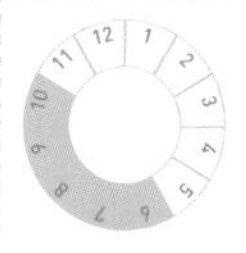

식독여부 | 식독불명　발생시기 | 늦봄~가을

발생장소 | 임목의 고사줄기, 그루터기, 낙지 및 부식질 위에 홀로 또는 무리지어 발생한다.

형태 | 갓의 지름은 1~4cm이고, 원추형~반구형에서 거의 편평하게 전개되며, 가끔 중앙에 유두 모양 돌기가 있다. 갓의 표면은 평활하고 황갈색이며 습하면 방사상의 선이 드러난다. 주름살은 완전붙은형~끝붙은형이며, 성글고, 흰색이다가 후에 짙은 적갈색으로 변한다. 자루는 크기가 2~5cm×1~3mm이고, 원통형으로 속이 비어 있으며, 기부는 약간 부풀어 있다. 자루의 색깔은 갓과 같은 색이며, 자루의 부착형태는 중심생이고, 위쪽에 흰색 막질의 턱받이가 있다. 조직은 단단하다. **미세구조:** 포자는 황갈색을 띠고, 크기는 8.5~10×5~6μm이다. 모양은 달걀형이며, 표면은 평활하다.

292 솔미치광이버섯

Gymnopilus liquiritiae (Pers.) P. Karst.

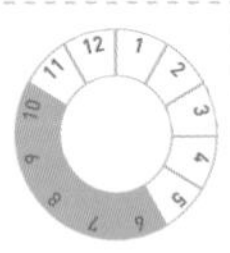

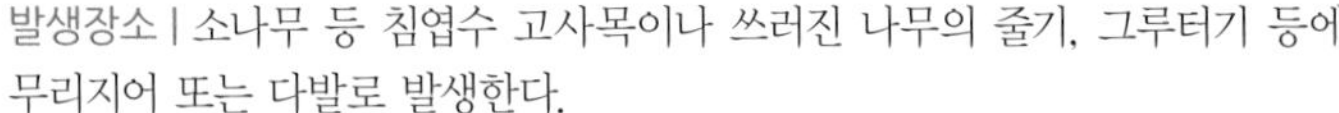

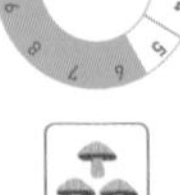

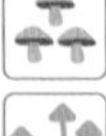

식독여부 | 독 발생시기 | 여름~가을

발생장소 | 소나무 등 침엽수 고사목이나 쓰러진 나무의 줄기, 그루터기 등에 무리지어 또는 다발로 발생한다.

형태 | 갓의 지름은 1.5~4cm이고, 원추 모양의 종형, 반구형을 거쳐 거의 편평하게 전개된다. 갓의 표면은 평활하고 황갈색이며 성숙하면 방사상으로 선이 나타난다. 주름살은 완전붙은형이고, 빽빽하며, 황색~황갈색을 띤다. 자루는 크기가 2~5cm×2~4mm이고, 원통형으로 아래가 약간 두꺼워지며 속이 비어 있고, 표면은 섬유상이며, 황갈색이다. 자루의 부착형태는 중심생이고, 턱받이가 없다. 조직은 단단하다. **미세구조:** 포자는 황갈색을 띠고, 크기는 8.5~10×4.5~6μm이다. 모양은 장타원형이며, 표면은 평활하다.

293 갈황색미치광이버섯(턱받이금버섯)

Gymnopilus spectabilis (Fr.) Singer

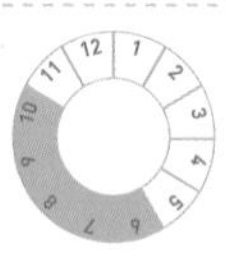

식독여부 | 독　발생시기 | 여름(~가을)

발생장소 | 활엽수류 생나무 및 죽은 나무의 밑동 또는 그 주변에 무리지어 발생한다.

형태 | 갓의 지름은 5~15cm이고, 반구형에서 거의 편평하게 전개된다. 갓의 표면은 황금색~갈등황색이고, 가는 섬유상의 세로줄이 있다. 주름살은 빽빽하고 처음에는 황색에서 갈색으로 변색된다. 자루는 길이가 5~15cm이고, 원통형으로 기부 쪽이 두꺼우며, 갓보다 옅은 섬유상의 세로줄이 있다. 자루의 색깔은 갓과 비슷하거나 약간 옅은 색을 띤다. 자루의 부착형태는 중심생이고, 위쪽에 황색 막질의 턱받이가 있다. **미세구조:** 포자는 황갈색을 띠고, 크기는 9~13×4~6μm이다. 모양은 장타원형이며, 표면은 평활하다. 낭상체의 크기는 17~52×10~24μm이고, 모양은 곤봉형~방추형이다.

>>> 치명적인 독버섯은 아니지만 환각, 환청 등 정신이상 증상을 일으킨다.

노란다발 294

Hypholoma fasciculare var. *fasciculare* (Huds.) P. Kumm.

Naematoloma fasciculare (Fr.) P. Karst.

식독여부 | 맹독 발생시기 | 봄~가을

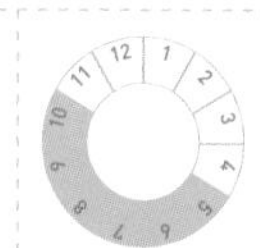

발생장소 | 침·활엽수의 고사목 줄기나 그루터기 등에 무리지어 다발로 발생한다.

형태 | 갓은 지름이 1~5cm이고, 반구형에서 중앙볼록편평형으로 전개된다. 갓의 표면은 평활하고 흡수성이며, 습기를 띠고, 황색~황록색이며 중앙은 황갈색이고, 갓 끝에는 내피막의 일부가 붙어 있으나 없어진다. 주름살은 홈생긴형~끝붙은형이고, 빽빽하며, 황색~황갈색~자갈색으로 변한다. 자루는 크기가 2~12cm×2~7mm이고, 원통형으로 아래가 약간 두꺼워지며 속이 비어 있고, 갓과 같은 색이며, 비단 광택이 있다. 자루의 부착형태는 중심생이고, 거미집 모양의 불완전한 턱받이가 있으나 쉽게 없어진다. 조직은 단단하다. **미세구조:** 포자는 자갈색을 띠고, 크기는 6~7×3.5~4μm이다. 모양은 타원형이며, 표면은 평활하다.

>>> 흔히 발견되는 버섯으로 중독의 예가 많은 독버섯이다.

295 개암버섯

Hypholoma sublateritium (Schaeff.) Quél.
Naematoloma sublateritium (Schaeff.) P. Karst.

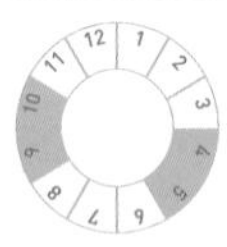

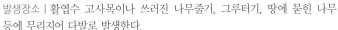

식독여부 | 식용 발생시기 | 봄, 가을(늦가을)

발생장소 | 활엽수 고사목이나 쓰러진 나무줄기, 그루터기, 땅에 묻힌 나무 등에 무리지어 다발로 발생한다.

형태 | 갓의 지름은 3~8cm이고, 반구형에서 거의 편평하게 전개된다. 갓의 표면은 점성 없이 약간 습기를 띠고, 갈황색~적갈색이며, 갓 둘레는 옅은 색이고, 흰색의 섬유상의 피막을 부착하고 있다. 주름살은 홈생긴형~끝붙은형이고, 빽빽하며, 황색~황갈색~자갈색으로 변한다. 자루는 크기가 5~13cm×8~15mm이고, 원통형으로 아래가 약간 두꺼워지며 속이 비어 있고, 위쪽은 담황색, 아래쪽은 적갈색이며, 섬유상의 인편이 있다. 자루의 부착형태는 중심생이고, 거미집 모양의 불완전한 턱받이가 있으나 쉽게 없어진다. 조직은 단단하다. **미세구조:** 포자는 자갈색을 띠고, 크기는 5.5~8×3~4μm이다. 모양은 타원형이며, 표면은 평활하다.

무리우산버섯 296

Kuehneromyces mutabilis (Schaeff.) Singer & A. H. Sm.

식독여부 | 식용　발생시기 | 봄~가을

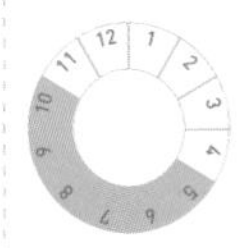

발생장소 | 침·활엽수의 고사목 줄기나 그루터기 등에 무리지어 다발로 발생한다.

형태 | 갓은 지름이 3~6cm이고, 반구형에서 편평하게 전개된다. 갓의 표면은 흡수성이 있고, 습하면 점성이 있으며, 적황색~황갈색이다. 주름살은 완전붙은형~약간 내린형이고, 빽빽하며, 담황갈색 후 황갈색으로 변한다. 자루는 크기가 4~7cm×3~5mm이고, 원통형으로 아래가 약간 두꺼워지며 속이 비어 있고, 턱받이 위는 분말상으로 황갈색, 아래는 흑갈색이며, 거스러미상 인편이 있다. 자루의 부착형태는 중심생이고, 위쪽으로 막질의 턱받이가 있다. 조직은 단단하다. **미세구조:** 포자는 흑갈색을 띠고, 크기는 6~7.5×3.5~5.5μm이다. 모양은 달걀형~아몬드형이며, 표면은 평활하다.

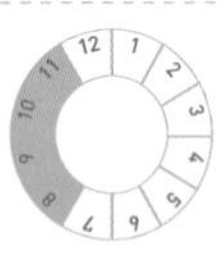

297 가는대개암버섯

Naematoloma gracile Hongo

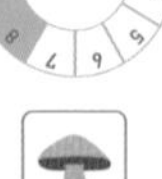

식독여부 | 식독불명　발생시기 | 가을

발생장소 | 침엽수류나 대나무의 낙엽 또는 고사목 줄기에 홀로 또는 무리지어 발생한다.

형태 | 갓의 지름은 2~4cm이고, 반구형에서 편평하게 전개된다. 갓의 표면은 황색~갈황색이며, 주름살은 완전붙은형이고, 약간 성글며, 담황색 후 녹색을 띤 황갈색이다. 자루는 크기가 3~5cm×2~4mm이고, 원통형으로 아래가 약간 두꺼워지며 속이 비어 있고, 담황색이다. 기부는 갈색을 띤다. 자루의 부착형태는 중심생이고, 턱받이는 흔적만 있다. 조직은 단단하다. **미세구조:** 포자는 황갈색을 띠고, 크기는 10.5~14×6~7μm이다. 모양은 타원형이며, 표면은 평활하다. 낭상체는 크기가 30~70×3~5μm이고, 곤봉형, 볼링핀형이다.

검은비늘버섯 298

Pholiota adiposa (Batsch) P. Kumm.

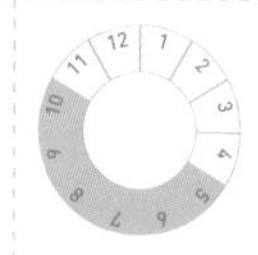

식독여부 | 식용 발생시기 | 봄~가을

발생장소 | 활엽수류의 고사목이나 쓰러진 나무줄기, 그루터기 등에 무리지어 다발로 발생한다.

형태 | 갓의 지름은 8~12cm이고, 반구형에서 편평하게 전개된다. 갓의 표면은 황색이며, 점성이 있고, 건조하면 광택이 있다. 갓 둘레는 담황색이며 전면에 탈락성이고 흰색~갈색인 인피가 있다. 주름살은 완전붙은형이고, 빽빽하며, 담황색~갈색을 띤다. 자루는 크기가 5~20cm×5~15mm이고, 점성이 있으며, 속이 빈 원통형으로 위아래 같은 크기이고, 갓과 같은 가시가 덮여 있다. 자루의 색깔은 황갈색~갈색의 인편이 빽빽하다. 자루의 부착형태는 중심생이고, 불완전한 섬유상의 턱받이가 있다. 조직은 단단하다. **미세구조:** 포자는 황갈색을 띠고, 크기는 6.5~8.5×3.5~4μm이다. 모양은 타원형이며, 표면은 평활하다.

299 개암비늘버섯

Pholiota astragalina (Fr.) Singer

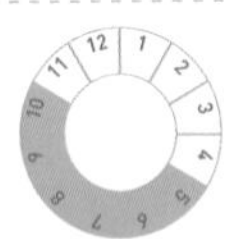
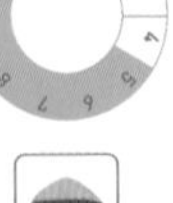

식독여부 | 식독불명　발생시기 | 봄~가을

발생장소 | 침엽수류 고사목 줄기나 그루터기에 홀로 또는 무리지어 발생한다. 형태 | 갓의 지름은 3~8cm이고, 반반구형에서 중앙볼록편평형으로 전개된다. 갓의 표면은 적갈색이고 주변은 황색이며 습하면 점성이 있다. 주름살은 완전붙은형이고, 빽빽하며, 황색~주홍색을 띤다. 자루는 크기가 5~10cm×4~8mm이고, 원통형으로 아래가 약간 두꺼워지며 속이 비어 있고, 섬유상이며 황백색 또는 주홍색이다. 자루의 부착형태는 중심생이고, 턱받이가 없다. 조직은 단단하다. **미세구조:** 포자는 갈색을 띠며, 크기는 5~7×3.5~4.5μm이다. 모양은 달걀형~타원형이며, 표면은 평활하다.

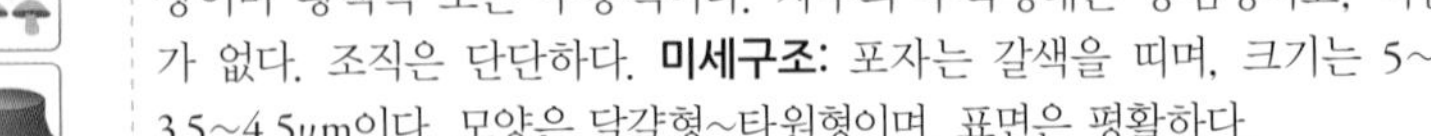

금빛비늘버섯 300

Pholiota aurivella (Batsch.) P. Kumm.

식독여부 | 식용　발생시기 | 봄~가을

발생장소 | 활엽수류의 고사목 또는 생입목의 죽은 줄기에 무리지어 다발로 발생한다.

형태 | 갓의 지름은 4~12cm이고, 반구형에서 편평하게 전개된다. 갓의 표면은 황색~황갈색이고, 습할 때 점성이 생기며, 건조할 때는 광택이 있다. 크고 작은 갈색 인편이 흩어져 있지만 비 등에 의하여 쉽게 떨어진다. 완전붙은형~끝붙은형이고, 빽빽하며, 황색~황갈색을 띤다. 자루는 크기가 3~5cm×4~8mm이고, 속이 빈 원통형으로 위아래 같은 굵기이며, 갓보다 옅은 색이고, 갈색의 섬유상의 인편이 있다. 자루의 부착형태는 중심생이고, 불완전한 턱받이가 있으나 쉽게 없어진다. 조직은 단단하다. **미세구조:** 포자는 갈색을 띠며, 크기는 6.5~9×4~5μm이다. 모양은 달걀형~타원형이고, 표면은 평활하다.

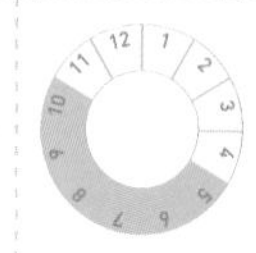

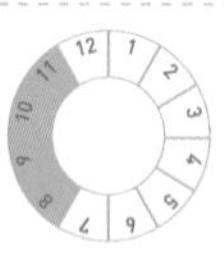

301 꽈리비늘버섯

Pholiota lubrica (Pers.) Singer

식독여부 | 식용 발생시기 | 가을

발생장소 | 숲속 땅 위나 땅에 묻힌 고사목 줄기 또는 그 주위에 홀로 또는 무리지어 발생한다.

형태 | 갓의 지름은 5~10cm이고, 반반구형에서 중앙볼록편평형으로 전개된다. 갓의 표면은 황갈색이고 주변은 옅은 색이며, 갈색~황갈색 인편이 있다. 주름살은 완전붙은형에 약간 내린형이고, 빽빽하며, 회갈색을 띤다. 자루는 크기가 5~10cm×6~10mm이고, 속이 빈 원통형으로 기부는 약간 부풀어 있다. 자루는 흰색, 기부는 갈색을 띠고, 표면은 섬유상 또는 거스러미상이 있다. 자루의 부착형태는 중심생이고, 턱받이가 없다. 조직은 단단하다. **미세구조:** 포자는 황갈색을 띠고, 크기는 6.5~7×4~4.5μm이다. 모양은 달걀형~타원형이며, 표면은 평활하다.

노란갓비늘버섯 302

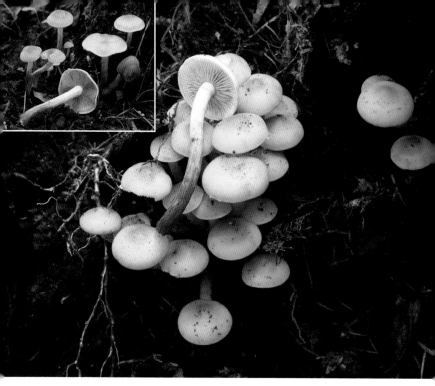

Pholiota spumosa (Fr.) Singer

식독여부 | 식용　발생시기 | 가을

발생장소 | 부후 또는 땅에 묻힌 나무와 그 주위 그리고 풀숲 등에 무리지어 다발로 발생한다.

형태 | 갓의 지름은 2~7cm이고, 반반구형에서 편평하게 전개된다. 갓의 표면은 습할 때 점성이 있고, 황색인데 중앙은 황갈색이며 주변에는 조기탈락성인 황백색의 섬유상의 막이 붙어 있다. 주름살은 완전붙은형이고, 빽빽하며, 담황색이다가 후에 갈색이 된다. 자루는 크기가 2~8cm×3~13mm이고, 속이 빈 원통형으로 기부는 약간 부풀어 있으며 섬유상이고 갈색이다. 자루의 부착형태는 중심생이고, 조기 탈락성의 턱받이가 있다. 조직은 단단하다. **미세구조:** 포자는 갈색을 띠며, 크기는 6~8×3~4㎛이다. 모양은 타원형이고, 표면은 평활하다.

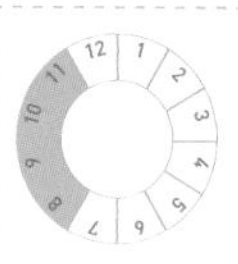

303 침비늘버섯

Pholiota squarrosoides (Peck) Sacc.

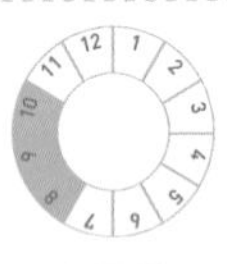

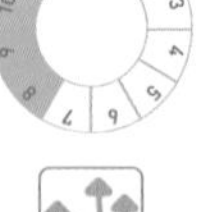

식독여부 | 식용　발생시기 | 여름~가을

발생장소 | 활엽수의 쓰러진 나무, 그루터기 등에 무리지어 다발로 발생한다.

형태 | 갓의 지름은 3~13cm이고, 반반구형에서 편평하게 전개된다. 갓의 표면은 점성이 있고, 흰색~담황색이며, 가시 모양의 똑바로 선 인편이 빽빽하다. 인편은 비에도 잘 떨어지지 않는 영구성이다. 주름살은 완전붙은형이고, 빽빽하며, 황백색을 띤다. 자루는 크기가 5~15cm×5~14mm이고, 턱받이 아래는 갓과 같은 인편이 덮여 있으며, 갓보다 옅은 색이고, 갈색의 섬유상의 인편이 있다. 자루의 부착형태는 중심생이고, 솜조각 같은 턱받이가 있다. 조직은 담황색으로 단단하다. **미세구조:** 포자는 갈색을 띠며, 크기는 5~5.5×3~4.5μm이다. 모양은 달걀형~타원형이며, 표면은 평활하다.

>>> 체질에 따라 중독을 일으킬 수 있다.

독청버섯 304

Stropharia aeruginosa (Curtis) Quél.

식독여부 | 식독불명　발생시기 | 여름~초겨울

발생장소 | 활엽수림 내의 습한 땅이나 풀밭에 홀로 또는 무리지어 발생한다.

형태 | 갓의 지름은 3~7cm이고, 반반구형에서 편평하게 전개된다. 갓의 표면은 점액이 덮여 있고, 흰색의 솜털 모양의 작은 인편이 흩어져 있다. 청록색~녹색에서 황록색~황색으로 되고, 건조하면 광택이 있다. 주름살은 완전붙은형이고, 회백색~자갈색이며, 자루는 크기가 4~10cm×4~12mm이고, 원통형으로 속이 비어 있다. 자루는 흰색이고 광택이 있으며, 기부에 백색균사속이 있다. 자루의 부착형태는 중심생이고, 턱받이는 흰색이며, 막질이다. 조직은 단단하다. **미세구조:** 포자는 자갈색을 띠고, 크기는 7~9×4~5μm이다. 모양은 타원형~달걀형이며, 표면은 평활하다. 낭상체는 크기가 28~55×4.5~9.5μm이고, 곤봉형이다.

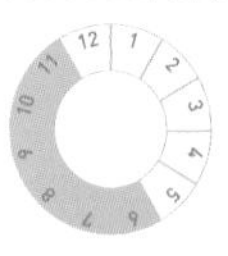

305 독청버섯아재비

Stropharia rugosoannulata Farl. ex Murrill
Stropharia ferrii Bres.

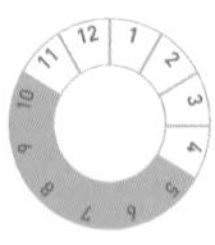

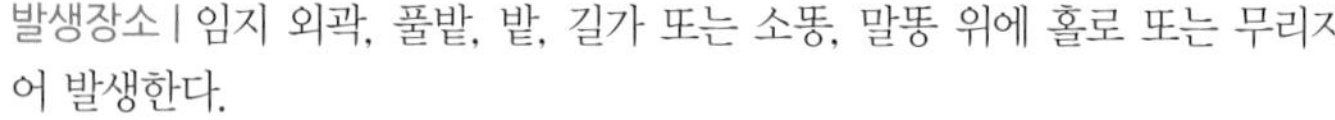

식독여부 | 식용　발생시기 | 봄~가을

발생장소 | 임지 외곽, 풀밭, 밭, 길가 또는 소똥, 말똥 위에 홀로 또는 무리지어 발생한다.

형태 | 갓의 지름은 7~15cm이고, 반반구형에서 편평하게 전개된다. 갓의 표면은 적갈색이고, 평활하거나 미세한 섬유상 인편이 덮여 있다. 주름살은 완전붙은형이고, 흰색에서 짙은 자갈색으로 변한다. 자루는 크기가 9~15cm×10~20mm이고, 흰색이다가 후에 옅은 갈황색이 되며, 원통형으로 속이 비어 있고, 기부에 백색균사속이 있다. 자루의 부착형태는 중심생이고, 별 모양으로 갈라지는 두꺼운 막질의 턱받이가 있으나, 탈락하기 쉽다. 조직은 단단하며 향기가 좋다. **미세구조:** 포자는 자갈색을 띠고, 크기는 9.5~12.5×6.2~8.5μm이다. 모양은 타원형~달걀형이며, 표면은 평활하다.

주름버짐버섯 306

Pseudomerulius aureus (Fr.) Jülich

식독여부 | 식용부적합 발생시기 | 여름~가을

발생장소 | 수피가 벗겨진 침엽수류 썩은 나무 위에 배착성으로 자란다.

형태 | 자실체는 기주에 붙어 편평하게 자라는 배착성背着性이지만 둘레가 약간 반전하여 일어난다. 자실층면은 구김이 있는 주름상이고, 어린 시기에는 거의 흰색을 띠고 성숙함에 따라 주변은 흰색, 중심부는 황색~등황색을 띤다. 오래되면 짙은 황갈색으로 변한다. 조직은 말랑말랑하고 질기다. **미세구조:** 포자는 황색을 띠며, 크기는 2~3.5μm이다. 모양은 구형이며 표면은 평활하다.

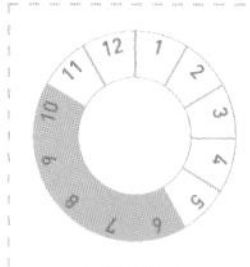

307 꽃잎우단버섯

Pseudomerulius curtisii (Berk.) Redhead & Ginns
Paxillus curtisii Berk.

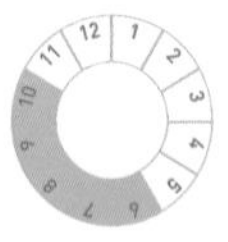
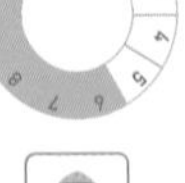
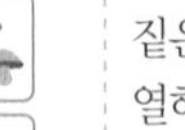

식독여부 | 식용부적합　발생시기 | 여름~가을
발생장소 | 소나무 등 침엽수재나 통나무 위에 중첩되게 무리지어 발생한다.
형태 | 갓의 지름은 2~5cm이고, 원형, 콩팥형, 부채형으로 전개된다. 갓의 표면은 평활하며 황색이고, 갓 끝은 강하게 안으로 말린다. 주름살은 갓보다 짙은 황색이고, 오래되면 약간 황록색을 띤다. 약간 빽빽하고 방사상으로 배열하며, 심하게 수축하고, 분지하며, 측면에 세로주름이 있다. 자루가 없고, 부착형태는 측생한다. 턱받이는 없다. 조직은 말랑말랑하고 질기다. **미세구조:** 포자는 황색을 띠고, 크기는 3~4×1.5~2μm이다. 모양은 유구형이며 표면은 평활하다.

좀우단버섯 308

Tapinella atrotomentosa (Batsch) Šutara

Paxillus atrotomentosus (Batsch) Fr.

식독여부 | 식용부적합　발생시기 | 여름~가을

발생장소 | 소나무림 내 땅 위나 고사목 및 그루터기와 그 주위에 발생한다.

형태 | 갓의 지름은 5~15cm이고, 반반구형에서 중앙오목편평형으로 전개된다. 갓 끝은 안으로 심하게 말리고, 표면은 황갈색~암갈색이며, 우단상으로 털이 빽빽이 덮여 있고, 오래되면 없어진다. 주름살은 떨어진형이고, 빽빽하며, 황갈색이고, 자루 부근에서 분지하며, 그물망으로 서로 연결된다. 자루는 크기가 3~12cm×10~30mm로 두껍고, 편심생~측생이며, 표면에 흑갈색의 거친 털이 빽빽하다. **미세구조:** 포자의 크기는 5~6×3~4μm이고, 달걀형 또는 타원형으로 표면은 매끄럽고 황색이다.

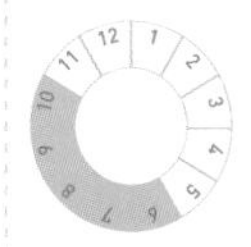

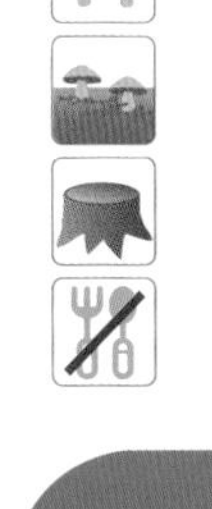

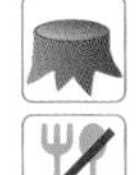

309 은행잎우단버섯

Tapinella panuoides (Batsch) E. -J. Gilbert
Paxillus panuoides (Fr.) Fr.

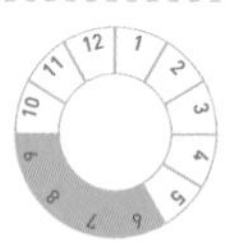

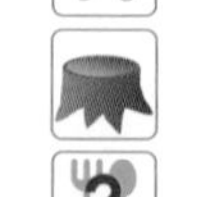

식독여부 | 식독불명　발생시기 | 여름~가을

발생장소 | 침엽수의 그루터기나 목재, 건축재 등에 중첩되게 무리지어 발생한다.

형태 | 갓의 지름은 2~12cm이고, 불규칙한 조개형이다. 갓의 표면은 황갈색~담갈색이고, 미세한 털이 있으나 후에 없어지고 평활해진다. 주름살은 담황색~황갈색이고, 약간 빽빽하며, 분지하고, 주름살 사이에 연락맥이 있다. 자루가 없고, 부착형태는 측생하고, 턱받이는 없다. 조직은 가죽질이다. **미세구조:** 포자는 황색을 띠고, 크기는 4~6×2.5~4μm이다. 모양은 타원형이며, 표면은 평활하다.

제주솔밭버섯(요리솔밭버섯) 310

Arrhenia epichysium (Pers.) Redhead, Lutzoni, Moncalvo & Vilgalys

Omphalina epichysium (Pers.) Quél.

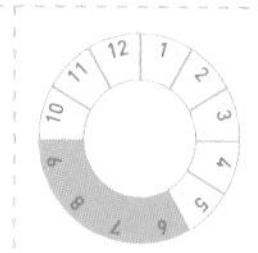

식독여부 | 식용부적합　발생시기 | 여름~가을

발생장소 | 숲속 고사목의 썩은 줄기, 그루터기 등에 홀로 또는 무리지어 발생한다.

형태 | 갓은 지름이 1~4cm이고, 중앙이 오목해서 깔때기 모양으로 되며, 갓의 표면은 짙은 회갈색~황록갈색이며, 건조하면 옅어진다. 갓 끝은 안으로 말리고, 중앙은 미세한 인편상이다. 주름살은 내린형이고, 회백색이며, 성글다. 자루는 크기가 1.5~3cm×1.5~4mm이고, 가는 원통형으로 기부에 흰색 솜털 모양 균사가 있다. 자루의 색깔은 갓과 같은 색이며, 자루의 부착형태는 중심생이고, 턱받이는 없다. 조직은 약간 질기다. **미세구조:** 포자는 흰색~담황색을 띠며, 크기는 7.5~10×4~6μm이다. 모양은 타원형이며, 표면은 평활하다.

311 좀술잔솔밭버섯(색시솔밭버섯)

Arrhenia rustica (Fr.) Redhead, Lutzoni, Moncalvo & Vilgalys
Omphalina rustica (Fr.) Quél.

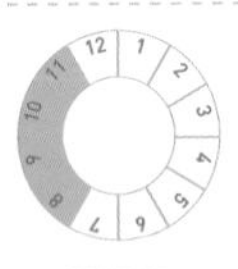

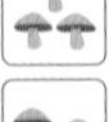

식독여부 | 식용부적합　발생시기 | 가을
발생장소 | 초원의 모래땅이나 지의류가 덮여 있는 곳에 무리지어 발생한다.
형태 | 갓의 지름이 1~5cm인 소형버섯이다. 반반구형에서 술잔 모양으로 중앙이 오목형으로 전개된다. 갓의 표면은 평활하고, 회갈색이며 중앙은 짙은 색이고, 습하면 방사상으로 선이 드러난다. 주름살은 내린형이고, 회색이며, 성글다. 가끔 분지하며 연락맥이 있다. 자루는 크기가 1.3~2cm×1mm이고, 가는 원통형이며, 짙은 회갈색이다. 자루의 부착형태는 중심생이고, 턱받이는 없다. 조직은 약간 질기다. **미세구조:** 포자는 흰색~담황색을 띠며, 크기는 6.5~8×3.5~4.5μm이다. 모양은 타원형이며 표면은 평활하다.

작은겨자버섯 312

Callistosporium luteo-olivaceum (Berk. & M.A. Curtis) Singer

식독여부 | 식용부적합　발생시기 | 여름~가을

발생장소 | 침엽수 아래의 부식질 땅이나 오래된 그루터기에 홀로 또는 무리지어 발생한다.

형태 | 갓의 지름은 1~2cm이고, 반반구형에서 중앙오목편평형으로 전개된다. 갓의 표면은 평활하고, 황갈색이며 중앙은 짙은 색이나 건조하면 옅어지고, 습하면 선이 드러난다. 주름살은 완전붙은형~끝붙은형이고, 황색이며 빽빽하다. 자루는 크기가 2~3cm×2~3mm이고, 속은 비어 있으며 가는 원통형이고, 갓과 같은 색이며, 섬유상이다. 자루의 부착형태는 중심생이고, 턱받이는 없다. 조직은 약간 질기다. **미세구조:** 포자는 흰색~담황색을 띠며, 크기는 4.5~6.5×3~4.5μm이다. 모양은 타원형이며, 표면은 평활하다.

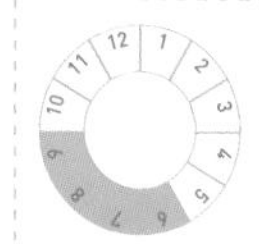

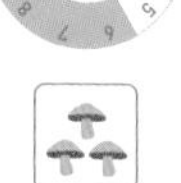

313 비단깔때기버섯

Clitocybe candicans (Pers.) P. Kumm.

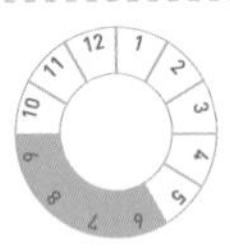
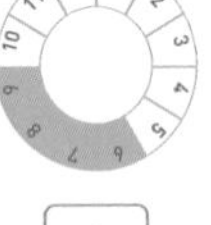

식독여부 | 독　발생시기 | 여름~가을

발생장소 | 활엽수림 내 땅 위에 홀로 또는 무리지어 발생한다.

형태 | 갓의 지름은 2~4cm이고, 반구형에서 중앙오목편평형으로 전개된다. 갓의 표면은 평활하고, 비단 광택이 있으며, 흰색을 띤다. 주름살은 완전붙은형에 내린형이고, 흰색이며 빽빽하다. 자루는 크기가 1.5~3cm×2~4mm이고, 위쪽이 굵은 원통형으로 구부러진 모양이 많으며, 뿌리에 짧은 털이 덮여 있다. 자루의 색깔은 갓과 같은 색이며, 부착형태는 중심생이고, 턱받이는 없다. 조직은 약간 질기다. **미세구조:** 포자는 흰색~담황색을 띠며, 크기는 4~5×2~2.5μm이다. 모양은 타원형이며, 표면은 평활하다.

흰독깔때기버섯(백황색깔때기버섯) 314

Clitocybe dealbata (Sowerby) Gillet

식독여부 | 독 발생시기 | 여름~가을

발생장소 | 혼합림 내 썩은 낙엽층 위에 홀로 또는 무리지어 발생한다.

형태 | 갓의 지름은 1~4cm이고, 처음에는 반구형에서 편평형~깔때기형으로 전개된다. 갓의 표면은 평활하며, 흰색~회백색이다. 주름살은 끝붙은형에 내린모습이고, 흰색이며, 빽빽하다. 자루는 크기가 1~4cm×2~7mm이고, 흰색이며, 속은 비어 있고 원통형이다. 자루의 부착형태는 중심생이고, 턱받이는 없다. 조직은 약간 질기다. **미세구조:** 포자는 흰색을 띠며, 크기는 4~5.5×3~3.5μm이다. 모양은 타원형이며, 표면은 평활하다.

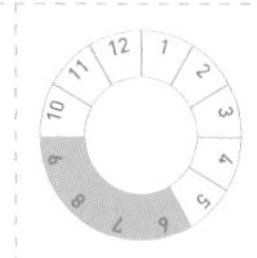

315 흰삿갓깔때기버섯

Clitocybe fragrans (With.) P. Kumm.

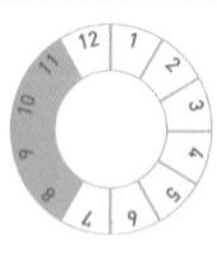

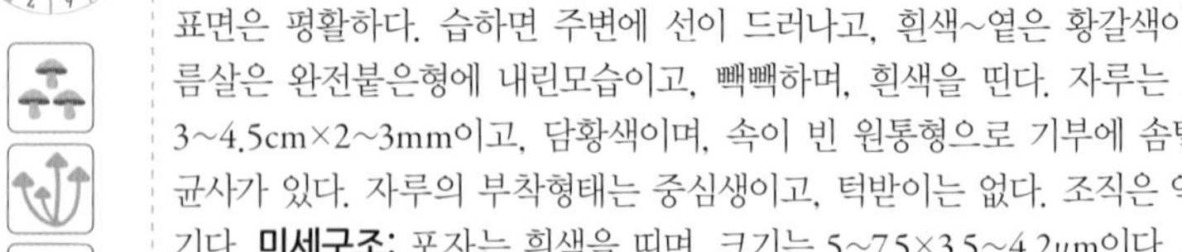

식독여부 | 독　발생시기 | 가을~초겨울

발생장소 | 숲속 땅 위에 무리지어 나거나 몇 개씩 다발로 발생한다.

형태 | 갓의 지름은 1.5~4cm이고, 오목편평형~깔때기형으로 전개된다. 갓의 표면은 평활하다. 습하면 주변에 선이 드러나고, 흰색~옅은 황갈색이다. 주름살은 완전붙은형에 내린모습이고, 빽빽하며, 흰색을 띤다. 자루는 크기가 3~4.5cm×2~3mm이고, 담황색이며, 속이 빈 원통형으로 기부에 솜털 모양 균사가 있다. 자루의 부착형태는 중심생이고, 턱받이는 없다. 조직은 약간 질기다. **미세구조:** 포자는 흰색을 띠며, 크기는 5~7.5×3.5~4.2μm이다. 모양은 타원형이며, 표면은 평활하다.

깔때기버섯(흑깔때기버섯) 316

Clitocybe gibba (Pers.) P. Kumm.
Clitocybe infundibuliformis (Schaeff.) Fr.

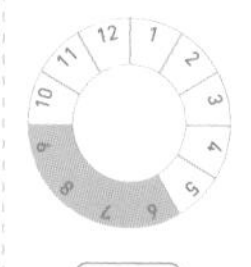

식독여부 | 식용　발생시기 | 여름~가을
발생장소 | 숲속 낙엽 사이나 풀밭에 홀로 또는 무리지어 발생한다.
형태 | 갓의 지름은 4~8cm이고, 깔때기형이다. 갓의 표면은 평활하고, 담홍색~옅은 적갈색이다. 주름살은 내린형이고, 빽빽하며, 흰색을 띤다. 자루는 크기가 2.5~5cm×5~13mm이고, 원통형으로 기부에 백색균사가 덮여 있다. 자루의 색깔은 갓과 같은 색이거나 옅은 색이며, 부착형태는 중심생이고, 턱받이는 없다. 조직은 약간 질기다. **미세구조:** 포자는 흰색~담황색을 띠며, 크기는 5.5~8×3.4~5.4㎛이다. 모양은 타원형이며, 표면은 평활하다.

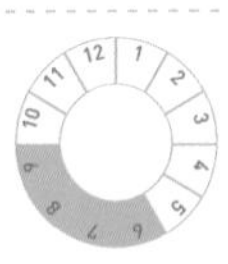
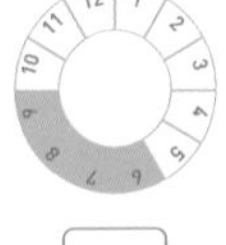

317 벽돌빛깔때기버섯

Clitocybe lateritia J. Favre

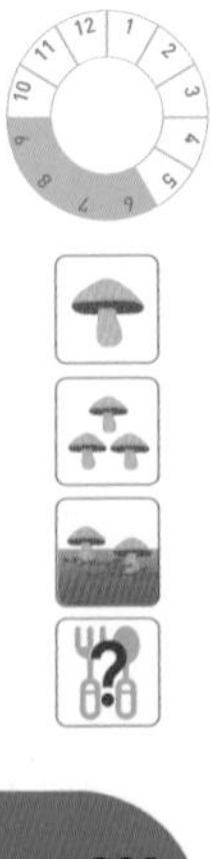

식독여부 | 식독불명　발생시기 | 여름~가을

발생장소 | 숲속 땅 위에 홀로 또는 무리지어 발생한다.

형태 | 갓의 지름은 1.5~3.5cm이고, 반구형~반반구형에서 편평해지고, 깔때기 모양으로 전개된다. 갓의 표면은 약간 울퉁불퉁하고 담적갈색~암적갈색이며, 주름살은 내린형으로 빽빽하고 옅은 황색을 띤다. 자루는 크기가 1~2.5cm×3~5mm이고, 담적갈색이며, 속은 비어 있고, 가는 원통형이다. 자루의 부착형태는 중심생이고, 턱받이와 대주머니는 없다. 조직은 약간 질기다. **미세구조:** 포자는 흰색을 띠며, 크기는 5.5~7.5×3.5~4.6μm이다. 모양은 타원형~달걀형이며, 표면은 평활하다.

회색깔때기버섯 318

Clitocybe nebularis (Batsch) P. Kumm.

식독여부 | 식용　발생시기 | 가을(~초겨울)
발생장소 | 숲속 땅 위나 낙엽 사이에 무리지어 발생한다.
형태 | 갓의 지름은 6~15cm이고, 반반구형에서 편평해지고, 깔때기 모양으로 전개된다. 갓의 표면은 평활하고, 회갈색이며, 조직은 흰색이고 치밀하다. 주름살은 내린형이고, 흰색이다가 후에 녹색으로 되며 빽빽하다. 자루는 크기가 6~8cm×8~22mm이고, 속이 찬 원통형으로 아래쪽으로 두꺼워지며, 세로선이 있고, 담회색이다. 자루의 부착형태는 중심생이고, 턱받이와 대주머니는 없다. 조직은 흰색으로 단단하며 향기가 좋다. **미세구조:** 포자는 흰색을 띠며, 크기는 6~7×3.5~4.5μm이다. 모양은 타원형이며, 표면은 평활하다.
>>> 체질에 따라 중독될 수도 있다.

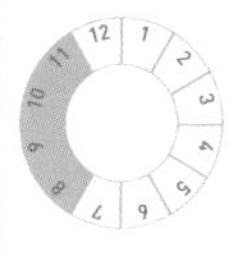

319 하늘색깔때기버섯

Clitocybe odora (Bull.) P. Kumm.
Clitocybe virens (Scop.) Sacc.

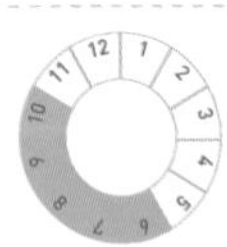

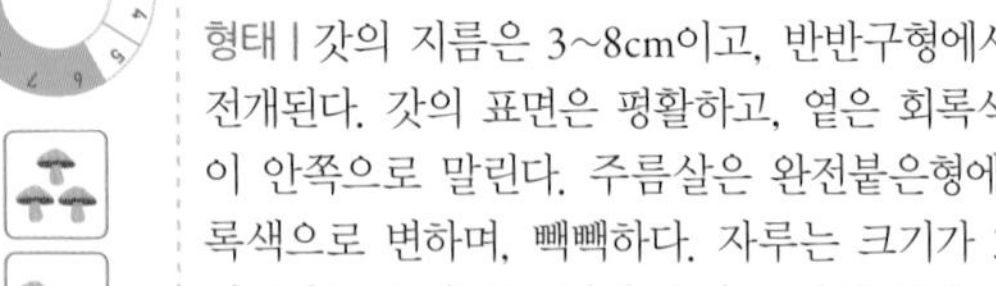

식독여부 | 식용 발생시기 | 가을

발생장소 | 활엽수림 내 땅 위나 낙엽 사이에 홀로 또는 무리지어 발생한다.

형태 | 갓의 지름은 3~8cm이고, 반반구형에서 편평해지며, 깔때기 모양으로 전개된다. 갓의 표면은 평활하고, 옅은 회록색~청록색이며, 처음에는 갓 끝이 안쪽으로 말린다. 주름살은 완전붙은형에 내린형이고, 흰색~담황색~담록색으로 변하며, 빽빽하다. 자루는 크기가 3~8cm×4~6mm이며, 속이 찬 원통형으로 기부는 흰색 솜털로 덮여 있다. 자루의 색깔은 섬유상이고, 담록색이며, 자루의 부착형태는 중심생이고, 턱받이와 대주머니는 없다. 조직은 흰색으로 단단하며 향기가 좋다. **미세구조:** 포자는 흰색을 띠며, 크기는 7~8×4~4.5μm이다. 모양은 타원형이며, 표면은 평활하다.

흰버섯(흰주름깔때기버섯) 320

Clitocybe phyllophila (Pers.) P. Kumm.

Clitocybe cerussata (Fr.) P. Kumm.

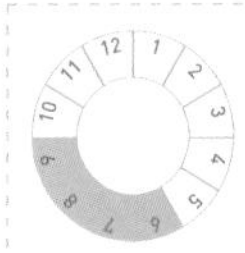

식독여부 | 식독불명 발생시기 | 여름~가을

발생장소 | 혼합림 내 썩은 낙엽층 위에 홀로 또는 무리지어 발생한다.

형태 | 갓의 지름은 2~6cm이고, 처음에는 반구형에서 편평형~깔때기형으로 전개된다. 갓의 표면은 평활하며 흰색이고, 중앙은 담황색이며, 갓 둘레는 물결무늬를 띤다. 주름살은 끝붙은형에 내린모습이고, 흰색에서 크림색으로 변하며, 빽빽하다. 자루는 크기가 3~10cm×5~10mm이고, 원통형으로 속은 비어 있으며, 기부에 근상균사속이 있고, 갓과 같은 색이다. 자루의 부착형태는 중심생이고, 턱받이와 대주머니는 없다. 조직은 흰색이다. 맛은 순하고 향긋한 향이 있다. **미세구조:** 포자는 흰색을 띠며, 크기는 5~6×4~5㎛이다. 모양은 유구형~달걀형이며, 표면은 평활하다.

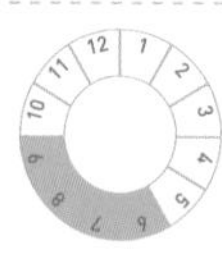

321 콩애기버섯

Collybia cookei (Bres.) J. D. Arnold

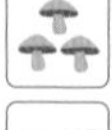

식독여부 | 식용부적합 발생시기 | 여름~가을

발생장소 | 숲속의 부식질 위나 썩은 버섯류 위에 무리지어 나거나 몇 개씩 다발로 발생한다.

형태 | 갓의 지름은 0.4~0.9cm이고, 반반구형에서 중앙오목편평형으로 전개된다. 갓의 표면은 평활하고, 흰색이다. 주름살은 완전붙은형이고, 흰색이며, 빽빽하다. 자루는 크기가 2~4cm×0.5mm이고, 가늘고 파도 모양 굴곡이 있으며, 뿌리는 가늘고 긴 털을 만들어 균핵과 연결된다. 균핵은 옅은 황갈색이고, 구형~콩팥형이며, 약간 요철이 있다. 자루의 색깔은 황색~담갈색이며, 부착형태는 중심생이고, 턱받이와 대주머니는 없다. 조직은 약간 질기다. **미세구조:** 포자는 흰색을 띠며, 크기는 4~7×2.5~3.5μm이다. 모양은 타원형이며, 표면은 미세한 돌기가 분포한다.

민자주방망이버섯 322

Lepista nuda (Bull.) Cooke

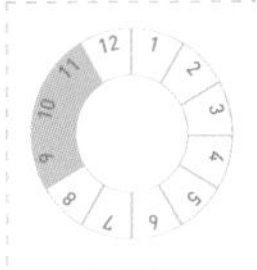

식독여부 | 식용(생식하면 중독) 발생시기 | 가을~초겨울

발생장소 | 잡목림, 대나무밭 등의 땅 위에 균환菌環을 만드는 낙엽분해균으로 무리지어 발생한다.

형태 | 갓의 지름은 6~10cm이고, 반반구형에서 편평하게 전개되며, 초기는 갓 끝이 안으로 말린다. 갓의 표면은 전체가 아름다운 자색이지만, 점차 색이 바래고 황색~갈색으로 변한다. 주름살은 홈생긴형에 약간 내린형이고, 빽빽하며, 옅은 자색이다. 자루는 크기가 4~8cm×10~15mm이고, 속이 찬 원통형으로 기부는 굵으며, 섬유상이고, 자주색이다. 부착형태는 중심생이고, 턱받이와 대주머니는 없다. 조직은 담자색으로 치밀하다. **미세구조:** 포자는 담홍색을 띠며, 크기는 6.3~7.5×3.7~5μm이다. 모양은 타원형이며, 표면은 미세한 돌기가 분포한다.

323 자주방망이버섯아재비

Lepista sordida (Fr.) Singer
Lepista subnuda (Oeder) Hongo

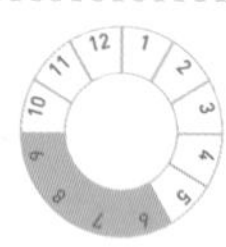
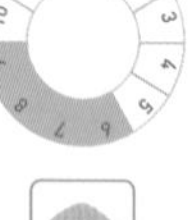

식독여부 | 식용　발생시기 | 여름~가을

발생장소 | 유기질이 많은 밭이나, 길가, 잔디밭, 죽림 등에 홀로 또는 무리지어 발생한다.

형태 | 갓의 지름은 4~8cm이고, 반반구형에서 중앙오목편평형으로 전개된다. 초기는 갓 끝이 안으로 말린다. 갓의 표면은 전체가 담자색~담자갈색이지만, 점차 퇴색하여 황색~회갈색으로 바랜다. 주름살은 완전붙은형, 끝붙은형, 내린형, 홈생긴형 등 개체 간 차가 많다. 자루는 크기가 3~8cm×5~10mm이고, 속이 찬 원통형으로 기부는 굵으며, 섬유상이다. 자루의 부착형태는 중심생이고, 턱받이와 대주머니는 없다. 조직은 담자색으로 치밀하다. **미세구조:** 포자는 담홍색을 띠며, 크기는 5~7×2~4μm이다. 모양은 타원형이며 표면은 미세한 돌기가 분포한다.

>>> 민자주방망이버섯보다 약간 소형이지만 자루는 길고, 주름살은 성글며, 색상은 수수하다.

굴털이흰우단버섯 324

Leucopaxillus giganteus (Sowerby) Singer

식독여부 | 식용　발생시기 | 여름~가을

발생장소 | 산림, 정원, 죽림 등의 땅 위에 흩어져 나거나 무리지어 발생한다.

형태 | 갓의 지름이 7~25cm인 대형버섯이고, 반반구형에서 얕은 깔때기형으로 전개된다. 갓 끝이 안으로 말린다. 갓의 표면은 흰색~크림색이고, 평활하며, 비단 광택이 있고, 미세한 거스러미가 있다. 주름살은 내린형이고, 빽빽하며 담황색이고, 자루는 크기가 5~12cm×15~65mm이고, 속이 빈 원통형으로 짧으며, 흰색이다. 자루의 부착형태는 중심생이고, 턱받이와 대주머니는 없다. 조직은 흰색이고, 치밀하다. **미세구조:** 포자는 흰색을 띠며, 크기는 5.5~7×3.5~4.5㎛이다. 모양은 타원형이며 표면은 평활하다.

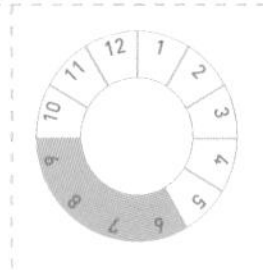

325 큰낭상체버섯

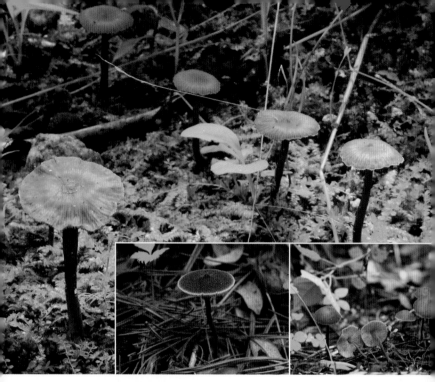

Macrocystidia cucumis (Pers.) Joss.

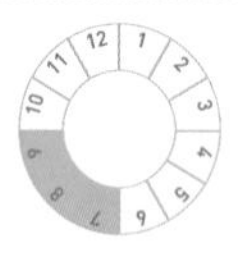
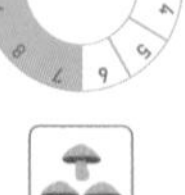

식독여부 | 식독불명 　발생시기 | 여름~가을

발생장소 | 숲속 땅 위나 정원, 초원 등에 발생한다.

형태 | 갓의 지름은 1~4cm, 원추 모양 종형에서 편평하게 전개하고, 중심에 유두 모양 돌기가 있다. 표면은 등갈색~암갈색이고, 습할 때 선이 드러난다. 조직은 갓과 같은 색이고, 생선 또는 오이 향이 있다. 주름살은 완전붙은형 또는 끝붙은형이고 약간 성글며, 황갈색이다. 자루는 크기가 3~6cm×2.5~6mm이고, 속이 비어 있으며, 암갈색이고, 위쪽은 미세한 털이 밀생하며 우단상이다. **미세구조:** 포자의 크기는 6~11×3~5μm이고, 좁은 타원 모양 또는 원기둥 모양으로 표면은 매끄럽고 흰색이다.

넓은솔버섯 326

Megacollybia platyphylla (Pers.) Kotl. & Pouzar
Oudemansiella platyphylla (Pers.) M. M. Moser
Tricholomopsis platyphylla (Pers.) Singer

식독여부 | 독　발생시기 | 여름~가을
발생장소 | 활엽수 고사목의 썩은 줄기 또는 그 부근에 홀로 또는 무리지어 발생한다.
형태 | 갓의 지름은 5~15cm이고, 반구형에서 중앙오목편평형으로 전개된다. 갓의 표면은 회색, 회갈색, 흑갈색 등으로 방사상의 섬유 무늬를 띤다. 주름살은 홈생긴형이고, 성글며, 흰색이다. 자루는 크기가 7~12cm×10~20mm이고, 속이 빈 원통형으로 기부에 뿌리 모양의 균사속이 있다. 자루는 섬유상이며, 색깔은 흰색~회색이다. 자루의 부착형태는 중심생이고, 턱받이와 대주머니는 없다. 조직은 흰색으로 질기다. **미세구조:** 포자는 흰색을 띠며, 크기는 7~10×5~7μm이다. 모양은 타원형이며, 표면은 평활하다.

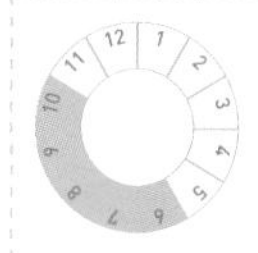

327 노란귀느타리버섯

Phyllotopsis nidulans (Pers.) Singer

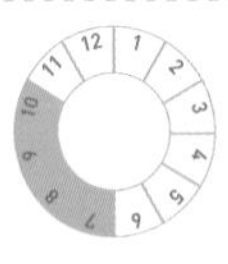

식독여부 | 식용부적합　발생시기 | 여름~가을

발생장소 | 침·활엽수고사목이나 쓰러진 나무의 썩은 줄기에 중첩되게重生 무리지어 발생한다.

형태 | 갓의 지름은 1~8cm이고, 반구형, 콩팥형 또는 부채형이며, 갓 끝이 강하게 안으로 말린다. 갓의 표면에는 털이 빽빽하고, 선황색~담황색이며, 건조하면 거의 흰색으로 변색한다. 주름살은 등황색이고, 빽빽하다. 자루 없이 기주에 부착하며, 부착형태는 측생한다. 턱받이와 대주머니는 없다. 조직은 부드러우나 질기다. **미세구조:** 포자는 담황색을 띠며, 크기는 5~6×2~3μm이다. 모양은 콩팥형이며, 표면은 평활하다.

헛깔때기버섯 328

Pseudoclitocybe cyathiformis (Bull.) Singer

식독여부 | 식용　발생시기 | 여름~가을

발생장소 | 임지 내 고사목의 썩은 줄기나 낙지 위에 무리지어 나거나 다발로 발생한다.

형태 | 갓의 지름은 2~7cm이고, 처음에는 중앙이 약간 우묵해지면서 갓 끝이 아래로 말리고, 후에 술잔 모양으로 전개된다. 갓의 표면은 평활하고, 방사상의 줄무늬가 있으며, 담흑색~회갈색이고, 건조하면 옅어진다. 주름살은 내린형이고, 약간 빽빽하며, 담회색~회갈색을 띤다. 자루는 크기가 4~8cm×4~8mm이고, 속이 빈 원통형이며, 회백색 바탕에 담흑색의 선명치 않은 그물망 모양이 있다. 자루의 부착형태는 중심생이고, 턱받이와 대주머니는 없다. 조직은 약간 질기다. **미세구조:** 포자는 흰색을 띠며, 크기는 7.5~10×5~6μm이다. 모양은 타원형이며, 표면은 평활하다.

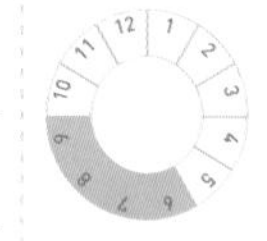

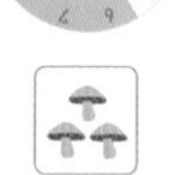

329 쥐털꽃무늬애버섯

Resupinatus trichotis (Pers.) Singer

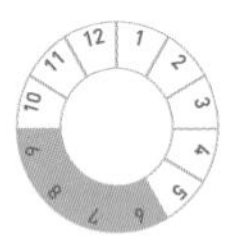
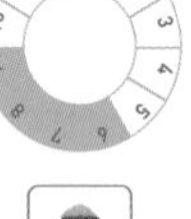

식독여부 | 식용부적합 발생시기 | 여름~가을

발생장소 | 활엽수의 마른 줄기에 무리지어 발생한다.

형태 | 갓의 지름은 5~12mm이고 조개껍데기 또는 부채처럼 생겼으며 윗면의 일부가 기주에 배착하여 발생한다. 어린 시기에는 갓 끝이 안으로 약간 말려 있는 형태이다가 성숙됨에 따라 거의 편평하게 펴진다. 갓의 표면은 회색이고 방사상의 주름선이 있으며 기부에 어두운 갈색 또는 검은 갈색 털이 촘촘하게 나 있다. 주름살은 회색을 띤다. 자루는 아주 짧거나 없으며, 편심생으로 붙는다. **미세구조:** 포자의 크기는 4.5~5.5μm이고, 구형이며 평활하고, 흰색이다.

탈버섯 330

Ripartites tricholoma (Alb. & Schwein.) P. Karst.

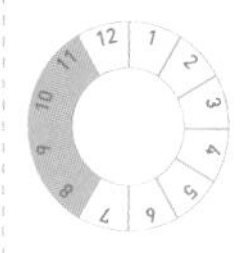

식독여부 | 식용　발생시기 | 가을

발생장소 | 침엽수림 내 땅 위에 무리지어 나거나 다발로 발생한다.

형태 | 갓의 지름은 2~5cm이고, 반구형에서 중앙오목편평형으로 전개된다. 갓의 표면은 평활하거나 섬유 무늬가 있고, 흰색~회백색이며, 습하면 점성이 있다. 갓 끝에는 속눈썹 모양의 거친 털이 있고, 나중에 탈락된다. 주름살은 흰색~황갈색이고, 빽빽하다. 자루는 크기가 5~12cm×5~15mm이고, 속이 빈 원통형이며, 섬유상이고 흰색이다. 자루의 부착형태는 중심생이고, 턱받이와 대주머니는 없다. 조직은 흰색이다. 맛은 순하고 향긋한 향이 있다. **미세구조:** 포자는 담황색을 띠며, 크기는 3~5×3~4.5μm이다. 모양은 유구형이며, 표면은 사마귀상 돌기가 분포한다.

331 금버섯(금송이)

Tricholoma equestre var. *equestre* (L.) P. Kumm.

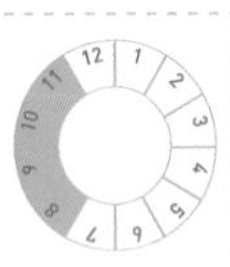
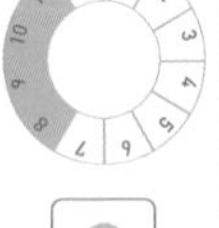

식독여부 | 식용 발생시기 | 가을

발생장소 | 산지나 해안 모래땅의 곰솔림이나 소나무림에 홀로 또는 무리지어 발생한다.

형태 | 갓의 지름은 5~10cm이고, 반반구형에서 중앙볼록편평형으로 전개된다. 갓의 표면은 평활하고 담황색이며, 중앙은 적갈색을 띠고, 가끔 작은 인편이 생긴다. 주름살은 홈생긴형 또는 거의 떨어진형이고, 녹황색으로 빽빽하다. 자루는 크기가 4~7cm×7~15mm이고, 원통형으로 굵고 짧으며, 갓과 같은 색이다. 자루의 부착형태는 중심생이고, 턱받이와 대주머니는 없다. 조직은 흰색이다. 맛은 부드럽고 향긋한 향이 있다. **미세구조:** 포자는 흰색을 띠며, 크기는 6~8×3~5μm이다. 모양은 타원형이며, 표면은 평활하다.

송이 332

Tricholoma matsutake (S. Ito. & S. Imai) Singer
Armillaria matsutake S. Ito & S. Imai

식독여부 | 식용　발생시기 | 여름(장마철)~가을
발생장소 | 주로 소나무림 내 땅 위, 가끔은 소나무림 이외의 침엽수림에서 홀로 또는 무리지어 발생하며 가끔 균륜을 형성한다.
형태 | 갓의 지름은 8~30cm이고, 구형에서 반반구형을 거쳐 중앙볼록편평형으로 전개된다. 갓의 표면은 갈색의 섬유상 인편이 덮여 있다. 주름살은 홈생긴형이고, 빽빽하며, 흰색이지만 나중에 갈색의 얼룩이 생긴다. 자루는 크기가 10~30cm×15~50mm이고, 대체로 위아래 굵기가 같다. 자루에는 갓과 같은 갈색의 섬유상 인편이 덮여 있다. 자루의 부착형태는 중심생이고, 영구적인 턱받이가 있다. 조직은 흰색이고, 치밀하며, 특유의 향이 있다. **미세구조:** 포자는 흰색을 띠며, 크기는 6.5~7.5×4.5~5.5μm이다. 모양은 타원형이며, 표면은 평활하다.

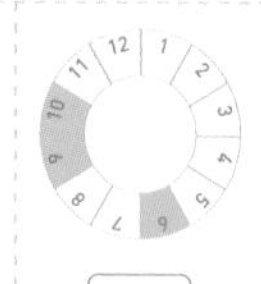

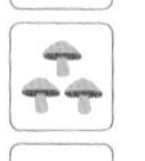

333 할미송이

Tricholoma saponaceum var. *saponaceum* (Fr.) P. Kumm.
Tricholoma saponaceum (Fr.) P. Kumm.

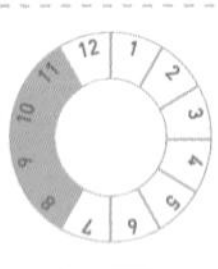

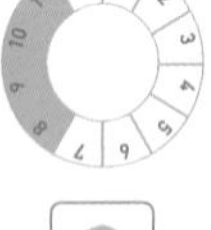

식독여부 | 식용　발생시기 | 가을

발생장소 | 침·활엽수림, 혼합림 내 땅 위에 홀로 또는 무리지어 발생하며 가끔 균륜을 형성한다.

형태 | 갓의 지름은 3.5~7cm이고, 반구형에서 중앙볼록편평형으로 전개된다. 갓의 표면은 황록색, 회갈색, 흰색 등 변화가 많고, 중앙부에는 그을음상의 미세한 인편이 빽빽이 덮여 있다. 주름살은 홈생긴형이고, 성글며, 흰색~담황색이고 적색의 얼룩이 생긴다. 자루는 크기가 2.5~8cm×8~15mm이며, 원통형으로 굵고 짧으며 흰색~황록색이고, 평활하다. 자루의 부착형태는 중심생이고, 턱받이와 대주머니는 없다. 조직은 흰색이며, 두껍고 치밀하다. **미세구조:** 포자는 흰색을 띠며, 크기는 5.5~7.5×4~5μm이다. 모양은 타원형이며, 표면은 평활하다.

장식솔버섯 334

Tricholomopsis decora (Fr.) Singer

식독여부 | 식용　발생시기 | 여름~가을

발생장소 | 침엽수림 내 썩은 나무나 그루터기 등에 무리지어 발생한다.

형태 | 갓의 지름은 3~5cm이고, 처음에는 반구형에서 가운데가 약간 함몰된 편평형이 된다. 갓의 표면은 굴곡이 있어 울퉁불퉁하고 노란색~황토색이며, 작은 흑갈색의 섬유상의 인편이 가운데에 분포해 있다. 오래되면 흑갈색이 섞인 황토색으로 된다. 주름살은 밀생하며 폭은 보통이고 황색 또는 바랜 황색을 띤다. 자루는 길이 3~6cm, 굵기 0.4~0.6cm이고, 황색 또는 황토색으로 표면은 약간 섬유상이다. 조직은 짙은 황색을 띤다. **미세구조:** 포자는 흰색을 띠며, 크기는 6~7.5×4.5~5.2μm이고, 유구형~타원형이다.

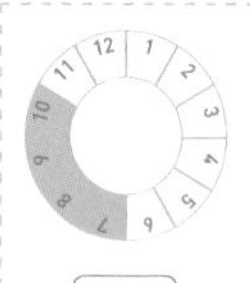

335 솔버섯

Tricholomopsis rutilans (Schaeff.) Singer
Tricholoma rutilans (Schaeff.) P. Kumm.

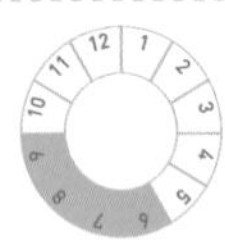
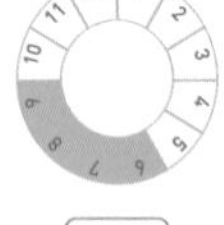

식독여부 | 식용 발생시기 | 여름~가을

발생장소 | 침엽수 고사목의 썩은 줄기나 그루터기 등에 홀로 또는 몇 개씩 다발로 발생한다.

형태 | 갓의 지름은 4~23cm이고, 종형에서 거의 편평하게 전개된다. 갓의 표면은 황색 바탕에 적갈색~적색의 미세한 인편이 빽빽이 덮이고, 가죽감촉이 있다. 주름살은 완전붙은형~홈생긴형이고, 빽빽하며, 황색이다. 자루는 크기가 6~20cm×10~25mm이고, 속은 비어 있으며 가는 원통형으로 기부가 약간 두껍다. 자루의 색깔은 황색 바탕에 적갈색의 인편이 있다. 자루의 부착형태는 중심생이고, 턱받이와 대주머니는 없다. 조직은 담황색으로 약간 질기다. **미세구조:** 포자는 흰색을 띠며, 크기는 6~8×5~6μm이다. 모양은 타원형이며, 표면은 평활하다.

>>> 체질에 따라서는 가벼운 설사를 일으킨다.

주름고약버섯 336

Plicaturopsis crispa (Fr.) D. A. Reid

식독여부 | 식용부적합　발생시기 | 여름~가을

발생장소 | 활엽수류의 고사목 줄기 위에 중첩되게重生 무리지어 발생한다.

형태 | 갓의 지름은 0.5~3cm이고, 부채형~원형이다. 갓의 표면은 담황색~담황갈색이고, 미세한 털이 덮여 있다. 갓 끝은 물결 모양~무딘 거치상鋸齒狀이며, 흰색이고, 건조하면 안쪽으로 말린다. 명료하지 않은 물결 모양의 고리 무늬가 있다. 아랫면 자실층은 흰색~회갈색이고, 맥 모양의 주름이 방사상으로 넓어지며, 뒷면은 주름이 진다. 자루가 없고, 조직은 부드러운 가죽질이다. **미세구조:** 포자는 흰색을 띠며, 크기는 3~6×1~2μm이다. 모양은 초승달형이며, 표면은 평활하다.

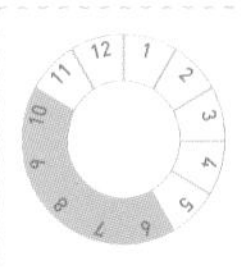

주름버섯강 Class Agaricomycetes

주름버섯아강 Subclass Agaricomycetidae

≫ 그물버섯목 Order Boletales

그물버섯과 Boletaceae

중형~대형의 자실체를 숲속 땅 위에 형성한다. 갓 밑의 그물 모양이 주름을 대신한다. 조직은 육질, 턱받이와 대주머니는 없으며, 포자문은 황록색, 갈색, 보라색 등이다.

- 신그물버섯속 *Aureoboletus*
- 밤그물버섯속 *Boletellus*
- 그물버섯속 *Boletus*
- 연기그물버섯속 *Heimioporus*
- 껄껄이그물버섯속 *Leccinum*
- 민그물버섯속 *Phylloporus*
- 갓그물버섯속 *Pulveroboletus*
- *Retiboletus*
- 귀신그물버섯속 *Strobilomyces*
- 쓴맛그물버섯속 *Tylopilus*
- 황금씨그물버섯속 *Xanthoconium*
- 산그물버섯속 *Xerocomus*

연지버섯과 Calostomataceae

소형이며 둥근 자실체를 숲속 땅 위에 무리지어 형성한다. 자루는 없다. 포자는 성숙하여 배출하기 전까지 자실체 내부에 존재하며, 흰색이다.

- 연지버섯속 *Calostoma*

겹낭피버섯과 Diplocystidiaceae

방귀버섯과Geastraceae에 속한 종과 형태가 유사하나, 발생단계에서 포자 성숙 전까지 포자분출공이 형성되지 않는 점에서 다르다. 포자는 갈색으로 자실체 속에 있다가 성숙되면 분출된다.

- 먼지버섯속 *Astraeus*

못버섯과 Gomphidiaceae

중형~대형 자실체를 형성한다. 주름살은 아주 성기며, 갓 크기가 자루에 비해 상대적으로 작고, 표면에 점액질이 많다. 턱받이는 있고, 대주머니는 없다. 포자문은 갈색~흑갈색이다.

- 못버섯속 *Chroogomphus*
- 마개버섯속 *Gomphidius*

꾀꼬리큰버섯과 Hygrophoropsidaceae

원래 우단버섯과Paxillaceae에 속해 있었으나, 분리되어 새로운 과를 형성하였다. 이 과는 Tapinellaceae과 종과 다르게 자루가 갓 중심에 붙어 있고, 포자문이 흰색~크림색이다.

- 꾀꼬리큰버섯속 *Hygrophoropsis*

어리알버섯과 Sclerodermataceae

중형이며, 둥근 자실체를 땅 위나 부식토층, 많이 썩은 나무 위에 형성한다. 포자는 자갈색~흑자색을 띤다.

- 모래밭버섯속 *Pisolithus*
- 어리알버섯속 *Scleroderma*

비단그물버섯과 Suillaceae

그물버섯과Boletaceae에서 파생된 과. 갓 밑면에 그물망 모양을 형성한다. 대주머니는 없고, 턱받이는 있는 종이 많다.

- 비단그물버섯속 *Suillus*

337 적색신그물버섯

Aureoboletus thibetanus (Pat.) Hongo & Nagas.

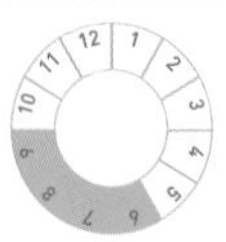
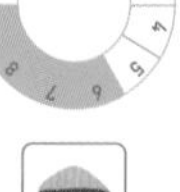

식독여부 | 식용　발생시기 | 여름~가을

발생장소 | 활엽수림 또는 혼합림 내 땅 위에 홀로 또는 무리지어 발생한다.

형태 | 갓의 지름은 3~7cm이고, 반구형에서 편평하게 전개된다. 갓의 표면은 점성이 있고, 적갈색~담홍갈색이며, 관공은 선황색이고 성숙하면 약간 녹색을 띤다. 자루는 크기가 5~7cm×7~10mm이고, 원통형으로 속이 차 있으며, 기부는 약간 두껍다. 자루는 점성이 있고, 갓보다 옅은 색이며, 가끔 짙은 세로선이 있다. 자루의 부착형태는 중심생이고, 턱받이와 대주머니는 없다. 조직은 부드럽고, 약간 붉은 빛을 띠지만 거의 흰색이며, 신맛이 있다. **미세구조:** 포자는 흰색을 띠며, 크기는 11.5~15×4.5~6μm이다. 모양은 방추형이며, 표면은 평활하다.

가는대남방그물버섯 338

Austroboletus gracilis (Peck) Wolfe

식독여부 | 식용　발생시기 | 여름~가을

발생장소 | 숲속 활엽수류 나무 밑에 홀로 또는 무리지어 발생한다.

형태 | 갓의 지름은 3~8cm이고, 반반구형에서 약간 전개된다. 갓의 표면은 우단상~솜털상이며, 습할 때 점성이 있고, 밤색~적갈색이며, 관공은 흰색이다가 후에 담홍색으로 변한다. 자루는 크기가 5~12cm이고, 원통형으로 속이 차 있으며, 기부는 약간 두껍다. 자루는 갓과 같은 색이고, 약간 융기한 세로선이나 불명료한 그물망 모양이 있다. 자루의 부착형태는 중심생이고, 턱받이와 대주머니는 없다. 조직은 쓴맛이 난다. **미세구조:** 포자는 분홍색을 띠며, 크기는 11.5~15×5~5.5µm이다. 모양은 방추형이며, 표면에는 미세돌기가 분포한다.

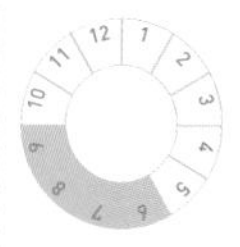

339 긴대밤그물버섯

Boletellus elatus Nagas.

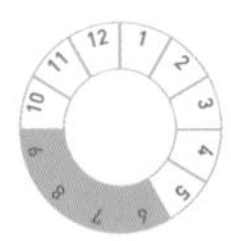
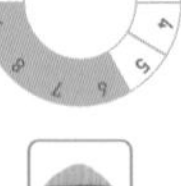

식독여부 | 식독불명　발생시기 | 여름~가을

발생장소 | 소나무와 참나무 등 혼합림 내 땅 위에 홀로 또는 흩어져 발생한다.

형태 | 갓의 지름은 3~9cm이고, 반구형~반반구형이다. 갓의 표면은 습할 때 약간 점성이 있고, 적갈색~황갈색~자갈색이며, 관공은 처음 선황색이다가 후에 황색~황록색으로 변한다. 자루는 크기가 9~23cm×6~12mm이고, 갓의 지름에 비해 아주 길며, 기부 부근에서 한쪽으로 구부러진다. 자루의 표면에 부드러운 털이 피복하고, 갓보다 약간 짙은 색을 띤다. 자루의 부착형태는 중심생이고, 턱받이와 대주머니는 없다. 조직은 담황색이다. **미세구조:** 포자는 녹갈색을 띠며, 크기는 16~19×9~11μm이다. 모양은 타원형이며, 표면에는 세로줄이 있다.

가죽밤그물버섯 340

Boletellus emodensis (Berk.) Singer

식독여부 | 식용 발생시기 | 여름~가을

발생장소 | 혼효림 내 지상에서 홀로 또는 무리지어 발생한다.

형태 | 갓의 지름은 5~10cm로 반구형이며 편평형으로 전개된다. 표면은 건조하고 검붉은색 바탕에 암갈색 또는 흑갈색의 큰 비늘 조각이 있어서 땅이 건조하여 갈라진 것 같은 모양이 방사상으로 펴져 있다. 갓 끝부분에는 막질의 내피막 흔적이 붙어 있다. 관은 올린주름살 또는 내린주름살로 두께 1.5~2.5cm이고 노란색이지만 손으로 만지면 푸른색으로 변한다. 자루는 크기가 7~10×1~1.5cm로 흑갈색이며 윗부분은 홍자색이고 기부는 굵다. 갓의 조직은 연한 노란색인데 상처를 입으면 쉽게 푸른색으로 변한다. 자루의 속은 꽉 차 있다. **미세구조:** 포자의 크기는 20~24×8.5~12.5μm이고, 세로로 달린 골과 옆줄이 있다.

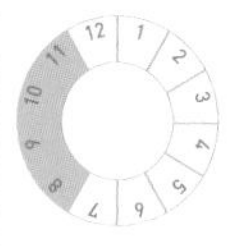

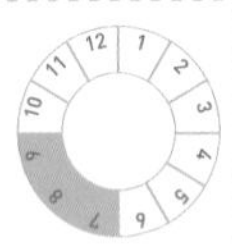
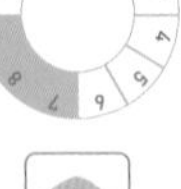

341 좀노란그물버섯

Boletellus obscurococcineus (Höhn.) Singer

식독여부 | 식독불명　발생시기 | 여름~가을

발생장소 | 소나무와 참나무 등 혼합림 내 땅 위에 홀로 또는 흩어져 발생한다.

형태 | 갓의 지름은 3~6cm이고, 반반구형 또는 거의 편평하게 전개된다. 갓의 표면은 담홍색, 홍갈색 또는 진홍색이며, 관공은 처음에는 황색이다가 후에 황록색으로 변한다. 자루는 크기가 3~7.5cm×5~10mm이고, 원통형으로 속이 차 있으며, 기부 부근에서 한쪽으로 구부러진다. 기부에는 흰색 솜털상의 균사가 있다. 자루의 색깔은 핑크색 바탕에 짙은 세로무늬가 있고, 담홍색의 비듬 모양 미세인편이 빽빽이 덮여 있다. 자루의 부착형태는 중심생이고, 턱받이와 대주머니는 없다. 조직은 담황색이며 약간 청변성青變性이 있고 맛이 쓰다. **미세구조:** 포자는 녹갈색을 띠며, 크기는 14~20×5~7μm이다. 모양은 장타원형이며, 표면은 세로줄이 있다.

수원그물버섯 342

Boletus auripes Peck

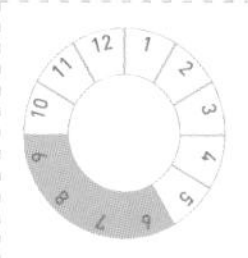

식독여부 | 식용　발생시기 | 여름~가을

발생장소 | 활엽수림 내 땅 위에 홀로 또는 흩어져 발생한다.

형태 | 갓의 지름은 4~10cm이고, 반구형에서 거의 편평하게 전개된다. 갓의 표면은 평활하고, 황색~등황색이며, 주변부가 더 짙은 색을 띤다. 관공은 떨어진형이고, 황색~황갈색이며, 자루는 크기가 6~11cm×13~20mm이고, 원통형이며 기부에 황백색의 균사가 덮여 있다. 자루는 그물망의 무늬가 있고, 갓과 같은 색이며, 부착형태는 중심생이고, 턱받이와 대주머니는 없다. 조직은 흰색~황백색이다. **미세구조:** 포자는 등황갈색을 띠며, 크기는 10~13×3.5~4.5μm이다. 모양은 방추형이며, 표면은 평활하다.

343 마른산그물버섯

Boletus chrysenteron Bull.
Xerocomus chrysenteron (Bull.) Quél.

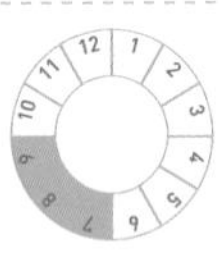
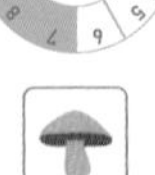

식독여부 | 식용　발생시기 | 여름~가을

발생장소 | 활엽수림 내 땅 위에 홀로 또는 흩어져 발생한다.

형태 | 갓의 지름은 3~10cm이고, 반구형에서 거의 편평하게 전개된다. 갓의 표면은 우단상이고 짙은 자갈색 또는 암갈색~회갈색이며, 가끔 표피가 갈라져 담홍색 조직이 드러난다. 관공은 끝붙은형에 내린형이고, 황색~녹황색이며, 구멍은 다각형이다. 자루는 크기가 5~8cm×6~12mm이고, 갓에 비해 가늘고 긴 원통형으로 속이 차 있으며, 진홍색~암적색이고, 섬유상 세로무늬가 있다. 자루의 부착형태는 중심생이고, 턱받이와 대주머니는 없다. 조직은 상처가 나면 청변한다. **미세구조:** 포자는 담황록색을 띠며, 크기는 8.5~12.5×4.5~5.5μm이다. 모양은 장타원형이며, 표면은 평활하다.

그물버섯 344

Boletus edulis Bull.

식독여부 | 식용　발생시기 | 여름~가을

발생장소 | 활엽수림 내 땅 위에 홀로 또는 흩어져 발생한다.

형태 | 갓의 지름은 6~20cm이고, 반구형에서 거의 편평하게 전개된다. 갓의 표면은 평활하고, 갈색, 황갈색, 적갈색 등 변화가 많다. 관공은 떨어진형이고, 흰색이다가 후에 황색~녹색이 되며, 구멍은 작고 원형이다. 자루는 크기가 5~15cm×15~35mm이고, 원통형으로 속이 차 있으며, 기부는 약간 두껍다. 자루의 색깔은 담황색~담갈색이고, 그물망 무늬가 있다. 자루의 부착형태는 중심생이고, 턱받이와 대주머니는 없다. 조직은 두껍고 흰색이다. **미세구조:** 포자는 황갈색을 띠고, 크기는 11.5~14.5×3.5~4.5μm이다. 모양은 장방추형이며, 표면은 평활하다.

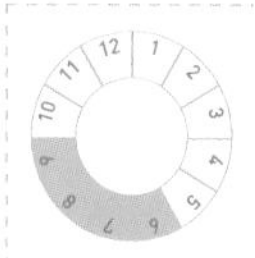

345 붉은그물버섯

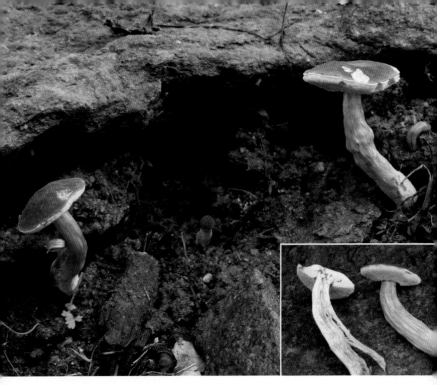

Boletus fraternus Peck

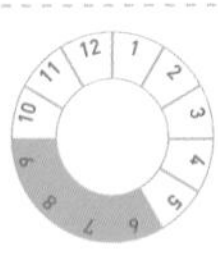

식독여부 | 식용　발생시기 | 여름~가을

발생장소 | 활엽수림 내 또는 정원, 잔디밭, 공원 등에 홀로 또는 흩어져 발생한다.

형태 | 갓의 지름은 4~7cm이고, 반구형에서 편평하게 전개된다. 갓의 표면은 우단상이고, 적갈색~선홍색이며, 가끔 표피가 가늘게 갈라진다. 관공은 끝붙은형이고, 황색이며, 구멍은 각형으로 약간 크다. 자루는 크기가 3~6cm×6~10mm이고, 원통형으로 속이 차 있으며, 기부는 약간 두껍다. 자루의 색깔은 황색 바탕에 적색의 세로줄무늬가 있다. 자루의 부착형태는 중심생이고, 턱받이와 대주머니는 없다. 조직은 황색이고, 상처가 나면 청변한다. **미세구조:** 포자는 황갈색을 띠고, 크기는 10~12.5×4.5~6μm이다. 모양은 방추형이며, 표면은 평활하다.

꾀꼬리그물버섯 346

Boletus laetissimus Hongo

식독여부 | 식용 발생시기 | 여름~가을

발생장소 | 활엽수림 내 땅 위에 홀로 또는 흩어져 발생한다.

형태 | 갓의 지름은 4~8cm이고, 반구형에서 편평하게 전개된다. 갓의 표면은 전체가 선명한 등색을 띠고, 표면은 평활하다. 또는 약간 솜털상이며 습하면 점성이 있다. 관공은 끝붙은형이고 황색이며, 구멍은 작은 원형이다. 자루는 크기가 3~7cm×13~17mm이고, 등색~등황색이며, 원통형으로 속이 차 있고, 기부는 약간 두껍다. 자루의 부착형태는 중심생이고, 턱받이와 대주머니는 없다. 조직은 등색이지만, 상처가 나면 청변한다. **미세구조:** 포자는 황갈색을 띠고, 크기는 9.5~12×4~5μm이다. 모양은 방추형이며, 표면은 평활하다.

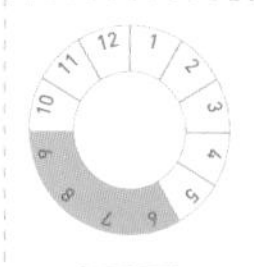

347 산속그물버섯아재비

Boletus pseudocalopus Hongo

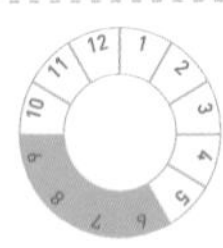
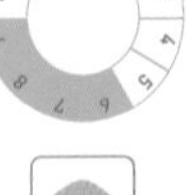

식독여부 | 독　발생시기 | 여름~가을

발생장소 | 활엽수림 또는 혼합림 내 땅 위에 홀로 또는 흩어져 발생한다.

형태 | 갓의 지름은 4~18cm이고, 반반구형에서 편평하게 전개된다. 갓 끝이 처음에는 안으로 말린다. 갓의 표면은 건조하고, 적갈색~황갈색 또는 암갈색이며, 가끔 전체 또는 부분적으로 홍색을 띤다. 관공은 떨어진형 또는 완전붙은형이고, 황색이다가 후에 갈색이 되며, 청변성이 있다. 구멍은 작고 원형~각형이다. 자루는 크기가 5~13cm×15~30mm이고, 아래가 두꺼운 곤봉형이다. 자루의 색깔은 위는 황색, 아래는 적색을 띠며, 위쪽에 미세한 그물망무늬가 있다. 자루의 부착형태는 중심생이고, 턱받이와 대주머니는 없다. 조직은 상처가 나면 청변한다. **미세구조:** 포자는 갈색을 띠며, 크기는 10~12×4~5㎛다. 모양은 방추형이며, 표면은 평활하다.

그물버섯아재비 348

Boletus reticulatus Schaeff.

식독여부 | 식용 발생시기 | 여름~가을

발생장소 | 활엽수림 또는 소나무와의 혼합림 내 땅 위에 홀로 또는 흩어져 발생한다.

형태 | 갓의 지름은 5~20cm이고, 반구형에서 편평하게 전개된다. 갓의 표면은 담갈색, 황갈색, 황록갈색 등이고 우단상이며, 습하면 약간 점성이 있다. 관공은 완전붙은형~거의 떨어진형이고, 흰색~황색~황록갈색으로 되며, 구멍은 어릴 때 백색균사로 가득 찬다. 자루는 크기가 9~15cm×30~60mm이고, 아래가 두꺼운 곤봉형이며, 담갈색~담회갈색이고, 거의 전면에 그물망 무늬가 있다. 자루의 부착형태는 중심생이고, 턱받이와 대주머니는 없다. 조직은 흰색이다. 변색성은 없다. **미세구조:** 포자는 갈색을 띠며, 크기는 13~15×4~5㎛이다. 모양은 방추형이며, 표면은 평활하다.

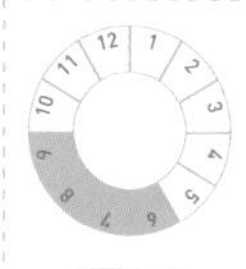

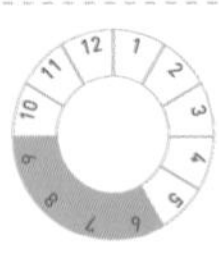

349 산그물버섯

Boletus subtomentosus L.
Xerocomus subtomentosus (L.) Quél.

식독여부 | 식용　발생시기 | 여름~가을

발생장소 | 숲속 땅 위 또는 길가, 정원 등에 홀로 또는 흩어져 발생한다.

형태 | 갓의 지름은 3~10cm이고, 반구형에서 거의 편평하게 전개된다. 갓의 표면은 우단상이고, 황갈색~황록갈색이며, 때로는 표면이 갈라져서 황색의 조직이 드러난다. 관공은 끝붙은형에 약간 내린모양이고, 녹황색이며, 구멍은 비교적 크고 다각형이다. 자루는 크기가 5~12cm×5~10mm이고, 가는 원통형으로 속이 차 있으며, 황색~갈색이고 가끔 위쪽에서부터 세로로 돌출선이 있다. 자루의 부착형태는 중심생이고, 턱받이와 대주머니는 없다. 조직은 담황색으로 상처가 나면 청변한다. **미세구조:** 포자는 황록색을 띠며, 크기는 12~14×4.5~5μm이다. 모양은 장타원형이며, 표면은 평활하다.

빨간구멍그물버섯 350

Boletus subvelutipes Peck

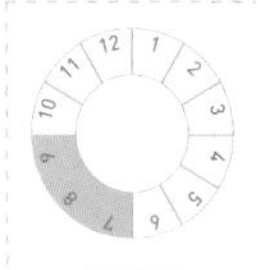

식독여부 | 식용　발생시기 | 여름~가을

발생장소 | 활엽수림 내 땅 위에 홀로 또는 흩어져 발생한다.

형태 | 갓의 지름은 5~13.5cm이고, 반구형이다. 갓의 표면은 우단상이고, 적갈색~암갈색이며, 관공은 끝붙은형~떨어진형이고, 황색~녹황색이다. 구멍은 진홍색~적갈색이고, 오래되면 열어진다. 자루는 크기가 5~14cm×10~20mm이고, 원통형으로 속이 차 있으며, 기부는 약간 두껍고, 황색 바탕에 암적색 반점이 빽빽하고, 기부는 황색~녹황색의 털이 덮여 있다. 자루의 부착형태는 중심생이고, 턱받이와 대주머니는 없다. 조직은 담황색으로 상처가 나면 청변한다. **미세구조:** 포자는 황록색을 띠며, 크기는 11~12.5×4~5㎛이다. 모양은 방추형이며, 표면은 평활하다.

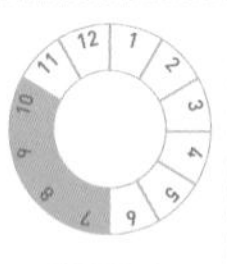

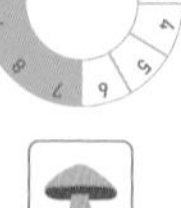

351 흑자색그물버섯

Boletus violaceofuscus W. F. Chiu

식독여부 | 식용　발생시기 | 여름~가을

발생장소 | 활엽수림 또는 소나무와의 혼합림 내 땅 위에 홀로 또는 무리지어 발생한다.

형태 | 갓의 지름은 5~10cm이고, 반구형~편평형이며, 습하면 약간 점성이 있고, 황색, 황록색, 갈색 등의 얼룩무늬가 나타난다. 관공은 끝붙은형 또는 홈생긴형이고, 흰색~담황색~황갈색이 된다. 구멍은 작고 원형이며, 어릴 때 백색균사로 차 있다. 자루는 크기가 7~9cm×15mm이고, 짙은 자색 바탕에 흰색의 그물망 무늬가 있다. 조직은 흰색이고, 두꺼우며, 변색하지 않는다. **미세구조:** 포자의 크기는 14~18×5.5~6.5µm이고, 방추형이며 표면은 매끄럽고 흰색이다.

연지그물버섯 352

Heimioporus japonicus (Hongo) E. Horak
Heimiella japonica Hongo

식독여부 | 식독불명　발생시기 | 여름~가을
발생장소 | 침·활엽수림 내 땅 위에 홀로 또는 흩어져 발생한다.
형태 | 갓은 5~10cm이고, 반구형에서 편평하게 전개된다. 갓의 표면은 평활하고, 습하면 약간 점성이 있으며, 진홍색~적갈색이다. 관공은 끝붙은형이고 황색이며, 구멍은 원형~다각형이고 황록색이다. 자루는 크기가 6~13cm×7~12mm이고, 원통형으로 속이 차 있으며, 기부는 약간 두껍다. 자루의 색깔은 짙은 선홍색 바탕에 그물망 무늬가 있다. 자루의 부착형태는 중심생이고, 턱받이와 대주머니는 없다. 조직은 상처에 변색하지 않거나 약간 변색한다. **미세구조:** 포자는 황록색을 띠며, 크기는 9.5~15×7~8μm이다. 모양은 타원형이며, 표면은 망목상 돌기가 있다.

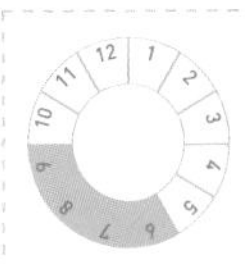

353 접시껄껄이그물버섯

Leccinum extremiorientale (Lar. N. Vassiljeva) Singer

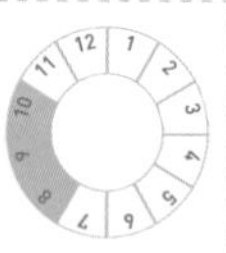
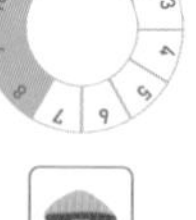

식독여부 | 식용 발생시기 | 여름~가을

발생장소 | 침·활엽수림 내 땅 위에 홀로 또는 흩어져 발생한다.

형태 | 갓의 지름은 7~25cm이고, 구형, 반반구형을 거쳐 중앙볼록편평형으로 전개된다. 갓의 표면은 우단상이고, 짙은 황갈색 또는 갈색을 띤 등색이며, 건조하거나 성숙하면 사람의 뇌 모양으로 갈라져서 담황색의 조직을 드러낸다. 관공은 끝붙은형이고, 황색이다가 후에 황록색이 되며, 구멍은 작다. 자루는 크기가 5~15cm×25~50mm이고, 위아래 같은 굵기 또는 위가 가는 것과 아래가 가는 것이 있다. 자루의 색깔은 황색 바탕에 미세한 황갈색 반점이 빽빽하다. 자루의 부착형태는 중심생이고, 턱받이와 대주머니는 없다. 조직은 아주 두껍고 치밀하며 흰색~황색이다. **미세구조:** 포자는 황갈색을 띠고, 크기는 8~12.5×3.5~4.5μm이다. 모양은 장방추형이며, 표면은 평활하다.

354 홀트껄껄이그물버섯

Leccinum hortonii (A. H. Sm. & Thiers) Hongo & Nagas.

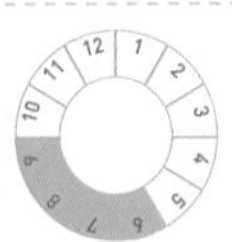
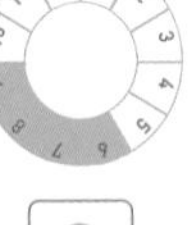

식독여부 | 식독불명　발생시기 | 여름~가을

발생장소 | 활엽수림 내 땅 위에 홀로 또는 흩어져 발생한다.

형태 | 갓의 지름은 5~11cm이고, 반구형에서 편평하게 전개된다. 갓의 표면은 습할 때 약간 점성이 있고, 엷은 적갈색이며, 요철이 많고 뚜렷한 주름이 있다. 관공은 끝붙은형이고, 황색이다가 후에 황록색이 되며, 구멍은 관공과 같은 색이고, 상처에도 변색하지 않다. 자루는 크기가 4.5~10cm×10~15mm이고, 아래가 두꺼운 곤봉형이며, 담황색이고, 미세한 인편이 빽빽이 덮여 있으며, 가끔 세로줄이 있다. 자루의 부착형태는 중심생이고, 턱받이와 대주머니는 없다. 조직은 황백색~담황색으로 상처시 변색되지 않는다. **미세구조:** 포자는 갈색을 띠며, 크기는 11~13×4~5μm이다. 모양은 방추형이며, 표면은 평활하다. 낭상체의 크기는 27~62×7.5~10μm이다.

거친껄껄이그물버섯 355

Leccinum scabrum (Bull.) Gray

Boletus scaber Bull.

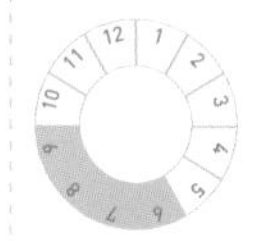

식독여부 | 식용　발생시기 | 여름~가을

발생장소 | 활엽수림 내 땅 위에 홀로 또는 흩어져 발생한다.

형태 | 갓의 지름은 5~15cm이고, 반구형~편평형이다. 갓의 표면은 회갈색~황갈색 또는 암갈색이고, 습할 때 약간 점성이 있다. 관공은 끝붙은형 또는 떨어진형이고, 흰색이다가 후에 회갈색이 되며, 자루는 크기가 6~12cm×10~20mm이고, 위아래의 굵기가 같은 원통형으로 갓에 비해 길이가 길다. 자루의 색깔은 흰색 바탕에 회색~검은색의 미세인편이 붙어 있다. 자루의 부착형태는 중심생이고, 턱받이와 대주머니는 없다. 조직은 흰색이고, 거의 변색이 없다. **미세구조:** 포자는 황색을 띠고, 크기는 16~20×6~7μm이다. 모양은 장방추형이며, 표면은 평활하다.

356 등색껄껄이그물버섯

Leccinum versipelle (Fr. & Hök) Snell

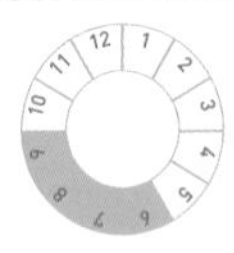
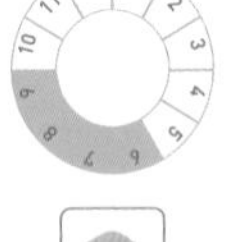
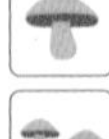

식독여부 | 식용　발생시기 | 여름~가을

발생장소 | 활엽수림 내 땅 위에 홀로 또는 흩어져 발생한다.

형태 | 갓의 지름은 4~20cm이고, 반구형이며, 갓 끝은 막상으로 되어 관공 부위에서 돌출한다. 갓의 표면은 갈색을 띤 등황색이며, 관공은 떨어진형이고, 흰색~회색이며, 구멍은 작고 원형이다. 자루는 크기가 5~20cm×10~45mm이고, 위아래의 굵기가 같은 원통형으로 갓에 비해 길이가 길다. 자루의 색깔은 흰색이며, 표면에는 검은색의 미세인편이 빽빽하게 분포한다. 자루의 부착형태는 중심생이고, 턱받이와 대주머니는 없다. 조직은 흰색이며, 절단시 담홍색이다가 후에 거의 검은색으로 변한다. **미세구조:** 포자는 황색을 띠고, 크기는 11~17×3.5~5μm이다. 모양은 장방추형이며, 표면은 평활하다.

노란길민그물버섯 357

Phylloporus bellus (Massee) Corner

식독여부 | 독 발생시기 | 여름~가을

발생장소 | 활엽수림이나 정원 등의 나무 밑에 홀로 또는 몇 개씩 다발로 발생한다.

형태 | 갓의 지름은 2~6cm이고, 반반구형에서 전개하여 역원추형 모양으로 변한다. 갓의 표면은 회갈색~황록색이며, 우단 같은 감촉이 있다. 주름살은 긴 내린형이고, 서로 간에 연락맥이 있으며, 황갈색~황록갈색이다. 자루는 크기가 3~7cm×5~10mm이고, 위아래의 굵기가 같은 원통형이며, 황색~황갈색이고, 분말상 또는 인편상이다. 위쪽에는 주름과 연결되는 세로줄이 있다. 자루의 부착형태는 중심생이고, 턱받이와 대주머니는 없다. 조직은 흰색~담홍색~황색으로 변한다. **미세구조:** 포자는 황갈색을 띠고, 크기는 6.5~12×3~4.5㎛이다. 모양은 장타원형이며, 표면은 평활하다.

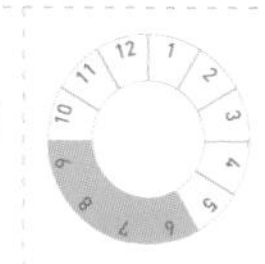

358 갓그물버섯

Pulveroboletus ravenelii (Berk. & M. A. Curtis) Murrill

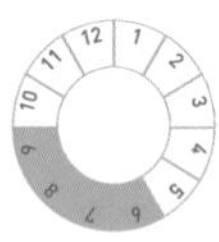
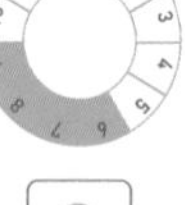

식독여부 | 식용　발생시기 | 여름~가을

발생장소 | 침·활엽수림 내 땅 위에 홀로 또는 흩어져 발생한다.

형태 | 갓의 지름은 4~10cm이고, 반구형에서 편평형으로 전개된다. 갓의 표면은 평활하고 황록색 분말이 덮여 있다. 관공은 성숙하면 거의 떨어진 형이고 담황색이다가 후에 암갈색으로 변한다. 자루는 크기가 4~10cm×7~15mm이고, 위아래의 굵기가 같은 원통형이며, 황록색 분말이 덮여 있다.

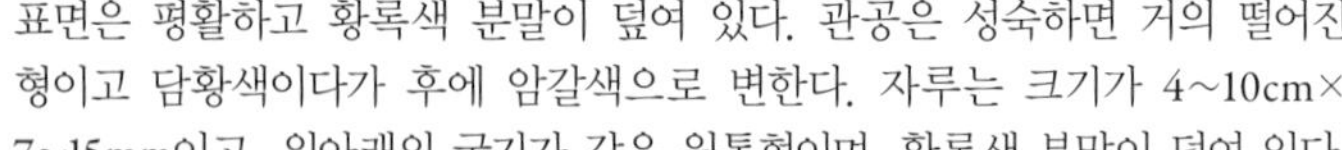

자루의 부착형태는 중심생이고, 막질의 황색 턱받이가 있다. 조직은 흰색~담황색이며, 상처가 나면 서서히 청변한다. **미세구조:** 포자는 황토색을 띠고, 크기는 7.5~13.5×4~6μm이다. 모양은 장방추형이며, 표면은 평활하다.

검은쓴맛그물버섯 359

Retiboletus nigerrimus (R. Heim) Manfr. Binder & Bresinsky

Tylopilus nigerrimus (R. Heim) Hongo & M. Endo

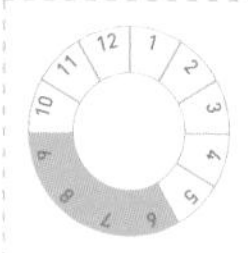

식독여부 | 독　발생시기 | 여름~가을

발생장소 | 소나무와 참나무 등 혼합림 내 땅 위에 홀로 또는 무리지어 발생한다.

형태 | 갓의 지름은 5~15cm이고, 처음에는 반구형에서 거의 편평하게 전개된다. 갓의 표면은 회녹색을 띠고, 성숙하면 검은색으로 변하며 미세한 털이 덮여 있다. 관공은 홈파인형 또는 떨어진형이고, 담회색에서 녹회색을 띤다. 자루는 크기가 5~10cm×10~25mm이고, 섬유질의 긴 원통형으로 아래쪽으로 두꺼워지며 속이 차 있다. 자루 표면은 황록색을 띠고 융기된 그물무늬가 있다. 자루의 부착형태는 중심생이다. 조직은 두껍고 육질형이며 옅은 회백색으로 상처가 나면 적변 후 흑변한다. **미세구조:** 포자는 분홍색을 띠며, 크기는 9~13×4~5㎛이다. 모양은 타원형이며, 표면은 평활하다. 낭상체의 크기는 20~40×5~10㎛이고, 방추형이다.

360 털귀신그물버섯(솔방울귀신그물버섯)

Strobilomyces confusus Singer

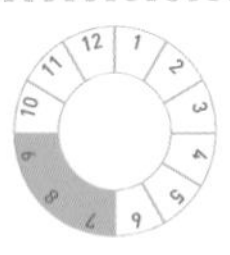

식독여부 | 식용 발생시기 | 여름~가을

발생장소 | 활엽수림과 침엽수의 혼합림 내 땅 위에 홀로 또는 흩어져 발생한다.

형태 | 갓의 지름은 3~10cm이고, 반구형~편평형으로 전개된다. 갓의 표면은 회색~회갈색, 암갈색~검은색이고, 뿔~가시 모양의 인편이 빽빽이 덮여 있으며 갓 끝에는 피막의 잔류물이 붙어 있다. 관공은 다각형으로 크고 비교적 길며, 완전붙은형 또는 홈생긴형이다. 자루는 크기가 5~10cm×5~15mm이고, 원통형으로 속이 차 있다. 기부는 회색의 솜털상 균사가 있다. 자루의 색깔은 회색~암회색이며, 기부는 거의 검은색이다. 자루의 부착형태는 중심생이다. 조직은 흰색이나 상처가 나면 적갈색~검은색으로 변한다. **미세구조:** 포자는 검은색을 띠고, 크기는 8.5~10×7~9μm이다. 모양은 구형~유구형이고, 표면에는 날개 모양의 돌기가 분포한다.

솜귀신그물버섯(귀신그물버섯) 361

Strobilomyces strobilaceus (Scop.) Berk.
Strobilomyces floccopus (Vahl) P. Karst.

식독여부 | 식용　발생시기 | 여름~가을

발생장소 | 활엽수림과 침엽수의 혼합림 내 땅 위에 홀로 또는 흩어져 발생한다.

형태 | 갓의 지름은 3~12cm이고, 반구형~편평형으로 전개된다. 갓의 표면은 흰색 바탕에 암갈색~흑갈색의 큰 인편이 덮여 있고, 갓 끝에는 내피막의 잔유물이 붙어 있다. 관공은 완전붙은형 또는 홈생긴형이며, 구멍은 다각형이다. 자루는 크기가 5~15cm×5~15mm이고, 원통형으로 속이 차 있다. 기부는 회색의 솜털상 균사가 있다. 자루의 색깔은 갓과 같은 색이고, 솜털상 인편이 덮여 있다. 자루의 부착형태는 중심생이다. 조직은 흰색이며 상처가 나면 적변 후 흑변한다. **미세구조:** 포자는 검은색을 띠고, 크기는 9~15×8~12μm이다. 모양은 구형~유구형이며, 표면에는 망목상 돌기가 분포한다.

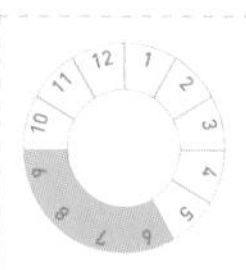

362 은빛쓴맛그물버섯

Tylopilus eximius (Peck) Singer

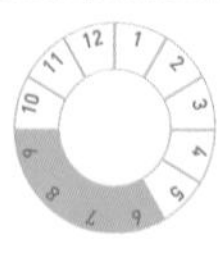

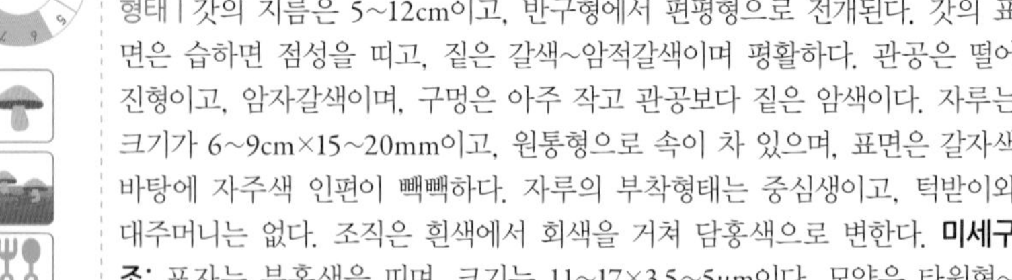

식독여부 | 식용　발생시기 | 여름~가을

발생장소 | 침·활엽수림과 혼합림 내 땅 위에 홀로 또는 흩어져 발생한다.

형태 | 갓의 지름은 5~12cm이고, 반구형에서 편평형으로 전개된다. 갓의 표면은 습하면 점성을 띠고, 짙은 갈색~암적갈색이며 평활하다. 관공은 떨어진형이고, 암자갈색이며, 구멍은 아주 작고 관공보다 짙은 암색이다. 자루는 크기가 6~9cm×15~20mm이고, 원통형으로 속이 차 있으며, 표면은 갈자색 바탕에 자주색 인편이 빽빽하다. 자루의 부착형태는 중심생이고, 턱받이와 대주머니는 없다. 조직은 흰색에서 회색을 거쳐 담홍색으로 변한다. **미세구조:** 포자는 분홍색을 띠며, 크기는 11~17×3.5~5μm이다. 모양은 타원형~방추형이며, 표면은 평활하다.

제주쓴맛그물버섯 363

Tylopilus neofelleus Hongo

식독여부 | 식용부적합　발생시기 | 여름~가을

발생장소 | 침·활엽수림 내 땅 위에 홀로 또는 흩어져 발생한다.

형태 | 갓의 지름은 6~11cm이고, 반구형에서 편평형으로 전개된다. 갓의 표면은 황록갈색~홍갈색이며, 약간 우단상이고 점성은 없다. 관공은 끝붙은형~거의 떨어진형이며, 흰색이다가 후에 담홍색을 띠고, 구멍은 작으며 담홍색~포도주색을 띤다. 자루는 크기가 6~11cm×15~25mm이고, 원통형으로 속이 차 있으며, 전체적으로 굵고 기부가 약간 더 두껍다. 자루의 색깔은 갓과 같은 색이며, 자루의 부착형태는 중심생이고, 턱받이와 대주머니는 없다. 조직은 흰색이다. 강한 쓴맛이 있다. **미세구조:** 포자는 분홍색을 띠며, 크기는 7.5~9.5×3.5~4μm이다. 모양은 타원형~방추형이며, 표면은 평활하다.

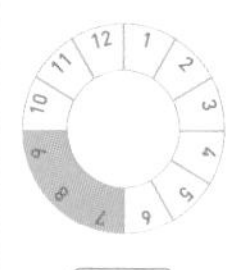

364 흑자색쓴맛그물버섯

Tylopilus nigropurpureus (Corner) Hongo
Boletus nigropurpureus Corner

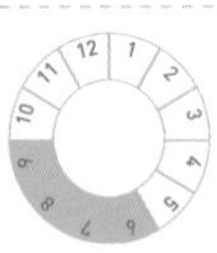

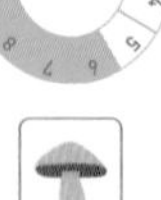

식독여부 | 독　발생시기 | 여름~가을

발생장소 | 소나무와 참나무 등 혼합림 내 땅 위에 홀로 또는 무리지어 발생한다.

형태 | 갓의 지름은 3~10cm이고, 처음에는 반구형에서 거의 편평하게 전개된다. 갓의 표면은 검은색 또는 흑자색을 띠며 성숙하면서 표면이 가늘게 갈라지고 거칠어진다. 관공은 떨어진형이고 흑회색을 띤다. 구멍은 아주 작고 관공보다 짙은 검은색이다. 자루는 크기가 3~6cm×5~20mm이고, 섬유질의 긴 원통형으로 아래쪽으로 두꺼워지며 속이 차 있다. 자루의 표면은 흑회색에서 검은색을 띠며 유기된 그물무늬가 있다. 자루의 부착형태는 중심생이고, 턱받이와 대주머니는 없다. 조직은 회색에서 검붉은색을 거쳐 검은색으로 변한다. **미세구조:** 포자는 분홍색을 띠며, 크기는 8.5~11×3.5~5μm이다. 모양은 타원형이며, 표면은 평활하다. 낭상체의 크기는 20~50×5~15μm이고, 방추형이다.

365 녹색쓴맛그물버섯

Tylopilus virens (W. F. Chiu) Hongo

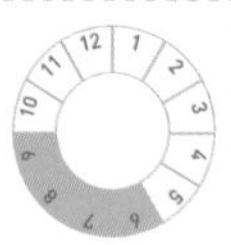

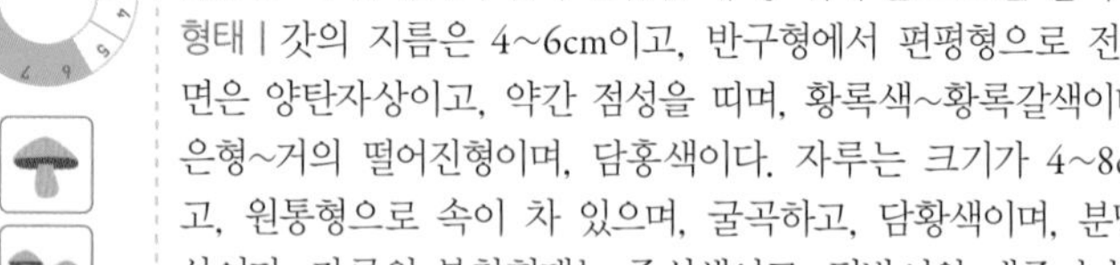

식독여부 | 식독불명　발생시기 | 여름~가을

발생장소 | 침·활엽수림과 혼합림 내 땅 위에 홀로 또는 흩어져 발생한다.

형태 | 갓의 지름은 4~6cm이고, 반구형에서 편평형으로 전개된다. 갓의 표면은 양탄자상이고, 약간 점성을 띠며, 황록색~황록갈색이다. 관공은 끝붙은형~거의 떨어진형이며, 담홍색이다. 자루는 크기가 4~8cm×7~12mm이고, 원통형으로 속이 차 있으며, 굴곡하고, 담황색이며, 분말상이거나 섬유상이다. 자루의 부착형태는 중심생이고, 턱받이와 대주머니는 없다. 조직은 담황색이며 변색성은 없다. **미세구조:** 포자는 분홍색을 띠며, 크기는 9~10×4~5μm이다. 모양은 장타원형~방추형이며, 표면은 평활하다.

황금씨그물버섯(진갈색먹그물버섯) 366

Xanthoconium affine (Peck) Singer

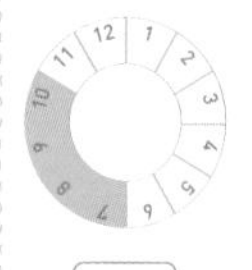

식독여부 | 식용 발생시기 | 여름~가을

발생장소 | 활엽수림 또는 침·활 혼합림 내 땅 위에 홀로 또는 무리지어 발생한다.

형태 | 갓의 지름은 3~8cm이고, 반구형에서 편평형으로 전개된다. 갓의 표면은 적갈색~암갈색이다가 후에 황갈색으로 되고, 습하면 점성이 있다. 관공은 자루 주위가 약간 함입하고, 담홍색이다가 후에 등갈색이 되며, 구멍은 작고 상처가 나면 짙은 색으로 변한다. 자루는 크기가 5~12cm×8~12mm이고, 원통형으로 속이 차 있으며, 평활하거나 미세한 분말상이고, 위쪽과 기부는 흰색이며, 나머지는 갓과 같은 색이고, 흰색의 세로줄무늬가 있다. 자루의 부착형태는 중심생이고, 턱받이와 대주머니는 없다. 조직은 담황색이며 변색성은 없다. **미세구조:** 포자는 황갈색을 띠고, 크기는 10~13×3.5~4μm이다. 모양은 방추형이며, 표면은 평활하다. 낭상체의 크기는 32.5~60×10~15μm이고, 볼링핀형이다.

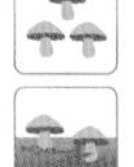

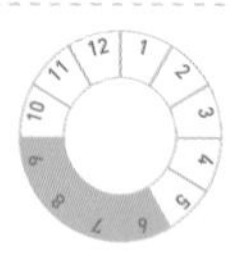

367 검은산그물버섯(흑자색산그물버섯)

Xerocomus nigromaculatus Hongo

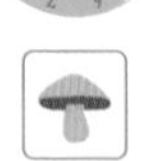
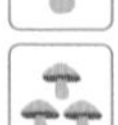

식독여부 | 식용　발생시기 | 여름~가을

발생장소 | 활엽수림 또는 침·활 혼합림 내 땅 위에 홀로 또는 무리지어 발생한다.

형태 | 갓의 지름은 2~7cm이고, 반구형~원추형에서 편평형으로 전개된다. 갓의 표면은 건조하고 입상粒狀으로 껄끄럽고 갈색이며 상처가 나면 흑변한다. 관공은 끝붙은형~홈생긴형이고, 자루에 접한 부분은 약간 내린형이며, 황색이다가 후에 황록갈색으로 변한다. 구멍은 다각형이고 크며, 상처가 나면 청변한 후 흑변한다. 자루는 크기가 2~5cm×5~10mm이고, 원통형으로 속이 차 있으며, 갓보다 옅은 색이다. 자루의 부착형태는 중심생이고, 턱받이와 대주머니는 없다. 조직은 흰색~담황색이다. **미세구조:** 포자는 분홍색을 띠며, 크기는 7.5~10.5×3.5~4µm이다. 모양은 타원형~방추형이며, 표면은 평활하다. 낭상체의 크기는 37~75×9~15µm이고, 볼링핀형~곤봉형이다.

연지버섯 368

Calostoma japonicum Henn.

식독여부 | 식독불명　발생시기 | 여름~가을

발생장소 | 숲속의 절개지나 나지, 길가 등에 흩어져 나거나 무리지어 발생한다.

형태 | 갓은 높이가 1~4cm이고, 머리 부분은 구형이며, 꼭대기가 별 모양으로 갈라진다. 갓의 표면에는 선홍색인 입구開口가 있으며, 표면은 인편상의 흰색 분말로 덮여 있다. 포자가 성숙하면 담황색으로 변한다. 자루는 뿌리 모양으로 연골질인데, 가느다란 실 모양의 균사속으로 된 것이며, 자루는 갓과 같은 색이다. **미세구조:** 포자는 흰색을 띠며, 크기는 10~17×6~10μm이다. 모양은 타원형이며, 표면에는 미세한 돌기가 분포한다.

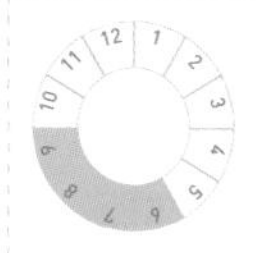

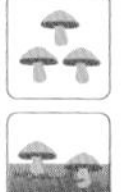

369 먼지버섯

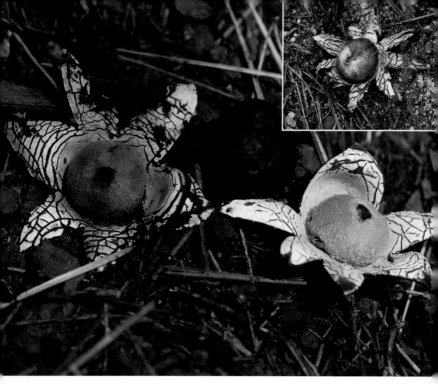

Astraeus hygrometricus (Pers.) Morgan

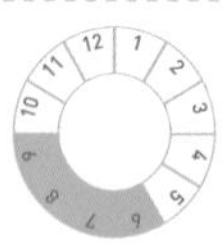

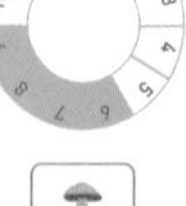

식독여부 | 식용부적합　발생시기 | 여름~가을

발생장소 | 숲속의 비탈진 곳, 절개지, 길가 등에 흩어져 나거나 무리지어 발생한다.

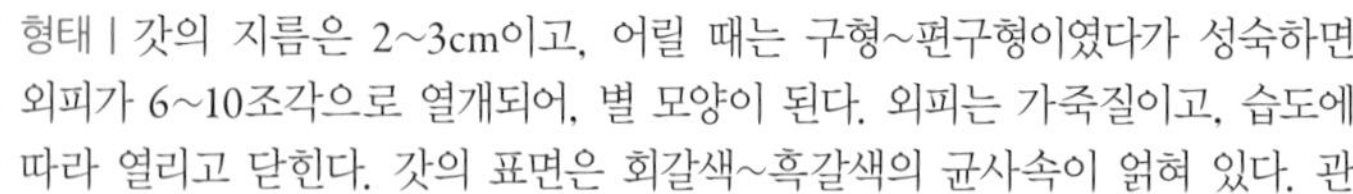

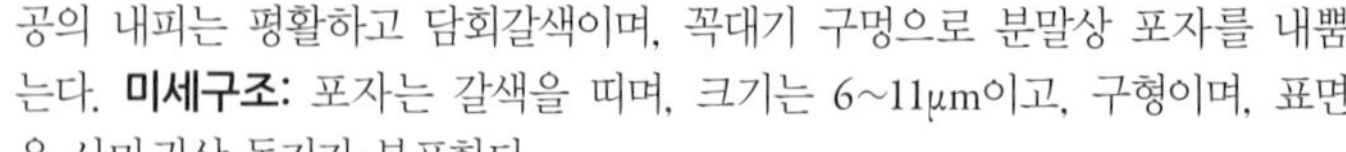

형태 | 갓의 지름은 2~3cm이고, 어릴 때는 구형~편구형이였다가 성숙하면 외피가 6~10조각으로 열개되어, 별 모양이 된다. 외피는 가죽질이고, 습도에 따라 열리고 닫힌다. 갓의 표면은 회갈색~흑갈색의 균사속이 얽혀 있다. 관공의 내피는 평활하고 담회갈색이며, 꼭대기 구멍으로 분말상 포자를 내뿜는다. **미세구조:** 포자는 갈색을 띠며, 크기는 6~11μm이고, 구형이며, 표면은 사마귀상 돌기가 분포한다.

못버섯(홍못버섯) 370

Chroogomphus rutilus (Schaeff.) O. K. Mill.

Gomphidius rutilus (Schaeff.) S. Lundell

식독여부 | 식용 발생시기 | 여름~가을

발생장소 | 소나무, 곰솔 등 소나무림 내 땅 위에 홀로 또는 무리지어 발생한다.

형태 | 갓의 지름은 2~8cm이고, 원추형~종형에서 중앙볼록편평형으로 전개된다. 갓의 표면은 습할 때 점성이 있고, 처음에는 비단 같은 섬유로 얇게 덮이지만 후에 평활하게 되며, 황갈색~적갈색이다. 주름살은 내린형이고, 성글며, 담갈색~암적갈색~흑갈색으로 변한다. 자루는 크기가 3~8cm×5~20mm이고, 원통형으로 속이 비어 있으며, 섬유상이고, 담황갈색~담적갈색 또는 자갈색이다. 자루의 부착형태는 중심생이고, 턱받이는 솜털상이며 쉽게 없어진다. 조직은 등황색을 거쳐 담황갈색으로 변한다. **미세구조:** 포자는 암회색~검은색을 띠고, 크기는 13.5~21×5.5~7.5μm이다. 모양은 타원형~방추형이며, 표면은 평활하다.

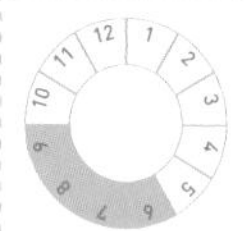

371 큰못버섯(큰마개버섯)

Gomphidius roseus (Fr.) Fr.

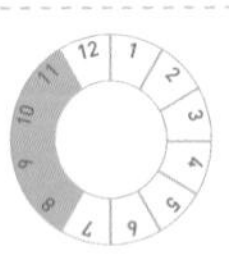

식독여부 | 식용 발생시기 | 가을

발생장소 | 침엽수림 내 땅 위에 홀로 또는 무리지어 발생한다.

형태 | 갓의 지름은 4~6cm이고, 반구형에서 거의 편평하게 전개된다. 갓의 표면은 점성이 강하고, 담홍색이며, 오래되면 검은색 얼룩이 생긴다. 주름살은 내린형이고, 약간 성글며, 흰색이다가 후에 흑록색으로 변한다. 자루는 크기가 3~6cm×6~10mm이고, 원통형으로 속이 비어 있으며, 상부는 흰색, 솜털상 턱받이가 있고, 하부는 담홍색이며, 기부는 가끔 황색을 띤다. 자루의 부착형태는 중심생이고, 턱받이와 대주머니는 없다. 조직은 흰색으로 부서지기 쉽다. **미세구조:** 포자는 흑갈색~검은색을 띠고, 크기는 13.5~16.5×5.5~7μm이다. 모양은 타원형~방추형이며, 표면은 평활하다.

꾀꼬리큰버섯 372

Hygrophoropsis aurantiaca (Wulfen) Maire
Cantharellus aurantiacus (Wulfen) Fr.

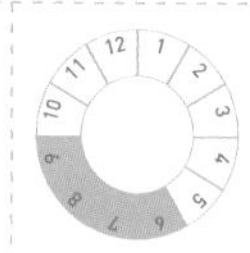

식독여부 | 식독불명　발생시기 | 여름~가을
발생장소 | 침엽수림 내 땅 위나 그루터기에 홀로 또는 무리지어 발생한다.
형태 | 갓의 지름은 4~8cm이고, 반구형에서 약간 깔때기형으로 전개하며, 갓 끝은 안으로 말린다. 갓 표면은 적황색~등황색이다. 주름살은 내린형이고, 3~5회 분지하며, 갓과 같은 색이다. 자루는 크기가 3~8cm×5~10mm이고, 원통형으로 속이 비어 있으며, 갓과 같은 색이다. 자루의 부착형태는 중심생이고, 턱받이와 대주머니는 없다. 조직은 등황색으로 부서지기 쉽다. **미세구조:** 포자는 흰색을 띠며, 크기는 5.5~6×4μm이다. 모양은 유구형이며, 표면은 평활하다.

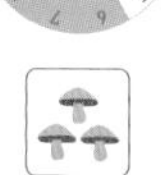

373 모래밭버섯

Pisolithus arhizus (Scop.) Rauschert
Pisolithus tinctorius (Pers.) Coker & Couch

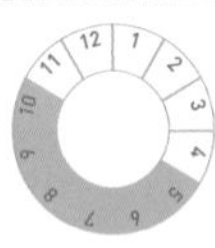
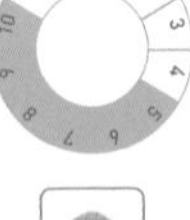

식독여부 | 식독불명 발생시기 | 봄~가을

발생장소 | 해안이나 하천 등의 소나무림이나 잡목림 내 땅 위에 홀로 또는 흩어져 난다. 외생균근균外生菌根菌이다.

형태 | 자실체의 지름은 4~7cm, 부정형~서양배 모양이고, 기부는 2~5×1~4cm의 자루 모양 균사이다. 자실체는 처음은 평활하지만 후에 요철이 생기며, 짙은 황색이고 후에 갈색~검은색으로 된다. 표피는 성숙한 후 위에서부터 붕괴한다. 내부의 기본체는 백색균사막으로 쌓인 젤리상 소립괴小粒塊로 구획된다. 이 속에 있는 포자는 갈색을 거쳐 자흑색으로 성숙하며, 이 포자가 공중으로 비산한다. **미세구조:** 포자는 지름이 7~12μm이고, 구형이며 표면에는 바늘상 돌기가 분포하며 자흑색이다.

점박이어리알버섯 374

Scleroderma areolatum Ehrenb.

식독여부 | 독 발생시기 | 봄~가을

발생장소 | 숲속, 정원 등의 활엽수류 아래에 무리지어 발생한다. 반지중생이다.

형태 | 자실체의 지름은 2~4cm이고, 구형이며, 갓의 표피는 단층이고, 담갈색~황갈색이다. 관공은 포자가 성숙하면 미세한 인편으로 갈라져서 암갈색~흑갈색이 된다. 후에 표피의 상부가 찢어지고, 갈색 포자를 방출한다. 자루는 뿌리 모양의 짧은 기부에 흰색의 근상균사속根狀菌絲束이 있다. **미세구조:** 포자는 암자갈색을 띠고, 크기는 7~10μm이다. 모양은 구형이며, 표면은 망목상의 융기가 분포한다.

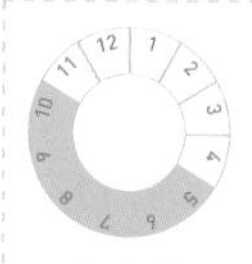

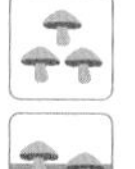

375 황토색어리알버섯

Scleroderma citrinum Pers.

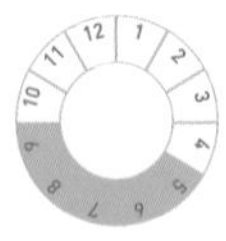

식독여부 | 독　발생시기 | 봄~가을

발생장소 | 숲속의 모래땅이나 황무지, 정원 등에 무리지어 발생한다.

형태 | 자실체의 지름은 2~5cm이고, 구형에 가깝다. 갓의 표면은 각피는 황갈색~갈색이고, 자르면 담홍색이 된다. 성숙한 후 불규칙한 조각들로 터진다. 기본체는 회색이다가 후에 검은색으로 변하며, 흰색 그물 모양의 융기가 있다. 기부에 물결 모양이 있고 자루가 없다. **미세구조:** 포자는 암자갈색을 띠고, 크기는 10~18μm이다. 모양은 구형이며, 표면에는 망목상의 융기가 분포한다.

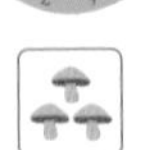

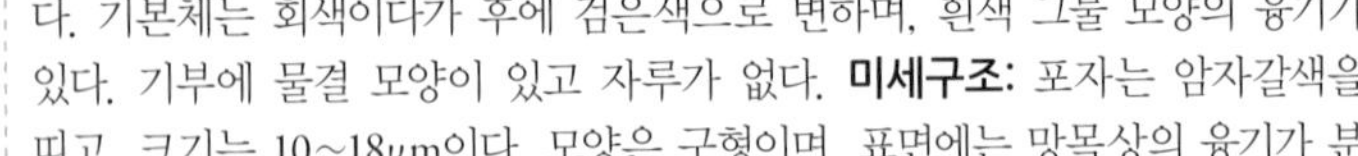

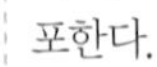

황소비단그물버섯 376

Suillus bovinus (Pers.) Roussel
Boletus bovinus Pers.

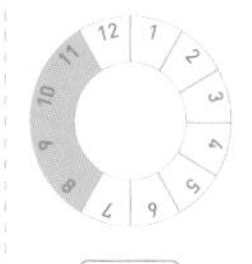

식독여부 | 식용　발생시기 | 여름~가을

발생장소 | 소나무림 내 땅 위에 홀로 또는 무리지어 발생한다. 소나무와 곰솔 등 2엽송에 균근을 형성한다.

형태 | 갓의 지름은 3~11cm이고, 반구형에서 편평하게 전개된다. 갓의 표면은 적갈색~황갈색, 강한 점성이 있다. 관공면은 약간 내린형이고 녹황색이며, 구멍은 다각형이고 크기가 다르며, 방사상으로 배열한다. 자루는 크기가 3~6cm×5~10mm이고, 위아래의 굵기가 같은 원통형으로 속이 차 있으며, 갓보다 색이 열다. 자루의 부착형태는 중심생이고, 턱받이와 대주머니는 없다. 조직은 상처에도 변색하지 않는다. **미세구조:** 포자는 황갈색을 띠고, 크기는 7~11×3~5μm이다. 모양은 타원형이며, 표면은 평활하다.

377 젖비단그물버섯

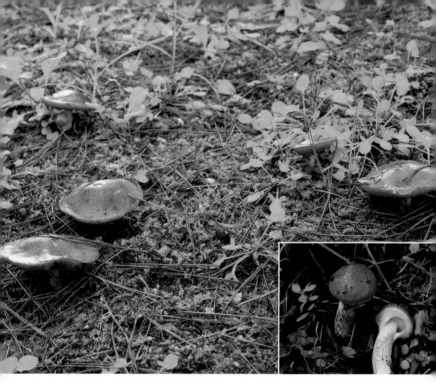

Suillus granulatus (L.) Roussel

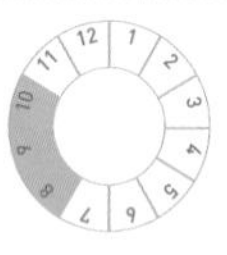

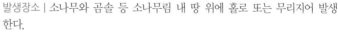

식독여부 | 식용　발생시기 | 여름~가을

발생장소 | 소나무와 곰솔 등 소나무림 내 땅 위에 홀로 또는 무리지어 발생한다.

형태 | 갓의 지름은 4~10cm이고, 반구형에서 편평하게 전개된다. 갓의 표면은 황갈색이고, 강한 점성이 있다. 관공면은 완전붙은형~약간 내린형이고, 황색이다가 후에 황갈색이 되며, 구멍은 작고 어릴 때 황백색 유액을 분비한다. 자루는 크기가 5~6cm×7~18mm이고, 위아래의 굵기가 같은 원통형으로 속이 차 있으며, 황백색~황색 바탕에 갈색 반점이 있다. 자루의 부착형태는 중심생이고, 턱받이와 대주머니는 없다. 조직은 상처나면 갈변한다. **미세구조:** 포자는 황갈색을 띠고, 크기는 7~10×3~3.5㎛이다. 모양은 타원형이고, 표면은 평활하다.

큰비단그물버섯 378

Suillus grevillei (Klotzsch) Singer
Suillus elegans Schumach.
Boletus grevillei Klotzsch

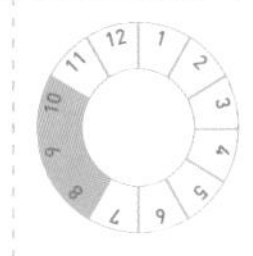

식독여부 | 식용　발생시기 | 여름~가을

발생장소 | 낙엽송림 내 땅 위에 홀로 또는 무리지어 발생하며 가끔 균륜을 형성한다.

형태 | 갓의 지름은 4~15cm이고, 반구형에서 편평하게 전개된다. 갓의 표면은 황금색~암적갈색이고 점액이 두껍게 덮여 있다. 관공은 작고 다각형이다. 자루는 크기가 3~8cm×10~20mm이고, 위아래의 굵기가 같은 원통형으로 속이 차 있다. 자루의 색깔은 황색 후에 황갈색을 띤다. 턱받이 위쪽은 그물망 무늬, 아래쪽은 섬유상이고 점성이 있다. 자루의 부착형태는 중심생이고, 흰색 막질의 턱받이가 상부 약 1/3 높이에 위치한다. 조직은 상처가 나면 옅은 갈색으로 변한다. **미세구조:** 포자는 황갈색이며, 크기는 8~11×3~4μm이다. 모양은 장방추형이며, 표면은 평활하다.

379 비단그물버섯

Suillus luteus (L.) Roussel

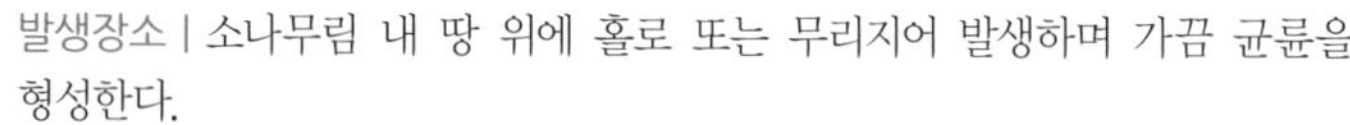

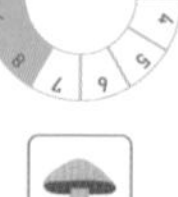

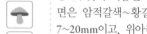

식독여부 | 식용　발생시기 | 여름~가을

발생장소 | 소나무림 내 땅 위에 홀로 또는 무리지어 발생하며 가끔 균륜을 형성한다.

형태 | 갓의 지름은 5~15cm이고, 반구형에서 편평하게 전개된다. 갓의 표면은 암적갈색~황갈색이고 점액이 덮여 있다. 자루는 크기가 4~7cm×7~20mm이고, 위아래의 굵기가 같은 원통형으로 속이 차 있다. 갓 밑에는 처음에 흰색의 피막이 덮여 있지만 자라면서 파괴되고, 자루에는 막질의 턱받이, 갓 끝에는 피막조각이 남는다. 자루의 색깔은 흰색~담황색 바탕에 갈색의 낟알 모양 반점이 빽빽하게 분포한다. 자루의 부착형태는 중심생이고, 흰색 막질의 턱받이가 상부 약 1/3 높이에 위치한다. 조직은 상처시 옅은 갈색으로 변한다. **미세구조:** 포자는 황갈색이며, 크기는 7~10×3~3.5μm이다. 모양은 장방추형이며, 표면은 평활하다.

380 붉은비단그물버섯

Suillus pictus (Peck) A. H. Sm. et Thiers
Boletinus pictus Peck

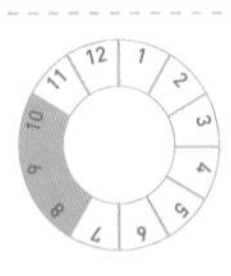
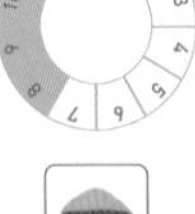

식독여부 | 식용 발생시기 | 여름~가을

발생장소 | 잣나무 등 5엽송림 내 땅 위에 홀로 또는 무리지어 발생하며 가끔 균륜을 형성한다.

형태 | 갓의 지름은 5~10cm이고, 반구형~원추형으로 전개된다. 갓의 표면에 섬유상 인편이 빽빽하고, 적색~적자색이며, 퇴색하여 갈색으로 변한다. 관공면은 내린형이고, 황색이다가 후에 황갈색이 되며, 구멍은 크기가 다르고, 방사상으로 배열되며, 상처가 나면 적변~갈변한다. 자루는 크기가 3~8cm×8~15mm이고, 위아래의 굵기가 같은 원통형으로 속이 차 있으며, 턱받이 위는 황색, 아래는 갓과 같은 색이다. 자루의 부착형태는 중심생이고, 흰색 막질의 턱받이가 상부 약 1/3 높이에 위치한다. 조직은 크림색이고 상처가 나면 적변하지만, 자루는 가끔 청변한다. **미세구조:** 포자는 황갈색이며, 크기는 9~11.5×3~5μm이다. 모양은 타원형이며, 표면은 평활하다.

평원비단그물버섯 381

Suillus placidus (Bonord.) Singer

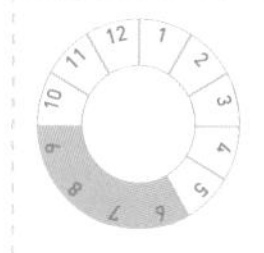

식독여부 | 식용　발생시기 | 여름~가을

발생장소 | 잣나무 등 5엽송의 숲속 땅 위에 흩어져 나거나 무리지어 발생한다.

형태 | 갓의 지름은 3~10cm이고, 반구형에서 편평하게 전개된다. 갓의 표면은 평활하고, 점성이 있으며, 처음에는 흰색이다가 후에 황색~황갈색으로 변한다. 관공면은 완전붙은형에 약간 내린모습이고, 처음에는 흰색을 나타내다가 담황색으로 변하며, 구멍은 작고 가끔 담홍색의 점액을 분비한다. 자루는 크기가 4~12cm×5~15mm이고, 위아래의 굵기가 같은 원통형으로 속이 차 있으며 구부러진다. 표면은 흰색이다가 후에 담황색이 되며, 자갈색~회갈색의 반점이 있다. 자루의 부착형태는 중심생이고, 턱받이와 대주머니는 없다. 조직은 상처가 나면 갈변한다. **미세구조:** 포자는 황토색을 띠고, 크기는 7~8.5×3~3.5μm이다. 모양은 타원형이며, 표면은 평활하다. 낭상체의 크기는 40~65×7.5~15μm이다.

382 솔비단그물버섯

Suillus tomentosus (Kauffman) Singer

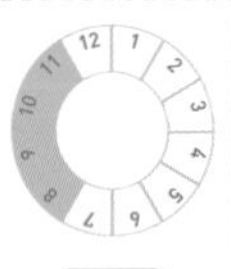
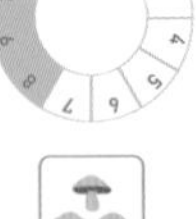

식독여부 | 식용 발생시기 | 가을

발생장소 | 잣나무 등 5엽송의 숲속 땅 위에 흩어져 나거나 무리지어 발생한다.

형태 | 갓의 지름은 4~9cm이고, 원추형~반구형에서 편평하게 전개된다. 갓의 표면은 습하면 점성이 있고, 솜털상 인편이 피복되며, 담황색~등황색이다. 관공은 홈생긴형 또는 완전붙은형이고, 녹황색~황갈색이며, 구멍은 다각형이고 상처시 청변하거나 또는 하지 않는다. 자루는 크기가 3~10cm×10~20mm이고, 위아래의 굵기가 같은 원통형으로 속이 차 있으며, 갓과 같은 색이고, 황갈색~암갈색의 미세한 낟알 모양의 반점이 빽빽하다. 자루의 부착형태는 중심생이고, 턱받이와 대주머니는 없다. 조직은 상처에도 변색하지 않는다. **미세구조:** 포자는 갈색을 띠며, 크기는 8~9×3~3.5μm이다. 모양은 타원형이며, 표면은 평활하다. 낭상체의 크기는 27~60×5~10μm이다.

녹슬은비단그물버섯 383

Suillus viscidus (L.) Fr.
Suillus laricinus (Berk.) Kuntze

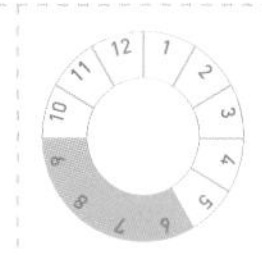

식독여부 | 식용　발생시기 | 여름~가을

발생장소 | 낙엽송 숲속 땅 위에 홀로 또는 무리지어 발생하며 가끔 균륜을 형성한다.

형태 | 갓의 지름은 5~12cm이고, 반구형에서 편평하게 전개된다. 갓의 표면은 젤라틴 같은 점액질이 덮여 있고, 암갈색이다가 후에 녹색을 띤 회색~흰색으로 변한다. 자루는 크기가 5~8cm×10~20mm이고, 위아래의 굵기가 같은 원통형으로 속이 차 있으며, 턱받이 위는 그물망 무늬에 흰색을 띠고, 아래는 섬유상이며 점성이 있고 흰색~갈색을 띤다. 자루의 부착형태는 중심생이고, 위쪽으로 막질의 턱받이가 있으나 쉽게 탈락되며, 조직은 상처시 청색~황록색으로 변한다. **미세구조:** 포자는 황갈색을 띠고, 크기는 9~11×4~5μm이다. 모양은 타원형이며, 표면은 평활하다. 낭상체의 크기는 45~87×7.5~10μm이다.

주름버섯강 Class Agaricomycetes
Subclass Phallomycetidae
≫ 방귀버섯목 Order Geastrales

방귀버섯과 Geastraceae

소형~중형의 자실체를 숲속 땅 위에 형성한다. 어릴 때는 구형이다가 성숙되면 외피가 별 모양으로 벌어지고, 포자분출구를 통하여 포자를 분출한다.

- 방귀버섯속 *Geastrum*

테두리방귀버섯 384

Geastrum fimbriatum Fr.

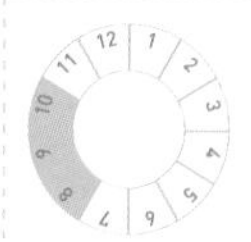

식독여부 | 식용부적합　발생시기 | 가을
발생장소 | 숲속 부식토 위나 낙엽 위에 흩어져 나거나 무리지어 발생한다.
형태 | 갓의 크기는 어릴 때 0.8~2cm이고, 구형으로 성숙하면 외피가 5~10개의 조각으로 갈라져서 별 모양으로 전개된다. 갓의 외피는 담적갈색이고 내층은 평활하며 흰색~담홍색~황갈색으로 변하고, 반전하여 아래쪽으로 말린다. 주름살관공 내피는 평활하고 자루가 없으며, 흰색이다가 후에 담갈색이 된다. 탈출공을 둘러싼 원좌圓座는 뚜렷하지 않고, 구멍 주위는 가늘게 쪼개진다. 자루 없이 기주에 부착한다. **미세구조:** 포자는 담홍갈색을 띠며, 크기는 3~4μm이다. 모양은 구형이고, 표면에는 사마귀상 돌기가 분포한다.

385 애기방귀버섯

Geastrum mirabile Mont.

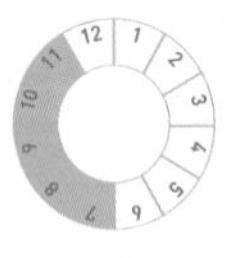
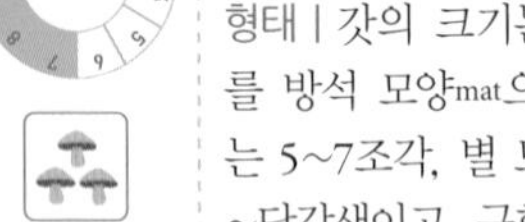

식독여부 | 식용부적합　발생시기 | 여름~늦가을

발생장소 | 침·활엽수림 내 낙엽 위에 흩어져 나거나 무리지어 발생한다.

형태 | 갓의 크기는 어릴 때 0.5~1cm이고, 구형으로 낙엽층 내에 백색균사를 방석 모양mat으로 확장한다. 갓의 표면은 갈색 솜털로 덮여 있으며 외피는 5~7조각, 별 모양으로 갈라져서 컵 모양으로 내피를 감싼다. 내피는 흰색~담갈색이고, 구형이며, 구멍 부위는 섬유상으로 돌출하고 탈출공은 거치상으로 열린다. 자루 없이 기주에 부착한다. **미세구조:** 포자는 암갈색을 띠며, 크기는 3~5μm이다. 모양은 구형이며, 표면에는 사마귀상 돌기가 분포한다.

386 갈색공방귀버섯

Geastrum saccatum Fr.

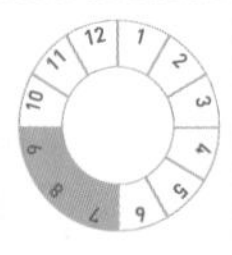

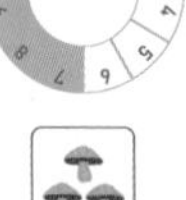

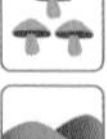

식독여부 | 식용부적합　발생시기 | 여름~가을

발생장소 | 숲속 부식토 위나 낙엽 위에 흩어져 나거나 무리지어 발생한다.

형태 | 갓은 어릴 때 1~3cm이고, 구형으로 성숙하면 외피가 5~9조각, 별 모양으로 갈라지고 아래로 뒤집힌다. 선단은 성숙하면 뒤틀려 2차로 갈라지는 경우가 많다. 갓의 표면에는 담갈색의 미세한 털이 빽빽하게 분포한다. 내피의 기부에 자루는 없고, 원좌의 구멍 부위는 섬유질이며 원추형으로 약간 뾰족하다. 자루 없이 기주에 부착한다. **미세구조:** 포자는 암갈색을 띠며, 크기는 3~5μm이다. 모양은 구형이며, 표면에는 사마귀상 돌기가 분포한다.

목도리방귀버섯 387

Geastrum triplex Jungh.

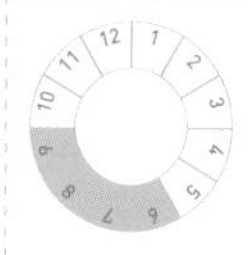

식독여부 | **식용부적합** 발생시기 | 여름~가을

발생장소 | 숲속 낙엽층이 두꺼운 곳에 흩어져 나거나 무리지어 발생한다.

형태 | 갓의 크기는 어릴 때 2~3cm이고, 구형이며, 꼭대기에 부리 모양의 뾰족한 돌기가 있고, 외피는 4~7조각으로 갈라져서 별 모양이며, 외피 내부가 목도리 모양으로 벗겨지는 경우가 많다. 갓의 표면은 갈색~적갈색이며, 내피는 평활하고, 원좌가 뚜렷하며, 구멍 부위는 방사상 섬유질로 짧은 원추형이고 가늘게 쪼개진다. 자루 없이 기주에 부착한다. **미세구조:** 포자는 암갈색을 띠며, 크기는 3.5~4.5μm이다. 모양은 구형이며, 표면에는 침상 돌기가 분포한다.

주름버섯강 Class Agaricomycetes
Subclass Phallomycetidae
≫ 나팔버섯목 Order Gomphales

방망이싸리버섯과 Clavariadelphaceae

국수버섯과Clavariaceae에서 파생된 과. 중형~대형의 곤봉형 자실체를 형성한다. 국수버섯과와 달리 자실체에 가지를 형성하지 않고, 흰색에서 밝은 황색의 포자문을 형성한다.

- 방망이싸리버섯속 *Clavariadelphus*

나팔버섯과 Gomphaceae

꾀꼬리버섯과Cantharellaceae의 나팔버섯속과 싸리버섯과Ramariaceae에 속했던 싸리버섯속이 합쳐져 만들어진 과. 숲속 땅 위에 나팔 모양 또는 산호 모양의 자실체를 형성한다. 포자문은 황색~갈색이다.

- 나팔버섯속 *Gomphus*
- 싸리버섯속 *Ramaria*

방망이싸리버섯 388

Clavariadelphus pistillaris (L.) Donk

식독여부 | 식용 발생시기 | 가을

발생장소 | 활엽수림 내 땅 위에 홀로 또는 무리지어 발생한다.

형태 | 표면은 세로로 주름이 있고, 자실층이 형성되며, 담황색~담황갈색이고, 상처가 나면 자갈색으로 변한다. 자루의 높이는 10~30cm이고, 두께는 2~6cm이며, 방망이 모양이다. 조직은 흰색이며 부드럽다. 약간 쓴맛이 있다. **미세구조:** 포자는 흰색을 띠며, 크기는 11~16×6~10μm이다. 모양은 장타원형이며, 표면은 평활하다.

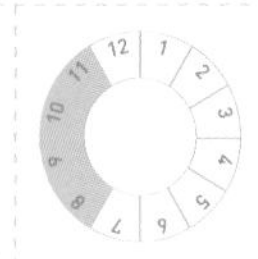

389 나팔버섯

Gomphus floccosus (Schwein.) Singer
Cantharellus floccosus Schwein.

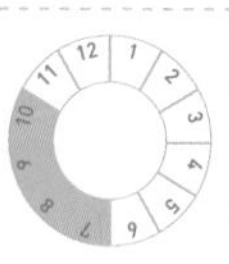
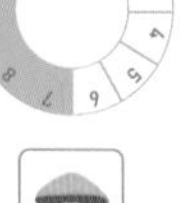

식독여부 | 독　발생시기 | 여름~가을

발생장소 | 전나무 등 침엽수림 내 땅 위에 홀로 또는 몇 개씩 다발로 발생한다.

형태 | 갓의 높이는 10~15cm, 지름은 4~12cm이고, 어릴 때는 뿔피리 모양이나 점차 깔때기형~나팔형이 된다. 중심부는 자루의 기부까지 뚫려 있다. 갓의 표면은 황색~황갈색 바탕에 갈색의 인편이 있고, 큰 인편이 드문드문 있다. 갓 끝은 파도형이다. 자실층은 내린주름형이고 맥상이며 황백색이다. 자루는 크기가 3~6×0.8~3cm이고, 원통형으로 매끈하며, 담황색~담적황색이다. **미세구조:** 포자는 담황색을 띠며, 크기는 11.5~15×6~8μm이다. 모양은 타원형이며, 표면에는 미세한 돌기가 있다.

390 녹변나팔버섯

Gomphus fujisanensis (S. Imai) Parmasto

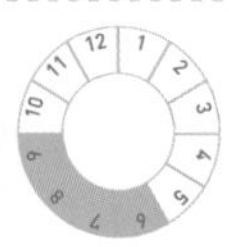
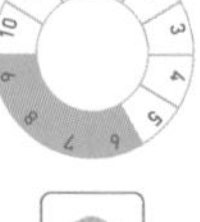

식독여부 | 독 발생시기 | 여름~가을

발생장소 | 침엽수림전나무 등과 활엽수와의 혼합림 내 땅 위에 홀로 또는 몇 개씩 다발로 발생한다.

형태 | 갓의 지름은 5~10cm이고, 높이는 수십 cm에 달하는 것도 있다. 갓은 뿔피리 모양이나 나중에는 깊게 파진 깔때기형이 되고, 중심부는 자루의 기부까지 뚫려 있다. 갓의 표면은 점토색, 담황토색~담갈색을 띠며, 큰 인편이 드문드문 있다. 갓 끝은 파도형이다. 자실층면은 주름상~맥상이며, 크림색이고 후에 황갈색을 띤다. 자루의 크기는 3~6×1~4cm이고, 원통형으로 매끈하며, 담황색이다. **미세구조:** 포자는 황토색을 띠고, 크기는 12.5~15×6~8μm이다. 모양은 타원형이고, 표면에는 미세한 돌기가 있다.

바늘싸리버섯 391

Ramaria apiculata (Fr.) Donk

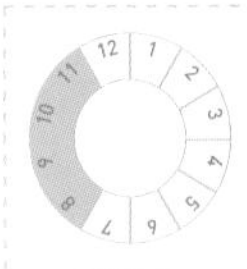

식독여부 | 식용 발생시기 | 가을
발생장소 | 침엽수의 썩은 나무나 땅에 묻힌 줄기에서 발생한다.
형태 | 자실체의 높이는 7cm 내외이며, 다른 싸리버섯류와 유사하게 산호와 같은 형태이다. 자실체는 가늘고 짧은 자루에서 수회 분지하며, 그 가지에서 다시 분지하여 빗자루 모양을 이룬다. 가지의 끝부분은 뾰족한 특징을 가진다. 자실체의 표면은 처음 담황색~회황색에서 짙은 황갈색으로 된다. 때로는 가지 끝이 녹색을 띤다. 조직은 섬유질이고 흰색이다. **미세구조:** 포자는 담갈색을 띠고, 크기는 7~10×3.5~5μm이다. 모양은 긴 타원형이며 표면이 거칠거나 평활하다.

392 황금싸리버섯

Ramaria aurea (Schaeff.) Quél.

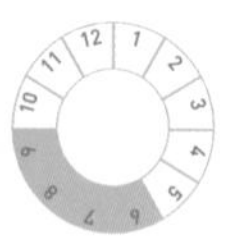
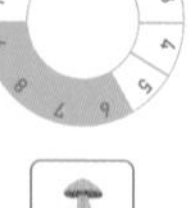

식독여부 | 독　발생시기 | (여름~)가을

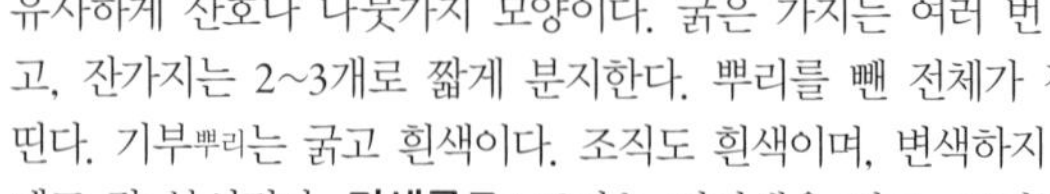

발생장소 | 활엽수림이나 침엽수림의 땅 위에 무리지어 난다.

형태 | 자실체의 높이는 5~12cm 정도로 약간 대형이고, 다른 싸리버섯류와 유사하게 산호나 나뭇가지 모양이다. 굵은 가지는 여러 번 잔가지로 분지하고, 잔가지는 2~3개로 짧게 분지한다. 뿌리를 뺀 전체가 진노랑~황금색을 띤다. 기부뿌리는 굵고 흰색이다. 조직도 흰색이며, 변색하지 않고, 약한 충격에도 잘 부서진다. **미세구조:** 포자는 담갈색을 띠고, 크기는 8~15×6~8μm이다. 모양은 긴 타원형이며 표면이 거칠거나 평활하다.

싸리버섯 393

Ramaria botrytis (Pers.) Ricken
Clavaria botrytes Pers.

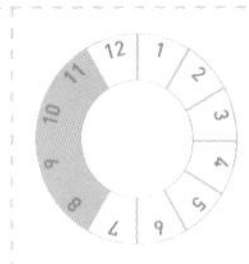

식독여부 | 식용　발생시기 | 가을

발생장소 | 숲속 땅 위에 흩어져 나거나 무리지어 발생한다.

형태 | 자실체의 높이는 15cm, 지름은 15cm 이상에 달하는 대형버섯이다. 굵기는 3~5cm이고, 자루의 모양은 튼튼한 원통 모양 자루에서 위쪽으로 순차적으로 가지를 분지하며, 자실체 끝부분은 엄청나게 많은 작은 가지의 집단으로 양배추 모양으로 되며, 가지 끝은 담홍색~담자색으로 아름답다. 끝부분 이외는 처음 흰색에서 황갈색으로 변한다. 조직은 흰색이며 속이 차 있고, 부서지기 쉽다. **미세구조:** 포자는 황갈색을 띠고, 크기는 13~20×4~5.5μm이다. 모양은 방추형이고, 표면에는 미세한 돌기가 있다.

394 다박싸리버섯

Ramaria flaccida (Fr.) Bourdota

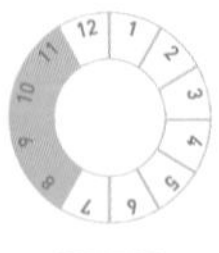

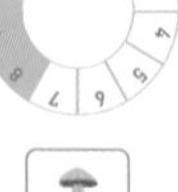

식독여부 | 식독불명　발생시기 | 가을

발생장소 | 침·활엽수림 내 낙엽, 낙지 위에 흩어져 나거나 무리지어 발생한다.

형태 | 자실체의 높이는 3~10cm, 지름은 2.5~8cm이다. 가지는 가늘고 많으며, 1~3회 분지하고 직립하며 가지 끝은 뾰족하다. 자루의 색깔은 갈색~황갈색이며, 상처가 나도 변색하지 않는다. 가지 끝은 담색이며, 조직은 흰색~담황색이고, 맛은 맵다. **미세구조:** 포자는 담황색을 띠며, 크기는 6~9×3~5μm이다. 모양은 달걀형~타원형이며, 표면에는 미세한 돌기가 있다.

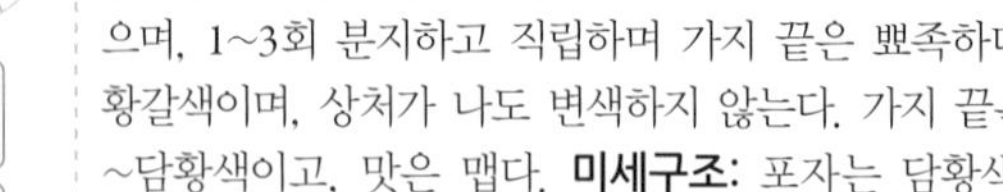

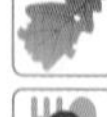

노랑싸리버섯 395

Ramaria flava (Schaeff.) Quél.
Clavaria flava Schaeff.

식독여부 | 독　발생시기 | 가을

발생장소 | 숲속 땅 위에 흩어져 나거나 무리지어 발생한다.

형태 | 자실체의 지름은 10~20cm, 높이는 7~15cm이다. 모양은 싸리버섯과 같이 대형이며, 산호 모양이다. 흰 자루를 제외하고는 전체가 레몬색이고, 성숙하면 황갈색으로 변한다. 조직은 흰색이다. 상처가 나거나 오래되면 가끔 적색으로 변한다. **미세구조:** 포자는 황갈색을 띠고, 크기는 11~18×4~6.5μm이다. 모양은 장타원형이고, 표면에는 미세한 돌기가 있다. 4포자형이다.

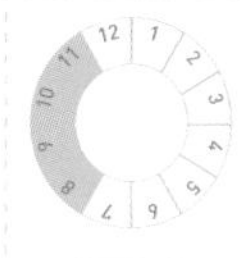

396 붉은싸리버섯

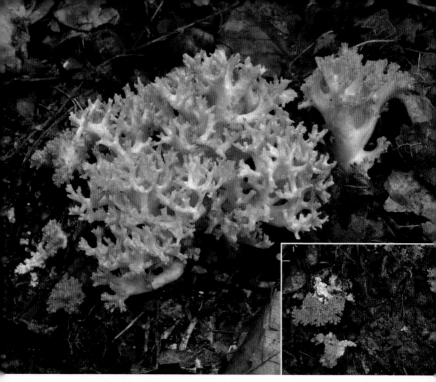

Ramaria formosa (Pers.) Quél.
Clavaria formosa Pers.

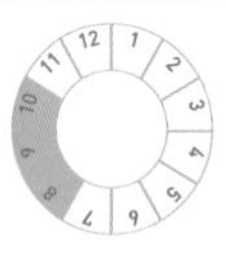

식독여부 | 독　발생시기 | 가을

발생장소 | 활엽수림 내 땅 위에 흩어져 나거나 무리지어 발생한다.

형태 | 자실체의 높이는 10~20cm이고, 지름은 5~20cm이다. 싸리버섯보다 큰 대형에 산호 모양이며, 전체가 적등색~담홍색이다. 가지 끝은 황색이며, 조직은 흰색이나 상처가 나면 적갈색으로 변한다. **미세구조:** 포자는 황갈색을 띠고, 크기는 8~15×4~6μm이다. 모양은 장타원형이며, 표면에는 미세한 돌기가 있다.

>>> 강한 독성을 가지고 있는 버섯이나 예로부터 염장하여 식용하였다.

자주색싸리버섯 397

Ramaria sanguinea (Pers.) Quél.

식독여부 | **식독불명** 발생시기 | 여름~가을

발생장소 | 활엽수림과 혼합림 내 특히 너무밤나무림 땅 위에 무리지어 난다.

형태 | 자실체의 높이는 6~12cm, 폭 4~10cm, 산호 모양이고, 가지는 계속 분지하며, 가지 끝은 짧고, V자 모양으로 갈라진다. 위쪽의 분지 부위는 황색이나 후에 황갈색으로 된다. 자루 기부는 흰색이고, 손에 닿거나 상처가 나면 적자색으로 변한다. 조직은 흰색이며 연한 섬유질이다. **미세구조:** 포자의 크기는 9.5~10×4.5~4.8㎛이고, 타원형이며, 표면에는 작은 돌기들이 분포한다. 포자의 색깔은 황색이다.

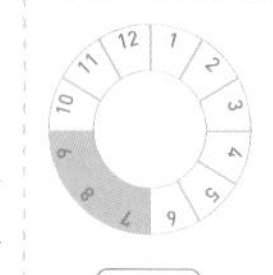

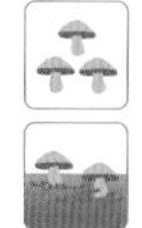

주름버섯강 Class Agaricomycetes

Subclass Phallomycetidae

≫ 말뚝버섯목 Order Phallales

말뚝버섯과 Phallaceae

중형의 자실체를 숲속 땅 위나 부식토, 또는 썩은 나무 위에 형성한다. 어릴 때는 알과 같은 형태지만, 말뚝, 뱀 등 다양한 형태의 자실체가 자라 나온다. 포자는 짙은 녹색, 자실체의 머리 부분에만 덮여 있다가 곤충에 의해서 산포된다.

- 망태버섯속 *Dictyophora*
- 밤버섯속 *Mutinus*
- 세발버섯속 *Pseudocolus*
- 찐빵버섯속 *Kobayasia*
- 말뚝버섯속 *Phallus*

노랑망태버섯 398

Dictyophora indusiata f. *lutea* (Liou & L. Hwang) Kobayasi

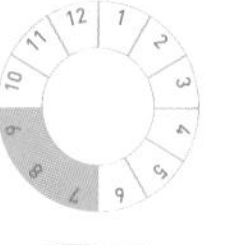

식독여부 | 식용 발생시기 | 여름~가을

발생장소 | 활엽수림과 혼합림 내 땅 위에 흩어져 나거나 무리지어 발생한다.

형태 | 갓의 지름은 2.5~4cm이고, 어린 자실체는 지름 3.5~4cm로 달걀형~구형이며, 흰색~담자갈색이고, 기부에 두꺼운 근상균사속이 있다. 성숙한 자실체는 10~20×1.5~3cm가 된다. 갓은 종형이다. 꼭대기 부분은 흰색의 정공이 있고, 표면에 그물망 무늬의 융기가 있으며, 점액화된 암록색 기본체가 있어서 악취가 난다. 자루는 길이 5~10cm이고, 속이 빈 원통형이며, 갓 아래로 10×10cm의 황색망사 스커트상의 균망이 펼쳐진다. 자루의 색깔은 황색~흰색이고, 기부에 젤라틴질의 대주머니가 있다. **미세구조:** 포자는 황록색을 띠며, 크기는 3.5~4.5×1.5~2.2μm이다. 모양은 타원형이며, 표면은 평활하다.

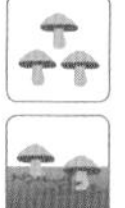

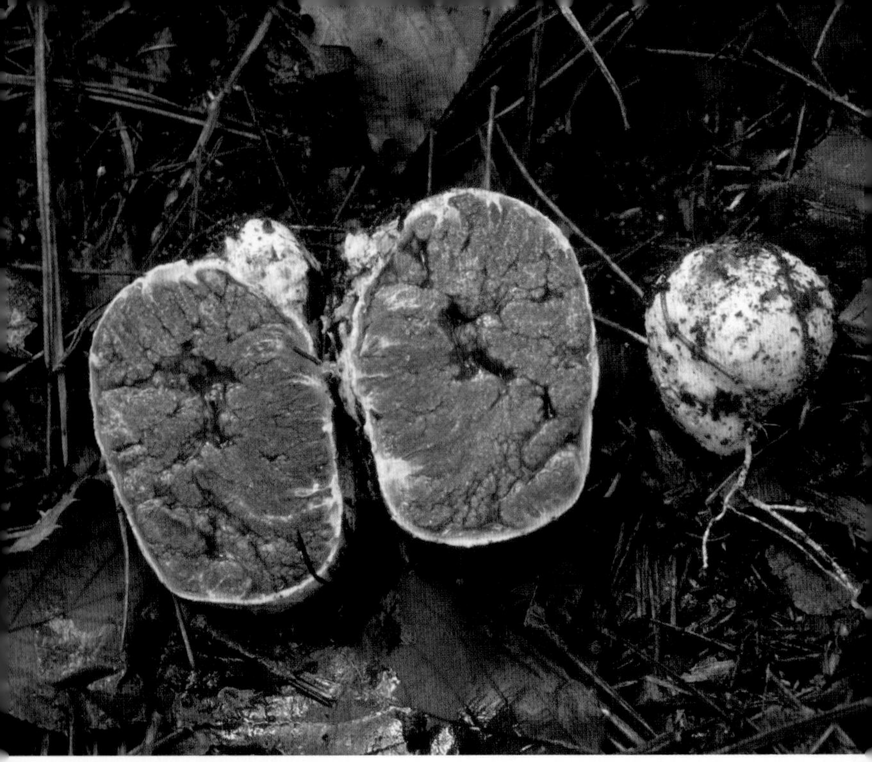

399 흰찐빵버섯

Kobayasia nipponica (Kobayasi) S. Imai & A. Kawam.

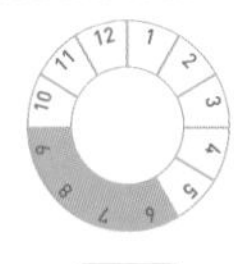

식독여부 | 식독불명 발생시기 | 여름~가을

발생장소 | 숲속 특히 소나무림 내에 지중생地中生이지만 성숙하면서 지표에 드러난다.

형태 | 갓의 지름은 3~7cm이고, 유구형~요철이 있는 편구형이다. 갓의 표면은 흰색~담황갈색이다. 표면은 평활하거나 작은 균열이 있다. 절단면은 암록색이며, 기부에는 흰색의 두꺼운 근상균사속이 있다. **미세구조:** 포자는 암록색을 띠고, 크기는 3.5~5×1.5~2.2μm이다. 모양은 타원형이며, 표면은 평활하다.

황갈색머리말뚝버섯 400

Mutinus boninensis Lloyd
Jansia boninensis (Fisch.)Lloyd

식독여부 | 식용부적합 발생시기 | (장마기~)여름
발생장소 | 혼합림 내 땅 위나 썩은 나무 위에 흩어져 나거나 무리지어 발생한다.
형태 | 높이 3~4cm, 굵기 5~8mm 크기의 탁托이다. 어린 자실체는 작고, 달걀형이며, 성숙하면서 열개하여 탁이 신장한다. 탁은 원통형이고 속이 비며 머리 쪽이 가늘어진다. 갓의 표면에 어린 자실체는 흰색이며 머리 부분에 고리 무늬상의 가로주름이 있고, 적색~적갈색이며, 자루 부분과 뚜렷이 구별된다. 기본체는 머리 부분에 붙고, 과일향이 있다. 자루는 흰색이며 머리 부분보다 길고 속이 빈 원기둥으로 기부에 흰색 대주머니가 있다. **미세구조:** 포자는 흰색을 띠며, 크기는 3.5~4×1.5~2.0μm이다. 모양은 타원형이며, 표면은 평활하다.

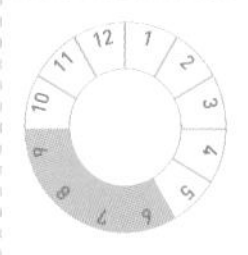

401 말뚝버섯

Phallus impudicus L.

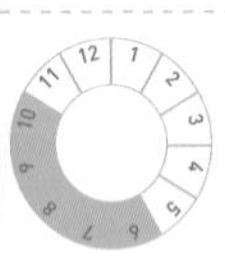

식독여부 | 식용　발생시기 | 늦봄~가을

발생장소 | 죽림, 정원 등이나 숲속 땅 위 또는 썩은 나무나 그루터기에 흩어져 나거나 무리지어 발생한다.

형태 | 갓은 높이 9~15cm이고, 어린 자실체는 4~6cm, 유구형이며 흰색이다. 기부에 굵고 긴 흰색의 근상균사속이 있다. 갓과 자루가 성숙하면 신장한다. 갓은 종형이고 꼭대기 구멍頂孔은 흰색이며, 자루의 위쪽 끝과 연결된다. 갓의 표면은 흰색~담황색이고, 표면에 그물망 모양의 돌기가 있다. 암록색의 점액화된 기본체가 있어 악취를 풍긴다. 자루는 크기가 5.5~10cm이고, 원통형이며, 속이 비어 있고, 흰색이며, 기부에 흰색 대주머니가 있다. **미세구조:** 포자는 담록색을 띠고, 크기는 3.5~4.5×2~2.5μm이다. 모양은 타원형이며, 표면은 평활하다.

402 망태버섯

Phallus indusiatus Vent.

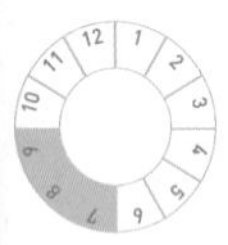
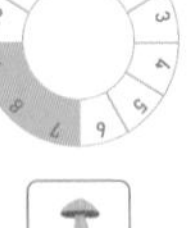

식독여부 | 식용　발생시기 | 여름~가을

발생장소 | 대나무림 내 땅 위에 흩어져 나거나 무리지어 발생한다.

형태 | 갓의 지름은 2.5~4cm이고, 어린 자실체는 지름 3.5~5cm로 달걀형~구형이고, 흰색~담자갈색이며, 기부에 두꺼운 근상균사속根狀菌絲束이 있다. 성숙한 자실체는 크기가 10~30×1.5~4cm이다. 갓은 종형이다. 꼭대기 부분은 흰색의 정공이 있으며, 표면에 그물망 무늬의 융기가 있고, 점액화된 암록색 기본체가 있어서 악취가 난다. 자루는 길이 10~18cm이고, 속이 빈 원통형이며, 갓 아래로 10×10cm의 흰색 망사 스커트상의 균망菌網이 펼쳐진다. 자루의 색깔은 흰색이고, 턱받이는 기부에 젤라틴질의 대주머니가 있다. **미세구조:** 포자는 황록색을 띠며, 크기는 3.5~4.5×1.5~2μm이다. 모양은 타원형이며, 표면은 평활하다.

403 붉은말뚝버섯

Phallus rugulosus Lloyd

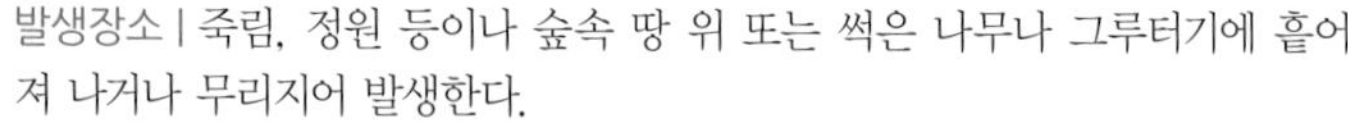

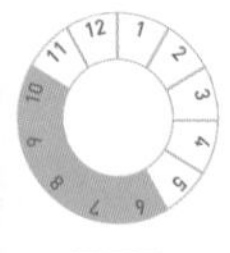

식독여부 | 식용부적합　발생시기 | 늦봄(장마기)~가을

발생장소 | 죽림, 정원 등이나 숲속 땅 위 또는 썩은 나무나 그루터기에 흩어져 나거나 무리지어 발생한다.

형태 | 갓은 높이 7~20cm이고, 어린 자실체는 2~3×1.5~2cm, 긴 달걀형이며, 흰색이고, 성숙하면 갓과 자루가 7~20cm 높이로 신장한다. 갓은 종형이고 주름상이며, 융기가 있다. 갓의 표면은 농홍색이다. 기본체는 점액화하여 갓에 붙고, 적갈색~흑갈색이며 강한 악취가 있다. 자루는 크기가 10~20cm이고, 원통형이며, 속이 비어 있고, 위쪽은 담홍색, 아래쪽은 흰색이며, 기부에 흰색 대주머니가 있다. **미세구조:** 포자는 황록색을 띠며, 크기는 3~4×2~2.5μm이다. 모양은 타원형이며, 표면은 평활하다.

세발버섯 404

Pseudocolus schellenbergiae (Sumst.) A. E. Johnson

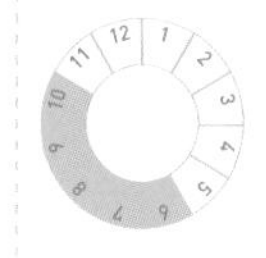

식독여부 | 식용부적합 발생시기 | 늦봄(장마기)~가을

발생장소 | 죽림, 정원, 길가 및 숲속의 부식질 땅 위에 흩어져 나거나 무리지어 발생한다.

형태 | 갓은 높이 5~10cm이고, 어린 자실체는 지름 1~2cm, 달걀형이며 흰색이다. 기부에 흰색의 근상균사속이 있다. 성숙하면 열개하여 3~6개의 팔托枝과 원기둥 모양의 자루가 신장한다. 팔은 아치형으로 구부러져 끝이 서로 결합한다. 갓의 표면은 황색~등황색이며, 기본체는 팔 안쪽에 있고, 점액화하여 흑갈색으로 되며 악취를 풍긴다. 자루는 크기가 3~5cm이고, 팔보다 짧으며, 속이 비어 있고, 흰색이며, 기부에 흰색 대주머니가 있다. **미세구조:** 포자는 황록색을 띠며, 크기는 4.5~5.5×2~2.5μm이다. 모양은 타원형이며, 표면은 평활하다.

주름버섯강 Class Agaricomycetes
미확정분류균 Subclass *Incertae sedis*
≫ 목이목 Order Auriculariales

목이과 Auriculariaceae

소형~중형이며, 젤라틴질 또는 고무질의 자실체를 나무 표면에 형성한다. 포자문은 흰색이다. 담자기는 긴 곤봉형이며, 가로로 격막이 있다.

- **목이속** *Auricularia*
- **좀목이속** *Exidia*

미확정분류균 *Incertae sedis*

미로목이속은 형태적으로는 구멍장이버섯과Polyporaceae의 특징을 가지고, 현미경적 특징으로 구멍장이버섯과와 목이과Auriculariaceae의 특징을 모두 가지고 있어, 아직 미확정분류군에 포함되어 있다.

- **미로목이속** *Protodaedalea*
- **혓바늘목이속** *Pseudohydnum*

목이 405

Auricularia auricula-judae (Bull.) Quél.
Auricularia auricula (L.) Underw.

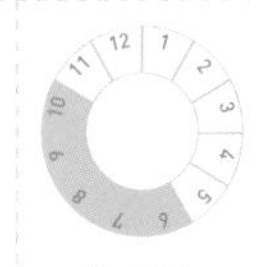

식독여부 | 식용　발생시기 | 봄~가을

발생장소 | 활엽수류의 고사목이나 쓰러진 나무줄기에 중첩되게重生 무리지어 발생한다.

형태 | 갓의 지름은 3~12cm이고, 종형, 잔형, 귀형 등 여러 가지 모양을 나타내며, 젤라틴질이고, 건조하면 크게 수축한다. 갓의 표면은 황갈색~갈색이며, 미세한 털이 빽빽이 덮여 있다. 자실층은 평활하고 불규칙한 연락맥이 있으며, 표면보다 옅은 색을 띤다. 자루는 아주 짧거나 거의 없다. 자루의 부착형태는 중심생~편심생이다. 조직은 젤라틴질로 부드럽고 쫄깃쫄깃하다. **미세구조:** 포자는 흰색을 띠며, 크기는 11~17×4~7μm이다. 모양은 콩팥형이며, 표면은 평활하다.

>>> 중화요리에 없어서는 안 되는 버섯이다.

406 털목이

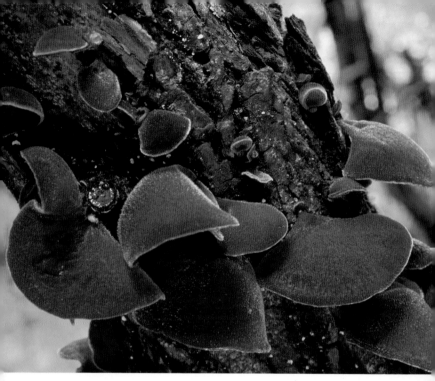

Auricularia polytricha (Mont.) Sacc.

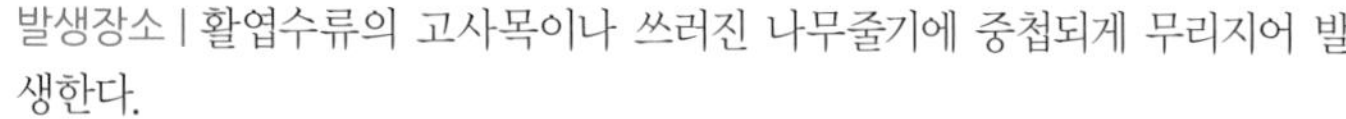

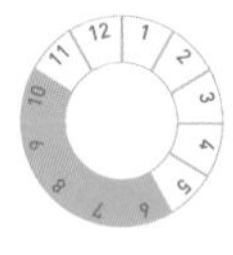

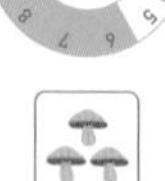

식독여부 | 식용 발생시기 | 봄~가을

발생장소 | 활엽수류의 고사목이나 쓰러진 나무줄기에 중첩되게 무리지어 발생한다.

형태 | 갓의 지름은 4~8cm이고, 종형, 잔형, 귀형 등 여러 가지 모양을 나타내며, 젤라틴질이고, 건조하면 크게 수축한다. 갓의 윗면은 회백색이며, 짧은 털이 빽빽이 덮여 있다. 아래의 자실층은 평활하며, 갈색~자갈색이다. 자루는 아주 짧거나 거의 없다. 자루의 부착형태는 중심생~편심생이다. 조직은 젤라틴질로 부드럽고 쫄깃쫄깃하다. **미세구조:** 포자는 흰색을 띠며, 크기는 8~13×3~5μm이다. 모양은 콩팥형이며, 표면은 평활하다.

407 좀목이

Exidia glandulosa (Bull.) Fr.

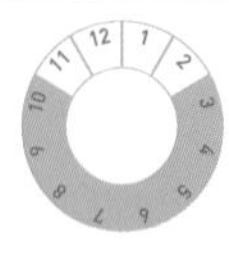

식독여부 | 식용 발생시기 | 봄~가을

발생장소 | 활엽수류 고사목이나 쓰러진 나무줄기에 중첩되게 무리지어 발생한다.

형태 | 갓은 두께 0.5~2cm, 지름 15cm 이상으로 자란다. 작은 구형으로 군생하지만, 서로 융합을 계속하여 부정형으로 확대되고, 수분을 흡수하면 두께 0.5~2cm, 지름 15cm 이상으로 자라며, 뇌 모양의 주름이 생긴다. 건조하면 검은색이 되고, 연골질의 얇은 막상으로 변한다. 갓의 표면은 회갈색~흑갈색~검은색을 띤다. 전 표면이 자실층이고, 유두상 돌기가 있으며, 청흑색을 띤다. 자루는 없다. 조직은 연한 젤라틴질이다. **미세구조:** 포자는 흰색을 띠며, 크기는 6~13.5×2.5~5.5μm이다. 모양은 콩팥형이며, 표면은 평활하다.

아교좀목이 408

Exidia uvapassa Lloyd

식독여부 | 식용 발생시기 | 봄~가을

발생장소 | 활엽수류 고사목이나 쓰러진 나무줄기에 중첩되게 무리지어 발생한다.

형태 | 갓은 크기가 0.5~10cm 이상이고, 성숙한 자실체는 구형, 방석 모양, 귀 모양 등 아주 다양하다. 개체 간에 서로 접촉하여도 융합하지 않고, 하나씩 발달한다. 갓의 표면은 황갈색~갈색~적갈색이다. 윗표면은 물결 모양~뇌 모양이며, 전체 면에 자실층이 생긴다. 때때로 미세한 돌기로 덮여 있다. 자루는 없다. 조직은 젤라틴질이다. **미세구조:** 포자는 흰색을 띠며, 크기는 7.5~22.5×3~7μm이다. 모양은 달걀형이며, 표면은 평활하다.

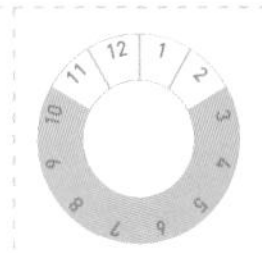

409 미로목이

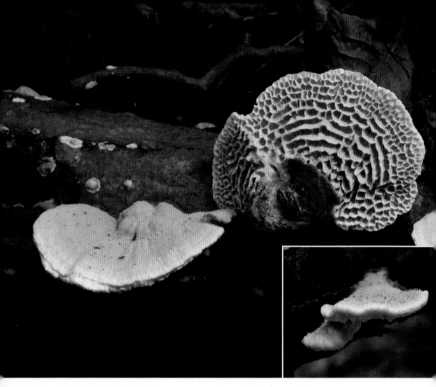

Protodaedalea hispida Imazeki

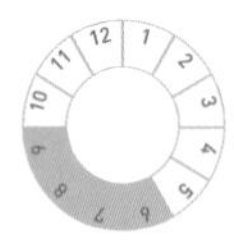
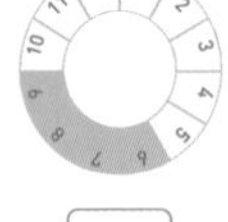

식독여부 | 식용부적합　발생시기 | 여름~가을

발생장소 | 활엽수류 고사목이나 쓰러진 나무줄기에 홀로 또는 무리지어 발생한다.

형태 | 갓은 지름 3~15cm, 두께 1~7cm이다. 반구형~약간 말굽형이다. 갓의 표면은 흰색~담황갈색~담갈색이고, 깃털 모양의 털로 덮여 있으며, 아래는 방사상~미로상의 주름을 만든다. 두께 0.5~1mm, 높이 0.5~1.5cm이며, 자실층은 주름살 양측에 생긴다. 자루가 없다. 부착형태는 편심생 또는 측생한다. 조직은 약간 젤라틴질이다. **미세구조:** 포자는 흰색을 띠며, 크기는 10~12×4~7μm이다. 모양은 달걀형이며, 표면은 평활하다.

혓바늘목이 410

Pseudohydnum gelatinosum (Scop.) Karst.

식독여부 | 식용　발생시기 | 봄~가을

발생장소 | 침엽수림 내 썩은 나무나 그루터기 등에 무리지어 발생한다.

형태 | 자실체의 지름은 2.5~7cm이고, 높이는 2.5~6cm이다. 혀 모양 또는 주걱 모양 때때로 말뚝 모양으로 자라기도 한다. 자실체 윗면은 회갈색~담갈색이고, 아랫면은 쇄기형의 돌기가 밀집되어 분포하며 이 부위에 자실층이 발달된다. 자루는 편심생 또는 중심생으로 짧으며 반투명하다. 삼나무 표피에 크기가 작은 흰색의 자실체를 형성하기도 한다. **미세구조:** 포자는 흰색을 띠며, 크기는 3~7μm이다. 모양은 구형~유구형이며, 표면은 평활하다.

>>> 주로 제주도나 따뜻한 남부지방에서 볼 수 있는 종이다.

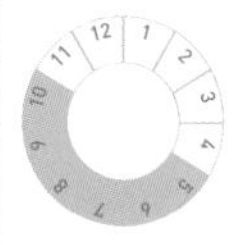

주름버섯강 Class Agaricomycetes

미확정분류균 Subclass *Incertae sedis*

≫ 꾀꼬리버섯목 Order Cantharellales

꾀꼬리버섯과 Cantharellaceae

소형~중형의 자실체를 숲속 땅 위에 형성한다. 자실체의 모양은 일반적으로 나팔 모양이고, 색은 황색, 흰색, 주홍색 등 화려하다. 갓 밑부분에 주름이 주름살 모양으로 존재하고, 턱받이와 대주머니는 없으며, 포자문은 흰색, 황색, 분홍색 등이다.

- 꾀꼬리버섯속 *Cantharellus*
- 뿔나팔버섯속 *Craterellus*

창싸리버섯과 Clavulinaceae

소형~중형이며, 산호와 같은 모양의 자실체를 땅 위에 형성한다. 자실체의 색깔은 대체로 흐릿하거나 어두운 색을 띤다. 포자문은 흰색이다.

- 볏싸리버섯속 *Clavulina*
- 더듬이버섯속 *Multiclavula*

턱수염버섯과 Hydnaceae

중형~대형의 자실체를 땅 위나 나무 위에 형성한다. 갓과 자루가 있고, 갓 아랫면에는 바늘 모양의 강모를 만든다. 포자는 흰색~갈색이다.

- 턱수염버섯속 *Hydnum*
- 천버섯속 *Sistotrema*

꾀꼬리버섯 411

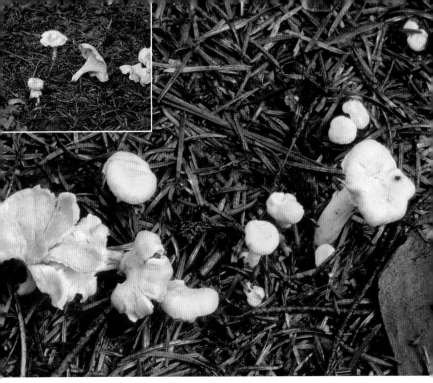

Cantharellus cibarius Fr.

식독여부 | **식용**　발생시기 | **늦여름~가을**

발생장소 | 숲속 땅 위에 홀로 또는 무리지어 발생한다.

형태 | 갓은 높이 3~9cm, 지름 3~8cm이고, 갓 둘레는 불규칙한 원형이며, 파도형으로 굴곡진다. 갓의 표면은 전체가 난황색이다. 자실층은 긴 내린형이고, 약간 빽빽하며, 주름살 사이에 연락맥이 있다. 자루의 크기는 1.5~6cm×5~15mm이며 원통형으로 굵고 짧으며 속이 비어 있고, 갓과 같은 색이다. 자루의 부착형태는 편심생~중심생이며, 조직은 부드럽고 쫄깃쫄깃하다. **미세구조:** 포자는 담황색을 띠며, 크기는 7~10×4.5~5.5μm이다. 모양은 타원형이며, 표면은 평활하다.

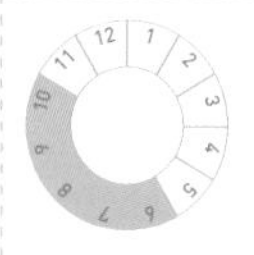

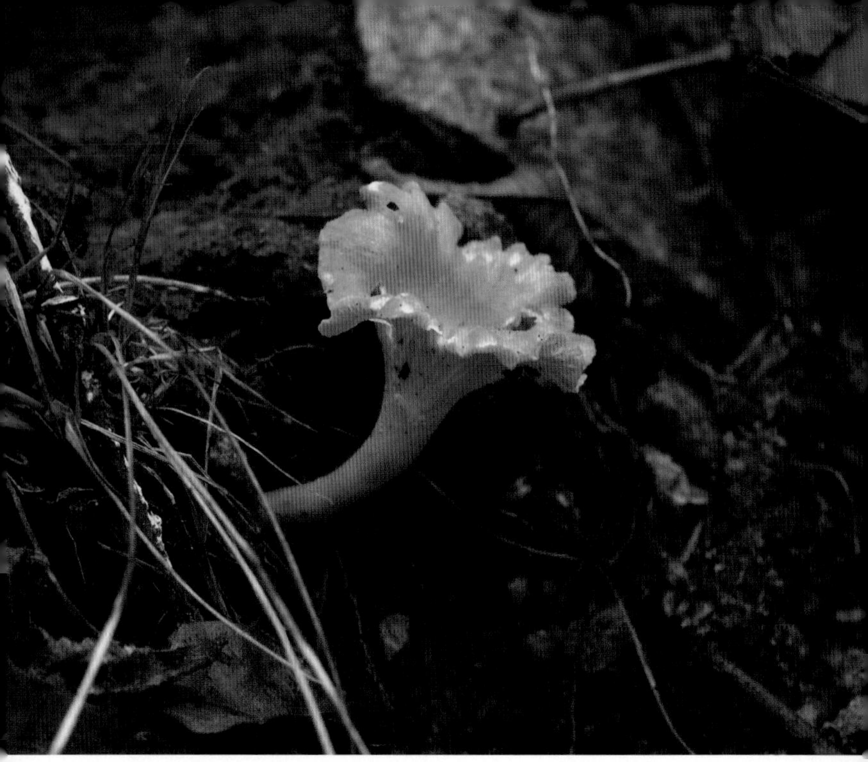

412 붉은꾀꼬리버섯

Cantharellus cinnabarinus (Schwein.) Schwein.

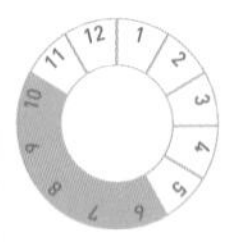
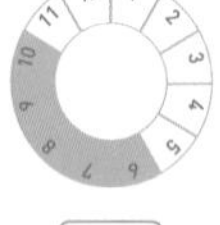

식독여부 | 식용　발생시기 | 여름~가을

발생장소 | 숲속 땅 위에 홀로 또는 무리지어 발생한다.

형태 | 갓은 높이 3.5cm, 지름 1~3cm이고, 반구형에서 후에 깔때기 모양이 된다. 표면은 평활하고, 둘레는 파도형이며, 주홍색이다. 자실층은 내린 주름살 모양이고, 연락맥이 있으며 담홍색이다. 자루는 크기가 2~5cm×6~14mm이고, 원통형으로 굵고 짧으며 속이 비어 있고, 등홍색이다. 자루의 부착형태는 편심생~중심생이다. 조직은 부드럽고 쫄깃쫄깃하다. **미세구조:** 포자는 흰색~분홍색을 띠고, 크기는 6~11×4~6μm이다. 모양은 타원형이며, 표면은 평활하다.

>>> 전체가 붉은색으로 아름다운 버섯이다.

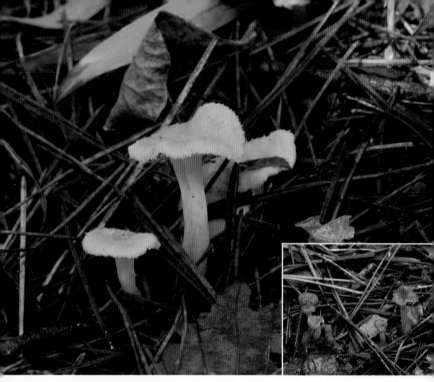

413 황금나팔꾀꼬리버섯

Cantharellus luteocomus H. E. Bigelow

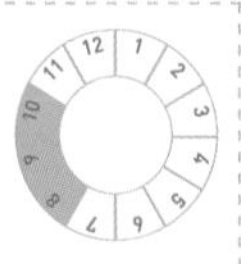
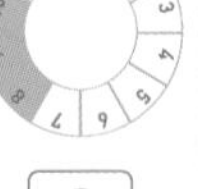

식독여부 | 식용 발생시기 | 가을

발생장소 | 소나무림 내 땅 위에 균환菌環을 이루며 무리지어 발생한다.

형태 | 갓의 지름은 1~3cm이고, 반구형에서 후에 깔때기 모양이 된다. 표면은 평활하고, 둘레는 파도형이며, 점성은 없고 껄끄럽다. 전체가 옅은 홍색~연분홍색인 가냘픈 버섯이며 때로는 갓과 자루가 담황색~흰색인 것도 있다. 자실층은 주름상이고 평활하다. 자루는 크기가 2~5cm×6~14mm이고, 원통형 또는 눌린 원통형으로 속이 비어 있으며, 갓과 같은색이다. 자루의 부착형태는 편심생~중심생이다. 조직은 부드럽고 부서지기 쉽다. **미세구조:** 포자는 담황색을 띠며, 크기는 10~12×6~8μm이다. 모양은 광타원형이며, 표면은 평활하다.

애기꾀꼬리버섯 414

Cantharellus minor Peck

식독여부 | 식용　발생시기 | 여름~가을

발생장소 | 숲속 땅 위 특히 이끼가 많은 곳에 홀로 또는 흩어져 발생한다.

형태 | 갓은 0.5~3cm이고, 반구형~오목편평형~깔때기형으로 전개된다. 갓의 표면은 전체가 황색이다. 주름살은 내린형이고, 성글며, 황색이고, 때로는 교차하며 분지하지만, 상호 간의 연락맥은 없다. 자루는 길이 2~3cm이고, 원통형이며, 평활하고, 황색~등황색이다. 자루의 부착형태는 편심생~중심생이며, 조직은 부드럽고 부서지기 쉽다. **미세구조:** 포자는 담황색을 띠며, 크기는 6~11×4~6.5μm이다. 모양은 타원형이며, 표면은 평활하다.

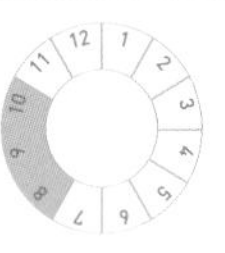

415 뿔나팔버섯

Craterellus cornucopioides (L.) Pers.

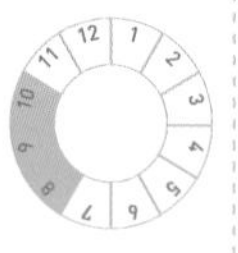

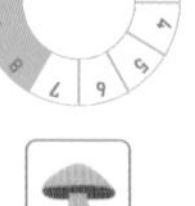

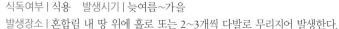

식독여부 | 식용　발생시기 | 늦여름~가을

발생장소 | 혼합림 내 땅 위에 홀로 또는 2~3개씩 다발로 무리지어 발생한다.

형태 | 갓은 높이 5~10cm, 지름 1~6cm이며, 가늘고 긴 깔때기형의 나팔 모양이고, 갓 끝은 얕게 갈라지며, 물결 모양이다. 갓은 표면이 검은색~흑갈색이고 인피가 덮여 있다. 자실층은 긴 내린형이고, 회백색~옅은 회자색이며, 거의 평활하다. 자루는 크기가 3~5cm×5~18mm이고, 역원뿔형으로 중심부는 기부까지 통해 있으며, 회백색이다. 자루의 부착형태는 편심생~중심생이다. 조직은 약간 질긴 가죽질이다. **미세구조:** 포자는 흰색을 띠며, 크기는 9~12×5.5~7.5μm이다. 모양은 타원형이며, 표면은 평활하다.

자주색볏싸리버섯 416

Clavulina amethystinoides (Peck) Corner

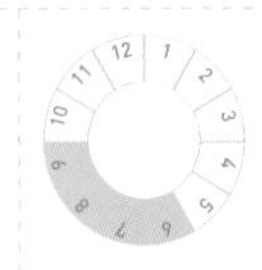

식독여부 | 식독불명　발생시기 | 여름~가을

발생장소 | 숲속 땅 위에 흩어져 나거나 무리지어 발생한다.

형태 | 갓은 높이 6~8cm이고, 갓과 자루가 구분이 없는 막대기형 또는 사슴뿔과 같은 모양이며, 불규칙하게 분지하지만 때로는 단일 가지이다. 갓의 표면 가지는 담갈색, 담황갈색, 옅은 보라색이다. 가지 부분에 평활하게 자실층이 분포한다. 자루의 조직이 가지의 조직보다 더 단단하고 자루의 색은 가지보다 짙다. 조직은 부드럽고 부서지기 쉽다. **미세구조:** 포자는 흰색을 띠며, 크기는 9~11×8~10㎛이다. 모양은 구형~유구형이며, 표면은 평활하다.

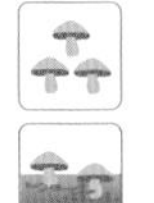

417 볏싸리버섯

Clavulina coralloides (L.) J. Schröt.
Clavulina cristata (Holmsk.) J. Schröt.

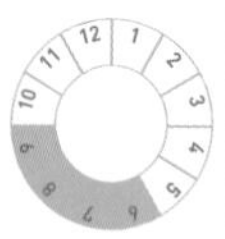

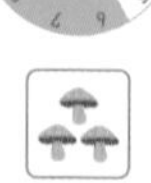

식독여부 | 식용　발생시기 | 여름~가을
발생장소 | 숲속 땅 위에 흩어져 나거나 무리지어 발생한다.
형태 | 자실체의 높이는 3~8cm이고, 나뭇가지처럼 분지하지만 불규칙하며, 특히 가지 끝은 가느다란 가지가 모여 산호형이고, 볏鷄冠모양이다. 갓의 표면은 전체가 흰색~회백색~담회갈색이며, 가지 부분에 평활하게 자실층이 분포한다. 조직은 흰색이다. 탄력성이 있다. **미세구조:** 포자는 흰색을 띠며, 크기는 7~11×6.5~10μm이다. 모양은 구형~유구형이며, 표면은 평활하다. 2포자형이다.

주름볏싸리버섯 418

Clavulina rugosa (Bull.) J. Schröt.

식독여부 | 식독불명　발생시기 | 여름~가을

발생장소 | 숲속 땅 위에 흩어져 나거나 무리지어 발생한다.

형태 | 자실체의 높이는 3~8cm이고, '볏싸리버섯'과 유사하지만, 자실체가 곤봉상으로 하나이며, 때로는 선단이 분지하는 경우도 있다. 갓의 표면은 전체가 흰색~크림색이며, 자실체 표면의 얕은 세로주름이 특징이다. 가지 부분에 평활하게 자실층이 분포한다. **미세구조:** 포자는 흰색을 띠며, 크기는 9~14×8~12μm이다. 모양은 유구형이며, 표면은 평활하다.

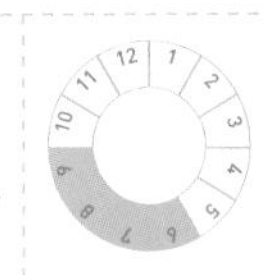

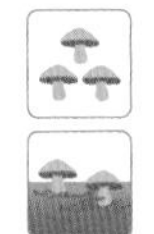

419 빛더듬이버섯

Multiclavula clara (Berk. & M. A. curtis) R. H. Peterson

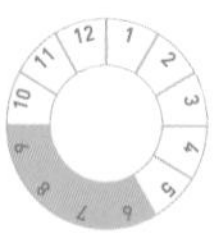
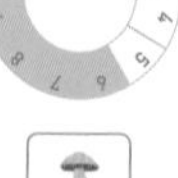

식독여부 | 식용부적합　발생시기 | 여름~가을

발생장소 | 암석지대나 절벽, 나지 또는 절토지의 지의류 같은 조류藻類 위에 무리지어 발생한다.

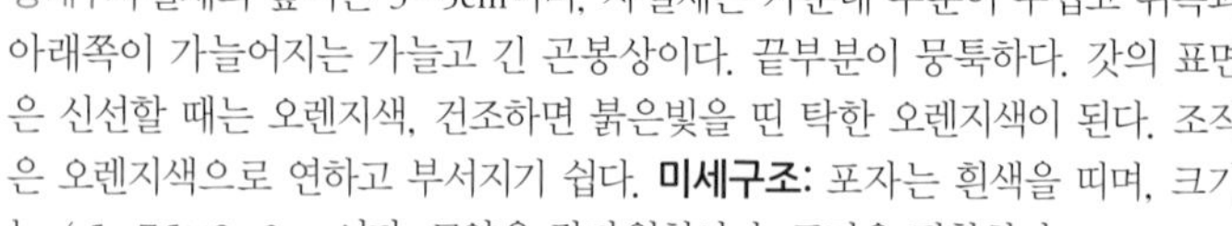

형태 | 자실체의 높이는 3~5cm이며, 자실체는 가운데 부분이 두껍고 위쪽과 아래쪽이 가늘어지는 가늘고 긴 곤봉상이다. 끝부분이 뭉툭하다. 갓의 표면은 신선할 때는 오렌지색, 건조하면 붉은빛을 띤 탁한 오렌지색이 된다. 조직은 오렌지색으로 연하고 부서지기 쉽다. **미세구조:** 포자는 흰색을 띠며, 크기는 4.5~7.5×2~3μm이다. 모양은 장타원형이며, 표면은 평활하다.

턱수염버섯 420

Hydnum repandum L.

식독여부 | 식용　발생시기 | 여름~가을

발생장소 | 숲속 땅 위에 무리지어 나며, 균환菌環을 형성한다.

형태 | 갓은 2~10cm이고, 반구형에서 중앙이 약간 오목하게 되지만 불규칙한 기복이 있어 부정형이다. 갓의 표면은 평활하고 전체가 난황색~황색이다. 주름살관공에 아랫면의 자실층은 2~5mm의 긴 침상돌기가 있다. 자루는 크기가 2~5cm×5~15mm이고, 원통형으로 약간 내린형이며, 흰색 또는 갓보다 옅은 색이다. 자루의 부착형태는 중심생 또는 편심생이고, 턱받이가 없다. 조직은 두껍고 부드럽다. **미세구조:** 포자는 흰색을 띠며, 크기는 7~9×6~8μm이다. 모양은 구형~유구형이며, 표면은 평활하다.

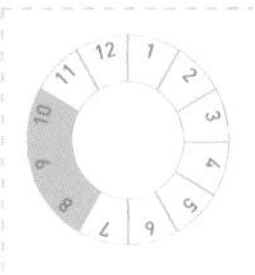

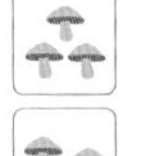

421 흰턱수염버섯

Hydnum repandum var. *albidum* Fr.
Hydnum repandum var. *album* Quél.

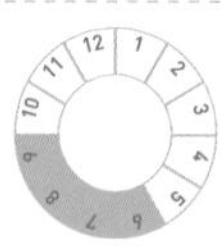

식독여부 | 식용　발생시기 | 여름~가을

발생장소 | 숲속 땅 위에 무리지어 나며, 균환菌環을 형성한다.

형태 | 갓은 2~10cm이고, 갓 반구형에서 중앙이 약간 오목하게 되지만 불규칙한 기복이 있어 부정형이다. 갓의 표면은 평활하고 전체가 흰색이며, 주름살관공에 아랫면의 자실층은 2~5mm의 긴 침상돌기가 있다. 자루는 크기가 2~5cm×5~15mm이고, 원통형으로 약간 내린형이며, 흰색이다. 자루의 부착형태는 중심생 또는 편심생이고, 턱받이가 없다. 조직은 두껍고 부드럽다. **미세구조:** 포자는 흰색을 띠며, 크기는 7~9×6~8μm이다. 모양은 구형~유구형이며, 표면은 평활하다.

>>> 턱수염버섯과 거의 같으며, 자실체 전체가 흰색인 점이 다르다.

회색천버섯 422

Sistotrema octosporum (J. Schröt. ex Höhn. & Litsch.) Hallenb.
Sistotrema commune J. Erikss.

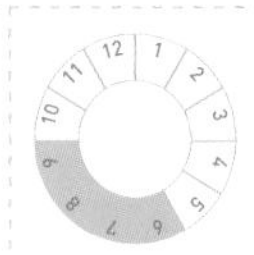

식독여부 | 식독불명 발생시기 | 여름~가을

발생장소 | 고사목이나 쓰러진 나무줄기에 배착성으로 자란다.

형태 | 자실체의 두께는 아주 얇지만, 수십 cm까지 생장한다. 기주 표면에 편평하게 배착성으로 성장한다. 표면은 부드럽고 회색을 띤다. 습기가 많으면 어두운 회색을 띠지만 건조하면 밝은 회색으로 변한다. 관공은 없으며 자실층이 자실체 표면 전체에 분포한다. 조직은 매우 연하며 부드럽고, 쉽게 기주에서 떨어진다. **미세구조:** 포자는 흰색을 띠며, 크기는 4.5~6×2.5~3μm이다. 모양은 타원형이며, 표면은 평활하다.

주름버섯강 Class Agaricomycetes
미확정분류균 Subclass *Incertae sedis*
≫ 소나무비늘버섯목 Order Hymenochaetales

소나무비늘버섯과 Hymenochaetaceae

소형~대형의 자실체를 나무에 형성하는 갈색부후균이다. 1년생~다년생, 배착형에서 말굽 모양까지 다양한 형태의 자실체를 만들고, 색은 주황색~갈색, 포자문은 흰색~갈색이다.

- 겨우살이버섯속 *Coltricia*
- 소나무비늘버섯속 *Hymenochaete*
- 시루뻔버섯속 *Inonotus*
- 진흙버섯속 *Phellinus*

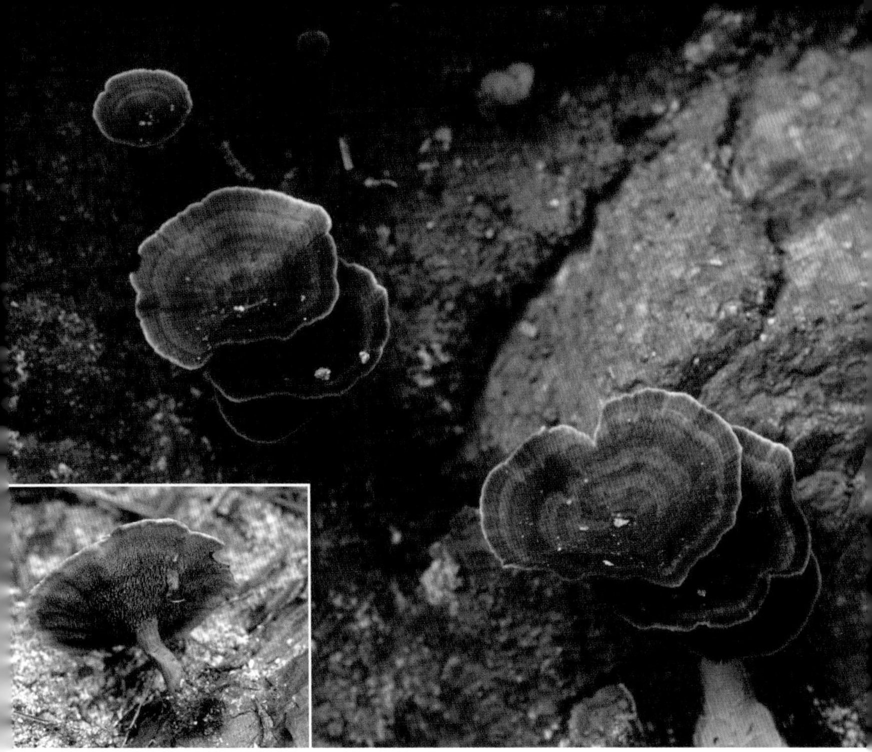

톱니겨우살이버섯 423

Coltricia cinnamomea (Jacq.) Murrill

식독여부 | 식용부적합　발생시기 | 여름~가을

발생장소 | 숲속 땅 위나 산길, 임도 등 사면이나 절개지에 홀로 또는 무리지어 발생한다.

형태 | 갓은 높이 3~5cm, 지름 1~4cm이고, 두께는 1.5~3mm이며, 중심은 배꼽 모양으로 약간 오목하고, 얇은 가죽질이다. 갓 테두리는 톱니형이고, 갓의 표면은 적갈색~황갈색이며, 동심의 둥근 무늬와 방사상의 섬유 무늬를 띠고, 비단 광택이 있다. 갓 아래 관공은 깊이 1~2mm이고, 구멍은 다각형이다. 자루의 크기는 1~4cm×2~5mm이고, 내린형이며, 원통형이고, 표면은 우단상이며, 암갈색이다. 자루의 부착형태는 중심생 또는 편심생이고, 턱받이가 없다. 조직은 매우 질긴 가죽질이다. **미세구조:** 포자는 흰색을 띠며, 크기는 6~7×5~5.5μm이다. 모양은 광타원형이며, 표면은 평활하다.

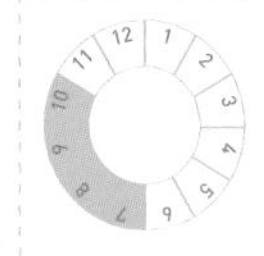

424 계단겨우살이버섯

Coltricia montagnei var. *greenei* (Berk.) Imazeki & Kobayasi

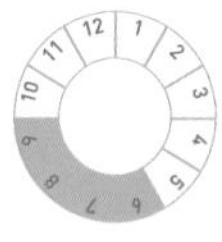
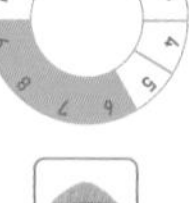

식독여부 | 식용부적합　발생시기 | 여름~가을

발생장소 | 숲속 땅 위나 산길, 임도 등 사면이나 절개지에 홀로 또는 무리지어 발생한다.

형태 | 갓은 높이 5~10cm, 지름 3~10cm이고, 팽이 모양의 역원추형이며, 갓 두께는 중앙이 2cm이고, 끝은 얇다. 갓의 표면은 황갈색~적갈색이고, 양탄자상으로 광택이 있으며, 완만한 기복이 있고, 폭이 넓은 고리 무늬가 있다. 갓 아래 자실층은 자루를 중심으로 동심형의 배열된 주름살로 되고, 주름 깊이가 0.5~1cm이며, 끝은 톱니 모양이다. 자루는 크기가 3~8×1~2cm이고, 위가 두꺼우며 아래쪽이 가는 원통형 또는 눌린 원통형이고, 표면은 우단상이며, 암갈색이다. 조직은 매우 질긴 가죽질이다. **미세구조:** 포자는 흰색~담황색을 띠며, 크기는 7.5~10×4.5~6μm이다. 모양은 타원형이며, 표면은 평활하다.

기와소나무비늘버섯 425

Hymenochaete intricata (Lloyd) S. Ito
Hymenochaete intricatae Lloyd

식독여부 | **식용부적합** 발생시기 | 여름~가을

발생장소 | 활엽수 고사목이나 죽은 가지에 중첩되게 무리지어 발생한다.

형태 | 갓은 지름 0.5~2cm, 두께 1mm 이하이다. 반배착성, 반원형이고, 갓의 표면은 황갈색~짙은 갈색이며, 짧은 털이 덮이지만 나중에 탈락하고 회색으로 된다. 아래쪽 자실층은 담황갈색이고, 주변부는 흰색~황백색이다. 자루와 턱받이가 없으며, 부착형태는 측생이다. 조직은 흰색이며, 가죽질이고 아주 얇다. **미세구조:** 포자는 흰색을 띠며, 크기는 4.5~5.5×2.5~3μm이다. 모양은 타원형이며, 표면은 평활하다.

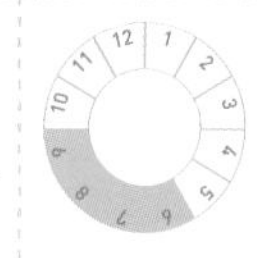

426 차가버섯

Inonotus obliquus (Ach. ex Pers.) Pilat

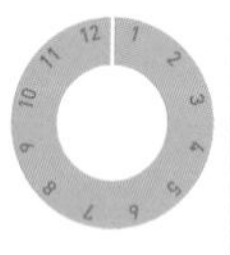

식독여부 | 약용　발생시기 | 여름~가을

발생장소 | 자작나무 등 활엽수의 생목이나 고사목에 배착성, 수피 아래에 형성한다.

형태 | 갓의 크기는 수 cm~수십 cm까지 생장한다. 일반적으로 관찰되는 것은 균핵菌核이다. 목질이며 건조하면 쉽게 부서지고 떨어진다. 균핵의 표면은 검은색이고, 면이 거칠어 탄炭모양이며, 내부는 황갈색이다. 관공의 구멍은 미세하고 암갈색이다. 자루와 턱받이가 없으며, 부착형태는 측생이다. 조직은 목질이다. **미세구조:** 포자는 담갈색을 띠며, 크기는 7~10×6~8μm이다. 모양은 타원형이며, 표면은 평활하다.

말똥진흙버섯 427

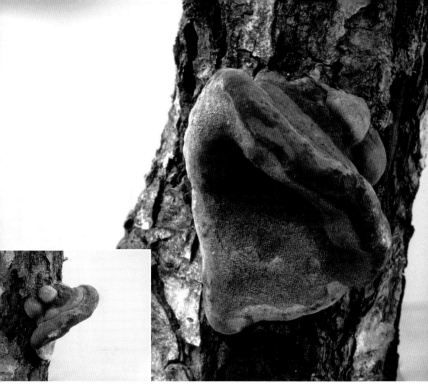

Phellinus igniarius (L.) Quél.
Fomes igniarius (L.) Cooke

식독여부 | 식용부적합 발생시기 | 연중(다년생)

발생장소 | 활엽수 고사목, 고사가지에 중첩되게 무리지어 발생한다.

형태 | 갓은 지름 10~40cm, 두께 5~30cm이다. 대형이며, 목질이고, 말굽형~반원형이다. 갓의 표면은 암갈색~흑갈색 또는 회갈색이며, 가로 세로로 뚜렷한 균열이 있다. 주변의 신생 부위는 갈색이며, 조직은 암갈색이고 황색을 띤다. 관공은 다층이며, 각 층 두께는 1~5mm이고, 구멍은 미세한 원형으로 암갈색을 띤다. 자루와 턱받이가 없으며, 부착형태는 측생이다. 조직은 목질이다. **미세구조:** 포자는 흰색을 띠며, 크기는 5~6×4~5μm이다. 모양은 유구형이며, 표면은 평활하다. 낭상체의 크기는 15~22×6~8μm이다.

428 녹슨테진흙버섯

Phellinus viticola (Schwein.) Donk

식독여부 | 식독불명　발생시기 | 연중(다년생)

발생장소 | 가문비나무 등 침엽수 고목에 중첩되게 무리지어 발생한다.

형태 | 갓은 크기가 1.5~10×0.5~1.5cm이고, 원형~반원형~선반 모양으로 기주에 붙어 생장한다. 갓의 표면은 거칠고, 털이 있으며, 적갈색~회갈색이다. 밑면의 관공은 황색~황갈색이고, 구멍은 3~5개/mm이다. 자루와 턱받이가 없으며, 부착형태는 측생이다. 조직은 목질이다. **미세구조:** 포자는 흰색을 띠며, 크기는 6~8×1.5~2μm이다. 모양은 장타원형이며, 표면은 평활하다.

금빛시루뻔버섯(기와층버섯) 429

Phellinus xeranticus (Berk.) Pegler
Inonotus xeranticus (Berk.) Imazeki & Aoshimayd
Cryptoderma citrinum Imazeki

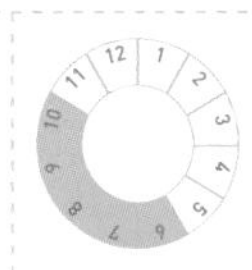

식독여부 | 약용　발생시기 | 여름~가을
발생장소 | 활엽수 고사목, 그루터기 등에 중첩되게 무리지어 발생한다.
형태 | 갓은 지름 3~10cm, 두께 2~5mm이며, 반원형이고 반배착성이다. 갓의 표면은 황갈색의 짧은 털이 덮여 있고, 고리 무늬가 있다. 갓 끝은 엷고 선황색이다. 주름살관공에 밑면은 생육시에 선황색이고 후에 황갈색이 된다. 관공은 깊이 2~3mm이고, 구멍은 미세하다. 자루와 턱받이가 없으며, 부착형태는 측생이다. 조직은 엷고 유연한 가죽질이며 2층으로 되어 있다. **미세구조:** 포자는 흰색을 띠며, 크기는 3~4μm이다. 모양은 구형이며, 표면은 평활하다.

≫ 구멍장이버섯목 Order Polyporales

잔나비버섯과 Fomitopsidaceae

구멍장이버섯과Polyporaceae에서 파생된 과. 나무에 붙어 조개 모양의 중형~대형의 자실체를 형성하는 백색부후균이다. 포자문은 흰색이다.

- 주름구멍버섯속 *Antrodia*
- 미로버섯속 *Daedalea*
- 잔나비버섯속 *Fomitopsis*
- 덕다리버섯속 *Laetiporus*
- 해면버섯속 *Phaeolus*
- 손등버섯속 *Postia*

불로초과 Ganodermataceae

구멍장이버섯과Polyporaceae에서 파생된 과. 잔나비버섯과Fomitopsidaceae와 달리 자루를 가지고 있는 종이 많고, 딱딱한 목질의 자실체를 만든다. 백색부후균이고, 포자문은 갈색이다.

- 불로초속 *Ganoderma*

왕잎새버섯과 Meripilaceae

소형~대형이며, 주로 일년생 자실체를 나무뿌리에 연결된 땅 위나 나무줄기에 형성한다. 조직이 부드러우며 딱딱하지 않다.

- 유관버섯속 *Abortiporus*
- 잎새버섯속 *Grifola*
- 포낭버섯속 *Physisporinus*

아교버섯과 Meruliaceae

나무 표면에 피복하듯이 배착하여 성장하다가 선반형 자실체를 만들고, 포자를 비산시킨다.

- 줄버섯속 *Bjerkandera*
- 기계층버섯속 *Irpex*
- 아교버섯속 *Merulius*
- 가는주름버섯속 *Phlebia*
- *Radulodon*
- 바늘버섯속 *Steccherinum*

유색고약버섯과 Phanerochaetaceae

중형~대형의 가죽질 자실체를 나무줄기에 형성한다. 처음 나무 내부조직을 썩히며 자라다가 표면을 뚫고 나와 자루가 없는 다발 형태의 자실체를 만든다. 포자문은 흰색이다.

- *Byssomerulius*
- 밀구멍버섯속 *Ceriporiopsis*
- 수염버섯속 *Climacodon*
- 모피버섯속 *Terana*

구멍장이버섯과 Polyporaceae

소형~대형이며, 주로 1년생 자실체를 나무줄기나 가지 위에 무리지어 형성한다. 자실체 형태는 다양하고, 백색부후균이다.

- 털구름버섯속 *Cerrena*
- *Coriolopsis*
- 한입버섯속 *Cryptoporus*
- 도장버섯속 *Daedaleopsis*
- 미로구멍버섯속 *Datronia*
- 말굽버섯속 *Fomes*
- *Fomitopsis*
- 반달버섯속 *Hapalopilus*
- 잣버섯속 *Lentinus*
- 조개껍질버섯속 *Lenzites*
- 메꽃버섯속 *Microporus*
- *Neolentinus*
- 흰구멍버섯속 *Perenniporia*
- 구멍장이버섯속 *Polyporus*
- 간버섯속 *Pycnoporus*
- *Royoporus*
- 송편버섯속 *Trametes*
- 옷솔버섯속 *Trichaptum*
- 복령속 *Wolfiporia*

꽃송이버섯과 Sparassidaceae

중형~대형의 자실체를 만든다. 주로 침엽수의 뿌리에 기생하며, 꽃과 같은 형태의 다발을 형성하고, 포자문은 흰색이다.

- 꽃송이버섯속 *Sparassis*

미확정분류균 *Incertae sedis*

고약버섯과Corticiaceae와 비슷하게 자실체를 나무 표면에 페인트를 칠한 듯이 배착성으로 형성하고 관공을 만들지 않는다. 자실체 표면은 매끈하지 않고 울퉁불퉁하다.

- *Crustodontia*

430 흰그물송편버섯

Antrodia albida (Fr.) Donk
Daedalea albida Fr.
Trametes albida Lév.

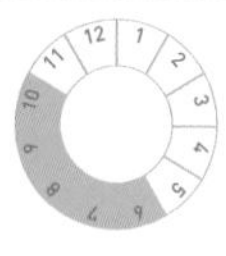
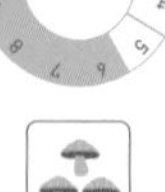

식독여부 | 식용부적합　발생시기 | 늦여름~가을

발생장소 | 침·활엽수 고사목과 갱목, 전주 등 용재에 중첩되게 무리지어 발생한다.

형태 | 갓은 지름 1~3cm, 두께 3~6mm이고, 반원형 또는 조개형이다. 갓의 표면은 흰색이지만 오래되면 담황갈색으로 되고, 기부 쪽이 내린형으로 위아래로 길게 연결되어 중첩되며 표면은 평활하다. 밑면의 관공은 관공상, 미로상, 주름상 등으로 변화가 많다. 자루와 턱받이가 없으며, 부착형태는 측생이다. 조직은 1mm 내외로 얇고, 가죽질이다. **미세구조:** 포자는 흰색을 띠며, 크기는 6~7×2.5~3.5μm이다. 모양은 장타원형이며, 표면은 평활하다.

등갈색송편버섯 431

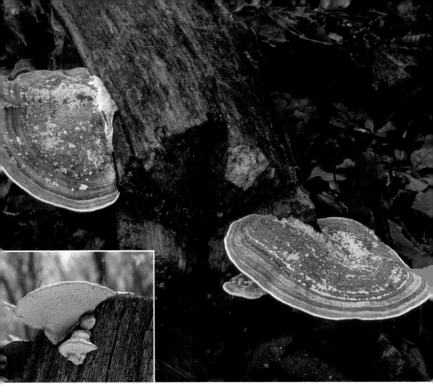

Daedalea dickinsii Yasuda

Trametes dickinsii Berk. ex Cooke

식독여부 | 식용부적합 발생시기 | 연중(1~다년생)

발생장소 | 활엽수 고사목, 쓰러진 나무, 그루터기 등에 홀로 또는 무리지어 발생한다.

형태 | 갓은 크기가 3~7×20cm, 두께 1~2.5cm이며, 반원형~편평형이다. 갓의 표면은 갈색~황갈색이고, 고리홈과 방사상의 가는 주름이 있다. 갓 끝은 예리하다. 밑면의 관공은 깊이 0.3~1cm, 구멍은 1~2개/mm이고, 미로형이다. 자루와 턱받이가 없으며, 부착형태는 측생이다. 조직은 코르크질이다. **미세구조:** 포자는 흰색을 띠며, 크기는 3.5~4.5μm이다. 모양은 구형이며, 표면은 평활하다.

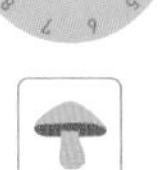

432 소나무잔나비버섯

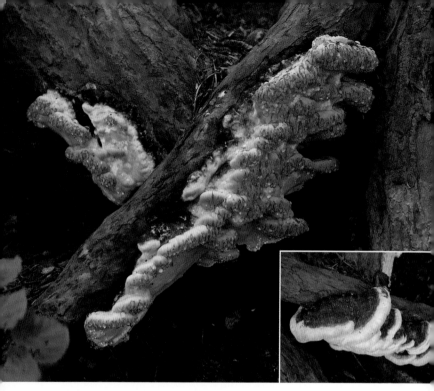

Fomitopsis pinicola (Sw.) P. Karst.

식독여부 | 식용부적합　발생시기 | 연중(다년생)

발생장소 | 침엽수류의 생입목, 고사목 및 쓰러진 나무에 발생하며, 심재갈색 부후를 일으킨다.

형태 | 자실체는 지름 10~50cm, 두께 20~30mm에 달한다. 처음에는 둥근 혹과 같고, 점차 반원형의 갓을 형성한다. 표면은 회갈색~회흑색에서 거의 검은색이지만, 이것을 둘러싼 니스 광택이 있는 적갈색의 띠가 있고, 갓 끝의 발육 부위는 황백색이다. 윗면은 생장과정을 나타내는 고리 홈이 생긴다. 조직은 목질이고, 허여스름한 재목색이며 고리 무늬가 있다. 밑면은 황백색이고, 관공은 다층이며, 각 층은 두께 2~5mm이고, 구멍은 원형이다. **미세구조:** 포자의 크기는 6~8×4~5μm이며, 달걀형에서 장타원형이고 흰색이다.

장미잔나비버섯 433

Fomitopsis rosea (Alb. & Schwein.) P. Karst.

식독여부 | **식용부적합**　발생시기 | 연중(다년생)

발생장소 | 참나무 등 활엽수류에 홀로 또는 무리지어 발생한다.

형태 | 갓의 크기는 10~20×5~8cm이고, 원형, 반원형, 선반형으로 기주에 붙어 자란다. 갓의 표면은 부드러워 양탄자 같은 느낌이다. 안쪽은 갈색~회색이며, 둘레는 황갈색이다. 밑면의 관공은 두께 1~3mm이고, 불규칙한 미로 모양을 이루며, 담황색이다. 자루와 턱받이가 없으며, 부착형태는 측생이다. 조직은 코르크질이다. **미세구조:** 포자는 흰색을 띠며, 크기는 6~7×2.3~3μm이다. 모양은 원통형이며, 표면은 평활하다.

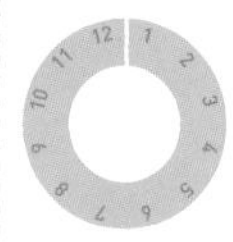

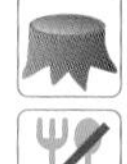

434 붉은덕다리버섯

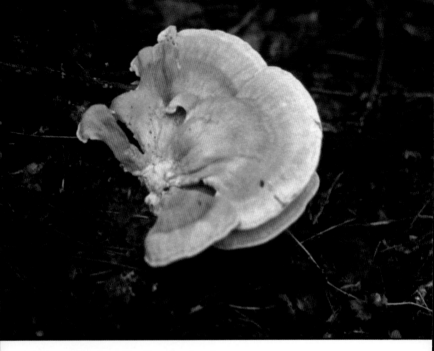

Laetiporus miniatus (Jungh.) Overeem
Laetiporus sulphureus var. *miniatus* (Jungh.) Imazeki

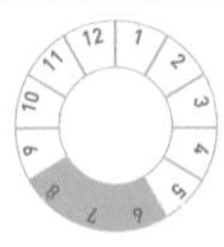

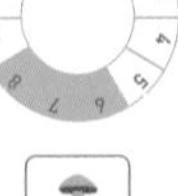

식독여부 | 식용(어린 자실체만 식용)　발생시기 | 늦봄~여름

발생장소 | 침엽수류 생입목, 고사목, 그루터기 등에 중첩되게 무리지어 발생한다.

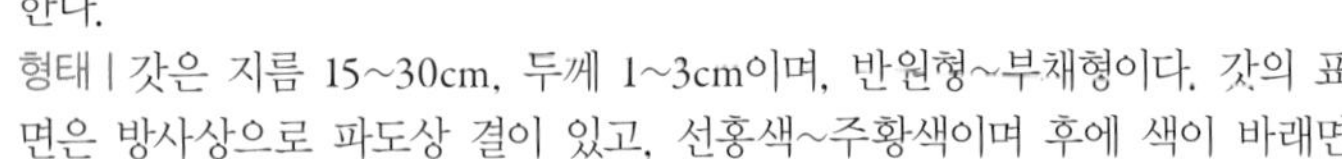

형태 | 갓은 지름 15~30cm, 두께 1~3cm이며, 반원형~부채형이다. 갓의 표면은 방사상으로 파도상 결이 있고, 선홍색~주황색이며 후에 색이 바래면 흰색~갈색으로 변한다. 갓 둘레는 파도형~갈라진형이며, 조직은 육질이고 담홍색이다. 밑면은 선홍색이고, 관공은 길이 5mm 내외이며, 구멍은 원형이다. 자루와 턱받이가 없으며, 부착형태는 측생이다. 조직은 어린 균일 때 식용하지만, 곧 단단해진다. **미세구조:** 포자는 흰색을 띠며, 크기는 6~8×4~5μm이다. 모양은 달걀형~타원형이며, 표면은 평활하다.

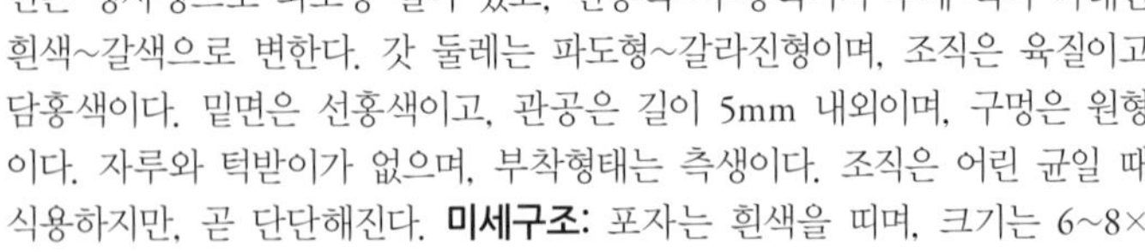

>>> 덕다리버섯의 변종이며, 자실체의 색과 침엽수를 기주로 하는 점이 다르다.

덕다리버섯 435

Laetiporus sulphureus (Bull.) Murrill

Polyporus sulphureus (Bull.) Fr.

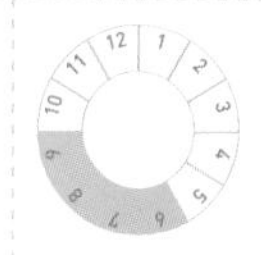

식독여부 | 식용(어린 자실체만 식용) 발생시기 | 늦봄~여름

발생장소 | 활엽수류 생입목, 고사목, 그루터기 등에 중첩되게 무리지어 발생한다.

형태 | 갓은 지름 15~30cm, 두께 1~3cm이며, 반원형~부채형이다. 갓의 표면은 방사상으로 파도상 결이 있고, 황색~선황색이며 색이 바래면 흰색~갈색으로 변한다. 갓 둘레는 파도형~갈라진형이고, 조직은 육질이며 담홍색이다. 밑면은 선황이고, 관공은 길이 5mm 내외이며, 구멍은 원형이다. 자루와 턱받이가 없으며, 부착형태는 측생이다. 조직은 어린 균일 때 식용하지만, 곧 단단해진다. **미세구조:** 포자는 흰색을 띠며, 크기는 5.5~7×3.5~4μm이다. 모양은 달걀형~타원형이며, 표면은 평활하다.

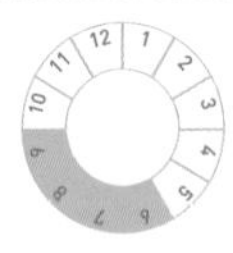
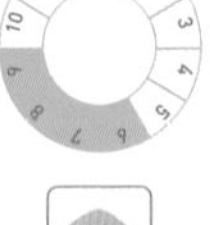

436 해면버섯

Phaeolus schweinitzii (Fr.) Pat.

식독여부 | 식용부적합　발생시기 | 여름~가을

발생장소 | 침엽수류의 생입목과 고사목 줄기 및 그루터기에 홀로 또는 무리지어 발생한다.

형태 | 갓은 지름 10~20cm, 두께 0.5~2cm이며, 반원형, 부채형, 콩팥형이고 또 뿌리와 연결하여 땅 위에 발생하면 둥근 잔이나 깔때기 모양을 한다. 갓의 표면은 우단상으로 짧은 털이 빽빽하고, 희미한 고리 무늬가 있으며, 황갈색이다가 후에 암갈색으로 된다. 관공은 길이 2~3mm이고, 자루와 턱받이가 없으며, 부착형태는 중심생~측생이다. 조직은 유연하고 아주 무른 갯솜질로, 건조하면 쉽게 부서진다. **미세구조:** 포자는 흰색을 띠며, 크기는 6~7×4~4.5μm이다. 모양은 타원형이며, 표면은 평활하다.

>>> 침엽수 생입목의 줄기와 뿌리 상처로 침입해 심재부후병을 일으키는 임업상 중요한 해균이다. 우리나라에서는 잣나무와 낙엽송 장령목에 특히 피해가 많다.

푸른개떡버섯(푸른손등버섯) 437

Postia caesia (Schrad.) P. Karst.
Oligoporus caesius (Schrad.) Gilb. & Ryvarden
Tyromyces caesius (Schrad.) Murrill

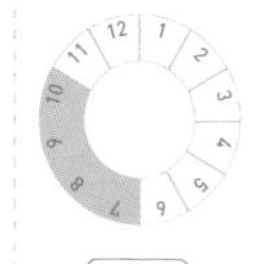

식독여부 | 식용부적합 발생시기 | 여름~초가을

발생장소 | 침·활엽수류 고사목, 쓰러진 나무, 그루터기 등에 홀로 또는 무리지어 발생한다.

형태 | 갓은 지름 1~6cm, 두께 0.5~2cm이며, 반원형이다. 갓의 표면은 미세한 털이 덮여 있고, 흰색~황갈색이며, 때때로 청색을 띤다. 밑면의 관공은 2~10mm로 길고, 흰색이다가 후에 청색을 띠고 구멍은 미세하다. 성숙 후 자실체가 청색을 띠는 것은 포자의 색깔 때문이다. 자루와 턱받이가 없으며, 부착형태는 측생이다. 조직은 희고 유연한 육질이며, 건조하면 무른 코르크질로 변한다. **미세구조:** 포자는 담청색을 띠며, 크기는 3.5~4.5×1.5~2.5μm이다. 모양은 원통형이며, 표면은 평활하다.

438 적색손등버섯

Postia tephroleuca (Fr.) Jülich
Oligoporus tephroleucus (Fr.) Gilb. & Ryvarden

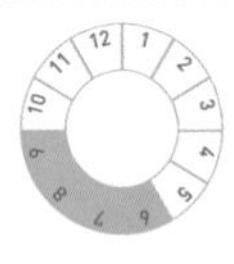
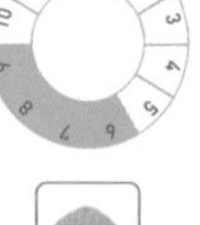

식독여부 | 식용부적합　발생시기 | 여름~가을

발생장소 | 침·활엽수류 고사목, 쓰러진 나무, 그루터기 등에 홀로 또는 무리지어 발생한다.

형태 | 갓은 지름 2~8cm, 두께 0.5~2.5cm이며, 반원형이다. 갓의 표면은 털과 고리 무늬는 없고, 흰색이며, 나중에 약간 황색빛을 띤다. 밑면도 표면과 같은 색이고, 관공은 길이 2~10mm이며, 구멍은 원형이고, 아주 작다. 자루와 턱받이가 없으며, 부착형태는 측생이다. 조직은 흰색이다. 유연한 육질로 건조하면 가볍고 무르다. **미세구조:** 포자는 흰색을 띠며, 크기는 4~5×1.5μm이다. 모양은 원통형이며, 표면은 평활하다.

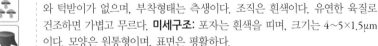

잔나비불로초 439

Ganoderma applanatum (Pers.) Pat.
Elfvingia applanata (Pers.) P. Karst.

식독여부 | 약용　발생시기 | 연중(다년생)
발생장소 | 활엽수 생입목, 고사목에 발생에 홀로 또는 무리지어 발생한다.
형태 | 갓은 크기가 5~30×5~50cm이고, 두께는 10~20(40)cm이며, 반원형~말굽형이다. 갓의 표면은 딱딱한 각피로 덮여 있고, 회갈색~회백색이며, 가끔 적갈색의 포자가 덮여 있다. 생장 과정을 표시하는 고리 홈이 뚜렷하다. 관공면은 신선할 때 황백색~흰색이지만 마찰하면 갈변한다. 관공은 다층이고, 각 층은 1~2cm이며, 자루가 없거나 짧다. 자루의 부착형태는 측생하며, 턱받이가 없다. 조직은 초콜릿색(자흑색)이고 단단한 양탄자질이다. **미세구조:** 포자는 담황갈색을 띠며, 크기는 8~9×5~6μm이다. 모양은 달걀형이고, 표면은 평활하다.

440 영지(불로초)

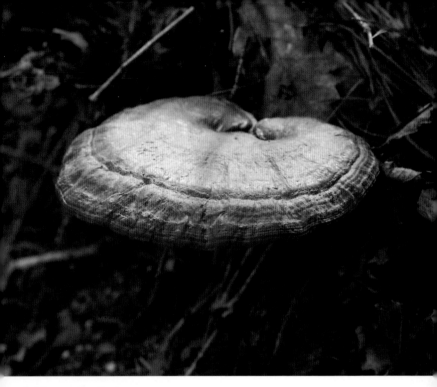

Ganoderma lucidum (Curtis) P. Karst.
Ganoderma japonicum (Fr.) Sawada

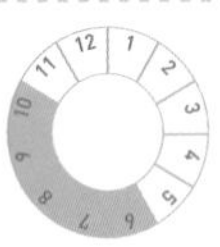
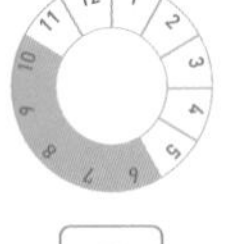

식독여부 | 약용　발생시기 | 여름~가을

발생장소 | 활엽수 생입목과 고사목 밑동이나 그루터기에 홀로 또는 무리지어 발생한다.

형태 | 갓은 크기가 10~20×5~10cm이고, 두께는 1~3cm이며, 전형적인 콩팥형이다. 갓의 표면은 다갈색~자갈색~흑갈색이고, 고리 홈이 뚜렷하며, 방사상으로 미세한 주름이 있다. 전면에 각피가 덮여 있고, 니스상의 분비물을 생성하며, 광택이 있다. 밑면의 관공 길이가 1cm 정도이고, 1층이며, 옅은 황갈색이고, 구멍은 미세한 원형이다. 자루는 크기가 5~15×0.5~2cm이고, 구부러진 원통형이며, 흑갈색~검은색이다. 자루의 부착형태는 측생~직립생이며, 턱받이가 없다. 조직은 코르크질이고, 상하 2층으로 되어 있으며, 상층은 흰색, 하층은 옅은 황갈색이다. **미세구조:** 포자는 적갈색을 띠고, 크기는 9~11×6~8μm이다. 모양은 달걀형이며, 표면은 평활하다.

441 자흑색불로초

Ganoderma neojaponicum Imazeki

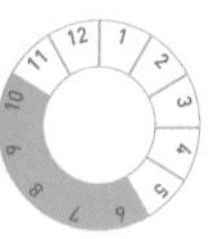

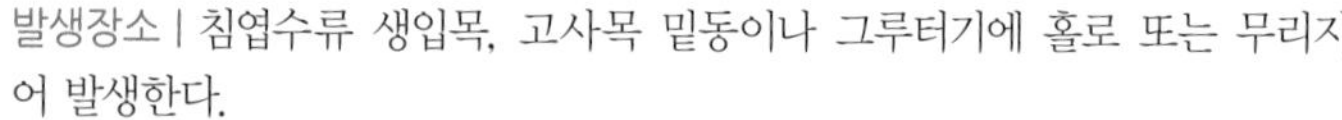

식독여부 | 약용　발생시기 | 초여름~가을

발생장소 | 침엽수류 생입목, 고사목 밑동이나 그루터기에 홀로 또는 무리지어 발생한다.

형태 | 갓은 지름 5~12cm, 두께 1cm 내외이며, 원형~콩팥형이다. 갓의 표면은 적갈색~자갈색~칠흑색을 띠지만, 생육 중에 갓 둘레는 흰색이며, 니스상 광택이 있고, 방사상으로 밭이랑 모양의 주름이 있다. 관공은 0.5~1cm, 구멍은 미세하고 원형이다. 자루는 크기가 5~25×0.5~1cm이며, 가늘고 길며, 통직하고, 검은색이다. 자루의 부착형태는 측생~직립생이고, 턱받이가 없다. 조직은 코르크질이며, 상하 2층으로 되어 있고, 상층은 흰색, 하층은 엷은 황갈색이다. **미세구조:** 포자는 적갈색을 띠고, 크기는 10~12.5×7.5~8μm이다. 모양은 달걀형이며, 표면은 평활하다.

>>> 영지버섯과 유사하나 기주침엽수가 다르고, 색깔이 다르다.

유관버섯 442

Abortiporus biennis (Bull.) Singer

Daedalea biennis (Bull.) Fr.

식독여부 | 식독불명 　발생시기 | 여름~가을

발생장소 | 활엽수류 고사목(또는 생입목) 줄기나 밑동 또는 인접한 땅 위에 홀로 또는 무리지어 발생한다.

형태 | 갓은 지름 3~15cm, 두께 0.5~1.5cm이며, 반원형~부채형이다. 갓의 표면은 황백색~홍백색이고, 방사상으로 난 부정형 주름과 희미한 고리 무늬가 있다. 밑면의 관공은 3~7mm, 구멍은 원형~다각형이다. 자루가 없거나 짧다. 부착형태는 중심생~편심생이고, 턱받이가 없다. 조직은 2층으로 되어 있고, 흰색~홍백색이며, 상층은 섬유질이고, 하층은 가죽질이다. 손으로 누르면 적갈색으로 변한다. **미세구조:** 포자는 흰색을 띠며, 크기는 4~7×3~5μm이다. 모양은 광타원형이며, 표면은 평활하다.

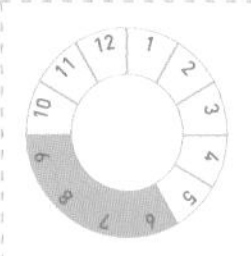

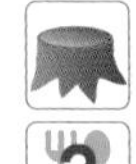

443 잎새버섯

Grifola frondosa (Dicks.) Gray

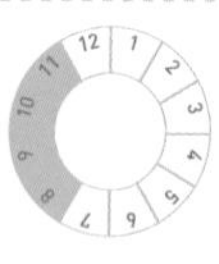

식독여부 | 식용　발생시기 | 가을

발생장소 | 참나무 등 활엽수류 생입목, 고사목의 밑동 부위에 다발로 홀로 또는 무리지어 발생한다.

형태 | 갓의 크기는 각 개체가 지름 2~5cm이고, 두께는 2~4cm이나 전체 지름이 30cm, 무게는 3kg에 달하는 것도 있다. 반원형~부채형~주걱형이고, 하나의 자루에서 무수히 분지하여 다발을 이루며, 가지 선단에 형성된 갓의 집단으로 성장한다. 갓의 표면은 거의 검은색~흑갈색~회갈색~흰색이며, 방사상의 섬유 무늬와 희미한 고리 무늬가 있다. 밑면의 관공은 흰색, 구멍은 원형이며 내린형으로 자루에 부착한다. 자루는 길이 1~3mm이고, 속이 찬 원통형이며, 흰색~회색이다. 자루의 부착형태는 측생이고, 턱받이가 없다. 조직은 희고 얇다. **미세구조:** 포자는 흰색을 띠며, 크기는 6~7×3.5~4μm이다. 모양은 타원형이며, 표면은 평활하다.

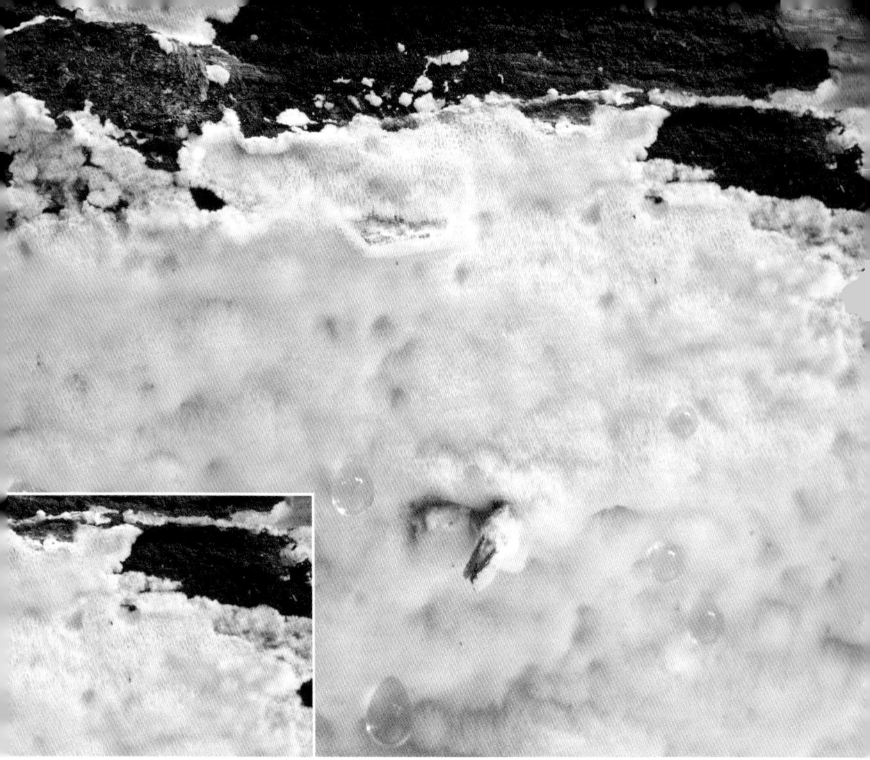

포낭버섯 444

Physisporinus vitreus (Pers.) P. Karst.

식독여부 | **식독불명** 발생시기 | 여름~가을

발생장소 | 침·활엽수류 밑동 부위에 배착성으로 자란다.

형태 | 자실체의 두께는 3~6(10)mm이고, 넓이는 수십 cm까지 생장하며, 배착성으로 넓게 자란다. 갓의 표면은 어릴 때는 옅은 크림색이고 오래되면 황색으로 변하며, 손이 닿아도 변색성은 없다. 관공은 깊이 2~4mm이고, 구멍은 3~6개/mm이며, 자루와 턱받이가 없다. 조직은 건조하면 질기고 딱딱해진다. **미세구조:** 포자는 흰색을 띠며, 크기는 4.5~5μm이다. 모양은 구형~유구형이며, 표면은 평활하다.

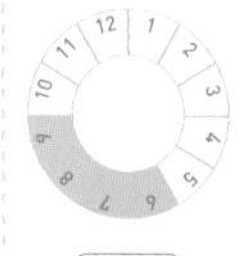

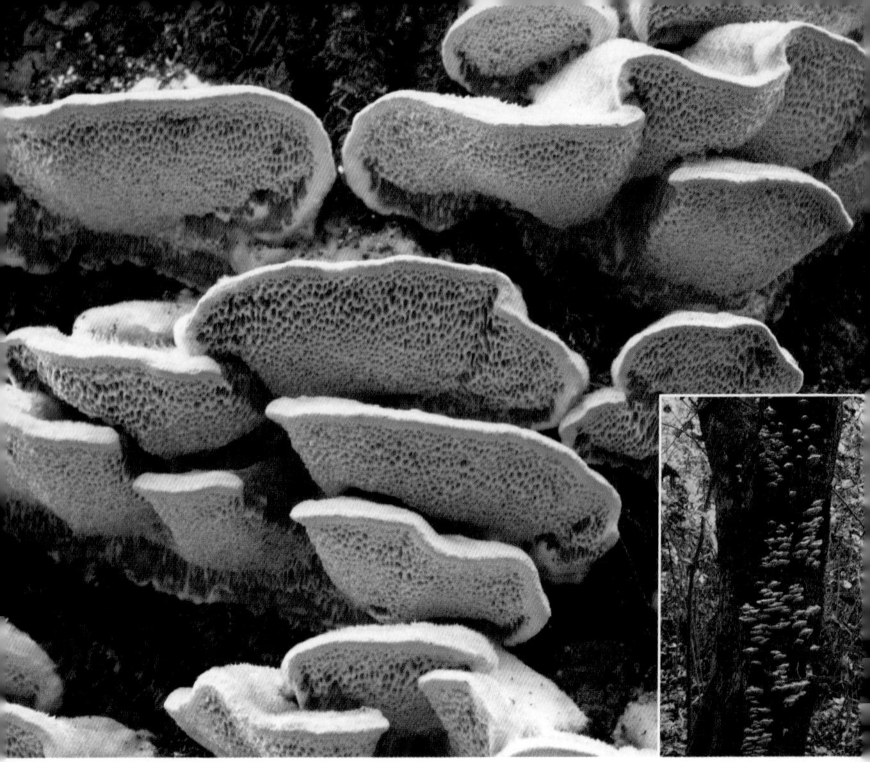

445 줄버섯

Bjerkandera adusta (Willd.) P. Karst.

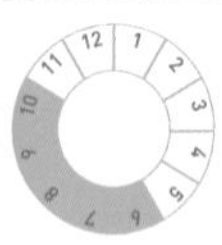

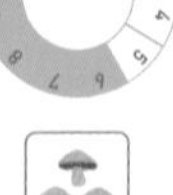

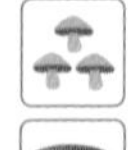

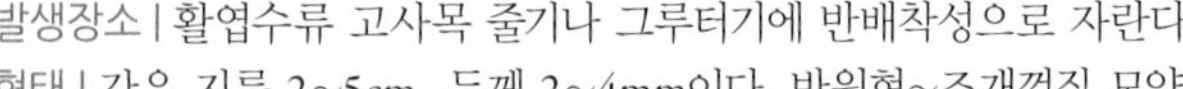

식독여부 | 식용부적합　발생시기 | 여름~가을

발생장소 | 활엽수류 고사목 줄기나 그루터기에 반배착성으로 자란다.

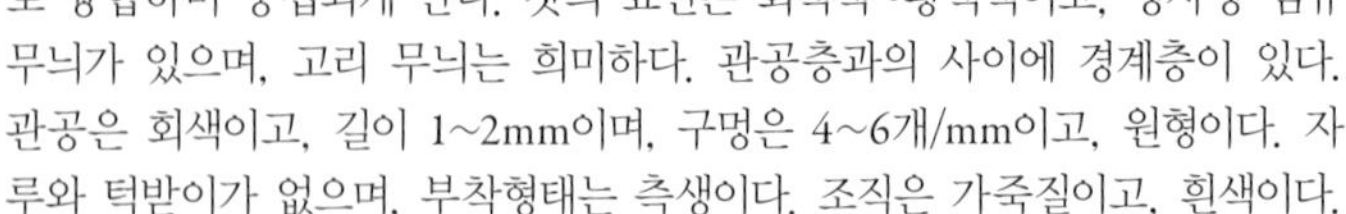

형태 | 갓은 지름 2~5cm, 두께 2~4mm이다. 반원형~조개껍질 모양이고, 서로 융합하며 중첩되게 난다. 갓의 표면은 회백색~황백색이고, 방사상 섬유무늬가 있으며, 고리 무늬는 희미하다. 관공층과의 사이에 경계층이 있다. 관공은 회색이고, 길이 1~2mm이며, 구멍은 4~6개/mm이고, 원형이다. 자루와 턱받이가 없으며, 부착형태는 측생이다. 조직은 가죽질이고, 흰색이다. **미세구조:** 포자는 흰색을 띠며, 크기는 5~6×2.4~3.5㎛이다. 모양은 타원형이며, 표면은 평활하다.

송곳니구름버섯 446

Irpex consors Berk.
Coriolus consors (Berk.) Imazeki
Coriolus brevis (Berk.) Aoshima

식독여부 | 식용부적합 발생시기 | 여름~가을

발생장소 | 활엽수류 고사목 줄기나 그루터기에 반배착성으로 자란다.

형태 | 자실체는 지름 1~3cm, 두께 1~2mm이다. 거의 반원형이며, 아주 많은 개체가 기와상으로 중첩되게 난다. 갓의 표면은 황백색~살색이고, 생장부위는 흰색이다. 자실층은 이빨 모양이고, 바늘 같은 돌기가 빽빽하며, 길이 1~2mm이다. 자루와 턱받이가 없고, 조직은 얇으며 가죽질이다. **미세구조:** 포자는 흰색을 띠며, 크기는 4.5~6×2~3μm이다. 모양은 타원형이며, 표면은 평활하다.

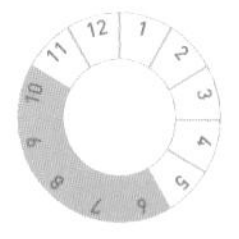

447 아교버섯

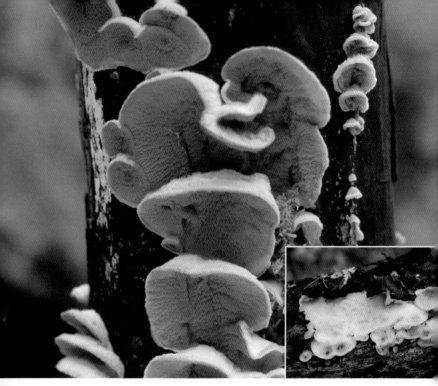

Merulius tremellosus Schrad.

식독여부 | 식용부적합　발생시기 | 여름~가을

발생장소 | 침·활엽수류의 썩은 나무줄기나 그루터기에 반배착성으로 자란다.

형태 | 자실체는 지름 2~8cm, 두께 2~3mm으로 반원형~선반형이다. 갓의 표면은 흰색 털이 덮여 있다. 관공부는 불규칙한 주름 모양의 구멍이며, 아교질이고, 담황색~살색이다. 자루와 턱받이가 없으며, 조직은 얇고 반투명이며, 건조하면 연골질로 된다. **미세구조:** 포자는 흰색을 띠며, 크기는 4~5×1~1.5μm이다. 모양은 원통형이며, 표면은 평활하다.

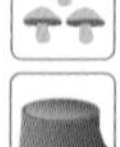

가는주름버섯 448

Phlebia rufa (Pers.) M. P. Christ.

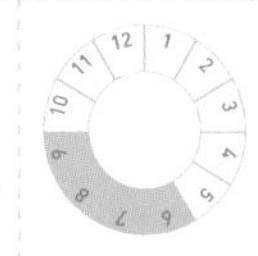

식독여부 | 식용부적합 발생시기 | 여름~가을

발생장소 | 활엽수류 고사목이나 쓰러진 나무줄기에 배착성으로 자란다.

형태 | 자실체의 크기는 수 cm~수십 cm까지 생장한다. 배착성이고 고약 모양으로 퍼져 나간다. 갓의 표면은 흰색, 담황갈색, 갈색이다. 자실층면은 흰색, 담황갈색, 갈색이고, 얕은 구멍이나 불연속적인 주름, 불규칙한 돌기가 있지만, 건조하면 이들 형태는 불분명해진다. 자루와 턱받이가 없고, 조직은 유연하지만 건조하면 가죽질~연골질이 되어 쉽게 떨어진다. **미세구조:** 포자는 흰색을 띠며, 크기는 4.5~5.5×2~2.5μm이다. 모양은 원통형이며, 표면은 평활하다.

449 긴송곳버섯

Radulodon copelandii (Pat.) N. Maek.
Mycoacia copelandii (Pat.) Aoshima & H. Furuk.

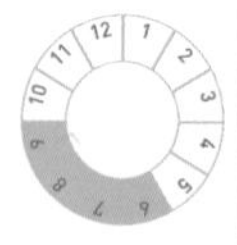

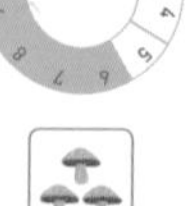

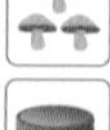

식독여부 | 식용부적합　발생시기 | 여름~가을

발생장소 | 활엽수류 고사목 줄기나 가지에 배착성으로 자란다.

형태 | 자실체의 크기는 수 cm~수십 cm까지 생장한다. 배착성이고 처음에 타원형의 흰색 반점이 형성되어 고약 모양으로 퍼져 나간다. 갓의 표면은 처음에는 흰색에서 담황갈색~담갈색으로 변한다. 자실층면은 길이 5~10mm의 바늘 모양 돌기가 빽빽하다. 자루와 턱받이가 없으며, 조직은 유연한 가죽질이고, 건조하면 연골질로 된다. **미세구조:** 포자는 흰색을 띠며, 크기는 5~6μm이다. 모양은 구형이며, 표면은 평활하다.

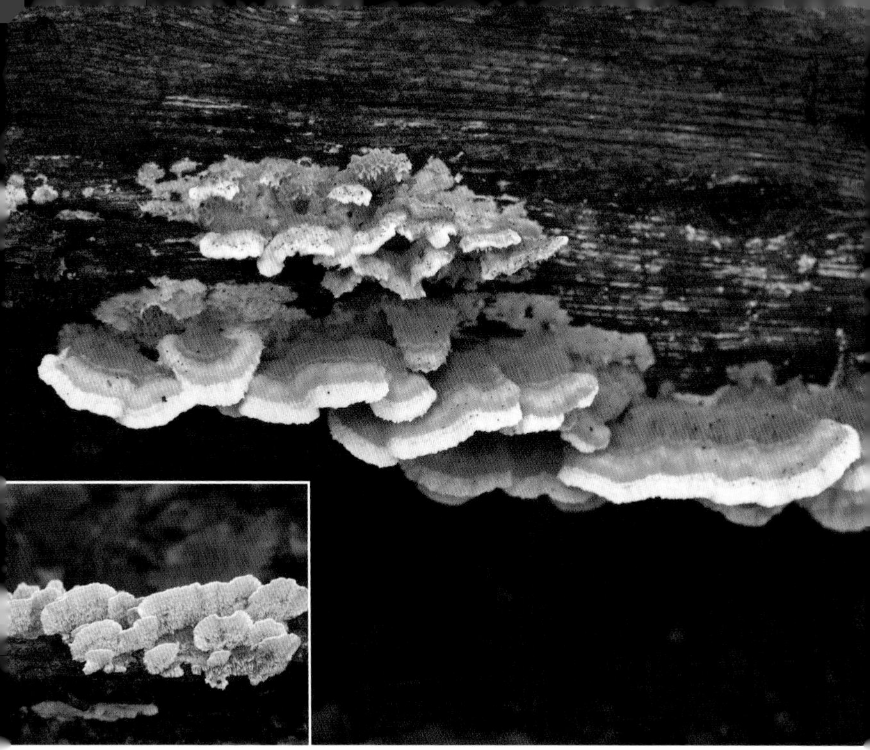

바늘버섯 450

Steccherinum ochraceum (Pers.) Gray
Steccherinum rhois (Schwein.) Hongo & Izawa

식독여부 | 식용부적합　발생시기 | 여름~가을
발생장소 | 침·활엽수류 고사목 줄기나 가지에 반배착성으로 자란다.
형태 | 자실체의 지름은 1~3cm이고, 반원형~조개형이다. 갓의 표면은 흰색~황백색이고, 솜털이 빽빽하며 뚜렷한 고리 무늬가 있다. 밑면의 자실층은 살색이며, 1~2mm의 짧은 바늘침이 빽빽하다. 자루와 턱받이가 없으며, 조직은 가죽질이고, 얇다. **미세구조:** 포자는 흰색을 띠며, 크기는 3~4×2~2.5μm이다. 모양은 달걀형이고, 표면은 평활하다.

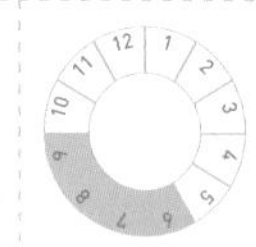

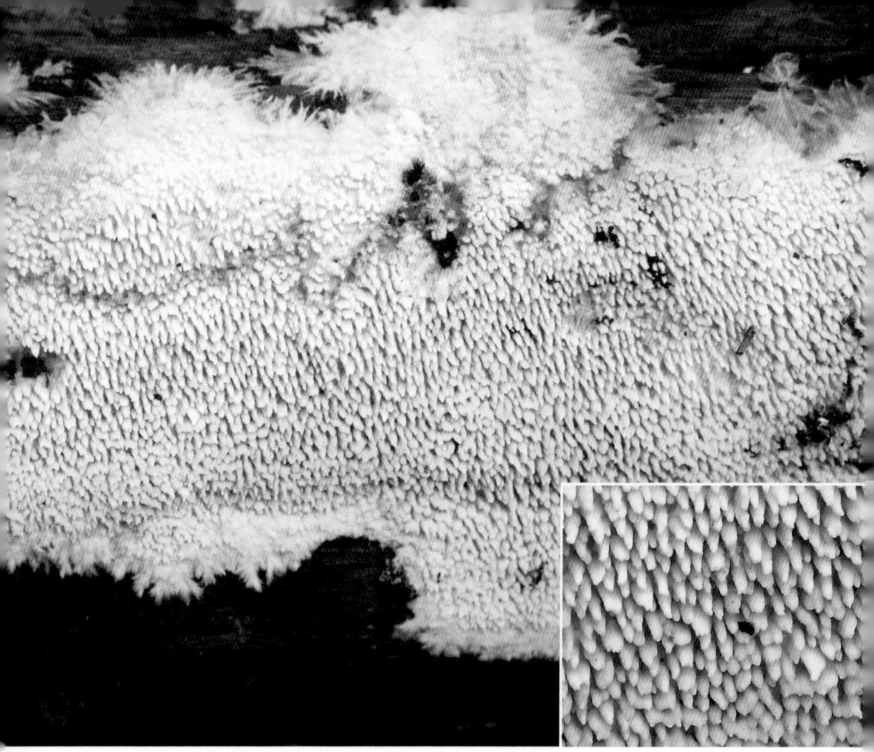

451 흰가죽아교버섯

Byssomerulius corium (Pers.) Parmasto
Meruliopsis corium (Pers.) Ginns

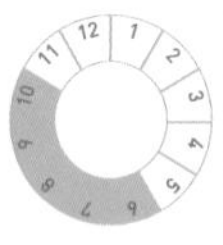

식독여부 | 식용부적합 발생시기 | 여름~가을

발생장소 | 활엽수류의 쓰러진 나무줄기나 낙지 등에 배착성으로 자란다.

형태 | 자실체의 크기는 수 cm~수십 cm까지 생장하고, 서로 유합하며 불규칙하게 퍼져나간다. 때로는 끝부분이 선반 모양으로 반전하여 배면背面으로 성장한다. 갓의 표면은 흰색이고 털이 있다. 자실층은 처음은 평탄하지만 점차 주름이 생기고, 그물망 무늬의 얕은 구멍을 형성한다. 처음은 흰색이지만 나중에는 담황색이 되고, 약간 아교질을 띤다. 자루와 턱받이가 없고, 조직은 두께가 0.5mm 내외의 유연한 가죽질이다. **미세구조:** 포자는 흰색을 띠며, 크기는 5~6×2~3μm이다. 모양은 장타원형이며, 표면은 평활하다.

밀구멍버섯 452

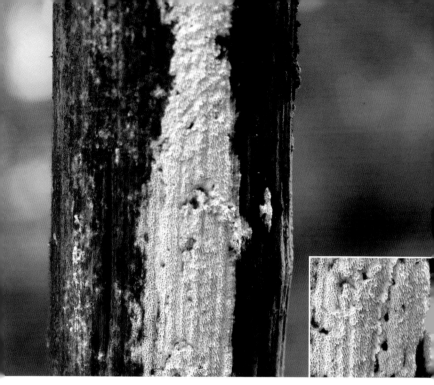

Ceriporiopsis gilvescens (Bres.) Domański

식독여부 | 식용부적합　발생시기 | 연중(1년생)

발생장소 | 활엽수 고사목 줄기에 배착성으로 자란다.

형태 | 자실체의 크기는 넓게는 수십 cm까지 생장하며, 두께는 1~4mm이고, 배착성으로 넓게 자란다. 갓 표면의 끝부분은 흰색에서 옅은 황적색이고, 털로 덮여 있으며, 오래되면 떨어진다. 손이 닿으면 주황색으로 변하고, 관공은 4~5개/mm이다. 자루와 턱받이가 없고, 조직은 건조하면 질기고 딱딱해진다. **미세구조:** 포자는 흰색을 띠며, 크기는 4~5×2~2.5μm이다. 모양은 장타원형이며, 표면은 평활하다.

453 수염바늘버섯

Climacodon septentrionalis (Fr.) P. Karst.
Hydnum septentrionalis Fr.
Steccherinum septentrionalis (Fr.) Banker

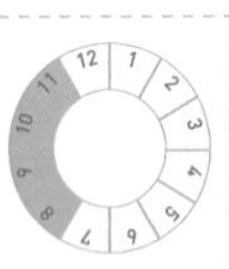
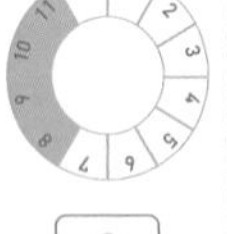

식독여부 | 식용　발생시기 | 가을

발생장소 | 활엽수류 고사목 줄기에 중첩되며 큰 집단을 이룬다.

형태 | 자실체의 크기는 2~15×3~15cm이고, 반원형이며, 기부가 유합된다. 갓의 표면은 섬유질로 털이 빽빽하고 흰색이지만 건조하면 주름이 생기고, 적색을 띤 황갈색으로 변한다. 갓 둘레에 희미한 고리 무늬가 있고, 갓 끝은 안으로 말린다. 자실층의 침은 6~18mm이고, 끝이 뾰족하며 흰색이지만 건조하면 적갈색으로 변한다. 자루와 턱받이가 없으며, 조직은 건조하면 질기고 딱딱해진다. **미세구조:** 포자는 흰색을 띠며, 크기는 4~5×3μm이다. 모양은 타원형이며, 표면은 평활하다.

청자색모피버섯 454

Terana coerulea (Lam.) Kuntze
Pulcherricium caeruleum (Lam.) Parmasto

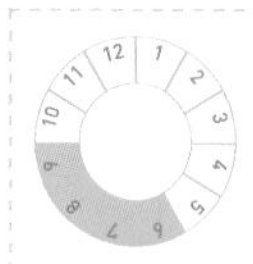

식독여부 | 식용부적합　발생시기 | 여름~가을
발생장소 | 활엽수류 고사목 줄기에 배착성으로 자란다.
형태 | 갓의 크기는 넓게 수십 cm까지 생장하며 두께는 0.5mm 정도이다. 배착성의 막질형태로 자란다. 갓 표면의 둘레는 흰색~청자색이고 기주에서 쉽게 떨어진다. 자실층면은 청자색이고, 평활하거나 약간 돌기상이다. 자루와 턱받이가 없고, 조직은 건조하면 질기고 딱딱해진다. **미세구조:** 포자는 흰색~담청색을 띠며, 크기는 7~12×4~7μm이다. 모양은 타원형이며, 표면은 평활하다.

>>> 자실체 속에 나뭇가지 모양의 사상체絲狀體를 형성한다.

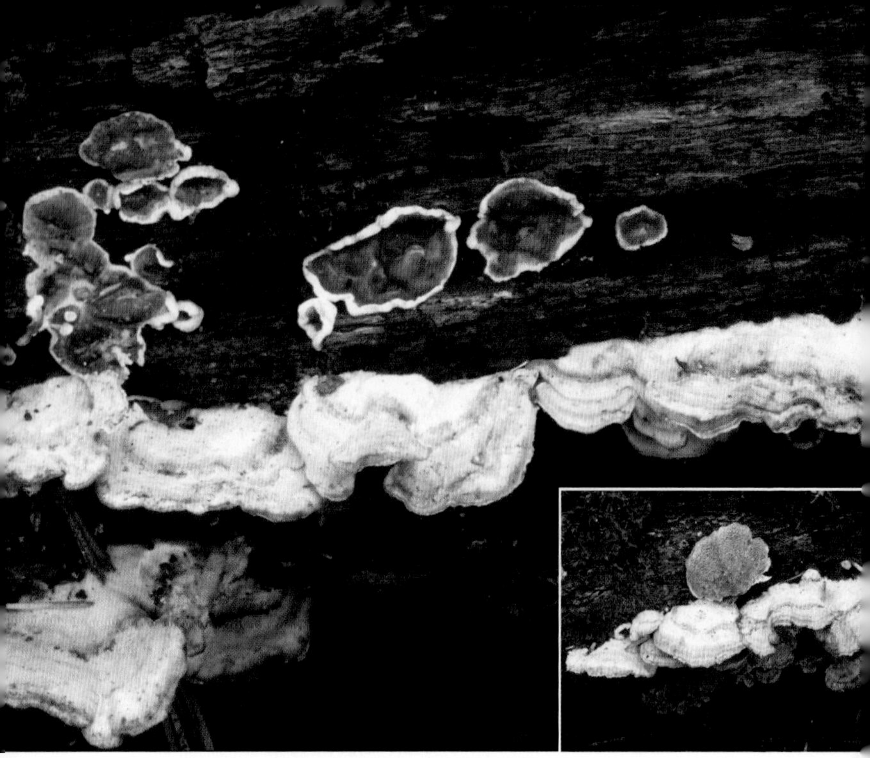

455 단색구름버섯

Cerrena unicolor (Bull.) Murrill
Coriolus unicolor (Bull.) Pat.

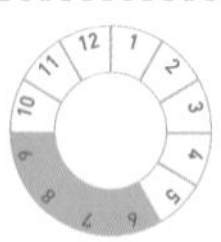
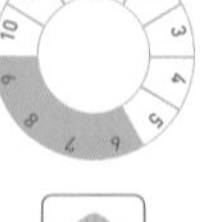

식독여부 | 식용부적합　발생시기 | 여름~가을
발생장소 | 활엽수류 생입목과 고사목 줄기에 반배착성으로 자란다.
형태 | 갓의 폭은 1~5cm이고, 두께는 2~5mm이다. 반원형이며, 중첩되게 자란다. 갓의 표면은 회백색~회갈색이고, 가끔 말무리綠藻가 끼여 녹색을 띤다. 털이 빽빽하고, 고리 무늬가 있다. 관공은 길이 1~3mm이고, 처음에는 흰색에서 회색~담흑색으로 되며, 치아상이지만 갓 둘레 부위는 미로상이다. 자루와 턱받이가 없고 부착형태는 측생이다. 조직은 단단한 가죽질이고, 거의 흰색이다. **미세구조:** 포자는 흰색을 띠며, 크기는 5~6×3~4μm이다. 모양은 타원형이며, 표면은 평활하다.

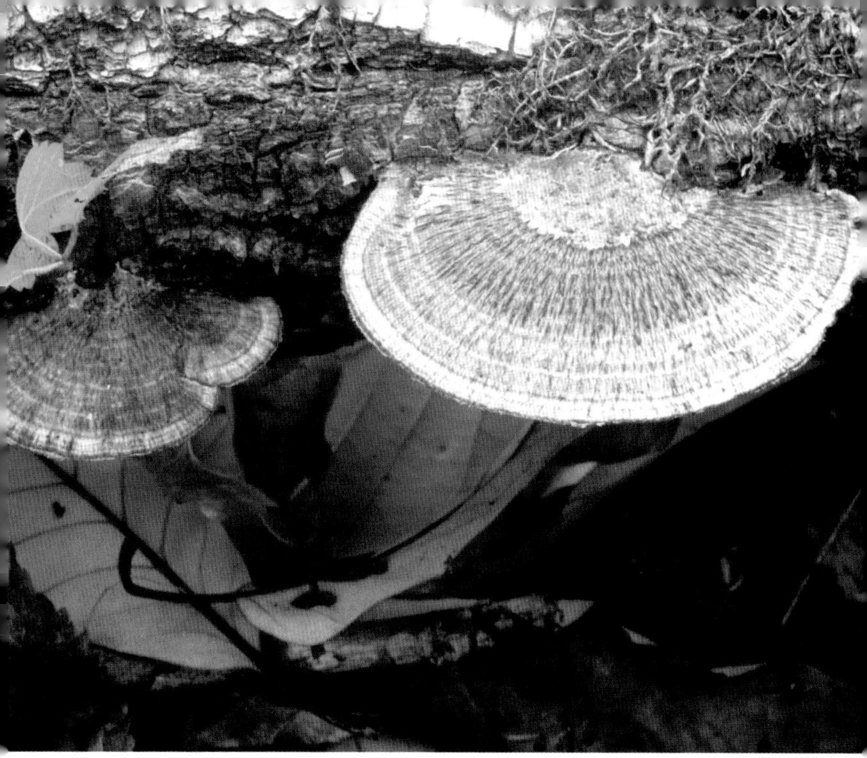

거친가죽질구름버섯 456

Coriolopsis aspera (Jungh.) Tenq.
Coriolopsis aspera (Jungh.) Ryvarden

식독여부 | 식용부적합　발생시기 | 여름~가을
발생장소 | 활엽수류 생입목과 고사목 줄기에 반배착성으로 자란다.
형태 | 자실체의 크기는 넓게는 수십 cm까지 생장한다. 자루가 없는 반원형~부채형이며, 갓의 표면은 황갈색이고, 가시 모양의 까칠한 털이 있지만 오래되면 없어진다. 관공 구멍은 황갈색이고, 소형이다. 자루와 턱받이가 없고, 부착형태는 측생이다. 조직은 단단한 가죽질이고, 황갈색이다. **미세구조:** 포자는 흰색을 띠며, 크기는 6~7×3~4μm이다. 모양은 장타원형이며, 표면은 평활하다.

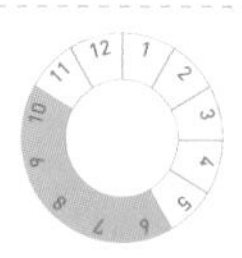

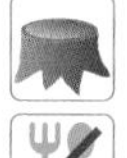

457 한입버섯

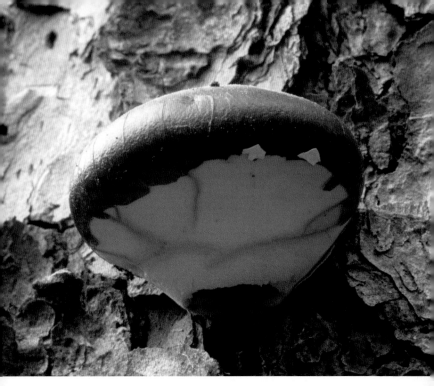

Cryptoporus volvatus (Peck) Shear
Polyporus volvatus Peck

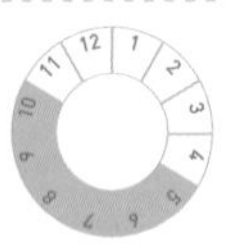
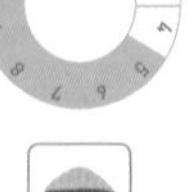

식독여부 | 식용　발생시기 | 봄~가을

발생장소 | 소나무류 등 침엽수 고사목 줄기에 발생한다. 특히 고사한 지 1~2년 된 나무에 홀로 또는 무리지어 발생한다.

형태 | 갓의 크기는 2~4×1~2.5cm이고, 두께는 1~2.5cm이다. 전체가 밤톨같이 둥글며, 밑면은 두꺼운 막으로 싸여 관공면이 보이지 않지만 나중에 타원형의 구멍이 열린다. 갓의 윗면은 황갈색으로 니스 광택을 띤다. 세로로 잘라 보면 관공의 길이가 2~5mm이고, 회갈색이며, 구멍은 원형이다. 자루와 턱받이가 없고, 부착형태는 측생이다. 조직은 단단한 가죽질이고, 말린 생선 냄새가 난다. **미세구조:** 포자는 흰색을 띠며, 크기는 10~13.5×3.5~6μm이다. 모양은 장타원형이며, 표면은 평활하다.

458 삼색도장버섯

Daedaleopsis confragosa (Bolton) J. Schröt.
Daedaleopsis tricolor (Bull.) Bondartsev & Singer
Lenzites tricolor Bull.

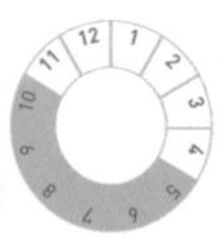

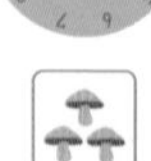

식독여부 | 식용부적합　발생시기 | 여름~가을

발생장소 | 활엽수류 고사목 줄기나 그루터기 등에 중첩되게 무리지어 발생한다.

형태 | 갓의 크기는 2~8×1~4cm이고, 두께는 5~8mm이다. 반원형~조개형~부채형이며, 갓 끝은 얇고 예리하다. 갓의 표면은 적갈색, 자갈색, 흑갈색 등의 고리 무늬와 방사상으로 주름이 있다. 밑면의 자실층은 방사상으로 배열된 주름상이고, 회백색~회갈색이다. 자루와 턱받이가 없고, 부착형태는 측생이다. 조직은 1~2mm로 얇고, 회백색이며, 가죽질이다. **미세구조:** 포자는 흰색을 띠며, 크기는 6~7.5×1.5~2μm이다. 모양은 장타원형이며, 표면은 평활하다.

갈변미로구멍버섯 459

Datronia stereoides (Fr.) Ryvarden

식독여부 | 식용부적합　발생시기 | 여름~가을

발생장소 | 참나무 등 활엽수 고사목이나 쓰러진 나무의 줄기, 밑동에 배착성~반배착성으로 발생한다.

형태 | 갓의 크기는 넓게는 수십 cm까지 생장하고, 가장자리에 0.5~2cm 크기의 갓 모양 자실체를 형성한다. 갓의 윗면은 흑갈색~검은색이고, 나머지는 회황색~회갈색이며, 상처를 입으면 갈변한다. 관공은 깊이 1~2mm이고, 구멍은 4~5개/mm이다. 자루와 턱받이가 없고, 부착형태는 측생이다. 조직은 질기며 코르크질이고, 황색~갈색이며, 두께는 1mm이다. **미세구조:** 포자는 흰색을 띠며, 크기는 9.5~12×3.5~4.5μm이다. 모양은 장타원형이며, 표면은 평활하다.

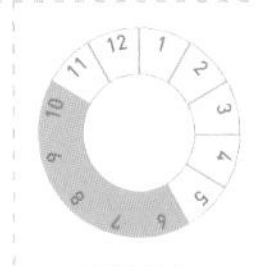

460 말굽버섯

Fomes fomentarius (L.) J. J. Kickx

식독여부 | 약용 발생시기 | 연중(다년생)

발생장소 | 활엽수류 생입목, 고사목의 줄기나 쓰러진 나무 등에 홀로 또는 무리지어 발생한다.

형태 | 갓의 크기는 대소 2가지 형이 있으며, 대형은 폭 5~50cm이고, 두께는 3~25cm, 소형은 폭 3~4cm, 높이 2~5cm이다. 갓은 반구형~말굽형이고, 딱딱하며 두꺼운 각피로 덮여 있다. 갓의 표면은 회백색~황갈색이고, 고리 무늬와 고리홈이 뚜렷하다. 밑면은 회백색이고 관공은 다층이며, 각층은 0.5~2cm이고, 구멍은 원형이다. 자루와 턱받이가 없고, 부착형태는 측생이다. 조직은 황갈색이며, 양탄자질이고, 두께는 1~5cm이다. **미세구조:** 포자는 흰색을 띠며, 크기는 16~18×5~6μm이다. 모양은 장타원형이며, 표면은 평활하다.

큰호박버섯 461

Hapalopilus croceus (Pers.) Donk.

식독여부 | 식독불명　발생시기 | 여름~가을

발생장소 | 활엽수류 생입목, 고사목의 줄기에 발생한다.

형태 | 자실체의 지름은 5~15cm이다. 자루가 없고, 반구형이며, 가끔 25cm에 달하는 대형으로 성장한다. 자실체 표면 전체가 등색~벽돌색이고, 우단상이며, 알칼리에 짙은 적색으로 변색한다. 관공은 길이 5~10mm로 갓의 조직보다 어두운 색이며 공구는 둥글거나 각이 져 있고 1mm 사이에 4~5개가 있다. 조직은 등색이고 즙액이 많은 육질이며, 건조하면 갈변하여 수지 모양으로 굳어진다. 또한 호박 냄새가 난다. **미세구조:** 포자는 흰색을 띠며, 크기는 3~4×2~3μm이다. 모양은 달걀형이며, 표면은 평활하다.

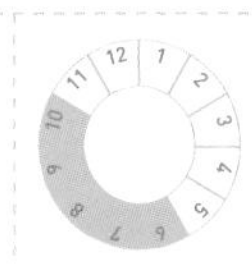

462 조개껍질버섯

Lenzites betulina (L.) Fr.

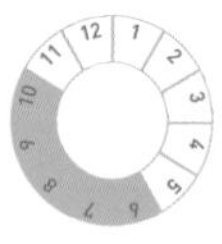

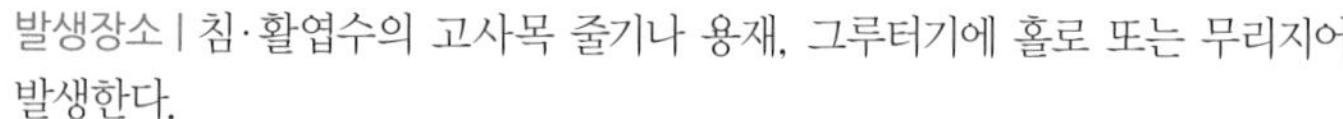

식독여부 | 식용부적합　발생시기 | 초여름~가을

발생장소 | 침·활엽수의 고사목 줄기나 용재, 그루터기에 홀로 또는 무리지어 발생한다.

형태 | 갓은 지름 2~10cm, 두께 0.5~1cm이며, 반원형~조개형이다. 갓의 표면은 짧은 털이 덮여 있고, 황백색~회백색~회갈색~암갈색 등으로 선명한 고리 무늬를 지닌다. 주름살관공의 자실층은 주름상이고, 가끔 분지하여 인접과 연결되며, 방사상으로 배열되고, 흰색~황백색이지만 노화되면 담흑색으로 변한다. 자루와 턱받이가 없으며, 부착형태는 측생이다. 조직은 가죽질이고 흰색이며, 두께는 1~2mm이다. **미세구조:** 포자는 흰색을 띠며, 크기는 4.5~6×2~3μm이다. 모양은 원통형이며, 표면은 평활하다.

때죽도장버섯 463

Lenzites styracina (Henn. & Shirai) Lloyd

Daedaleopsis styracina (Henn. & Shirai) Imazeki

Daedalea styracina Henn.

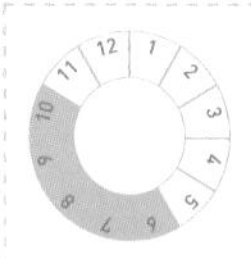

식독여부 | 식용부적합　발생시기 | 여름~가을

발생장소 | 때죽나무 등 활엽수의 고사목이나 생입목 줄기에 홀로 또는 무리지어 발생한다.

형태 | 갓은 크기가 2~4×1~2.5cm이고, 두께는 2~3mm이며, 반원형~조개형이다. 반배착성으로 위아래로 길게 연결, 중첩하여 발생한다. 갓의 표면은 고리 무늬를 띠고, 털은 없으며, 각피화 된다. 밑면자실층은 미로상~주름상이고, 폭이 넓은 홈으로 되어 있으며, 흰색~회갈색을 띤다. 자루와 턱받이가 없고, 부착형태는 측생이다. 조직은 가죽질이고 흰색이며, 두께는 1~2mm이다. **미세구조:** 포자는 흰색을 띠며, 크기는 5.5~7×2~3㎛이다. 모양은 원통형이며, 표면은 평활하다.

464 메꽃버섯부치

Microporus vernicipes (Berk.) Kuntze

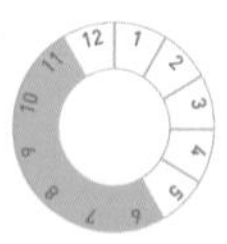
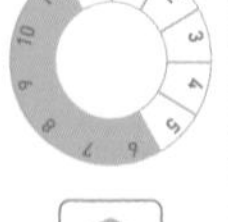

식독여부 | 식용부적합　발생시기 | 여름~가을

발생장소 | 활엽수의 고사목 줄기나 가지, 낙지에 무리지어 발생한다.

형태 | 갓은 크기가 2~6×1~3cm이고, 두께는 1~2mm이며, 콩팥형이다. 갓의 표면은 담황백색~황갈색의 희미한 고리 무늬가 있고, 평활하며 광택이 있다. 가장자리는 무딘 톱니 모양이다. 밑면의 관공은 황백색이고, 깊이는 1mm이며, 구멍은 8~9개/mm로 아주 미세하다. 자루는 크기가 0.2~2cm×2~4mm이고, 가는 원통형으로 짧으며, 흰색 또는 갓보다 옅은 색이다. 자루의 부착형태는 측생~중심생이다. 턱받이가 없으며, 조직은 습기가 높을 때는 가죽질이고 건조하면 목질화가 된다. **미세구조:** 포자는 흰색을 띠며, 크기는 4~5×1.8~2.5μm이다. 모양은 장타원형이며, 표면은 평활하다.

잣버섯 465

Neolentinus lepideus (Fr.) Redhead & Ginns
Lentinus lepideus (Fr.) Fr.

식독여부 | 식용 발생시기 | 늦봄~가을

발생장소 | 침엽수 고사목, 쓰러진 나무, 그루터기 등에 홀로 또는 몇 개씩 다발로 발생한다.

형태 | 갓의 크기는 5~30cm이고, 반구형에서 거의 편평하게 전개된다. 갓의 표면은 흰색~담황색 바탕에 암갈색의 인편이 있다. 주름살은 홈생긴형~내린형이고, 흰색이며, 약간 성글고, 갓 끝은 톱니 모양이다. 자루는 크기가 2~8×1~2cm이고, 속이 찬 원통형이며, 흰색~담황색이고, 거스러미 모양의 갈색 인편이 있다. 자루의 부착형태는 중심생~편심생이다. 턱받이가 없고, 조직은 흰색이며, 약간 질기고 소나무향이 있다. **미세구조:** 포자는 흰색을 띠며, 크기는 7~11×3~5μm이다. 모양은 콩팥형이며, 표면은 평활하다.

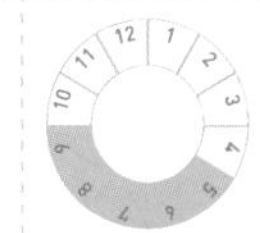

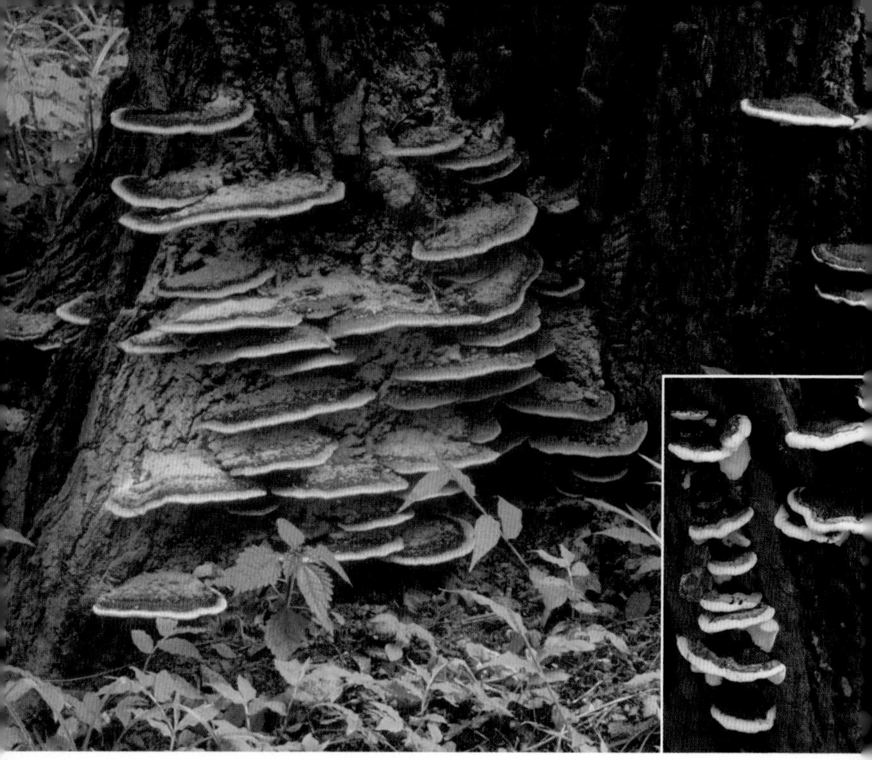

466 아까시재목버섯

Perenniporia fraxinea (Bull.) Ryvarden
Fomitella fraxinea (Bull.) Imazeki
Fomitopsis cytisina (Berk.) Bondartsiv & Singer

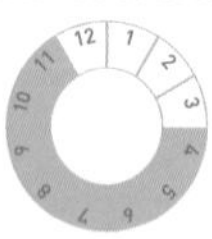
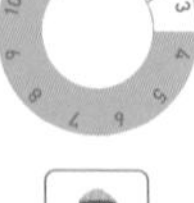

식독여부 | 약용　발생시기 | 여름~가을

발생장소 | 벚나무, 아까시나무 등 활엽수 생입목의 밑동 부위에 중첩되게 무리지어 발생한다.

형태 | 갓은 지름 5~20cm, 두께 0.5~1.5cm이며, 처음 반구형의 난황색인 혹으로 시작해서, 나중에 반원형으로 편평하게 전개된다. 갓의 면은 적갈색~흑갈색이며, 각피화 되고, 희미한 고리 무늬와 고리 모양의 홈이 있다. 갓의 둘레 끝부분은 난황색이다. 관공은 길이 3~10mm, 구멍은 6~7개/mm이다. 자루와 턱받이가 없고, 부착형태는 측생이다. 조직은 코르크질, 담황갈색이다. **미세구조:** 포자는 흰색을 띠며, 크기는 5~7×4.5~5.5μm이다. 모양은 달걀형이며, 표면은 평활하다.

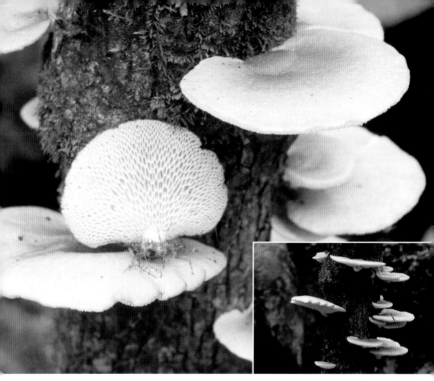

벌집버섯(벌집구멍장이버섯) 467

Polyporus alveolaris (DC.) Bondartsev & Singer

Favolus alveolarius (DC) Quél.

식독여부 | 식용부적합 발생시기 | 여름~가을

발생장소 | 활엽수 고사목에 중첩되게 무리지어 발생한다.

형태 | 갓의 크기는 2~6×1~6cm이고, 두께는 2~5mm이며, 반원형~콩팥형이다. 갓의 표면은 황갈색이고 미세한 인편이 덮여 있으며, 털은 없다. 밑면의 관공은 깊이 1~3mm, 벌집 모양이고, 방사상으로 배열한다. 자루는 크기가 0.2~2cm×3~6mm이고, 갓 옆으로 붙어 있으며 짧고, 갓과 같은 색이다. 자루의 부착형태는 측생이다. 턱받이가 없고, 조직은 흰색이다가 후에 크림색이 되며, 부드러운 가죽질이고, 두께는 1~2mm이다. **미세구조:** 포자는 흰색을 띠며, 크기는 7~12×3~4μm이다. 모양은 장타원형이며, 표면은 평활하다.

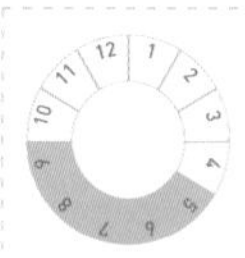

468 좀벌집버섯(좀벌집구멍장이버섯)

Polyporus arcularius (Batsch) Fr.
Favolus arcularius (Batsch) Fr.

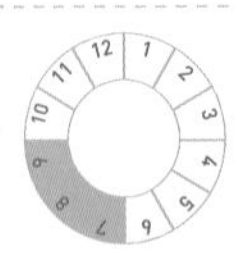
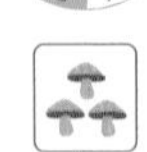

식독여부 | 식용부적합　발생시기 | 여름~가을

발생장소 | 활엽수의 고사목과 쓰러진 나무 및 그루터기에 무리지어 발생한다.

형태 | 갓은 지름 1~8cm, 두께 1~4mm이고, 원형~깔때기형이다. 갓의 표면은 황백색~담황색이며, 거스러미 모양의 인편이 있다. 밑면의 관공면은 흰색~크림색이고, 구멍은 방사상으로 늘어진 타원형이며, 깊이는 1~2mm이다. 자루는 크기가 1~4cm×2~3mm이고, 아래가 가는 원통형으로 속이 차 있으며, 갓과 같은 색이다. 자루의 부착형태는 중심생이고, 턱받이가 없다. 조직은 부드러운 가죽질이다. **미세구조:** 포자는 흰색을 띠며, 크기는 7~9×2~3μm이다. 모양은 장타원형이며, 표면은 평활하다.

469 개덕다리버섯(구멍장이버섯)

Polyporus squamosus (Huds.) Fr.
Polyporellus squamosus (Huds.) P. Karst.

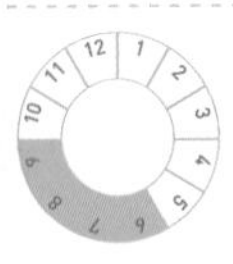

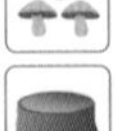

식독여부 | 식용(어린 자실체만 식용)　발생시기 | 초여름~가을

발생장소 | 활엽수의 고사목과 쓰러진 나무 및 그루터기에 중첩되게 무리지어 발생한다.

형태 | 갓은 지름 10~20cm, 두께 1~3cm이며, 원형~콩팥형이다. 갓의 표면은 담황갈색~재목색이고, 암갈색~흑갈색의 큰 인편이 있다. 관공은 내린형이고, 원형에서 방사상으로 늘어져 타원형이 되며, 깊이는 2~5mm이고, 흰색~담황색이다. 자루의 크기는 1~4cm×4~10mm이고, 굵고 짧으며 단단하고, 갓과 같은 색이다. 자루의 부착형태는 편심생이다. 턱받이가 없으며, 조직은 부드러운 육질에서 단단한 코르크질이다. **미세구조:** 포자는 흰색을 띠며, 크기는 11~14×4~5μm이다. 모양은 장타원형이며, 표면은 평활하다.

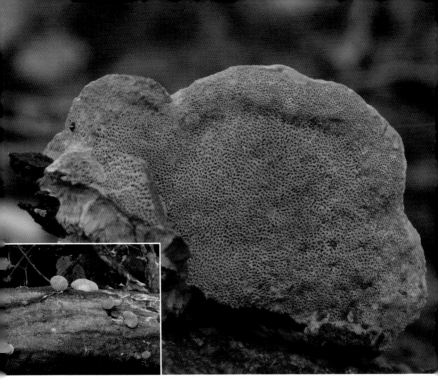

주걱송편버섯(주걱간버섯) 470

Pycnoporus cinnabarinus (Jacq.) Fr.
Polystictus cinnabarinus (Jacq.) Cooke
Trametes cinnabarina (Jacq.) Fr.

식독여부 | 식용부적합　발생시기 | 연중(봄~가을)

발생장소 | 활엽수(침엽수는 드묾) 고사목, 쓰러진 나무, 그루터기 등에 중첩되게 무리지어 발생한다.

형태 | 갓은 지름 2~10cm, 두께 5~20mm이고, 반원형~부채형이며, 갓의 표면은 등적색~주색이고, 평활하며, 미세한 주름이 있고, 희미한 고리 홈이 있다. 밑면의 관공은 주홍색이고, 깊이는 3~8mm, 구멍은 원형~다각형이며, 2~3개/mm이다. 자루와 턱받이가 없고, 부착형태는 측생이며, 조직은 가죽질이다. **미세구조:** 포자는 흰색을 띠며, 크기는 5~6×2~2.5μm이다. 모양은 원통형이며, 표면은 평활하다.

>>> 간버섯과의 차이는 조직이 두껍고, 색이 약간 옅으며, 관공 구멍이 큰 것이다.

471 간버섯

Pycnoporus coccineus (Fr.) Bondartsev & Singer
Trametes sangunea (L.) Lloyd
Pycnoporus sanguineus (L.) Murrill

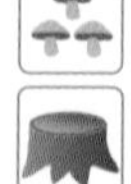

식독여부 | 식용부적합　발생시기 | 연중(봄~가을)

발생장소 | 활엽수(침엽수는 드묾) 고사목, 쓰러진 나무, 그루터기 등에 중첩되게 무리지어 발생한다.

형태 | 갓은 지름 3~10cm, 두께 3~7mm이며, 반원형이다. 갓의 표면은 선명한 주홍색이다가 후에 색이 바래면 적색으로 옅어지며, 평활하다. 밑면의 관공은 짙은 적홍색이고, 깊이 1~2mm, 구멍은 6~8개/mm로 미세하다. 자루와 턱받이가 없고, 부착형태는 측생~편심생이다. 조직은 코르크질~가죽질이다. **미세구조:** 포자는 흰색을 띠며, 크기는 4~5×1.8~2.5μm이다. 모양은 장타원형이며, 표면은 평활하다.

검정대구멍장이버섯 472

Royoporus badius (Pers.) A. B. De
Polyporellus badius (Pers.) Imazeki
Polyporus badius (Pers.) Schwein.

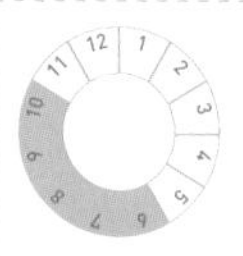

식독여부 | 식용부적합 발생시기 | 여름~가을
발생장소 | 활엽수 고사목, 쓰러진 나무, 그루터기 등에 홀로 또는 무리지어 발생한다.
형태 | 갓은 지름 4~15cm, 두께 1~5mm이며, 원형~콩팥형이다. 갓의 표면은 황갈색~흑갈색이고, 평활하며 약간 광택이 있다. 관공면은 흰색이고, 깊이는 1~2mm이며, 구멍은 둥글고 5~7개/mm로 미세하다. 자루는 크기가 1~5cm×2~5mm이고, 속이 찬 원통형이며, 검은색~흑갈색이다. 자루의 부착형태는 중심생~편심생이며, 턱받이가 없다. 조직은 가죽질이고 흰색이며, 건조하면 오그라들고 쉽게 꺾어진다. **미세구조:** 포자는 흰색을 띠며, 크기는 6~8×2.5~3.5μm이다. 모양은 장타원형이며, 표면은 평활하다.

473 대합송편버섯

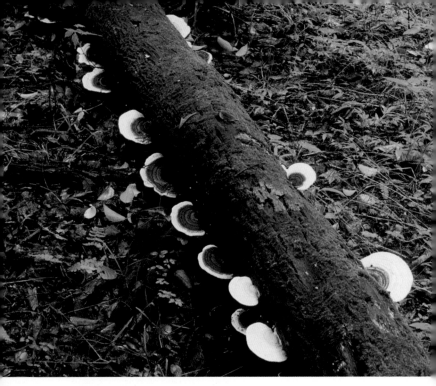

Trametes gibbosa (Pers.) Fr.

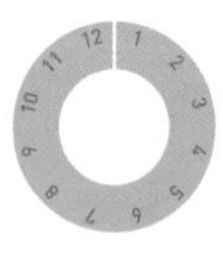

식독여부 | 식용부적합　발생시기 | 연중(여름~가을)

발생장소 | 활엽수 고사목, 쓰러진 나무, 그루터기 등에 중첩되게 무리지어 발생한다.

형태 | 갓은 지름 5~15cm, 두께 1~5cm이며, 반원형이다. 갓의 표면은 흰색~회색, 녹조류가 번식하여 녹색을 띠기도 한다. 우단 모양의 털과 고리 무늬, 고리홈이 있다. 관공은 깊이가 2~10mm이고, 방사상으로 길게 배열되며, 때로는 미로상이다. 자루와 턱받이가 없고, 부착형태는 측생이다. 조직은 코르크질이고, 흰색이다. **미세구조:** 포자는 흰색을 띠며, 크기는 4~5×2~3μm이다. 모양은 장타원형이며, 표면은 평활하다.

흰구름버섯 474

Trametes hirsuta (Wulfen) Pilát
Coriolus hirsutus (Wulfen) Pat.
Polystictus hirsutus (Wulfen) Fr.

식독여부 | 식용부적합　발생시기 | 연중(여름~가을)

발생장소 | 활엽수 고사목, 쓰러진 나무, 그루터기 등에 중첩되게 무리지어 발생한다.

형태 | 갓은 지름 2~7cm, 두께 2~8mm이며, 반원형이다. 수많은 개체가 중첩하여 발생한다. 갓의 표면은 회백색~옅은 갈색이고, 털이 빽빽하며, 고리무늬가 있다. 관공면은 회색~회갈색이고, 깊이는 1~4mm이며, 구멍은 원형~각형으로 3~4개/mm이다. 자루와 턱받이가 없고, 부착형태는 측생이다. 조직은 흰색이며, 가죽질이고 두께가 2~4mm이다. **미세구조:** 포자는 흰색을 띠며, 크기는 6~7×3μm이다. 모양은 장타원형이며, 표면은 평활하다.

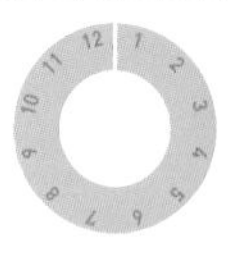

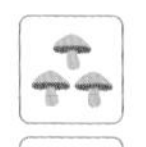

475 시루송편버섯

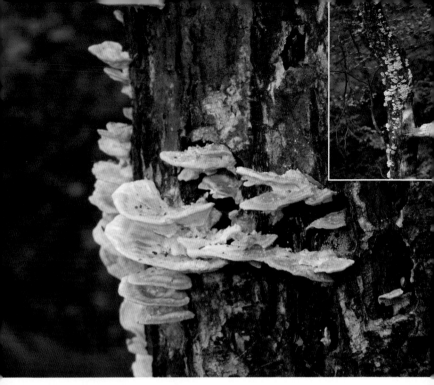

Trametes orientalis (Yasuda) Imazeki

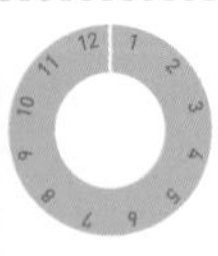

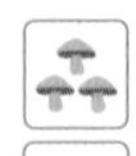

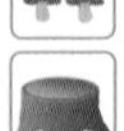

식독여부 | 식용부적합　발생시기 | 연중(여름~가을)

발생장소 | 참나무 등 활엽수 고사목의 줄기나 가지에 중첩되게 무리지어 발생한다.

형태 | 갓은 지름 2~5cm, 두께 2~3mm이며, 반원형이다. 갓의 표면은 회색~회갈색이고, 털이 빽빽하며, 고리 무늬가 있다. 관공면은 회색~회갈색이고, 깊이는 1~2mm이며, 미세한 미로상이다. 자루와 턱받이가 없고, 부착형태는 측생이다. 조직은 흰색~회백색이고, 얇은 가죽질이다. **미세구조:** 포자는 흰색을 띠며, 크기는 7~8×2.5~3.5μm이다. 모양은 장타원형이며, 표면은 평활하다.

살송편버섯 476

Trametes palisoti (Fr.) Imazeki

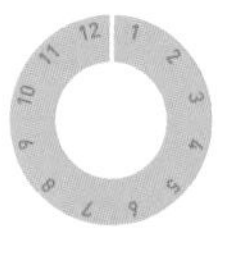

식독여부 | 식용부적합　발생시기 | 연중(여름~가을)
발생장소 | 활엽수의 쓰러진 나무줄기에 중첩되게 무리지어 발생한다.
형태 | 갓은 지름 5~15cm, 두께 5~10mm이며, 반원형이고, 편평하다. 갓의 표면은 흰색~재목색이며, 털은 없고, 평활하다. 고리 모양 홈은 아주 희미하고, 갓 끝은 얇으며 예리하다. 관공은 방사상으로 긴 구멍 또는 미로상이고, 홈 모양이며, 깊이는 2~8mm이다. 자루와 턱받이가 없고, 부착형태는 측생이다. 조직은 흰색이고 단단하다. **미세구조:** 포자는 흰색을 띠며, 크기는 5.5~6.5×3μm이다. 모양은 타원형이며, 표면은 평활하다.

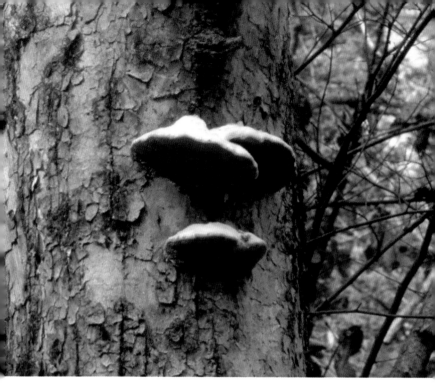

477 흰융털구름버섯

Trametes pubescens (Schumach.) Pilát

Coriolus pubescens (Schumach.) Quél.

Tyromyces pubescens (Schumach.) Gillot & Lucand

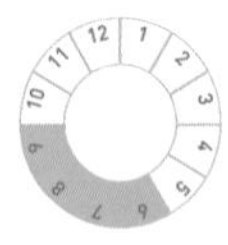

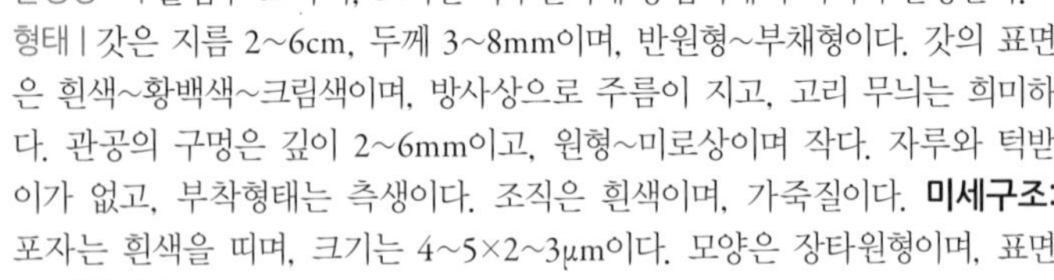

식독여부 | 식용부적합 발생시기 | 초여름~가을

발생장소 | 활엽수 고사목, 쓰러진 나무줄기에 중첩되게 무리지어 발생한다.

형태 | 갓은 지름 2~6cm, 두께 3~8mm이며, 반원형~부채형이다. 갓의 표면은 흰색~황백색~크림색이며, 방사상으로 주름이 지고, 고리 무늬는 희미하다. 관공의 구멍은 깊이 2~6mm이고, 원형~미로상이며 작다. 자루와 턱받이가 없고, 부착형태는 측생이다. 조직은 흰색이며, 가죽질이다. **미세구조:** 포자는 흰색을 띠며, 크기는 4~5×2~3μm이다. 모양은 장타원형이며, 표면은 평활하다.

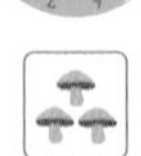

송편버섯 478

Trametes suaveolens (L.) Fr.

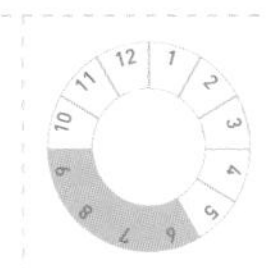

식독여부 | **식용부적합**　발생시기 | 초여름~가을

발생장소 | 버드나무 등 활엽수 고사목 줄기와 가지에 중첩되게 무리지어 발생한다.

형태 | 갓은 지름 4~6×5~12cm, 두께 1~3cm이며, 반원형이다. 갓의 표면은 흰색이고, 부드러운 털이 덮여 있는 것도 있고 없는 것도 있다. 관공은 길이 5~15mm이고, 구멍은 원형~각형이며, 흰색이다. 자루와 턱받이가 없고, 부착형태는 측생이다. 조직의 두께는 0.5~2cm이며 코르크질이고, 흰색~담황색이다. **미세구조:** 포자는 흰색을 띠며, 크기는 8~9×3~5μm이다. 모양은 장란형이며, 표면은 평활하다.

479 구름버섯

Trametes versicolor (L.) Lloyd
Coriolus versicolor (L.) Quél.
Polyporus versicolor (L.) Fr.

식독여부 | 약용　발생시기 | 연중(초여름~가을)

발생장소 | 침·활엽수의 고사목, 쓰러진 나무, 그루터기 등에 중첩되게 무리지어 발생한다.

형태 | 갓은 지름 1~5cm, 두께 1~2cm이며, 반원형이다. 갓의 표면은 거의 검은색에 가깝지만 흰색, 황색, 갈색, 적색, 녹색, 검은색 등 다채로운 색의 고리 무늬를 띠며, 짧은 털이 빽빽하다. 자실층의 관공은 깊이 1~2mm이고, 구멍은 원형이며, 3~5개/mm이다. 자루와 턱받이가 없고, 부착형태는 측생이다. 조직은 흰색이며 가죽질이다. **미세구조:** 포자는 흰색을 띠며, 크기는 5~8×1.5~2.5μm이다. 모양은 원통형이며, 표면은 평활하다.

옷솔버섯 480

Trichaptum abietinum (Dicks.) Ryvarden

식독여부 | 식용부적합 발생시기 | 연중(여름~가을)

발생장소 | 소나무 등 침엽수 고사목, 쓰러진 나무, 그루터기 등에 중첩되게 무리지어 발생한다.

형태 | 갓은 지름 1~2cm, 두께 1~2mm이며, 반배착성이고, 반원형~부채형이다. 갓의 표면은 흰색~회백색이고, 짧은 털이 있으며, 희미한 고리 무늬가 있다. 자실층은 짧고 이빨 모양이며, 담홍색~담자색이고, 구멍은 원형~각형으로 2~3개/mm이다. 자루와 턱받이가 없고, 부착형태는 측생이다. 조직은 아주 얇고, 아교질을 띠며, 옅은 보라색이나 곧 색이 바랜다. **미세구조:** 포자는 흰색을 띠며, 크기는 5~7×2~3μm이다. 모양은 타원형이며, 표면은 평활하다.

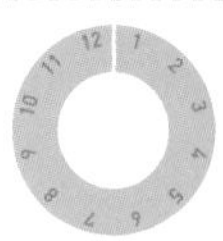

481 기와옷솔버섯

Trichaptum fuscoviolaceum (Ehrenb.) Ryvarden
Hirschioporus fuscoviolaceus (Ehrenb.) Donk

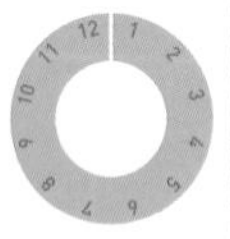

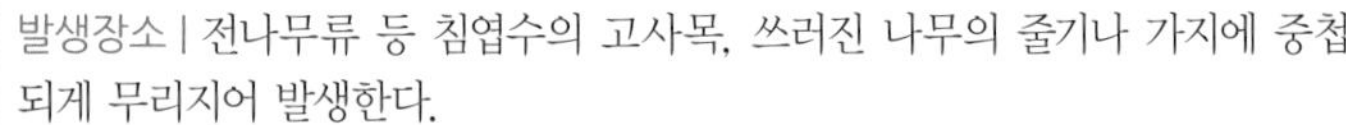

식독여부 | 식용부적합　발생시기 | 연중(여름~가을)

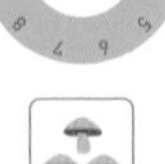

발생장소 | 전나무류 등 침엽수의 고사목, 쓰러진 나무의 줄기나 가지에 중첩되게 무리지어 발생한다.

형태 | 갓은 지름 1~4cm, 두께 1~3mm이며, 반원형 또는 부채형이다. 갓의 표면은 흰색~회갈색이고, 거친 털과 고리 무늬가 있다. 갓 끝은 톱니 모양이다. 자실층은 이빨 모양이고, 담자색이며, 침상돌기가 방사상으로 배열되어 있다. 자루와 턱받이가 없고, 부착형태는 측생이다. 조직은 아주 얇고, 아교질을 띠며, 짙은 보라색이나 곧 색이 바랜다. **미세구조:** 포자는 흰색을 띠며, 크기는 5~7×3~5μm이다. 모양은 타원형이며, 표면은 평활하다.

>>> 옷솔버섯과 유사하나 자실체가 약간 대형이고, 관공이 방사상으로 배열되는 이빨 모양이며 크고, 주로 전나무류를 기주로 하는 차이가 있다.

복령 482

Wolfiporia extensa (Peck) Ginns
Poria cocos F. A. Wolf
Wolfiporia cocos (F. A. Wolf) Ryvarden & Gilb.

식독여부 | 약용　발생시기 | 연중(다년생)
발생장소 | 소나무류 뿌리 주변 지하 10~30cm에 균핵을 형성한다.
형태 | 갓은 지름 30cm 이상, 무게 1kg 이상까지도 성장한다. 구형 또는 울퉁불퉁한 균핵이다. 갓의 표면은 회갈색~적갈색~흑적갈색이다. 균핵을 습실에 두면, 표면에 배착성인 흰색의 자실체가 발생한다. 자루와 턱받이가 없다.
미세구조: 포자는 흰색을 띠며, 크기는 8~10×4μm이다. 모양은 장타원형이며, 표면은 평활하다.

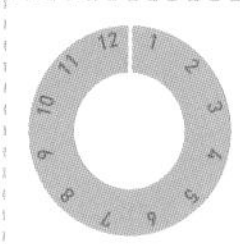

483 꽃송이버섯

Sparassis crispa (Wulfen) Fr.

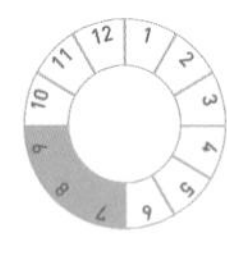

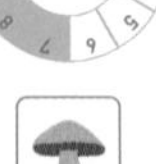

식독여부 | 약용　발생시기 | 여름~초가을

발생장소 | 잣나무, 낙엽송 등 침엽수 성숙목(생목)의 밑동 부위나 그 부근 또는 벌채목과 그루터기에 홀로 또는 흩어져 발생한다.

형태 | 갓의 크기는 10~30cm에 달한다. 하나의 자루에서 계속 분지하여 생긴 자실체 덩어리이고, 꽃양배추형이다. 갓의 표면은 흰색~담황색이며, 자실층은 꽃잎 모양의 얇은 조각 뒷면에 생긴다. 자루는 크기가 2~5×2~4cm이며, 짧고 굵다. 자루의 부착형태는 중심생~편심생이며, 턱받이가 없다. 조직은 흰색~담황색으로 얇고 부드러운 육질이다. **미세구조:** 포자는 흰색을 띠며, 크기는 6~7×4~4.5μm이다. 모양은 타원형이며, 표면은 평활하다.

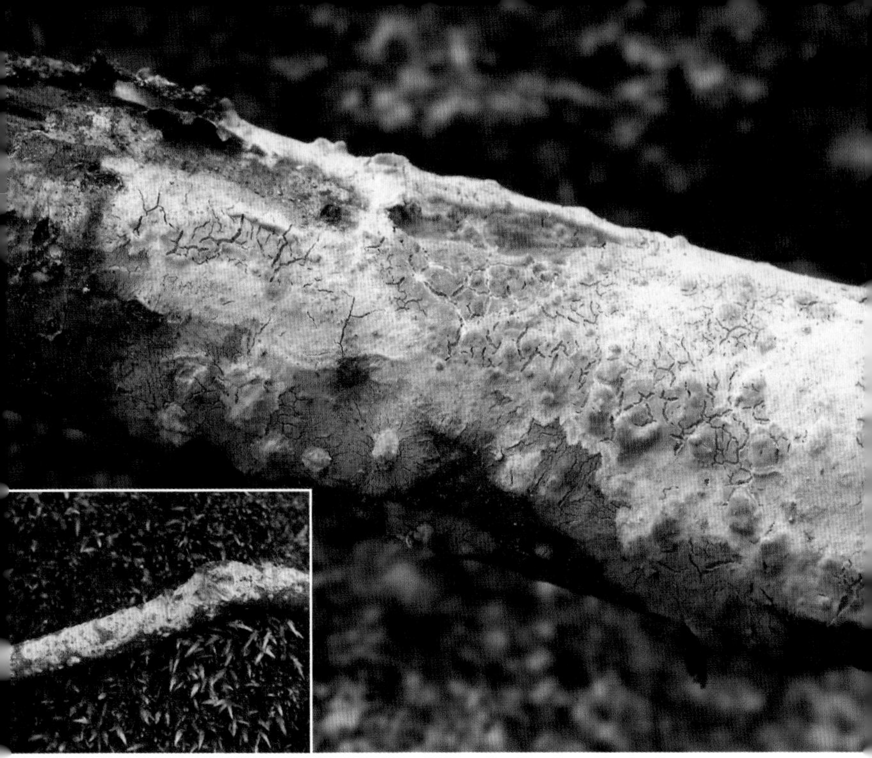

황금고약버섯 484

Crustodontia chrysocreas (Berk. & M. A. Curtis) Hjortstam & Ryvarden

Corticium chrysocreas Berk. & M. A. Curtis

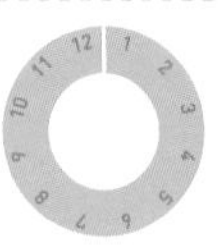

식독여부 | 식용부적합　발생시기 | 연중(여름~가을)

발생장소 | 활엽수 고사목과 쓰러진 나무의 수피에 밀착하여 퍼져 간다.

형태 | 갓의 크기는 수 cm~수십 cm까지 생장한다. 배착성으로 편평하게 자라며 방사상으로 주름이 깊게 있다. 갓의 표면은 난황색~등황색이며, 자실층은 평활하나 유두 모양 돌기가 흩어져 있다. 자루와 턱받이가 없으며, 조직은 5% 수산화칼륨KOH액을 바르면 자주색으로 변한다. **미세구조:** 포자는 흰색을 띠며, 크기는 4~6×2~2.5μm이다. 모양은 타원형이며, 표면은 평활하다.

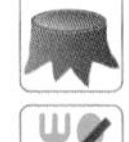

주름버섯강 Class Agaricomycetes
미확정분류균 Subclass *Incertae sedis*
≫ 무당버섯목 Order Russulales

방패버섯과 Albatrellaceae

중형~대형이며, 주로 일년생 자실체를 땅 위에 형성한다. 갓과 자루가 있으며, 갓은 평평하고 자루는 중심생이며, 조직은 부드럽다. 포자문은 흰색이다.

- 방패버섯속 *Albatrellus*

솔방울털버섯과 Auriscalpiaceae

소형~중형의 자실체를 나무나 솔방울 등에 형성한다. 포자문은 흰색이고, 포자는 구형이며, 표면에 가시 모양의 딱딱한 털이 있다.

- 솔방울털버섯속 *Auriscalpium*
- 나무싸리버섯속 *Clavicorona*
- 털느타리버섯속 *Lentinellus*

뿌리버섯과 Bondarzewiaceae

중형~대형이며, 원반형~반구형의 자실체를 침엽수 고사목의 밑동이나 나무뿌리와 연결된 땅 위에 형성한다. 포자문은 흰색이고, 포자는 구형이며, 표면에 작은 돌기가 있다.

- 뿌리버섯속 *Heterobasidion*

산호침버섯과 Hericiaceae

중형~대형이며 부드러운 조직, 침상의 자실체를 나무 위에 형성한다. 포자문은 흰색이다.

- 산호침버섯속 *Hericium*

무당버섯과 Russulaceae

다른 버섯분류군과 달리, 조직을 이룬 균사가 실 형태가 아닌 구형의 세포로 이루어져 있다. 그래서 분필과 같이 똑똑 부러지는 특징을 갖고 있다. 포자문은 황색, 흰색, 크림색 또는 황갈색과 같이 다양하고, 중요한 분류키가 된다.

- 젖버섯속 *Lactarius*
- 무당버섯속 *Russula*

꽃구름버섯과 Stereaceae

아주 단순한 형태를 지닌 분류균. 구멍장이버섯과 비슷하게 생겼으나 구멍을 가지고 있지 않고, 주름이나 평면 위에 담자기를 형성한다.

- 꽃구름버섯속 *Stereum*
- 거북버섯속 *Xylobolus*

다발구멍장이버섯 485

Albatrellus confluens (Alb. & Schwein.) Kotl. & Pouzar
Polyporus confluens (Alb. & Schwein.) Fr.

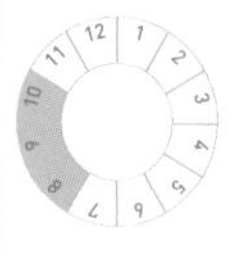

식독여부 | 식용　발생시기 | 늦여름~가을
발생장소 | 소나무림, 전나무림 등 침엽수림 내 땅 위에 홀로 또는 무리지어 발생한다.
형태 | 갓은 지름 5~15cm, 두께 1~3cm이며, 부채형~주걱형으로 하나의 뿌리에서 여러 개체가 상호 유착하여 자란다. 지름이 30cm에 달하는 큰 집단을 이루기도 한다. 갓의 표면은 평활하고, 황백색~담홍색이다. 밑면의 관공은 흰색~크림색이고, 자루에 내린형이며, 깊이 1~2mm, 구멍은 원형~다각형이고, 2~4개/mm이다. 원통의 두꺼운 자루는 짧고, 자루의 색깔은 흰색~크림색이며, 자루의 부착형태는 편심생이다. 턱받이가 없으며, 조직은 흰색으로 부드러운 육질이다. **미세구조:** 포자는 흰색을 띠며, 크기는 4~5×3~4μm이다. 모양은 타원형이며, 표면은 평활하다.

486 꽃구멍장이버섯(방패버섯)

Albatrellus dispansus (Lloyd) Canf. & Gilb.
Polyporus dispansus Lloyd

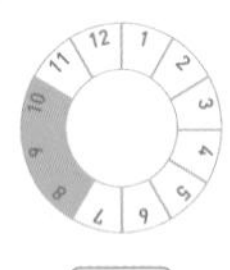
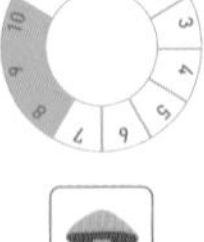

식독여부 | 식용　발생시기 | 늦여름~가을

발생장소 | 소나무림, 전나무림 등 침엽수림 내 땅 위에 홀로 또는 흩어져 발생한다.

형태 | 갓은 지름 3~6cm, 두께 2~3mm이며, 부채형~주걱형이지만, 전체는 '잎새버섯' 모양으로 다수 분지한 자루와 작은 잎 모양의 갓이 모여 높이 5~15cm, 지름 5~20cm에 이른다. 갓의 표면은 황색이며, 미세한 인편이 있고, 갓 끝은 불규칙한 파도형이다. 자실층면은 흰색이고, 관공상이며, 자루에 내린형이고, 깊이는 1mm이며, 구멍은 원형~부정형이고, 2~3개/mm이다. 원통의 두꺼운 자루는 짧고 흰색~크림색이다. 자루의 부착형태는 중심생~편심생이며, 턱받이가 없다. 조직은 흰색으로 부드러운 육질이다. **미세구조:** 포자는 흰색을 띠며, 크기는 4~5×3~4μm이다. 모양은 타원형이며, 표면은 평활하다.

솔방울털버섯 487

Auriscalpium vulgare Gray

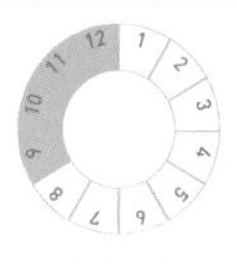

식독여부 | 식용부적합　발생시기 | 가을~겨울

발생장소 | 늦가을~겨울 동안 땅속에 묻힌 솔방울을 기주로 1~2개씩 발생한다.

형태 | 갓의 지름은 1~2cm이고, 콩팥형~염통 모양이며, 편평형~반구형으로 전개된다. 갓의 표면은 적갈색~암갈색이고, 우단상이며 미세한 털이 덮여 있다. 자실층은 침 모양이고, 흰색~담갈색이며, 길이 1~1.5mm이다. 자루는 크기가 1~6cm×1~3mm이며, 갓 옆이 오목한 부분에 직립하고, 암갈색이며 우단상의 미세한 털이 덮여 있다. 자루의 부착형태는 측생이며, 턱받이가 없다. 조직은 매우 질긴 가죽질이다. **미세구조:** 포자는 흰색을 띠며, 크기는 4.5~5×3.5~4μm이다. 모양은 타원형이며, 표면에는 미세한 돌기가 분포한다.

488 좀나무싸리버섯

Clavicorona pyxidata (Pers.) Doty
Artomyces pyxidata (Pers.) Jűlich
Clavaria pyxidata Pers.

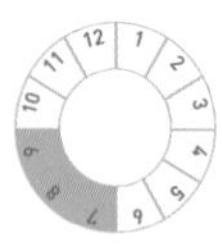
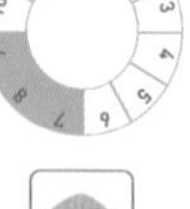

식독여부 | 식용　발생시기 | 여름~가을

발생장소 | 숲속 쓰러진 나무(주로 침엽수)의 썩은 줄기나 그루터기에 홀로 또는 무리지어 발생한다.

형태 | 갓은 높이 4~15cm이고, 산호형이며, 나뭇가지 모양으로 분지한다. 가지 끝은 잔 모양이고, 1마디에서 3~6가지를 내며 계속 반복된다. 갓의 표면은 처음에는 담황갈색이다가 자라면서 또 접촉하면 적갈색으로 변한다. 나뭇가지 같은 자실체 표면 전체에 자실층이 분포한다. 턱받이가 없고, 조직은 흰색으로 부드러운 육질이다. **미세구조:** 포자는 흰색을 띠며, 크기는 4~5×2~3μm이다. 모양은 타원형이며, 표면은 평활하다.

>>> 자실체 끝부분에 왕관 모양의 뿔이 있는 것이 특징이다.

갈색털느타리 489

Lentinellus ursinus (Fr.) Kühner

식독여부 | 식용부적합　발생시기 | 여름~가을
발생장소 | 활엽수 고사목과 쓰러진 나무줄기나 가지에 중첩되게 무리지어 발생한다.
형태 | 갓의 지름은 1~4cm이고, 반원형~부채형이다. 갓의 표면은 담황갈색이다가 후에 갈색~암갈색이 되고, 기부에서 중앙까지 털이 빽빽하나, 갓 둘레에는 없고, 우단상이다. 주름살은 빽빽하거나 또는 약간 성글고, 주름살 날은 톱날형이다. 자루와 턱받이가 없고, 부착형태는 측생이다. 조직은 얇지만 탄력이 있고, 흰색~연분홍색이다. **미세구조:** 포자는 흰색을 띠며, 크기는 3~4×2.5~3μm이다. 모양은 유구형~달걀형이고, 표면에는 미세한 돌기가 분포한다.

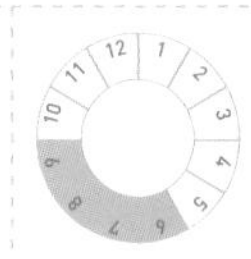

490 벽돌빛버섯

Heterobasidion insulare (Murrill) Ryvarden
Fomitopsis insularis (Murrill) Ryvarden

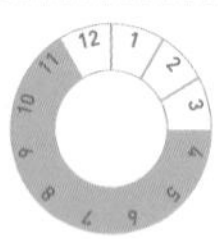

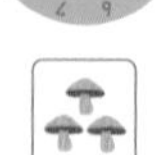
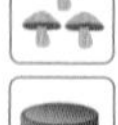

식독여부 | 식용부적합 발생시기 | 여름~가을

발생장소 | 전나무 등 침엽수의 생입목, 고사목의 밑동 부위나 그루터기에 중첩되게 무리지어 발생한다.

형태 | 갓은 지름 2~6cm, 두께 1~1.5cm이며, 반원형~부정형이다. 갓의 표면은 흰색~황백색에서 황갈색~적갈색으로 변한다. 방사상으로 주름이 있고, 고리 무늬는 희미하다. 밑면은 흰색이며, 관공은 기부가 깊이 1cm이고, 구멍은 원형에서 미로상으로 되며, 3개/mm이다. 자루와 턱받이가 없고, 부착형태는 측생이다. 조직은 황백색이고 가죽질이다. **미세구조:** 포자는 흰색을 띠며, 크기는 4~5μm이다. 모양은 구형이며, 표면은 평활하다.

산호침버섯(수실노루궁뎅이버섯) 491

Hericium coralloides (Scop.) Pers.
Hericium ramosum (Bull.) Letell.
Hericium lacinatum (Leers) Banker

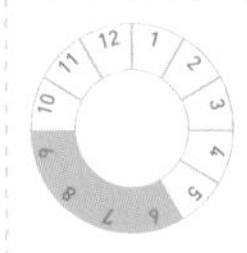

식독여부 | 식용　발생시기 | 여름~가을

발생장소 | 침·활엽수의 생입목, 고사목 및 쓰러진 나무의 줄기에 홀로 또는 무리지어 발생한다.

형태 | 갓의 지름은 10~20cm, 침의 길이는 1~6mm이며, 산호 모양으로 분지하고, 가지를 옆으로 분지하며 무수히 많은 침을 내려뜨린다. 갓의 표면은 전체가 흰색이며, 건조하면 황적색~적갈색으로 변한다. 자실층은 침 모양의 자실체 표면에 분포한다. 자루와 턱받이가 없고, 부착형태는 측생이다. 조직은 흰색 또는 크림색으로 부드러운 육질이다. **미세구조:** 포자는 흰색을 띠며, 크기는 4~5×3~4㎛이다. 모양은 유구형이고, 표면에는 미세한 돌기가 분포한다.

492 노루궁뎅이버섯

Hericium erinaceus (Bull.) Pers.
Hericium erinaceum (Bull.) Pers.
Hydnum erinaceum Bull.

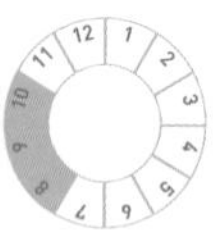
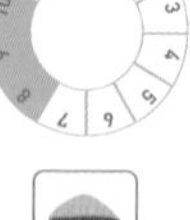

식독여부 | 식용　발생시기 | 여름~가을

발생장소 | 참나무 등 활엽수의 생입목 및 고사목 줄기에 홀로 또는 무리지어 발생한다.

형태 | 갓은 지름이 5~25cm이고, 반구형이며, 나무줄기에 매달려 붙어 있다. 윗면에는 짧은 털이 빽빽하지만, 다른 면에서는 1~5cm 길이의 무수히 많은 침을 수염처럼 내려뜨린다. 갓의 표면은 어린 시기에 옅은 핑크빛을 띠며 성숙하면 흰색으로 되고 건조하면 옅은 황갈색으로 변한다. 자실층은 침 모양의 자실체 표면에 분포한다. 자루와 턱받이가 없고, 부착형태는 측생이다. 조직은 흰색이고 부드러운 육질이다. **미세구조:** 포자는 흰색을 띠며, 크기는 5.5~7.5×5~6.5μm이다. 모양은 유구형이며, 표면에는 미세한 돌기가 분포한다.

493 보라변색젖버섯

Lactarius aspideus (Fr.) Fr.

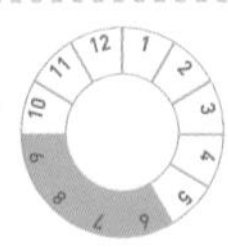

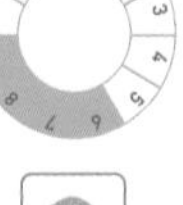

식독여부 | 식독불명　발생시기 | 여름~가을

발생장소 | 버드나무 아래 등 활엽수림 내 땅 위에 홀로 또는 무리지어 발생한다.

형태 | 갓의 지름은 3~5cm이고, 반구형에서 중앙오목편평형으로 전개된다. 갓 끝이 안으로 약간 말린다. 갓의 표면은 황색~황갈색이고, 습하면 점액이 덮인다. 갓 끝은 미세한 털이 있다. 주름살은 끝붙은형에 내린모양이고, 빽빽하며, 흰색~담황색이다. 자루는 크기가 3~8cm×5~10mm이고, 속이 빈 원통형이며, 황색이고, 평활하며, 상처시 갓과 같이 자색의 얼룩이 생긴다. 자루의 부착형태는 중심생이고, 턱받이가 없다. 흰색의 유액은 자색으로 변하고, 맛은 쓰다. **미세구조:** 포자는 흰색을 띠며, 크기는 7~0.5×6~8μm이다. 모양은 광타원형~유구형이며, 표면에는 미세한 돌기가 분포한다. 낭상체의 크기는 44~82×6~9.5μm이고, 곤봉형이다.

노란젖버섯 494

Lactarius chrysorrheus Fr.

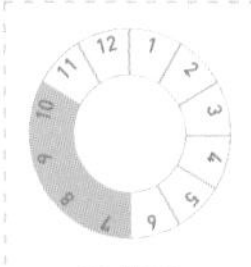

식독여부 | 식용　발생시기 | 여름~가을

발생장소 | 침·활엽수림 내 땅 위에 홀로 또는 무리지어 발생한다.

형태 | 갓의 지름은 5~9cm이고, 약간 깔때기 모양으로 자란다. 갓의 표면은 황색~갈색을 띤 연한 담홍색이며, 고리 무늬가 있고, 습하면 약간 점성이 있다. 주름살은 내린형이고, 빽빽하며, 담홍색이다. 자루는 크기가 3~6cm×5~12mm이고, 속이 빈 원통형이며, 갓과 같은 색이다. 지루의 부착형태는 중심생이고, 턱받이가 없다. 조직은 흰색이고, 절단하면 황변한다. **미세구조:** 포자는 담황색을 띠며, 크기는 6~9×5~7.5μm이다. 모양은 구형~유구형이며, 표면에는 돌기가 있는 망목상의 구조물들이 분포한다.

495 애기젖버섯

Lactarius gerardii Peck

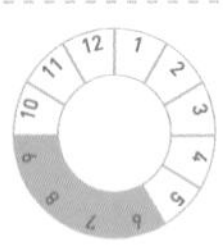
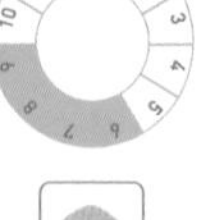

식독여부 | 식용　발생시기 | 여름~가을

발생장소 | 침·활엽수림 내 땅 위에 홀로 또는 무리지어 발생한다.

형태 | 갓의 지름은 5~10cm이고, 중앙오목편평형으로 전개된다. 갓의 표면은 황갈색~회갈색이고, 주름이 많으며, 우단 모양이다. 주름살은 끝붙은형에 내린모양이고, 성글며, 흰색~담황색이고, 상호 연락맥이 있다. 자루는 크기가 3~8cm×8~15mm이고, 속이 빈 원통형이며, 갓과 같은 색이고, 우단상이다. 자루의 부착형태는 중심생이고, 턱받이가 없다. 조직의 유액은 흰색이고, 매운맛은 없다. **미세구조:** 포자는 담황색을 띠며, 크기는 8~10.5×7.5~9.5μm이다. 모양은 유구형이며, 표면에는 돌기가 있는 망목상의 구조물들이 분포한다.

젖버섯아재비 496

Lactarius hatsudake Tanaka

식독여부 | 식용　발생시기 | 여름~가을

발생장소 | 숲속 땅 위에 홀로 또는 무리지어 발생한다.

형태 | 갓의 지름은 5~10cm이고, 중앙오목형에서 약간 깔때기 모양이다. 갓의 표면은 황갈색~담황색이며, 짙은 고리 무늬가 있고, 습하면 점성이 있다. 주름살은 끝붙은형에 내린모양이고, 빽빽하며, 붉은 포도주색을 띤다. 자루는 크기가 2~5×1~2cm이고, 속이 빈 원통형이며, 갓과 같은 색이고, 우단상이다. 자루의 부착형태는 중심생이고, 턱받이가 없다. 조직은 상처시 암적색의 유액이 스며 나오고, 청록색 얼룩으로 변하며, 오래되면 전체가 변한다. **미세구조:** 포자는 담암황색, 크기는 7~9×5.5~6.8μm이고, 광유구형이며, 표면에는 돌기가 있는 망목상의 구조물들이 분포한다.

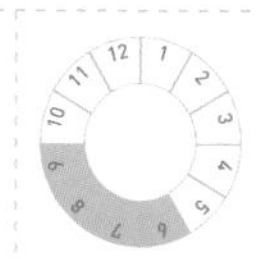

497 붉은젖버섯(호박젖버섯)

Lactarius laeticolor (S. Imai) Imazeki ex Hongo
Lactarius laeticolorus (S. Imai) Imazeki

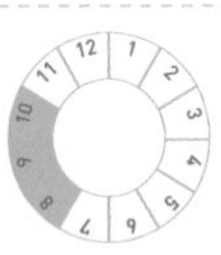

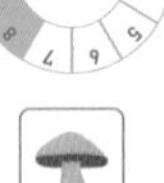

식독여부 | 식용 발생시기 | (여름~)가을

발생장소 | 침엽수림 내(주로 전나무림) 땅 위에 홀로 또는 무리지어 발생한다. 형태 | 갓의 지름은 5~15cm이고, 중앙오목형에서 약간 깔때기 모양이다. 갓의 표면은 옅은 등황색이고, 고리 무늬가 있으며, 습하면 약간 점성이 있다. 주름살은 끝붙은형에서 내린모양이고, 빽빽하며, 갓보다 짙은 색이다. 자루는 크기가 3~10cm×8~17mm이고, 속이 빈 원통형이며, 달 표면의 분화구처럼 움푹 팬 자국이 있다. 자루의 부착형태는 중심생이고, 턱받이가 없다. 조직의 유액은 주색이고, 약간 많이 분비하며, 변색성은 없다. **미세구조:** 포자는 담황색을 띠며, 크기는 7~10×6~7μm이다. 모양은 광타원형이며, 표면에는 돌기가 있는 망목상의 구조물들이 분포한다.

498 흰주름젖버섯

Lactarius hygrophoroides Berk. & M. A. Curtis

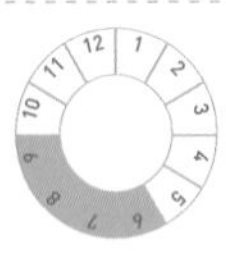
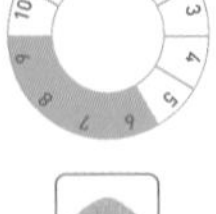

식독여부 | 식용 발생시기 | 여름~가을

발생장소 | 침·활엽수림 내 땅 위에 홀로 또는 무리지어 발생한다.

형태 | 갓의 지름은 3~11cm이고, 중앙오목형에서 약간 깔때기 모양이다. 갓의 표면은 등갈색, 분말상~우단상이며, 주름살은 내린형이고, 성글며, 흰색~황색이고, 얼룩은 생기지 않는다. 자루는 크기가 3~8cm×5~30mm이고, 속이 빈 원통형이며, 주름 모양의 세로줄이 있고, 갓보다 약간 옅은 색이다. 자루의 부착형태는 중심생이고, 턱받이가 없다. 조직의 유액은 흰색이고, 매운맛은 없다. **미세구조:** 포자는 흰색이고, 크기는 7~10×6~7μm이다. 모양은 구형~유구형이며, 표면에는 작은 날개 모양의 돌기가 있는 망목상의 구조물들이 분포한다.

잿빛헛대젖버섯 499

Lactarius lignyotus Fr.

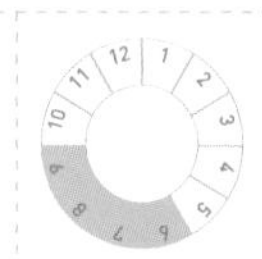

식독여부 | 식용　발생시기 | 여름~가을

발생장소 | 전나무 등 침엽수림 내 땅 위에 홀로 또는 무리지어 발생한다.

형태 | 갓의 지름은 3~8cm이고, 중앙오목편평형이며, 가운데 원추형 돌출 부가 있다. 갓의 표면은 검은색~흑갈색이고, 우단상이며, 방사상 주름이 있다. 주름살은 끝붙은형에서 내린모양이고, 빽빽하거나 약간 성글며, 흰색~담황색이고, 상처가 나면 적변한다. 자루는 크기가 5~12cm×4~10mm이고, 속이 빈 원통형이며, 갓과 같은 색이다. 자루의 부착형태는 중심생이고, 턱받이가 없다. 조직의 유액은 흰색에서 분홍색으로 변하고, 약간 쓴맛이 있다. **미세구조:** 포자는 담황색을 띠며, 크기는 8~10×7.5~9.5μm이다. 모양은 유구형~구형이며, 표면에는 돌기가 있는 망목상의 구조물들이 분포한다.

500 고염젖버섯

Lactarius obscuratus (Lasch) Fr.

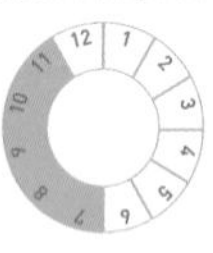

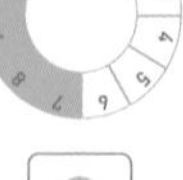

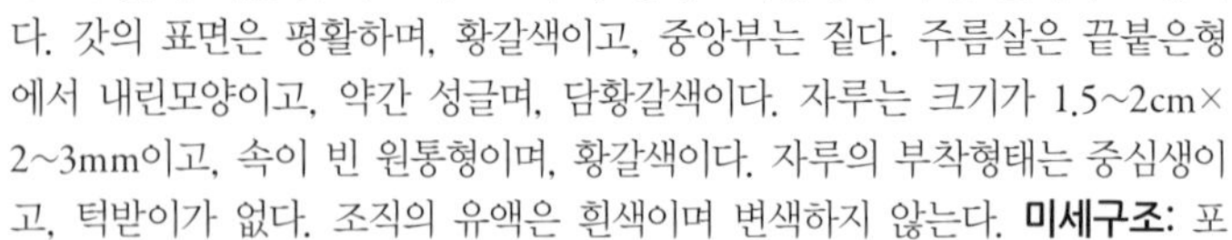

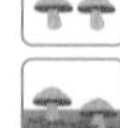

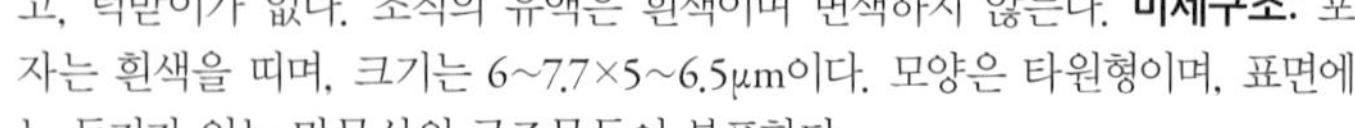

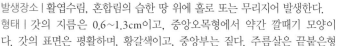

식독여부 | 식독불명 발생시기 | 여름~늦가을

발생장소 | 활엽수림, 혼합림의 습한 땅 위에 홀로 또는 무리지어 발생한다.

형태 | 갓의 지름은 0.6~1.3cm이고, 중앙오목형에서 약간 깔때기 모양이다. 갓의 표면은 평활하며, 황갈색이고, 중앙부는 짙다. 주름살은 끝붙은형에서 내린모양이고, 약간 성글며, 담황갈색이다. 자루는 크기가 1.5~2cm×2~3mm이고, 속이 빈 원통형이며, 황갈색이다. 자루의 부착형태는 중심생이고, 턱받이가 없다. 조직의 유액은 흰색이며 변색하지 않는다. **미세구조:** 포자는 흰색을 띠며, 크기는 6~7.7×5~6.5μm이다. 모양은 타원형이며, 표면에는 돌기가 있는 망목상의 구조물들이 분포한다.

굴털이(젖버섯) 501

Lactarius piperatus (L.) Pers.

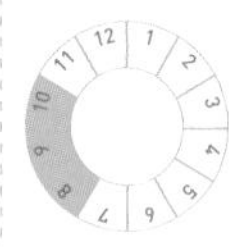

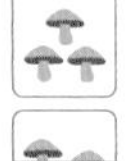

식독여부 | 식용부적합　발생시기 | 여름~가을

발생장소 | 활엽수림과 혼합림 내 땅 위에 홀로 또는 무리지어 발생한다.

형태 | 갓의 지름은 4~18cm이고, 중앙오목반구형에서 깔때기 모양으로 전개된다. 갓의 표면에 점성은 없고 주름이 있으며, 흰색이다가 후에 담황색을 띠고, 가끔 황갈색 얼룩이 생긴다. 주름살은 내린형이고, 아주 빽빽하며, 표면과 같은 색이다. 자루는 크기가 3~9×1~3cm이고, 원통형으로 흰색이며 내부는 치밀하고, 갓과 같은 색이다. 자루의 부착형태는 중심생이고, 턱받이가 없다. 조직은 상처시 흰색의 유액이 다량 분비되며 매우 매운맛이 난다. **미세구조:** 포자는 흰색을 띠며, 크기는 5.5~8×5~6.5μm이다. 모양은 유구형이며, 표면에는 미세한 돌기가 있는 망목상의 구조물들이 분포한다.

502 굴털이아재비

Lactarius subpiperatus Hongo

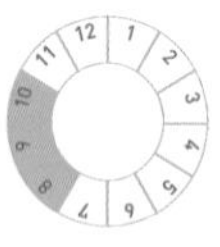

식독여부 | 식용부적합 발생시기 | 여름~가을

발생장소 | 활엽수림과 혼합림 내 땅 위에 홀로 또는 무리지어 발생한다.

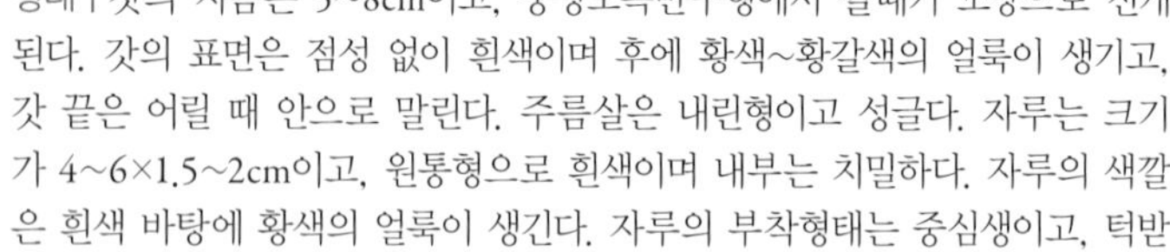

형태 | 갓의 지름은 5~8cm이고, 중앙오목반구형에서 깔때기 모양으로 전개된다. 갓의 표면은 점성 없이 흰색이며 후에 황색~황갈색의 얼룩이 생기고, 갓 끝은 어릴 때 안으로 말린다. 주름살은 내린형이고 성글다. 자루는 크기가 4~6×1.5~2cm이고, 원통형으로 흰색이며 내부는 치밀하다. 자루의 색깔은 흰색 바탕에 황색의 얼룩이 생긴다. 자루의 부착형태는 중심생이고, 턱받이가 없다. 조직의 유액은 흰색이고 강한 매운맛이 난다. **미세구조:** 포자는 흰색을 띠며, 크기는 6~7.5×5~6.5μm이다. 모양은 유구형이며, 표면에는 미세한 돌기가 있는 망목상의 구조물들이 분포한다.

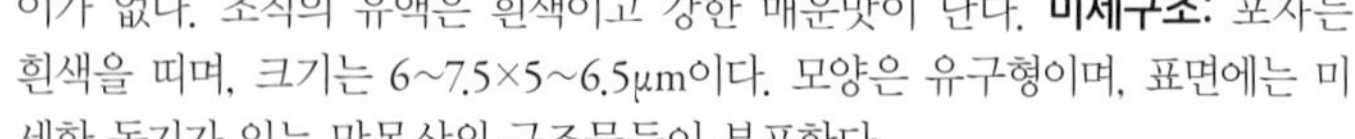

얇은갓젖버섯 505

Lactarius subplinthogalus Coker

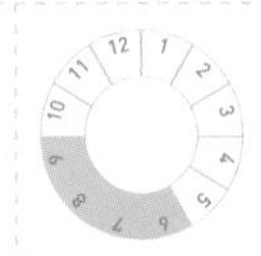

식독여부 | 식독불명　발생시기 | 여름~가을

발생장소 | 활엽수림과 혼합림 내 땅 위에 홀로 또는 무리지어 발생한다.

형태 | 갓의 지름은 3~5.5cm이고, 중앙오목반구형에서 깔때기 모양으로 전개된다. 갓의 표면은 광택 없이 밝은 갈색~회갈색이며, 방사상으로 주름이 있고, 갓 둘레에는 홈선이 있다. 주름살은 끝붙은내린형이고, 아주 성글며, 갓과 같은 색이다. 자루는 크기가 2.5~4.5cm×5~10mm이고, 속이 빈 원통형이며, 흰색이거나 갓과 같은 색이다. 자루의 부착형태는 중심생이고, 턱받이가 없다. 조직의 유액은 흰색이며, 자실체의 상처 부위를 적변시키고, 매운맛이 있다. **미세구조:** 포자는 흰색을 띠며, 크기는 7.5~10×7~9.5μm이다. 모양은 구형~유구형이고, 표면에는 미세한 돌기가 있는 망목상의 구조물들이 분포한다.

504 새털젖버섯아재비

Lactarius subvellereus Peck

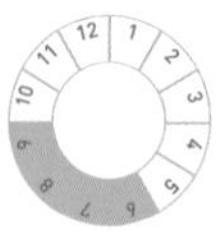
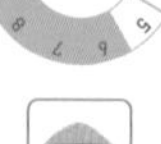
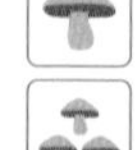

식독여부 | 식독불명　발생시기 | 여름~가을

발생장소 | 활엽수림과 혼합림 내 땅 위에 홀로 또는 무리지어 발생한다.

형태 | 갓의 지름은 5~15cm이고, 중앙오목반구형에서 깔때기 모양으로 전개된다. 갓의 표면은 미세한 털이 덮이고, 우단상이며, 흰색이다가 후에 황색의 얼룩이 생긴다. 주름살은 끝붙은내린형이고, 빽빽하며, 담황백색이다. 자루는 크기가 2~4.5cm×8~20mm이고, 속이 빈 원통형으로 짧으며, 흰색이고, 우단상이다. 자루의 부착형태는 중심생이고, 턱받이가 없다. 조직의 유액은 분비량이 많고, 흰색~담황백색이며, 격한 매운맛이 있다. **미세구조:** 포자는 흰색을 띠며, 크기는 7~8.5×6~6.5μm이다. 모양은 유구형이며, 표면에는 돌기가 있는 망목상의 구조물들이 분포한다.

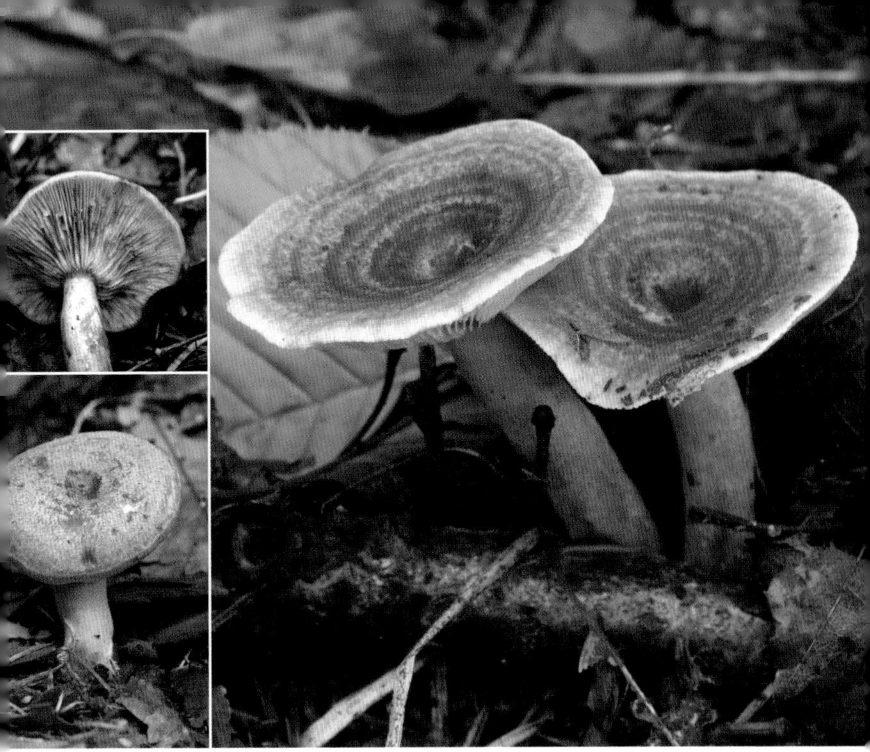

당귀젖버섯 505

Lactarius subzonarius Hongo

식독여부 | 식독불명 발생시기 | 여름~가을

발생장소 | 침·활엽수림 내 땅 위에 홀로 또는 무리지어 발생한다.

형태 | 갓의 지름은 2.5~4cm이고, 중앙오목반구형에서 깔때기 모양으로 전개된다. 갓의 표면은 갈색과 담적갈색이 교차하는 고리 무늬가 있다. 주름살은 끝붙은내린형이며, 빽빽하고, 담홍색이며, 상처가 나면 약간 갈변한다. 자루는 크기가 2.5~3cm×5~7mm이고, 속이 빈 원통형이며, 적갈색이고, 세로 주름이 있으며, 기부에 황갈색의 거친 털이 있다. 자루의 부착형태는 중심생~편심생이며, 턱받이가 없다. 조직의 유액은 흰색, 반투명이고 변색은 없다. **미세구조:** 포자는 담황색을 띠며, 크기는 6~8.5×4.5~7.5μm이다. 모양은 유구형이며, 표면에는 돌기가 있는 망목상의 구조물들이 분포한다.

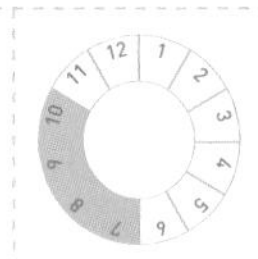

506 큰붉은젖버섯

Lactarius torminosus (Schaeff.) Gray

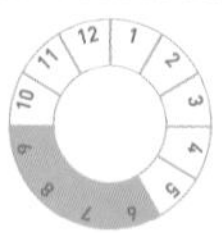
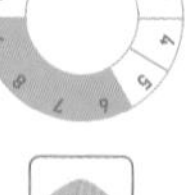

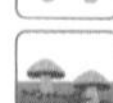

식독여부 | 식용부적합 발생시기 | 여름~가을

발생장소 | 활엽수림 내 땅 위에 홀로 또는 무리지어 발생한다.

형태 | 갓의 지름은 4~12cm이고, 중앙오목반구형에서 깔때기 모양으로 전개되며 갓 끝은 안으로 말린다. 갓의 표면은 황적갈색~등황갈색이고, 짙은 색의 동심 무늬가 있으며, 갓 둘레에는 부드럽고 긴 털이 덮여 있다. 주름살은 내린형이며, 빽빽하고, 담홍색이다. 자루는 크기가 2~6cm×8~22mm이고, 속이 빈 원통형이며, 갓과 같은 색이다. 자루의 부착형태는 중심생이고, 턱받이가 없다. 조직의 유액은 흰색이고, 변색은 없으며, 아주 맵다. **미세구조:** 포자는 흰색을 띠며, 크기는 7~9×5.5~6.5μm이다. 모양은 유구형이며, 표면에는 돌기가 있는 망목상의 구조물들이 분포한다. 낭상체의 크기는 25~65×7~10μm이고, 원통형이다.

새털젖버섯 507

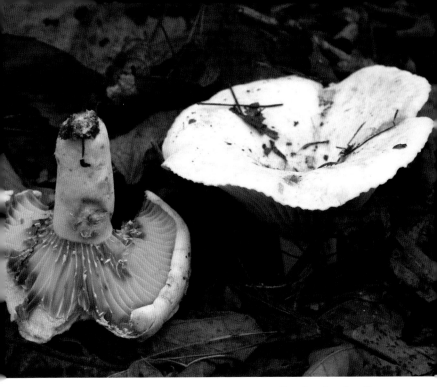

Lactarius vellereus var. *vellereus* (Fr.) Fr.

Lactarius vellereus (Fr.) Fr.

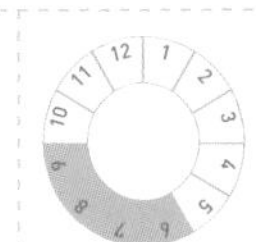

식독여부 | 식용부적합　발생시기 | 여름~가을

발생장소 | 활엽수림 내 땅 위에 홀로 또는 무리지어 발생한다.

형태 | 갓의 지름은 8~30cm이고, 중앙오목반구형에서 깔때기 모양으로 전개되며 갓 끝은 안으로 말린다. 갓의 표면은 미세한 털이 덮여 있는 우단상이고, 건성이며 흰색이지만 후에 황갈색의 얼룩이 생긴다. 주름살은 끝붙은내린형이며, 성글고, 흰색이다가 후에 황갈색이 된다. 자루는 크기가 2~6cm×20~40mm이고, 속이 빈 원통형으로 짧으며, 흰색이고, 미세한 털이 덮여 있다. 자루의 부착형태는 중심생이고, 턱받이가 없다. 조직의 유액은 흰색이고, 변색은 없으며, 아주 맵다. **미세구조:** 포자는 담황색을 띠며, 크기는 7~10×6~8μm이다. 모양은 유구형이며, 표면에는 돌기가 있는 망목상의 구조물들이 분포한다.

508 잿빛젖버섯

Lactarius violascens (J. Otto) Fr.

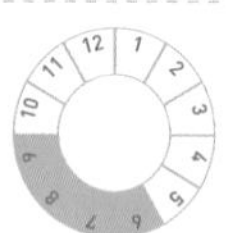
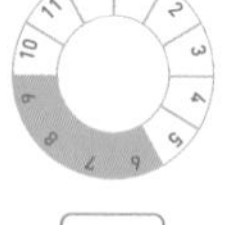

식독여부 | 식용　발생시기 | 여름~가을

발생장소 | 활엽수림 내 땅 위에 홀로 또는 무리지어 발생한다.

형태 | 갓의 지름은 5~10cm이고, 중앙오목반구형에서 깔때기 모양으로 전개된다. 갓의 표면은 자갈색~회갈색이며, 습하면 점성이 있고, 짙은 고리 무늬가 있다. 주름살은 끝붙은내린형이며, 빽빽하고, 흰색~황백색이다가 후에 황갈색이 되며, 상처가 나면 자색 얼룩이 생긴다. 자루는 크기가 2~7cm×8~18mm이고, 속이 빈 원통형이며, 황갈색이다. 자루의 부착형태는 중심생이고, 턱받이가 없다. 조직은 흰색이다. 유액은 공기와 닿으면 자색으로 변한다. **미세구조:** 포자는 흰색을 띠며, 크기는 7.5~8.5×6~6.5μm이다. 모양은 유구형이며, 표면에는 돌기가 있는 불완전한 망목상의 구조물들이 분포한다. 낭상체의 크기는 40~65×5~8μm이고, 원통형이다.

배젖버섯 509

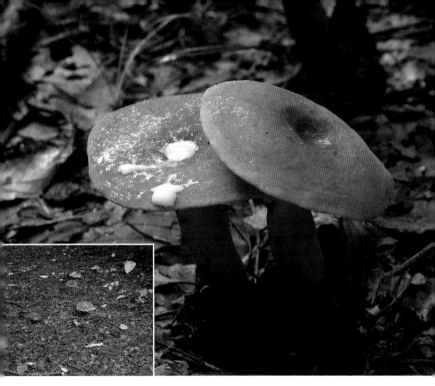

Lactarius volemus (Fr.) Fr.

식독여부 | 식용　발생시기 | 여름~가을

발생장소 | 활엽수림 내 땅 위에 홀로 또는 무리지어 발생한다.

형태 | 갓의 지름은 4~13cm이고, 중앙오목반구형에서 깔때기 모양으로 전개된다. 갓의 표면은 평활하고 분말상이며, 황갈색~적갈색이고, 어릴 때는 암갈색이다. 주름살은 끝붙은내린형이며, 빽빽하고, 흰색~담황색이며 가끔 갈색 얼룩이 생긴다. 자루는 크기가 6~10cm×10~20mm이고, 속이 빈 원통형이며, 갓과 같거나 약간 더 밝은 색이다. 자루의 부착형태는 중심생이고, 턱받이가 없다. 조직은 상처가 나면 흰색 유액이 많이 분비되고, 갈색으로 변하며 점성이 있다. **미세구조:** 포자는 흰색을 띠며, 유구형이고, 표면에는 돌기가 있는 망목상의 구조물들이 분포한다.

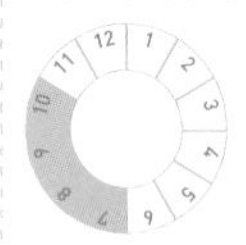

510 흰꽃무당버섯

Russula alboareolata Hongo

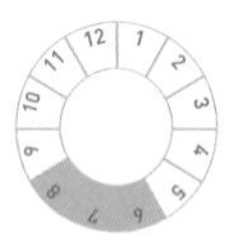
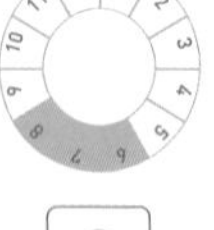

식독여부 | 식독불명　발생시기 | 여름(초여름)
발생장소 | 활엽수림 내 땅 위에 홀로 또는 흩어져 발생한다.
형태 | 갓의 지름은 5~8cm이고, 구형에서 중앙오목편평형으로 전개된다. 갓의 표면은 흰색이고, 분말상이며, 습하면 점성이 있고, 생장하면서 표피가 갈라지며, 갓 둘레에 방사상으로 홈선이 생긴다. 주름살은 떨어진형이고, 약간 성글며, 흰색이다. 자루는 크기가 2~6cm×10~17mm이고, 속이 빈 원통형이며, 흰색이고, 주름 모양의 세로줄이 있다. 자루의 부착형태는 중심생이고, 턱받이가 없다. 조직은 부드럽고 부서지기 쉽다. **미세구조:** 포자는 흰색을 띠며, 크기는 6~8×5~7μm이다. 모양은 유구형이며, 표면에는 돌기가 있는 망목상의 구조물들이 분포한다.

담갈색무당버섯 511

Russula compacta Frost

식독여부 | 식용부적합　발생시기 | 여름~가을

발생장소 | 활엽수림 내 땅 위에 흩어져 나거나 무리지어 발생한다.

형태 | 갓의 지름은 7~10cm이고, 반구형에서 중앙오목편평형~깔때기형으로 전개된다. 갓의 표면은 적갈색이며, 주름살은 떨어진형이고, 빽빽하며, 흰색이고 상처가 나면 적갈색의 얼룩이 생긴다. 자루는 크기가 4~6cm×15~20mm이고, 속이 빈 원통형이며, 주름 모양의 세로줄이 있고, 흰색이다가 후에 적갈색으로 변한다. 자루의 부착형태는 중심생이고, 턱받이가 없다. 조직은 부드럽고 부서지기 쉽다. 노화하거나 건조하면 불쾌한 생선 냄새가 난다. **미세구조:** 포자는 담갈색을 띠며, 크기는 8~9×7~8μm이다. 모양은 유구형이며, 표면에는 돌기가 있는 망목상의 구조물들이 분포한다.

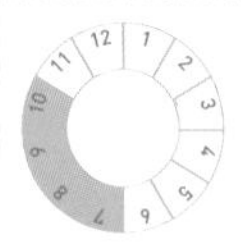

512 청머루무당버섯

Russula cyanoxantha (Schaeff.) Fr.
Russula cutefracta Cooke

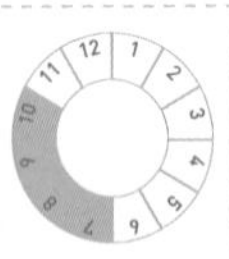
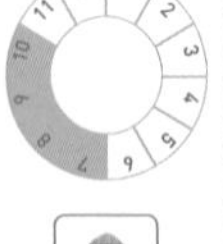

식독여부 | 식용　발생시기 | 여름~가을
발생장소 | 활엽수림 내 땅 위에 흩어져 나거나 무리지어 발생한다.
형태 | 갓의 지름은 6~10cm이고, 반구형에서 중앙오목편평형~깔때기형으로 전개된다. 갓의 표면은 평활하고 점성이 있으며, 자색, 담홍색, 청색, 녹색, 황록색 등 색의 변화가 아주 많고, 동심원상으로 색의 옅고 짙음이 나타난다. 주름살은 약간 내린형이고, 약간 빽빽하며, 흰색이다. 자루는 크기가 4~5cm×13~20mm이고, 속이 빈 원통형이며, 흰색이다. 자루의 부착형태는 중심생이고, 턱받이가 없다. 조직은 부드럽고 부서지기 쉽다. **미세구조:** 포자는 흰색을 띠며, 크기는 7~9.5×5.5~7.5μm이다. 모양은 유구형이며, 표면에는 돌기가 있는 망목상의 구조물들이 분포한다.

513 푸른주름무당버섯

Russula delica Fr.

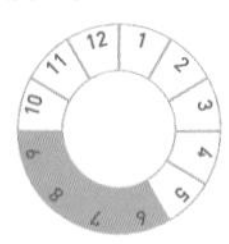
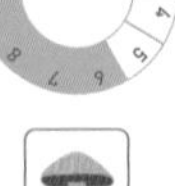

식독여부 | 식용　발생시기 | 여름~가을

발생장소 | 침·활엽수림 내 땅 위에 홀로 또는 흩어져서 발생한다.

형태 | 갓의 지름은 9~20cm이고, 중앙오목편평형에서 깔때기형으로 전개된다. 갓의 표면은 평활하고, 흰색이며 나중에 황갈색을 띤다. 주름살은 약간 내린형이고, 약간 빽빽하며, 흰색~크림색이다. 자루는 크기가 2~4cm×18~30mm이며, 속이 빈 원통형으로 굵고 짧으며, 전체적으로 흰색이나 주름 가까이는 청록색을 띤다. 자루의 부착형태는 중심생이고, 턱받이가 없다. 조직은 부드럽고 부서지기 쉽다. **미세구조:** 포자는 흰색을 띠며, 크기는 9.5~11×8~9.5μm이다. 모양은 유구형이며, 표면에는 돌기가 있는 망목상의 구조물들이 분포한다.

애기무당버섯 514

Russula densifolia Secr. ex Gillet

식독여부 | 식용　발생시기 | 여름~가을

발생장소 | 침·활엽수림 내 땅 위에 무리지어 난다.

형태 | 갓의 지름은 6~10cm이고, 중앙오목반구형에서 깔때기형으로 된다. 표면은 습하면 점성이 있고, 처음에는 흰색이다가 후에 회갈색~흑갈색으로 된다. 주름살은 끝붙은형이고, 아주 빽빽하며, 크림색이고, 상처가 나면 적변하며 나중에는 흑변한다. 자루는 크기가 3~5cm×10~20mm이고, 평활하며, 흰색이고, 변색성은 주름살과 같다. **미세구조:** 포자의 크기는 6~7.5×5.5~6.5μm이다. 모양은 구형~유구형이며 표면에 그물 무늬가 있고 흰색이다.

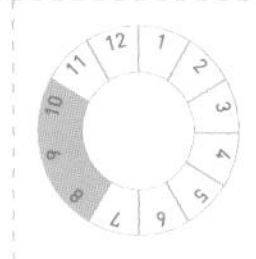

515 냄새무당버섯

Russula emetica (Schaeff.) Pers.

Russula emetica var. *clusii* (Fr.) Cooke & Quél.

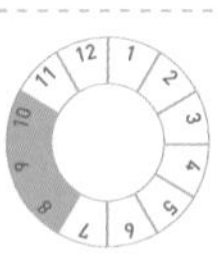
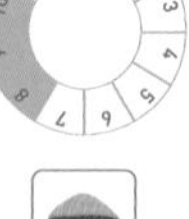

식독여부 | 독　발생시기 | 여름~가을

발생장소 | 침·활엽수림 내 땅 위에 홀로 또는 균환菌環을 이루며 무리지어 발생한다.

형태 | 갓의 지름은 3~10cm이고, 반구형에서 중앙오목편평형으로 전개된다. 갓의 표면은 평활하며 점성이 있고, 선홍색이지만, 비 등에 의하여 쉽게 퇴색한다. 생장하면서 홈선이 나타나고, 표피는 벗겨지기 쉽다. 주름살은 끝붙은내린형이고, 흰색이며, 약간 성글다. 자루는 크기가 2~7cm×7~15mm이고, 속이 빈 원통형이며, 주름 모양의 세로줄이 있고, 흰색이다. 자루의 부착형태는 중심생이고, 턱받이가 없다. 조직은 부드럽지만 매운맛이 강하다. **미세구조:** 포자는 흰색을 띠며, 크기는 9~10×6.5~8.5μm이다. 모양은 유구형이며, 표면에는 돌기가 있는 망목상의 구조물들이 분포한다.

노랑무당버섯 516

Russula flavida Frost

식독여부 | 식용부적합　발생시기 | 여름~가을
발생장소 | 침·활엽수림 내 땅 위에 홀로 또는 흩어져서 발생한다.
형태 | 갓의 지름은 3~9cm이고, 반구형에서 중앙오목편평형으로 전개된다. 갓의 표면은 갓과 자루 모두 선황색으로 아름답다. 표면은 우단상~분말상이다. 주름살은 끝붙은형 또는 떨어진형이며, 약간 빽빽하거나 성글며, 흰색이다. 자루는 크기가 3~8cm×8~22mm이고, 속이 빈 원통형이며, 세로줄이 있고, 분말상이다. 자루의 부착형태는 중심생이고, 턱받이가 없다. 조직은 흰색이고, 불쾌한 향이 있다. **미세구조:** 포자는 흰색을 띠며, 크기는 6.5~9×6~7.5μm이다. 모양은 유구형이며, 표면에는 돌기가 있는 망목상의 구조물들이 분포한다.

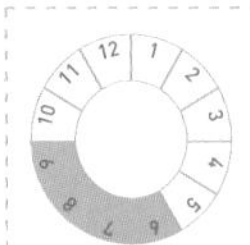

517 깔때기무당버섯

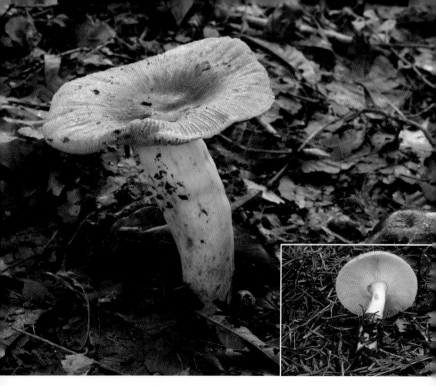

Russula foetens (Pers.) Pers.

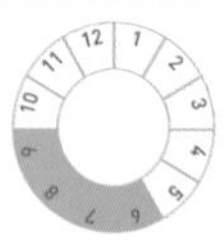

식독여부 | 독　발생시기 | 여름~가을

발생장소 | 침·활엽수림 내 땅 위에 홀로 또는 흩어져서 발생한다.

형태 | 갓의 지름은 7~15cm이고, 반구형에서 중앙오목편평형으로 전개된다. 갓의 표면은 담갈색~황갈색이고, 점성이 있으며, 갓 둘레에 방사상의 홈선이 있고, 홈 사이의 융기부에는 유두 모양의 작은 돌기가 배열되어 있다. 주름살은 떨어진형이고, 담황갈색이며, 갈색 얼룩이 있고, 물방울이 맺힌다. 자루는 크기가 6~12cm×15~30mm이고, 속이 빈 원통형이며, 흰색이다. 자루의 부착형태는 중심생이고, 턱받이가 없다. 조직은 불쾌한 향이 있고 맵다. **미세구조:** 포자는 흰색을 띠며, 크기는 6~8×5~7μm이다. 모양은 유구형이며, 표면에는 돌기가 있는 망목상의 구조물들이 분포한다.

밀짚색무당버섯 518

Russula grata Britzelm.

Russula laurocerasi Melzer

식독여부 | 식용부적합　발생시기 | 여름~가을

발생장소 | 활엽수림 내 땅 위에 홀로 또는 무리지어 발생한다.

형태 | 갓의 지름은 5~9cm이고, 반구형에서 중앙오목편평형으로 전개된다. 갓의 표면은 옅은 황갈색이고, 습하면 점성이 있으며, 갓 둘레에 뚜렷한 방사상의 낱알 모양의 선이 있다. 주름살은 약간 내린 모습으로 끝붙은형이고, 약간 빽빽하며, 흰색이다가 후에 갈색의 얼룩이 생기고, 물방울을 분비한다. 자루는 크기가 3~9cm×10~15mm이고, 속이 빈 원통형이며, 흰색이다가 후에 황갈색이 된다. 자루의 부착형태는 중심생이고, 턱받이가 없다. 조직은 부드럽고 부서지기 쉽다. **미세구조:** 포자는 흰색을 띠며, 크기는 8.5~10×7.5~9μm이다. 모양은 유구형이고, 표면에는 돌기가 있는 망목상의 구조물들이 분포한다. 낭상체의 크기는 45~65×7.5~9.5μm이고, 방추형이다.

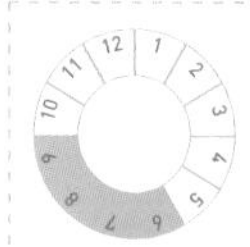

519 흰무당버섯아재비

Russula japonica Hongo

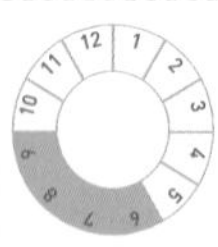

식독여부 | 독　발생시기 | 여름~가을

발생장소 | 활엽수림 내 땅 위에 홀로 또는 균환菌環을 이루며 무리지어 발생한다.

형태 | 갓의 지름은 6~20cm이고, 중앙오목반구형에서 깔때기형으로 전개된다. 갓의 표면은 평활하고 흰색이다가 후에 황갈색을 띤다. 주름살은 떨어진형이며, 내린모습이고, 아주 빽빽하며, 흰색이다가 후에 담황갈색으로 변한다. 자루는 크기가 3~6cm×12~20mm이고, 속이 빈 원통형이며, 흰색이고 주름이 있다. 자루의 부착형태는 중심생이고, 턱받이가 없다. 조직은 흰색이고, 두꺼우며 단단하고, 무맛이거나 약간 쓴맛이 있다. **미세구조:** 포자는 흰색을 띠며, 크기는 6~7×4.5~6μm이다. 모양은 유구형이며, 표면에는 돌기가 있는 망목상의 구조물들이 분포한다. 낭상체의 크기는 40~60×9~10μm이고, 방추형이다.

꼬마무당버섯(팥무당버섯) 520

Russula kansaiensis Hongo

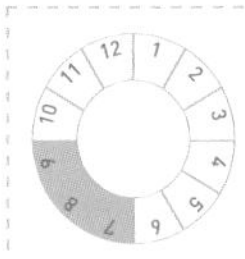

식독여부 | 식용부적합　발생시기 | 여름~초가을

발생장소 | 활엽수림 내 땅 위에 홀로 또는 흩어져서 발생한다.

형태 | 갓의 지름은 1~2cm이고, 중앙오목반구형에서 깔때기형으로 전개된다. 갓 둘레에 방사상의 홈선이 있다. 갓의 표면은 습할 때 점성이 있고, 중앙이 짙은 적자색~포도주색이며, 오래되면 퇴색하여 희어진다. 주름살은 떨어진형이고, 약간 성글며, 흰색~크림색이고, 서로 간에 연락맥이 있다. 자루는 크기가 1~2cm×2~4mm이고, 속이 빈 원통형이며, 흰색이다가 후에 황색이 되며 세로주름이 있다. 자루의 부착형태는 중심생이고, 턱받이가 없다. 조직은 부드럽고 부서지기 쉽다. **미세구조:** 포자는 흰색을 띠며, 크기는 7.5~9.5×6~7.5μm이다. 모양은 광타원형이며, 표면에는 돌기가 있는 망목상의 구조물들이 분포한다.

521 수원무당버섯

Russula mariae Peck

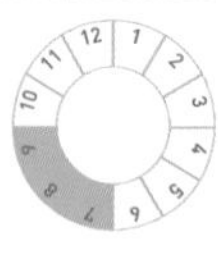
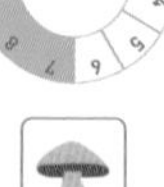

식독여부 | 독　발생시기 | 여름~가을

발생장소 | 소나무류, 참나무류 임지 및 혼합림 내 땅 위에 홀로 또는 무리지어 발생한다.

형태 | 갓의 지름은 2~5cm이고, 반구형에서 중앙오목형으로 전개된다. 갓의 표면은 습할 때 점성이 있고, 광택 없는 분말상이며 적색이나 때로는 짙고 옅은 얼룩으로 되며, 비 등으로 퇴색하기 쉽다. 주름살은 떨어진형이고, 약간 빽빽하거나 또는 성글며, 흰색이다가 후에 담황색으로 변한다. 자루는 크기가 2~4cm×5~7mm이고, 속이 빈 원통형이며, 흰색이다. 자루의 부착형태는 중심생이고, 턱받이가 없다. 조직은 흰색이고, 연하며, 특이한 향이 있다. **미세구조:** 포자는 흰색을 띠며, 크기는 6.5~7.5×5.5~6μm이다. 모양은 달걀형이며, 표면에는 돌기가 있는 망목상의 구조물들이 분포한다. 낭상체의 크기는 37~65×5.5~7μm이고, 방추형이다.

달팽이무당버섯 522

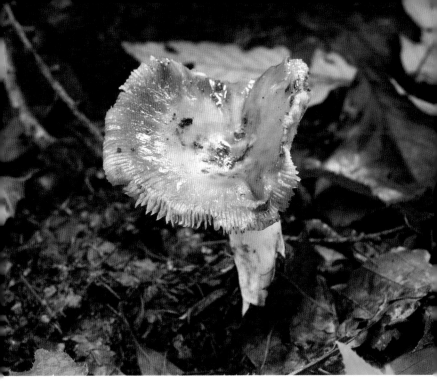

Russula pectinata (Bull.) Fr.

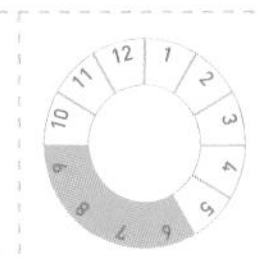

식독여부 | 식용부적합　발생시기 | 여름~가을

발생장소 | 숲속 또는 풀밭 등에 홀로 또는 무리지어 발생한다.

형태 | 갓의 지름은 2~10cm이고, 반구형에서 중앙오목편평형으로 전개된다. 갓의 표면은 습할 때 약간 점성이 있고, 갈색, 황갈색, 암갈색 등으로 변하며, 갓 둘레에 방사상의 홈선이 있다. 주름살은 회백색이며, 자루는 크기가 3~6cm×10~15mm이고, 속이 빈 원통형이며, 흰색이다가 후에 회갈색이 되고 황적색 반점이 있다. 자루의 부착형태는 중심생이고, 턱받이가 없다. 조직은 흰색이고, 몹시 매운맛이 있다. **미세구조:** 포자는 흰색을 띠며, 크기는 7~8.5×5.5~6μm이다. 모양은 유구형이며, 표면에는 돌기가 있는 망목상의 구조물들이 분포한다. 낭상체의 크기는 36~50×6~10μm이고, 방추형이다.

523 절구버섯

Russula nigricans (Bull.) Fr.

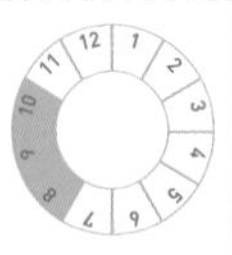
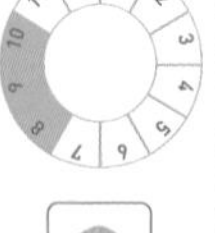

식독여부 | 식용(생식하면 중독)　발생시기 | 여름~가을

발생장소 | 침·활엽수림 내 땅 위에 홀로 또는 무리지어 발생한다.

형태 | 갓의 지름은 8~15cm이고, 반구형에서 중앙오목형~얕은 깔때기형으로 전개된다. 갓의 표면은 탁한 흰색이나 점차 암갈색~검은색으로 변한다. 주름살은 완전붙은형이고, 성글며, 처음은 흰색이다가 후에 검은색으로 변한다. 자루는 크기가 3~8cm×10~30mm이고, 속이 빈 원통형으로 두꺼우며 짧고, 갓과 같은 색이다. 자루의 부착형태는 중심생이고, 턱받이가 없다. 조직은 흰색이지만 절단하면 적변하고, 후에는 흑변한다. **미세구조:** 포자는 흰색을 띠며, 크기는 7~9×6~7.5μm이다. 모양은 유구형이며, 표면에는 돌기가 있는 망목상의 구조물들이 분포한다.

524 장미무당버섯(졸각무당버섯)

Russula rosea Pers.
Russula lepida Fr.

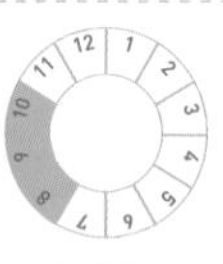
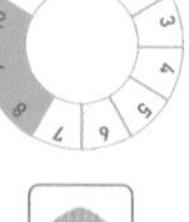

식독여부 | 식용부적합　발생시기 | 늦여름~가을

발생장소 | 침엽수림 특히 소나무림 내 땅 위에서 홀로 또는 무리지어 발생한다.

형태 | 갓의 지름은 2.5~10cm로 원추형에서 가운데가 오목한 편평형으로 전개된다. 갓의 표면은 매끄러우며 성장하면서 암적색에서 적색을 거쳐 분홍색으로 흐려진다. 주름살은 끝붙은형으로 크림색을 띠고 빽빽하다. 자루는 길이 5~10cm이고 원통형으로 기부 쪽이 가늘어진다. 표면은 매끄럽고 속은 비어 있다. 조직은 흰색으로 부서지기 쉽고 약한 매운맛이 난다. **미세구조:** 포자는 청황색을 띠며, 크기는 7~9×6~8μm이다. 모양은 구형에서 달걀형이다. 표면에는 사마귀점이 분포한다.

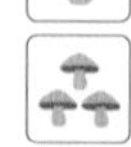

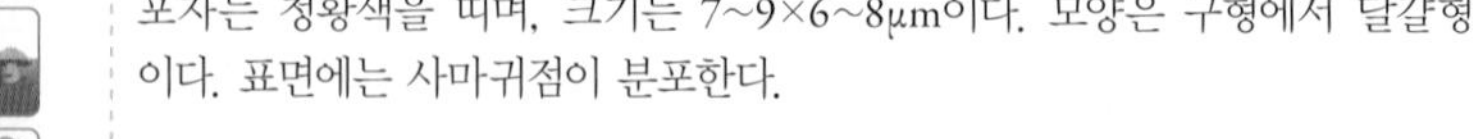

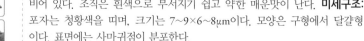

혈색무당버섯 525

Russula sanguinea (Bull.) Fr.

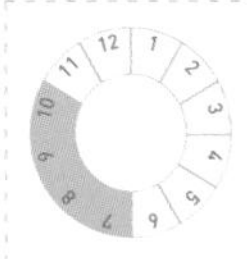

식독여부 | 식독불명　발생시기 | 여름~가을

발생장소 | 소나무 등 침엽수림 내 땅 위에 홀로 또는 무리지어 발생한다.

형태 | 갓의 지름은 4~10cm이고, 반구형에서 중앙오목편평형으로 전개된다. 갓의 표면은 습할 때 점성이 있고, 진홍색이며, 갓 둘레는 평탄 또는 짧은 홈선이 있다. 주름살은 끝붙은형에 약간 내린형이고, 빽빽하며, 흰색이다가 후에 크림색으로 변한다. 자루는 크기가 3~7cm×9~30mm이고, 속이 빈 원통형이며, 표면에 주름 모양 세로줄이 있다. 자루의 부착형태는 중심생이고, 턱받이가 없다. 조직은 치밀하고 강한 매운맛이 있다. **미세구조:** 포자는 흰색을 띠며, 크기는 7.5~9.5×6~7.5μm이다. 모양은 달걀형이며, 표면에는 돌기가 있는 망목상의 구조물들이 분포한다. 낭상체의 크기는 45~70×7.5~13.5μm이고, 방추형이다.

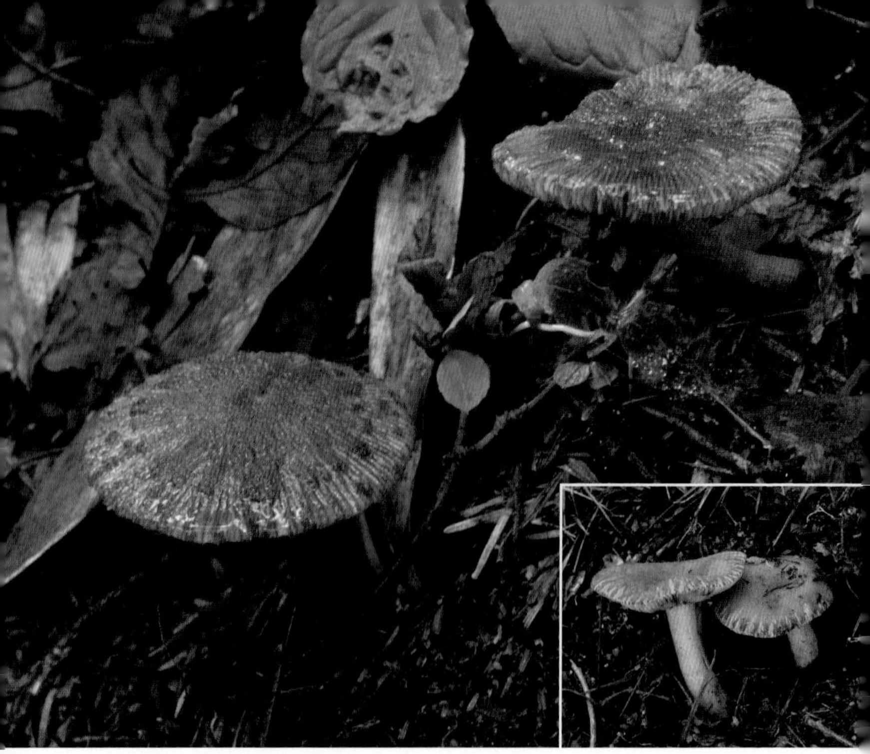

526 흙무당버섯

Russula senecis S. Imai

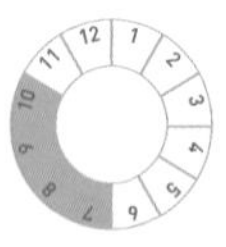

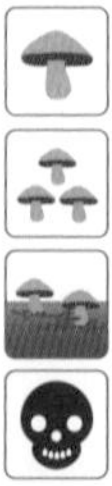

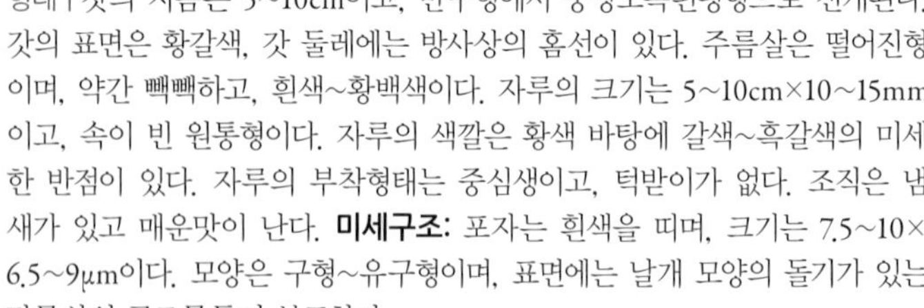

식독여부 | 독　발생시기 | 여름~가을

발생장소 | 활엽수림 내 땅 위에 홀로 또는 무리지어 발생한다.

형태 | 갓의 지름은 5~10cm이고, 반구형에서 중앙오목편평형으로 전개된다. 갓의 표면은 황갈색, 갓 둘레에는 방사상의 홈선이 있다. 주름살은 떨어진형이며, 약간 빽빽하고, 흰색~황백색이다. 자루의 크기는 5~10cm×10~15mm이고, 속이 빈 원통형이다. 자루의 색깔은 황색 바탕에 갈색~흑갈색의 미세한 반점이 있다. 자루의 부착형태는 중심생이고, 턱받이가 없다. 조직은 냄새가 있고 매운맛이 난다. **미세구조:** 포자는 흰색을 띠며, 크기는 7.5~10×6.5~9μm이다. 모양은 구형~유구형이며, 표면에는 날개 모양의 돌기가 있는 망목상의 구조물들이 분포한다.

회갈색무당버섯 527

Russula sororia Fr.

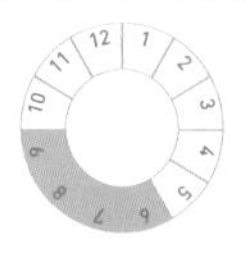

식독여부 | 식용부적합　발생시기 | 여름~가을

발생장소 | 숲속 땅 위나 정원, 길가 등의 나무 밑에 홀로 또는 무리지어 발생한다.

형태 | 갓의 지름은 3~9cm이고, 반구형에서 중앙오목편평형으로 전개된다. 갓의 표면은 습하면 점성이 있고, 담회갈색이며 중앙은 암갈색이고, 갓 둘레에는 뚜렷한 홈선이 있으며, 그 사이에는 작은 유두 모양의 돌기가 배열되어 있다. 주름살은 떨어진형이고, 흰색이지만 후에 회색을 띠고, 갈색 얼룩이 생긴다. 자루는 크기가 2~6cm×10~20mm이고, 속이 빈 원통형이며, 흰색이지만 후에 회색을 띠고, 갈색 얼룩이 생긴다. 자루의 부착형태는 중심생이고, 턱받이가 없다. 조직은 흰색이다. 불쾌한 냄새가 있고 맵다. **미세구조:** 포자는 흰색을 띠며, 크기는 7~8×6~6.5μm이다. 모양은 유구형이며, 표면에는 돌기가 있는 불완전한 망목상의 구조물들이 분포한다.

528 절구버섯아재비

Russula subnigricans Hongo

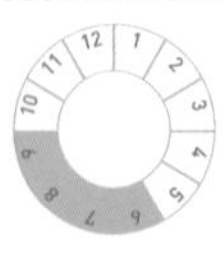
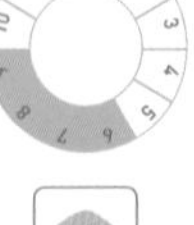

식독여부 | 맹독　발생시기 | 여름~가을

발생장소 | 활엽수림, 특히 상록활엽수림 내 땅 위에 홀로 또는 무리지어 발생한다.

형태 | 갓의 지름은 5~12cm이고, 반구형에서 중앙오목편평형~깔때기형으로 전개된다. 갓의 표면은 우단상이고, 흑갈색이며, 갓 둘레는 약간 옅은 색이다. 주름살은 끝붙은내린형이고, 두껍고 성글며, 크림색이고, 상처가 나면 적변한다. 자루는 크기가 3~6cm×10~20mm이고, 속이 빈 원통형이며, 갓보다 옅은 색이다. 자루의 부착형태는 중심생이고, 턱받이가 없다. 조직은 흰색이며, 상처가 나면 적변한다. **미세구조:** 포자는 흰색을 띠며, 크기는 7~9×6~7μm이다. 모양은 유구형이며, 표면에는 돌기가 있는 불완전한 망목상의 구조물들이 분포한다. 낭상체의 크기는 55~80×9.5~12μm이고, 방추형이다.

가지무당버섯 529

Russula violeipes Quél.
Russula amoena Quél.

식독여부 | 식용　발생시기 | 여름~가을
발생장소 | 활엽수림 내 땅 위에 홀로 또는 무리지어 발생한다.
형태 | 갓의 지름은 4~10cm이고, 반구형에서 중앙오목편평형으로 전개된다. 갓의 표면은 습하면 점성이 있고, 분말상이며, 처음에는 담황색이나 후에 적자색의 반점 무늬가 생겨 마치 복숭아 색 같이 변한다. 주름살은 떨어진형이고, 빽빽하며, 담황백색이다. 자루는 크기가 4~10cm×10~20mm이고, 속이 빈 원통형이며, 표면은 분말상이고, 흰색~담황색에 옅은 자홍색이 섞인 무늬를 띤다. 자루의 부착형태는 중심생이고, 턱받이가 없다. 조직은 흰색이며, 단단하고, 과일향이 있다. **미세구조:** 포자는 흰색을 띠며, 크기는 6.5~9×6~8μm이다. 모양은 달걀형~유구형이며, 표면에는 돌기가 있는 망목상의 구조물들이 분포한다.

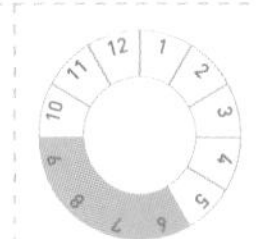

530 기와버섯

Russula virescens (Schaeff.) Fr.

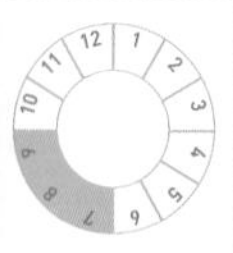
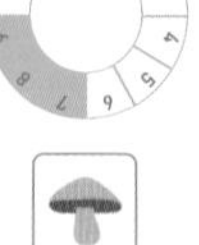

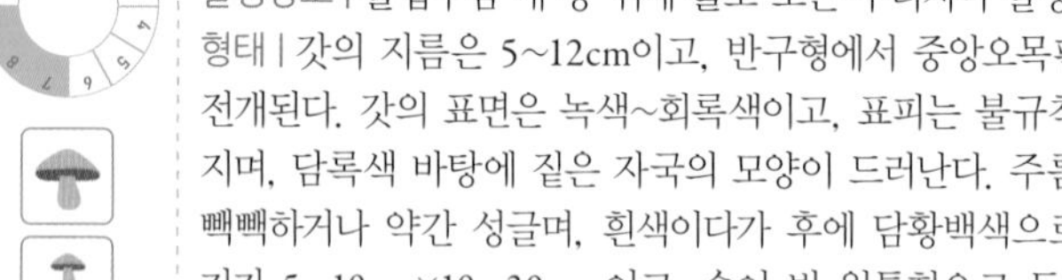

식독여부 | 식용 발생시기 | 여름~가을

발생장소 | 활엽수림 내 땅 위에 홀로 또는 무리지어 발생한다.

형태 | 갓의 지름은 5~12cm이고, 반구형에서 중앙오목편평형~깔때기형으로 전개된다. 갓의 표면은 녹색~회록색이고, 표피는 불규칙한 다각형으로 갈라지며, 담록색 바탕에 짙은 자국의 모양이 드러난다. 주름살은 끝붙은형이고, 빽빽하거나 약간 성글며, 흰색이다가 후에 담황백색으로 변한다. 자루는 크기가 5~10cm×10~30mm이고, 속이 빈 원통형으로 두꺼우며, 흰색이다. 자루의 부착형태는 중심생이고, 턱받이가 없다. 조직은 흰색이고 단단하다. **미세구조:** 포자는 흰색을 띠며, 크기는 6~8μm이다. 모양은 구형이며, 표면에는 돌기가 있는 망목상 구조물들이 분포한다.

>>> 우리나라에서는 과거부터 '청버섯'이라 불리며 널리 식용해오고 있다.

531 포도무당버섯

Russula xerampelina (Schaeff.) Fr.

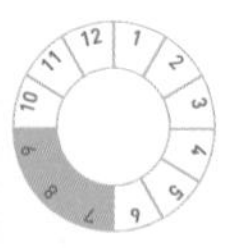
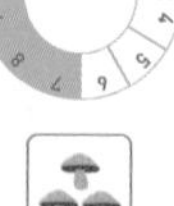
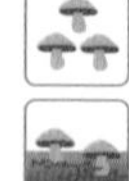

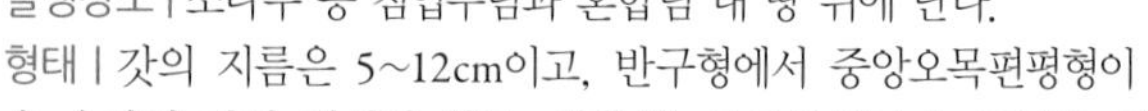

식독여부 | 식용　발생시기 | 여름~가을

발생장소 | 소나무 등 침엽수림과 혼합림 내 땅 위에 난다.

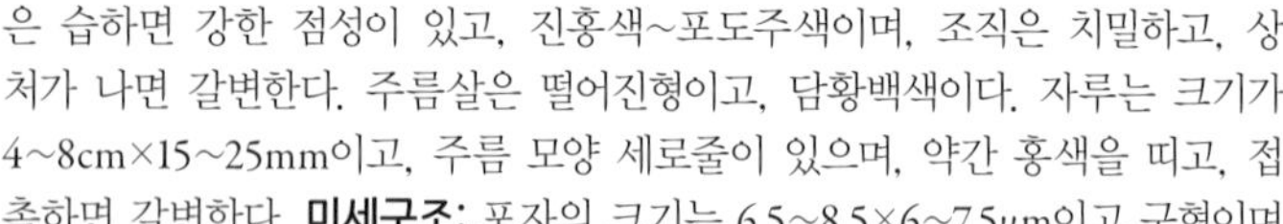

형태 | 갓의 지름은 5~12cm이고, 반구형에서 중앙오목편평형이 된다. 표면은 습하면 강한 점성이 있고, 진홍색~포도주색이며, 조직은 치밀하고, 상처가 나면 갈변한다. 주름살은 떨어진형이고, 담황백색이다. 자루는 크기가 4~8cm×15~25mm이고, 주름 모양 세로줄이 있으며, 약간 홍색을 띠고, 접촉하면 갈변한다. **미세구조:** 포자의 크기는 6.5~8.5×6~7.5μm이고 구형이며 표면에는 거친 가시가 있고 담황토색이다.

꽃구름버섯 532

Stereum hirsutum (Willd.) Pers.

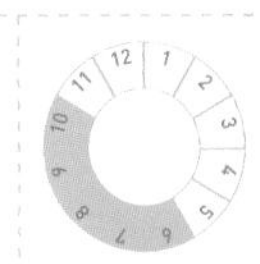

식독여부 | 식용부적합　발생시기 | 여름~가을
발생장소 | 활엽수 고사목이나 쓰러진 나무줄기에 중첩되게 무리지어 발생한다. 1년생이며, 반배착성이다.
형태 | 갓은 지름 1~3cm, 두께 1mm이며, 반원형~선반형이다. 가죽질이고 건조하면 아래로 말린다. 갓의 표면에 회백색~회황색 털이 덮여 있고, 희미한 고리 무늬가 있다. 밑면의 자실층은 평활하고, 선황색이지만, 노화되면 황색을 잃고 회갈색으로 변한다. 자루와 턱받이가 없으며, 부착형태는 측생이다. 조직은 가죽질로 질기다. **미세구조:** 포자는 흰색을 띠며, 크기는 6.5~9×3~4μm이다. 모양은 타원형~원통형이며, 표면은 평활하다.

533 갈색꽃구름버섯

Stereum ostrea (Blume & T. Nees) Fr.

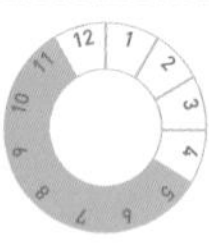

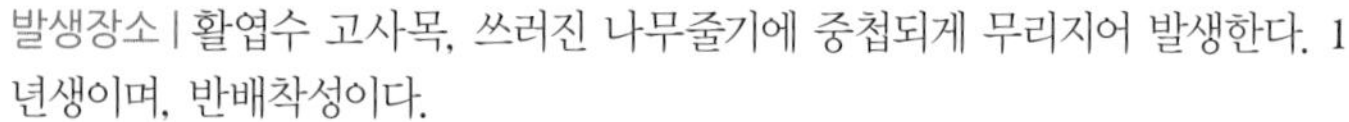

식독여부 | 식용부적합　발생시기 | 봄~가을

발생장소 | 활엽수 고사목, 쓰러진 나무줄기에 중첩되게 무리지어 발생한다. 1년생이며, 반배착성이다.

형태 | 갓은 지름 1~5cm, 두께 0.5~1mm이며, 반원형~부채형이다. 갓의 표면은 회백색, 적갈색, 암갈색의 고리 무늬가 있고, 털이 빽빽하다. 밑면의 자실층은 평활하고, 갈색~황갈색이며, 자루와 턱받이가 없으며, 부착형태는 측생이다. 조직은 가죽질이고 흰색이며, 모피毛皮 아래에 갈색의 하피下被가 있다. **미세구조:** 포자는 흰색을 띠며, 크기는 5~6.5×2~3μm이다. 모양은 장타원형이며, 표면은 평활하다.

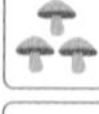

큰꽃구름버섯(큰거북버섯) 534

Xylobolus annosus (Berk. & Broome) Boidin

Stereum annosum Berk. & Broome

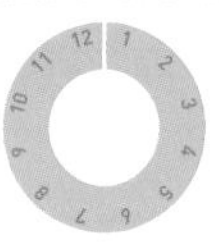

식독여부 | 식용부적합　발생시기 | 연중(다년생)

발생장소 | 활엽수 고사목, 쓰러진 나무, 그루터기 등에 발생한다. 다년생이며, 배착성~반배착성이다.

형태 | 갓은 두께가 1~3mm이며, 선반형이고, 물결 모양으로 굴곡한다. 갓의 표면은 털이 없고 검은색이며, 고리홈이 나타난다. 자실층면은 흰색~코르크색이며, 사방으로 균열이 생긴다. 자루와 턱받이가 없으며, 부착형태는 측생이다. 조직은 코르크색이며, 수산화칼륨KOH액에 흑변한다. **미세구조:** 포자는 흰색을 띠며, 크기는 4~6×3~4μm이다. 모양은 타원형이며, 표면은 평활하다.

535 거북꽃구름버섯(거북버섯)

Xylobolus frustulatus (Pers.) Boidin
Stereum frustulosum Fr.

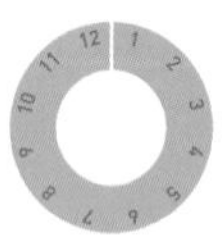

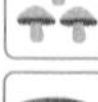

식독여부 | 식용부적합　발생시기 | 연중(다년생)

발생장소 | 활엽수 고사목, 쓰러진 나무, 그루터기 등에 발생한다. 다년생이며, 배착성이다.

형태 | 갓은 지름 3~11mm, 두께 1~5mm이며, 다각형이다. 처음에 소형의 사마귀 모양 자실체가 서로 유착하면서 퍼져간다. 다각형의 자실체 조각이 기와를 덮은 모양으로 배열되고, 마치 하나의 자실체가 갈라진 것처럼 보인다. 갓의 표면은 회백색으로 평활하다. 자실층면은 회백색이며, 자루와 턱받이가 없고, 부착형태는 배착성이다. 조직은 목질로 딱딱하다. **미세구조:** 포자는 흰색을 띠며, 크기는 4~5×3μm이다. 모양은 유구형이며, 표면은 평활하다.

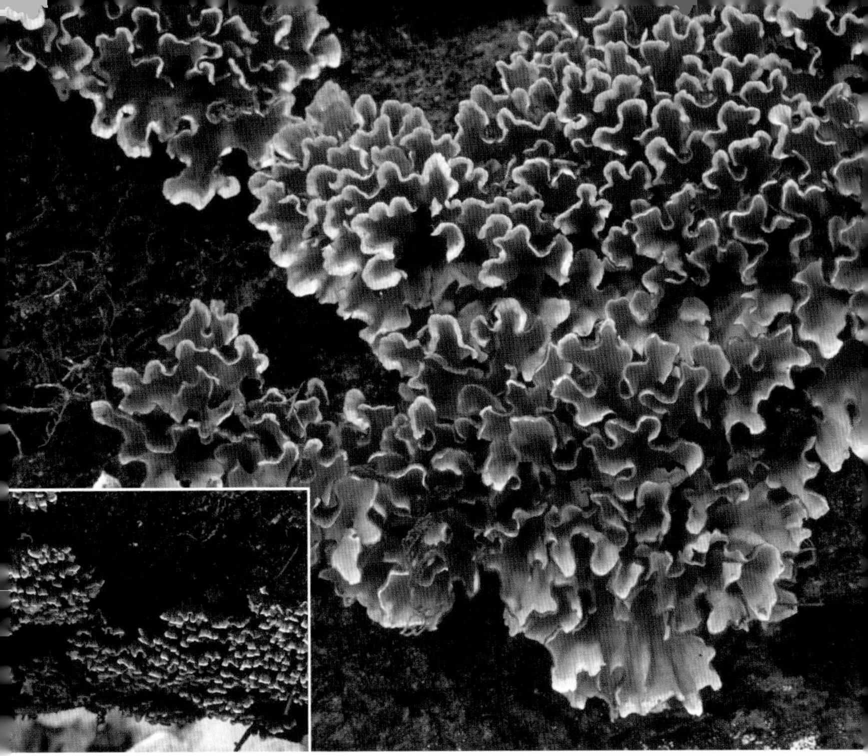

단풍꽃구름버섯(너털거북버섯) 536

Xylobolus spectabilis (Klotzsch) Boidin

Stereum spectabilis Klotzsch

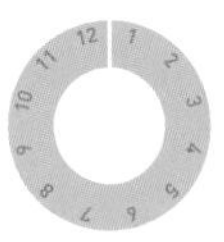

식독여부 | 식용부적합 발생시기 | 연중(여름~가을, 1년생)

발생장소 | 활엽수 고사목, 쓰러진 나무, 그루터기 등에 중첩되게 무리지어 발생한다. 1년생이며, 반배착성이다.

형태 | 갓의 크기는 수 cm~수십 cm까지 생장한다. 아주 많은 개체가 기와장 배열처럼 중첩한다. 갓은 부채 모양이지만 방사상으로 깊숙이 갈라지고, 건조하면 각 조각은 아래쪽으로 구부러진다. 갓의 표면은 담황갈색~적갈색~흑갈색이고, 비단 광택이 있으며, 방사상으로 미세한 선 모양의 고리 무늬가 있다. 자실층은 평활하고, 회백색이며, 미세한 분말상이다. 자루와 턱받이가 없고, 부착형태는 배착성이다. 조직은 가죽질로 질기다. **미세구조:** 포자는 흰색을 띠며, 크기는 7~8×3.5~4μm이다. 모양은 장타원형이며, 표면은 평활하다.

주름버섯강 Class Agaricomycetes

미확정분류균 Subclass *Incertae sedis*

≫ 곤약버섯목 Order Sebacinales

곤약버섯과 Sebacinaceae

젤라틴 형태로 풀이나 나무 표면 또는 흙에 부착하여 생장하는 특징이 있다. 초본류의 줄기 아랫부분이나 나무 밑동을 피복하듯이 퍼져간다. 포자문은 흰색이다.

- 곤약버섯속 *Sebacina*

납작곤약버섯 537

Sebacina incrustans (Pers.) Tul. & C. Tul.

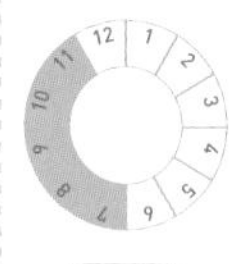

식독여부 | 식용부적합　발생시기 | 여름~가을

발생장소 | 숲속 잡목이나 초본류 줄기 표면에 배착하여 발생한다.

형태 | 자실체는 배착성이며 기주체 표면에 부채살 모양으로 퍼져 간다. 모양은 괴경상塊莖狀 등 일정하지 않고, 선단부는 침상針狀, 어린 균은 유백색이고, 곤약상蒟蒻狀 육질이다. 습기가 많은 환경에서는 반투명하며 찢어지기 쉽고, 건조해지면 흰색으로 변하며 굳어져 가죽질로 변한다. 노화하면 갈변한다. 조직이 목이 버섯과 비슷한 젤라틴질이다. **미세구조:** 포자는 흰색을 띠며, 크기는 15~20×12~15μm이다. 모양은 타원형~달걀형이며, 표면은 평활하다.

≫ 사마귀버섯목 Order Thelephorales

반케라과 Bankeraceae

중형~대형의 자실체를 숲속 땅 위에 형성한다. 자실체는 주름버섯과 유사하게 갓과 자루로 구성되나, 이들 구분이 뚜렷하지 않다. 갓 아래쪽 자실층은 침상 돌기로 덮여 있고, 조직은 부드럽다. 포자문은 흰색이다.

- 굴뚝버섯속 *Boletopsis*
- 고리갈색깔때기버섯속 *Hydnellum*
- 노루털버섯속 *Sarcodon*

사마귀버섯과 Thelephoraceae

중형~대형의 자실체를 밑동이나 나무뿌리와 연결된 땅 위에 형성한다. 자실체는 자루는 있으나 갓 모양이 분명하지 않고, 또 아래쪽은 가늘고 위쪽은 가지를 뻗은 형태이다. 포자문은 흰색 또는 갈색이다.

- 까치버섯속 *Polyozellus*
- 사마귀버섯속 *Thelephora*

흰굴뚝버섯 538

Boletopsis perplexa Watling & J. Milne
Boletopsis leucomelaena (Pers.) Fayod
Boletus leucomelas Pers.

식독여부 | 식용　발생시기 | 가을

발생장소 | 소나무, 전나무 등 침엽수림 내 땅 위에 무리지어 발생한다.

형태 | 갓의 지름은 5~20cm, 원형~반구형~편평형으로 전개한다. 표면은 회백색에서 검은색으로 되고, 미세한 털이 덮여 무두질한 가죽촉감이다. 조직은 흰색이지만 상처가 나면 적자색으로 변하고, 쓴맛이 있다. 자실층은 관공상이며, 깊이 1~2mm이고, 구멍은 원형이지만 점차 커져서 모양이 깨진다. 자루는 크기가 2~10cm×10~25mm이고, 중심생, 원통형, 짧은 털이 있으며, 갓과 같은 색이다. **미세구조:** 포자의 지름은 4.5~6μm로 유구형이고 표면에 사마귀 같은 돌기가 있다.

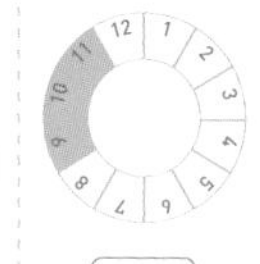

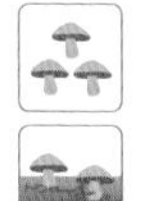

539 황금갈색깔때기버섯

Hydnellum aurantiacum (Batsch.) P. Karst.

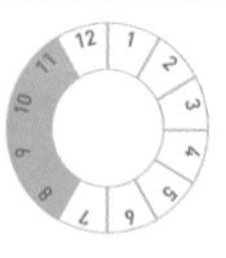
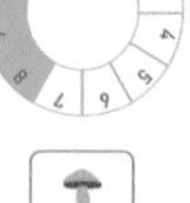
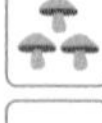

식독여부 | 식용부적합 발생시기 | 가을

발생장소 | 활엽수림 내 땅 위에 무리지어 발생한다.

형태 | 갓의 지름은 2~5cm이고, 원형~편평형~깔때기형으로 전개한다. 가끔 갓 끝부분이 불규칙하게 찢어지고, 또 몇 개씩 유착하여 꽃 모양을 이루기도 한다. 표면은 등황색~적갈색, 방사상의 융기 및 주름 모양의 돌기가 있으며, 갓 끝부분은 희고, 부드러운 털이 있다. 자실층의 관공은 내린형이고, 침은 흰색에서 암갈색으로 변하며, 길이는 2~4mm이고, 갓 끝부분에는 없다. 자루는 원통상이고, 기부는 불규칙한 혹 모양이며, 담황색이다.

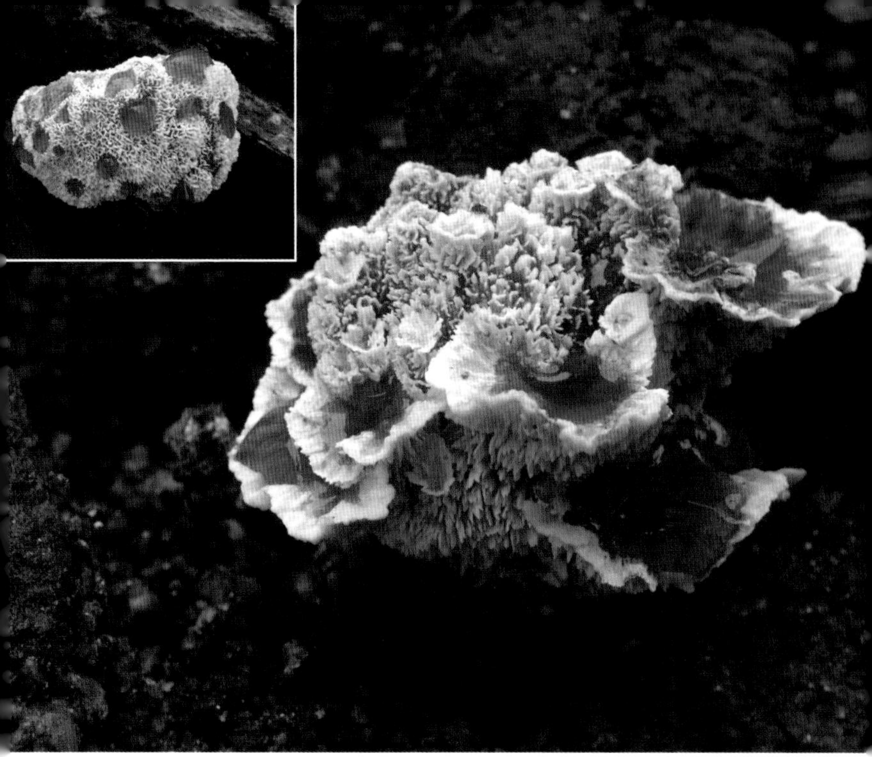

피즙갈색깔때기버섯 540

Hydnellum peckii Banker

식독여부 | 식독불명　발생시기 | 여름~가을

발생장소 | 침엽수림 내 땅 위에 홀로 또는 무리지어 발생한다.

형태 | 갓의 지름은 3~10cm이고, 불규칙한 원형이며, 어릴 때는 흰색~분홍색 자실체에 밤송이 같은 돌기물이 있고, 마치 피와 같은 진홍색의 액을 분비하며, 성장하면서 깔때기와 같은 모양이 된다. 적갈색~자갈색을 띤다. 자루는 크기가 1~5cm×10~30mm이고, 적갈색이며, 원통형 또는 역원뿔형이고, 조직은 질기고 맵다. **미세구조:** 포자는 갈색을 띠며, 크기는 5.0~5.3×4.0~4.7μm이다. 모양은 유구형이고 표면에 사마귀 같은 돌기가 있다.

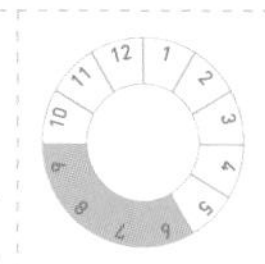

541 향버섯(능이)

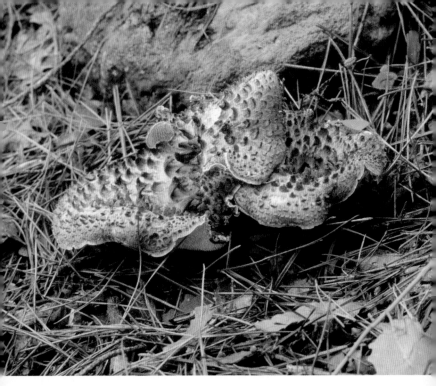

Sarcodon aspratus (Berk.) S. Ito

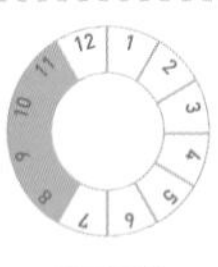
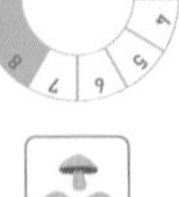

식독여부 | 식용 발생시기 | 가을

발생장소 | 활엽수림과 소나무와의 혼합림 내 땅 위에 무리지어 나는 균근성 버섯이다.

형태 | 갓은 지름 10~25cm, 높이 10~20cm이다. 편평형에서 깔때기형~나팔꽃형으로 전개하고, 중심은 자루 기부까지 뚫려 있다. 표면에는 거칠고 큰 인편이 빽빽하고, 어릴 때 연분홍을 띤 담갈색에서 홍갈색~흑갈색으로 변하며, 건조하면 검은색이 된다. 조직은 두께가 3~5mm이고, 건조하면 강한 향을 낸다. 밑면의 침은 1cm 내외로 자루 아래까지 나고, 회백색에서 암갈색으로 변한다. 자루의 크기는 3~6cm×10~20mm이다.

>>> 예부터 1능이, 2표고, 3송이라고 할 정도로 우리나라 사람의 입맛에 가장 맞는 맛있는 버섯이다.

542 큰노루털버섯(무늬노루털버섯)

Sarcodon scabrosus (Fr.) P. Karst.

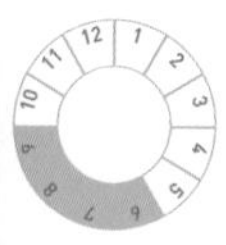

식독여부 | 식용부적합　발생시기 | 여름~가을
발생장소 | 소나무 등 침엽수림 내 지상에서 발생한다.
형태 | 갓의 지름은 5~10cm이고, 반구형에서 얕은 깔때기형으로 된다. 표면은 담갈색이고, 거스러미 모양의 인편이 덮여 있다. 조직은 단단하고 치밀하며, 황색~검은색이고, 맛은 쓰다. 침은 회갈색, 선단은 흰색이고, 자루에 내린형이며, 길이는 5~8mm이다. 자루는 크기가 3~4cm×10~20mm이고, 회색~담갈색이며, 기부 쪽은 흑람색을 띤다. **미세구조:** 포자는 갈색을 띠며, 지름은 5.0~7μm이다. 모양은 구형~유구형이고 표면에 사마귀 같은 돌기가 있다.

까치버섯(먹버섯) 543

Polyozellus multiplex (Underw.) Murrill

식독여부 | 식용　발생시기 | 늦여름~가을

발생장소 | 침·활엽수의 혼합림 내 지상에서 발생한다.

형태 | 갓은 높이 10~30cm, 지름 10~40cm이다. '잎새버섯' 모양으로 구두주걱~부채 모양의 자실체가 모여 다발을 이루며, 까마귀 깃털색을 띤다. 표면은 매끈하고, 밑면은 회백색~회청색이다. 자루의 크기는 2~5×0.5~3cm이고 회청색으로 속이 비어 있다. 조직은 단단하고 탄력이 있으며, 해초향이 있고, 밑면의 자실층은 주름들이 있다. **미세구조:** 포자는 흰색을 띠며, 크기는 4.0~7.5×5.0~8.0μm이다. 모양은 유구형이고 표면에 1~2μm의 침상의 돌기가 있다.

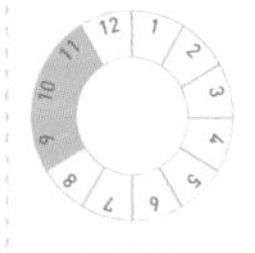
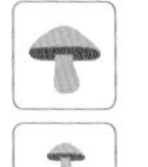

544 많은가지사마귀버섯

Thelephora multipartita Schwein.

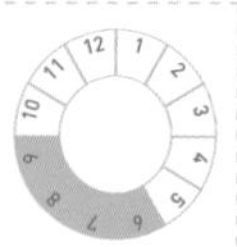
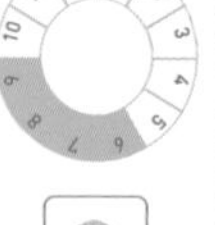

식독여부 | 식용부적합　발생시기 | 여름~가을

발생장소 | 숲속 지상에서 발생한다.

형태 | 자실체는 자루가 있고 직립하며, 나뭇가지 모양으로 분지하고, 높이는 4~6cm, 회갈색~자갈색이다. 가지 끝은 흰색이며, 손 모양이고, 표면에 섬유상의 선이 있다. 자루는 크기가 1~2cm×1~3mm이고, 황갈색이다. 자실층은 아래에 있고, 돌기가 많이 분포하며, 회갈색~자회색을 띤다. 조직은 가죽질로 매우 질기고 딱딱하다. **미세구조:** 포자는 황갈색을 띠며, 크기는 7.0~8×5.5~6.5μm이다. 모양은 타원형이고 표면에 1~2μm의 뿔 모양의 돌기가 분포한다.

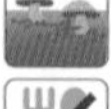

단풍사마귀버섯 545

Thelephora palmata (Scop.) Fr.

식독여부 | **식용부적합** 발생시기 | 여름~가을

발생장소 | 숲속 지상에서 발생한다.

형태 | 자실체는 3~7×2~5cm이고, 하나의 자루에서 많은 가지가 분지하여, 집단화된 모양이다. 자갈색~암갈색이며, 가지 선단부는 흰색이고, 약간 넓적한 끌~부채 모양이다. 자실층은 자루와 선단부를 제외한 전체 면에 있으며 윗면과 아랫면의 구분이 없다. 자루는 크기가 1~1.5cm×1~2mm이다. 조직은 가죽질로 매우 질기고, 강한 악취가 있다. **미세구조:** 포자는 황갈색을 띠며, 크기는 8.0~11×7.0~8.0μm이다. 모양은 각이 있는 넓은 타원형이고 표면에 1~2μm의 뿔 모양의 돌기가 분포한다.

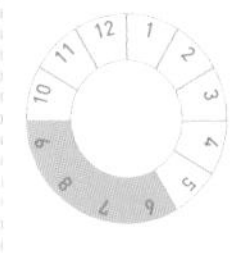

≫ 미확정분류균 Order *Incertae sedis*

미확정분류균 *Incertae sedis*

특징이 모호하여 아직 분류군이 확정되지 않은 속과 종이다.

- *Rickenella*

애이끼버섯 546

Rickenella fibula (Bull.) Raithelh.
Gerronema fibula (Bull.) Singer

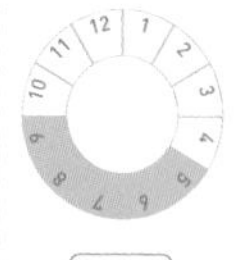

식독여부 | 식용부적합　발생시기 | 봄~가을

발생장소 | 숲속, 정원, 초원 등 이끼가 많은 곳에 홀로 또는 무리지어 발생한다.

형태 | 갓은 지름 0.5~1cm로 아주 작고, 종형~중앙오목반구형이다. 표면은 등색~등황색, 중앙이 짙고, 갓 끝은 파도형이며, 둘레에 방사상의 선이 있다. 주름살은 긴 내린형으로, 성기고 흰색이다. 자루는 크기가 2~6cm×1mm이고, 갓과 같은 색이다. 조직은 매우 얇고 미황색으로 자루의 속은 비어 있다. **미세구조:** 포자는 흰색을 띠며, 크기는 4.0~6.0×2.0~2.5μm로 장타원형이다.

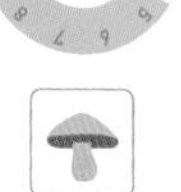

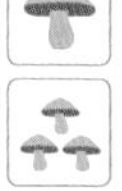

붉은목이강 Class Dacrymycetes
미확정분류균 Subclass *Incertae sedis*
≫ 붉은목이목 Order Dacrymycetales

붉은목이과 Dacrymycetaceae

소형~중형이며, 젤라틴질 또는 고무질이고, 황색~오렌지색인 자실체를 나무줄기에 형성한다. 포자문은 황색~황갈색이다. 담자기 모양은 Y자이고, 그 끝에 포자를 형성한다.

- 끈적싸리버섯속 *Calocera*
- 붉은목이속 *Dacrymyces*
- *Dacryopinax*

삼지창아교뿔버섯 547

Calocera cornea (Batsch) Fr.

식독여부 | 식용부적합 발생시기 | 봄~가을

발생장소 | 침·활엽수의 고사목, 쓰러진 나무, 그루터기 등에 무리지어 발생한다.

형태 | 자실체의 높이는 1~1.5cm이고, 뿔 모양이며, 2~5개씩 다발로 나기도 하고, 분지하기도 한다. 표면은 평활하고, 등황색~담황색이며, 자실층은 전면에 발달한다. 자루와 자른 조직의 구분이 없으며 끝이 뾰족하거나 뭉툭하다. 조직은 젤라틴 형태의 연골질이다. **미세구조:** 담자기는 Y자형이다. 포자는 백색을 띠며, 크기는 8.0~9.0×3.5~5.0μm이다. 모양은 장타원형이며, 표면은 평활하다. 2~3개의 격막이 있다.

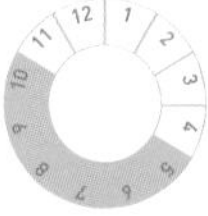

548 아교뿔버섯(등색끈적싸리버섯)

Calocera viscosa (Pers.) Fr.

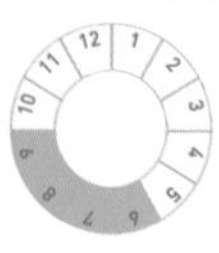

식독여부 | 식용부적합　발생시기 | 여름~가을

발생장소 | 침엽수의 고사목, 쓰러진 나무, 그루터기 등에 홀로 또는 다발로 발생한다.

형태 | 자실체의 높이는 2.5~5cm이고, 산호 모양이며, 전체가 선명한 등황색이고, 분지하며, 전체 면이 자실층이다. 가지 끝은 작은 원추형으로 0.5~2mm이고, 조직은 젤라틴 형태의 연골질이다. 자루와 자른 조직의 구분이 없다. **미세구조:** 담자기는 Y자형이다. 포자는 백색을 띠며, 크기는 7.0~11.0×3.5~4.5μm이다. 모양은 장타원형이며, 표면은 평활하다. 1~3개의 격막이 있다.

549 붉은목이(손바닥붉은목이)

Dacrymyces chrysospermus Berk. & M. A. Curtis
Dacrymyces palmatus (Schwein.) Burt

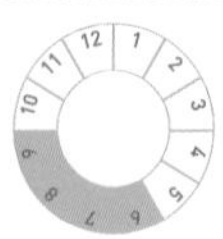

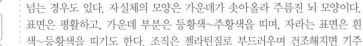

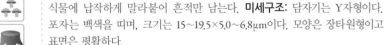

식독여부 | 식용부적합　발생시기 | 초여름~가을
발생장소 | 침엽수의 고사목, 쓰러진 나무 줄기에 홀로 또는 무리지어 발생한다.
형태 | 자실체는 높이 0.5~3.5cm, 지름 2~6cm이다. 때때로 지름이 20cm가 넘는 경우도 있다. 자실체의 모양은 가운데가 솟아올라 주름진 뇌 모양이다. 표면은 평활하고, 가운데 부분은 등황색~주황색을 띠며, 자라는 표면은 흰색~등황색을 띠기도 한다. 조직은 젤라틴질로 부드러우며 건조해지면 기주식물에 납작하게 말라붙어 흔적만 남는다. **미세구조:** 담자기는 Y자형이다. 포자는 백색을 띠며, 크기는 15~19.5×5.0~6.8μm이다. 모양은 장타원형이고 표면은 평활하다.

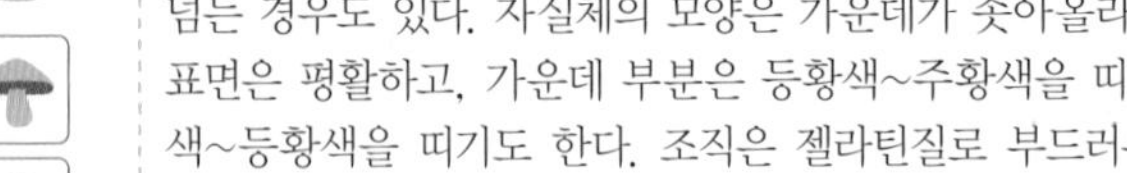

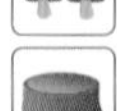

다형포자붉은목이 550

Dacrymyces variisporus McNabb

식독여부 | 식독불명　발생시기 | 여름

발생장소 | 숲속 쓰러진 나무나 목조 구조물 등 용재 위에 무리지어 발생한다.

형태 | 자실체는 크기가 2~5mm이고, 원형~물방울 모양에서 위가 편평한 압정 모양으로 된다. 표면은 평활하고, 자루 없이 기주체에 부착한다. 습하면 진황색, 건조하면 등색을 띠며, 조직은 젤라틴질로 노화하면 용해된다. **미세구조:** 포자의 크기는 13~16×5~6μm로 방추형 또는 원주형으로 끝이 돌출되어 있고, 3~5개의 격막 흔적이 있는 것도 있다.

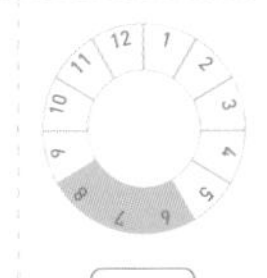

551 혀버섯

Dacryopinax spathularia (Schwein.) G. W. Martin
Guepinia spathularia (Schwein.) Fr.

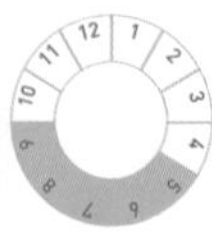

식독여부 | 식용부적합 발생시기 | 봄~가을

발생장소 | 침엽수의 고사목이나 쓰러진 나무의 줄기, 가지에 무리지어 발생한다. 우기에는 침엽수로 만들어진 나무계단, 평상, 나무의자 등을 부식시키며 발생하기도 한다.

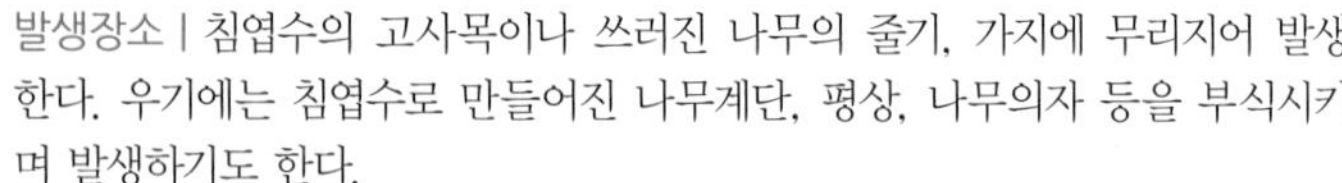

형태 | 자실체는 높이 4~7mm, 지름 2~7mm이고, 주걱형~부채형이다. 표면은 능황색이고, 평활하며 젤라틴질이다. 자실층은 한쪽 면에만 생기고, 반대쪽엔 짧은 털이 나 있다. 담황색이고 건조하면 흰색~진황색이 된다. 조직은 부드러운 젤라틴질이며, 건조해지면 딱딱한 골질로 변한다. **미세구조:** 포자의 크기는 7~10.5×3.5~4μm로 타원형~장타원형이고 성숙하면 격막이 생긴다.

흰목이강 Class Tremellomycetes

미확정분류균 Subclass *Incertae sedis*

≫ 흰목이목 Order Tremellales

흰목이과 Tremellaceae

소형~중형이고, 젤라틴질 또는 고무질 자실체를 나무줄기에 형성한다. 포자문은 흰색~황색이다. 담자기는 타원형이며 세로 격막이 있다.

- 흰목이과 *Tremella*

꽃흰목이 552

Tremella foliacea Pers.
Tremella fimbriata Pers.
Tremella frodosa Fr.

식독여부 | 식용　발생시기 | 봄~가을
발생장소 | 활엽수의 고사목이나 쓰러진 나무의 줄기, 가지에서 발생한다.
형태 | 꽃잎 모양의 자실체 조각이 서로 중첩하여 꽃다발처럼 된다. 지름 10cm, 높이 6cm 크기이며, 담갈색~적갈색이고, 젤라틴질이다. 자실층은 전체 표면에 생기고, 기부는 단단한 연골질이다. 건조하면 자실체 전체가 오므라들어 단단해지나 습기가 있으면 원상태로 회복된다. **미세구조:** 담자기는 지름 10~13μm로 구형이고 세로 격막에 의해 4실로 갈라진다. 포자의 크기는 6~8×5~6μm로 구형이고 무색이다.

553 미역흰목이

Tremella fimbriata Pers.

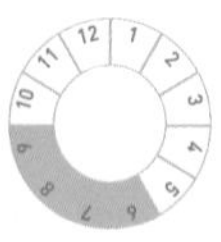

식독여부 | 식용 발생시기 | 여름~가을

발생장소 | 활엽수 고목에 홀로 또는 무리지어 발생한다.

형태 | 자실체는 전체가 서로 겹쳐서 중첩된 파상 또는 꽃잎 모양의 열편 덩어리를 형성하는데 크기가 5~10×3.5~5.5cm까지 된다. 열편의 두께는 1mm 정도로 얇고, 검은색 또는 흑갈색이며, 마르면 검고 단단한 연골질 덩어리로 오그라든다. **미세구조:** 담자기는 달걀형 또는 세로 격막에 의해 4실로 갈라져 있고, 포자는 달걀형으로 무색이며 크기는 10~16×12μm이다.

>>> 학자에 따라 꽃흰목이*Tremella foliacea* Pers.와 동일종으로 분류하기도 한다.

흰목이(참흰목이) 554

Tremella fuciformis Berk.

식독여부 | 식용　발생시기 | 봄~가을

발생장소 | 활엽수의 고사목이나 쓰러진 나무의 줄기, 가지에 난다.

형태 | 꽃잎 모양의 자실체 조각이 서로 중첩하여 꽃다발처럼 된다. 지름 10cm, 높이 5cm 크기이며, 흰색이고 반투명한 젤라틴질이다. 가장자리가 물결처럼 굽이치며 겹쳐져 꽃 모양으로 자실체를 형성한다. 건조하면 흰색 또는 회색의 단단한 연골질로 변하고 가장자리는 납작하게 기주에 부착하나 습해지면 다시 복원된다. 자실층은 표면에 생긴다. **미세구조:** 포자의 크기는 10~16×10~11μm이고, 유구형이며 흰색이다.

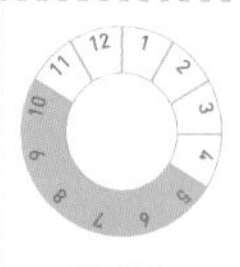

Amoebozoa
아메바문

Class Myxogastria

미확정분류균 Subclass *Incertae sedis*

≫ 사단균충목 Order Liceida

딸기점균과 Tubiferaceae

자실체는 여러 개의 조각이 모여 뭉쳐진 형태 또는 둥글게 치약을 짜 놓은 모양이며, 포자로 가득차 있다.

- 콩점균속 *Lycogala*
- 딸기점균속 *Tubifera*

분홍콩점균 555

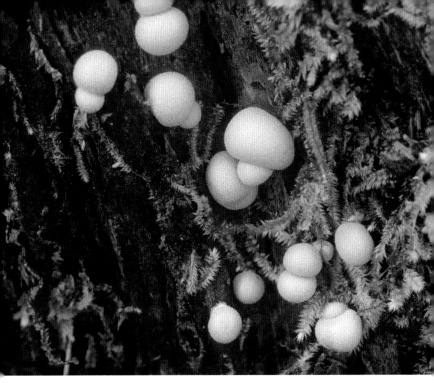

Lycogala epidendrum (J. C. Buxb. ex L.) Fr.

식독여부 | 식용부적합　발생시기 | 봄~가을

발생장소 | 고사목, 쓰러진 나무, 그루터기 등 썩은 줄기에 무리지어 발생한다.

형태 | 자실체는 크기가 5~15mm이고, 구형이며, 황갈색~갈색인 자낭체이다. 미성숙한 자실체 중 서로 근접한 개체는 합쳐서 하나의 개체가 되기도 한다. 미숙한 것은 홍색이다. 표면에는 작은 주머니 모양 돌기가 많고, 조직은 담홍색의 점액질을 포함하고 있어 치약버섯이라고 불리기도 한다. 성숙하면 꼭대기 부분이 열리거나 외피막이 벗겨져서 황갈색의 포자를 분출한다.

미세구조: 포자의 크기는 6~7.8μm이고, 구형이며, 표면에 그물 무늬가 있다.

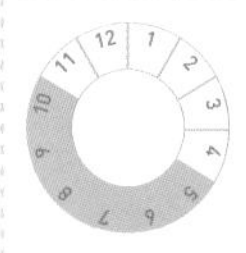

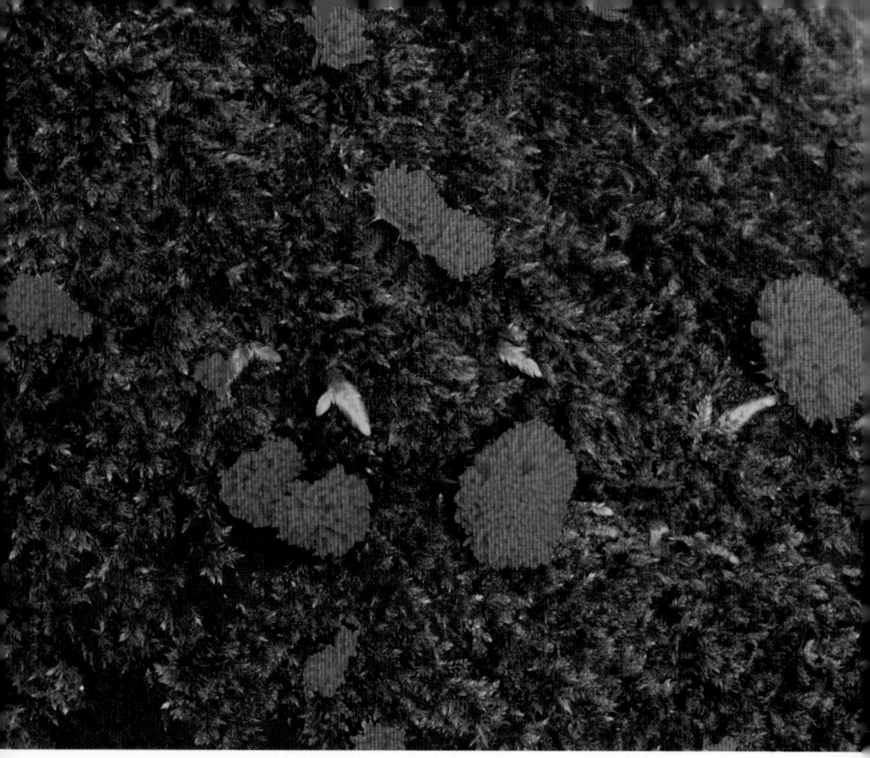

556 산딸기점균

Tubifera ferruginosa (Batsch) J. F. Gmel.

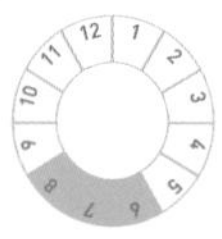
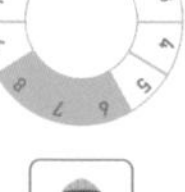

식독여부 | 식용부적합　발생시기 | 여름

발생장소 | 고사목, 쓰러진 나무, 그루터기 등 썩은 줄기에 무리지어 발생한다.

형태 | 자실체는 지름 0.5mm, 높이 3~5mm이고, 장난형~원주형의 자낭체이며, 적갈색이고, 작은 개체들이 여러 개 모여 함께 다발을 형성하여 지름 15mm 전후의 딸기 모양 송이를 만든다. 자실체의 성숙까지는 많은 시간이 걸리고, 따라서 홍색의 미숙체가 흔히 보인다. 차츰 자주색을 거쳐 갈색이 된다. 각각의 작은 개체에는 포자낭을 포함하고 있고 성숙하면 이 부분이 무너져 내려 포자를 방출한다. **미세구조:** 포자의 크기는 6.2~8.5μm이고, 구형이며, 갈색이다.

≫ 망사점균목 Order Physarida

망사점균과 Physaraceae

자실체는 자루가 있는 종, 없는 종 등 불규칙한 모양이며, 조직은 석회질이다. 생장기에는 변형체 모양이 망사상이다.

- **망사점균속** *Physarum*

황색망사점균 557

Physarum polycephalum Schwein.

식독여부 | **식용부적합** 발생시기 | 여름~가을

발생장소 | 고사목, 쓰러진 나무, 그루터기 등 썩은 줄기에 발생한다. 기주를 가리지 않으며 다양한 식물체 또는 낙엽에서 영양분을 흡수하며 자라나거나 이동한다.

형태 | 자실체는 지름 1.5~3mm, 높이 1~5mm이며, 두부는 구형이고, 기주 표면에 두께가 일정하지 않으며 작은 점들이 가는 실로 서로 연결된 듯한 모양의 거미줄망을 형성하며 부채상으로 퍼져 간다. 자실체 전체의 크기는 수십 cm에 달하는 개체들도 있으며, 영양환경과 습도에 따라 다양한 형태를 가진다. 자실체 전체는 황색이고, 점액성 분말상이다. **미세구조:** 포자의 크기는 9~11μm이고, 구형이며, 표면에 돌기가 있다.

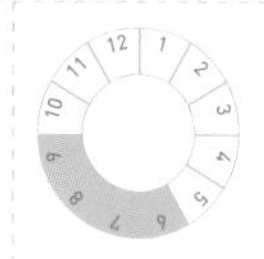

Class Myxogastria
미확정분류균 Subclass *Incertae sedis*
≫ 자주색솔점균목 Order Stemonitales

자주색솔점균과 Stemonitaceae

자실체는 가늘고 긴 자루에 갈색 포자를 포함한 긴 머리 모양이며, 다발로 형성된다.

- **자주색솔점균속** *Stemonitis*

부들점균과 Arcyriaceae

자실체는 방망이 모양이고, 다발로 형성된다. 긴 머리 부분의 겉껍질이 벗겨지면 수세미 모양의 머리 부분만 남는다.

- **부들점균속** *Arcyria*

갈적색털점균과 Trichiaceae

곤봉 모양 또는 성긴 그물 모양 자실체를 형성한다.

- **그물점균속** *Hemitrichia*

자주색솔점균 558

Stemonitis splendens Rostaf.

식독여부 | 식용부적합 발생시기 | 봄~가을

발생장소 | 고사목, 쓰러진 나무, 그루터기 등 썩은 줄기와 낙엽 위에 발생한다.

형태 | 자실체(포자낭)는 길이 5~20mm, 지름 1~1.6mm이고, 원통형이며 군락을 이룬다. 각각의 자실체 개체의 모양은 긴 원통 위에 가늘고 짧은 자루가 달린 핫도그와 같은 모양으로 유균은 흰색이나 자갈색을 거쳐 검은색으로 변한다. 자루는 크기가 2~5×0.5mm이고, 머리카락 모양이며, 광택이 있고, 검은색이다. 포자가 성숙하면 작은 충격이나 바람에도 쉽게 비산되고, 자실체 주변에 많은 포자가 떨어진다. **미세구조:** 포자의 크기는 7.5~9μm이고, 구형이며, 표면에 돌기가 있고 자갈색이다.

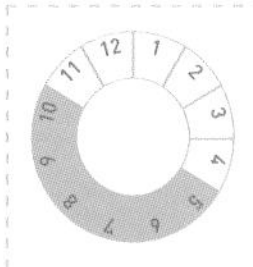

559 부들점균

Arcyria denudata (L.) Wettst.

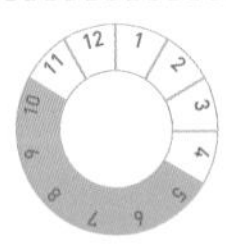

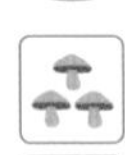

식독여부 | 식용부적합　발생시기 | 봄~가을

발생장소 | 고사목, 쓰러진 나무, 그루터기 등 썩은 줄기에 무리지어 발생한다.

형태 | 자실체(포자낭)는 높이 1.5~5mm, 지름 0.5~1mm이고, 두부는 달걀형에서 원통형으로 되며, 표면의 색은 처음에 흰색이다가 담홍색을 거쳐 갈색으로 변한다. 포자낭은 곤충의 알이 여러 개 붙어 있는 모양과 같으며, 핫도그와 같은 형태이다. 자루는 크기가 0.5~1.5×0.25mm이고, 담홍색~회갈색이다. 자실체가 성숙하여 포자를 다 방출하면 포자낭 부분이 부풀어 스펀지와 같은 모양이 된다. **미세구조:** 포자의 크기는 6~8.2μm이고, 구형이며, 표면에 돌기가 있고, 적갈색이다.

그물점균 560

Hemitrichia serpula (Scop.) Rostaf.

식독여부 | 식용부적합　발생시기 | 가을~봄

발생장소 | 고사목, 쓰러진 나무, 그루터기 등 썩은 줄기 표면에 발생한다.

형태 | 지름은 0.5mm이고, 황색~황갈색의 자실체(포자낭)가 서로 연결되어, 수 cm~수십 cm까지 뻗어 그물망 또는 실이 여러 개 꼬여 있는 형태를 한다. 자루는 없고, 포자낭은 후에 회갈색으로 변한다. 포자가 성숙하면 포자낭이 부풀고 담황색의 포자를 방출하며 스펀지와 같은 형태가 된다. 포자를 방출한 포자낭은 그물망이 합쳐져 무늬가 없어지며 기주에서 떨어진다. **미세구조:** 포자의 지름은 11~16µm이고, 구형이며, 담황색이다.

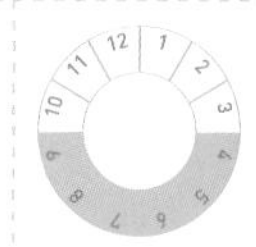

원생점균강 Class Protostelia
미확정분류균 Subclass *Incertae sedis*
≫ 원생점균목 Order Protostelida

산호점균과 Ceratiomyxaceae

산호점균속Ceratiomyxa의 단일 속이다. 흰색 산호와 같은 뿔 모양의 자실체를 썩은 나무줄기에 피복하듯이 형성한다. 포자는 각각의 뿔 모양 구조의 표면에 형성된다.

- 산호점균속 *Ceratiomyxa*

산호점균 561

Ceratiomyxa fruticulosa var. *fruticulosa* (O. F. Müll.) T. Macbr.

Ceratiomyxa fruticulosa (O. F. Müll.) T. Macbr.

식독여부 | 식용부적합　발생시기 | 여름~가을

발생장소 | 고사목, 쓰러진 나무, 그루터기 등 썩은 줄기 표면에 무리지어 발생한다.

형태 | 외생포자를 만드는 변형균變形菌으로 무색의 포자가 기주 표면에 빽빽하게 덮여, 마치 흰가루를 뿌려 놓은 것처럼 보인다. 자실체 전체가 흰색~황색이며, 높이가 1cm에 달하는 것도 있다. 개체를 확대해 보면 줄기에서 여러 개의 가지로 분지하는 싸리버섯과 같이 산호형이다. **미세구조:** 포자의 크기는 10~13×6~7μm이고, 구형~타원형이며, 표면은 평활하고 흰색이다.

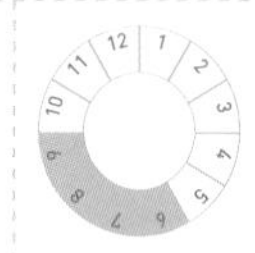

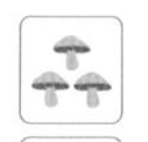

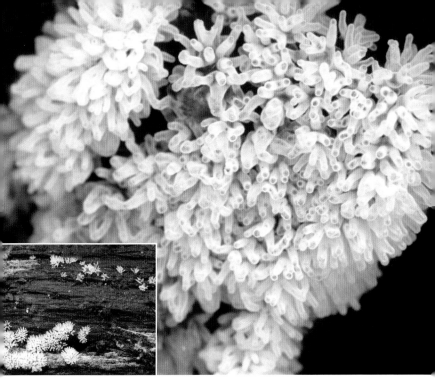

부록

Appendix

가동적(可動的) : 위아래로 이동이 가능. 큰 갓버섯의 경우 턱받이가 위아래로 움직이는 경우가 있음.

가죽질 : 표면이나 조직이 가죽처럼 질긴 형태.

각질(角質) : 파충류 이상의 척추동물의 표피 부분이 위로 들고 일어나듯이 들떠 있는 듯한 막질.

각피(角皮) : 표피세포의 외표면에 매끈하고 딱딱하게 생성된 막상구조의 층.

갈변(褐變) : 색조가 황갈색 내지 흑갈색으로 변하는 현상.

갈색부후(褐色腐朽) : 목질의 섬유소를 분해하여 목질부를 갈색으로 변화시키는 것.

갓 : 버섯의 자실체 윗부분으로 삿갓 같은 모양의 부분.

갓둘레 : 버섯 갓의 맨 가장자리.

거스러미상 : 표면의 결 따위가 가시처럼 얇게 터져 일어나는 모양.

고리 무늬 : 동그란 원형의 무늬.

고리홈 : 원형의 홈.

관공(管孔) : 자실층이 주름살 대신 관 모양의 구멍으로 되어 있는 것.

관공면(管孔面) : 자실층 표면으로 관공의 시작되는 면.

괴경상(塊莖狀) : 심하게 부풀어 올라 혹과 같은 형태.

구근상(球根狀) : 감자의 알뿌리같이 동그란 모양으로 균사가 뭉쳐진 형태.

귀형 : 사람의 귀와 같은 모양.

균근(菌根) : 고등식물의 뿌리와 균류(菌類)가 긴밀히 결합하여 일체되고 공생관계가 맺어진 것.

균근성(菌根性) 버섯 : 균근균을 형성하는 버섯.

균망(菌網) : 망태버섯에서의 망사상의 스커트.

균사(菌絲) : 균류의 본체. 균류의 영양 생장 기관으로 실 모양의 기관.

균사속(菌絲束) : 균사가 모여 노끈 모양으로 길게 뻗어 난 것.

균핵(菌核) : 균사 상호 간에 서로 엉기고 밀착되어 있는 균사 조직.

균환(菌環) : 같은 종류의 버섯 자실체가 평지에서 환상으로 배열하여 발생하는 모양.

근상균사속(根狀菌絲束) : 식물의 뿌리 모양처럼 뻗어나간 버섯의 균사다발.

근주부후균(根株腐朽菌) : 뿌리썩음을 일으키는 균.

근주심재백색부후(根株心材白色腐朽) : 나무 뿌리의 심재부를 흰색으로 썩히는 것.

근주심재부후병균(根株心材腐朽病菌) : 나무 뿌리의 심재부를 썩히는 것.

기반(基盤) : 자루의 맨 아랫부분이 기질에 붙어 있게 하는 조직.

기부(基部) : 자루의 맨 아랫부분으로 기질

과 만나는 부분.

나지(裸地) : 사방이 열려있는 장소.

낙지(落枝) : 땅 위에 떨어진 나뭇가지.

난황색(卵黃色) : 노른잣빛.

낟알 모양 : 곡식 알맹이의 모양.

내피막(內皮膜) : 외피막 안쪽에 존재하는 얇은 막.

니스상 : 광택이 있는 투명한 피막을 형성하는 도료를 입힌 것 같은 모양.

다발(多發) : 묶음. 팽이버섯과 같이 여러 개체가 뭉쳐나는 모양.

다층(多層) : 여러 층.

대주머니 : 유균(幼菌)을 덮고 있던 외피막이 버섯이 생장함에 따라 찢어져 기부(基部)에 형성된 막질의 주머니.

막질(膜質) : 막으로 된 성질. 또는 그런 물질.

말굽형 : 말의 굽과 같은 모양.

말안장형 : 말안장과 유사한 모양을 나타내는 말로 양쪽 끝은 올라가고 가운데 부분은 오목하게 들어간 형태.

모피(毛皮) : 동물의 털처럼 부드러운 표면.

무성기부(無性基部) : 말불버섯에서와 같이 포자를 담은 기본체가 없는 하부.

미로형(迷路形) : 미로처럼 어지럽게 뻗어나가 있는 모양.

미세인편(微細鱗片) : 가는 털이 표면을 덮고 있는 형태.

반구형(半球形) : 이등분된 구의 한 쪽 모양.

반배착성(半背着性) : 자실체 전체가 기주에 붙어 있지 않고 끝부분이 부풀어 올라 선반 모양을 형성하는 것.

반원형(半圓形) : 원둘레의 반과 지름으로 이루어지는 반원의 모양.

반전(反轉) : 속과 겉이 뒤바뀜.

방사상(放射狀) : 중심에서 바깥쪽으로 우산살 모양으로 뻗은 모양.

배착성(背着性) : 대가 없이 자실체 전체가 기주에 붙어 있는 것.

백색부후(白色腐朽) : 목질의 리그닌을 분해하여 목질부를 점차 흰색으로 변화시키는 것.

변이(變異) : 같은 종류의 동식물이 성질이나 모양이 서로 달라짐.

변재부(邊材部) : 나무의 겉부분.

부식질(腐植質) : 식물이 썩어서 생기는 갈색 또는 검은빛의 가루로 된 물질.

부정형(不定形) : 모양이나 양식이 일정하지 못한 것.

부채형 : 부채와 같은 모양.

부후력(腐朽力) : 유기물을 썩혀 나가는 능력.

분말상(粉末狀) : 가루를 뿌려 놓은 듯한 형상.

분생자(分生子)경 : 균사가 직립하여 특수한 모양을 나타내고 그 끝에 분생포자를 착생하는 받침대.

분생포자(分生胞子) : 균사 세포가 분생자자루가 되며 그 앞쪽의 끝이 잘록해져서 생긴 몇 개 이상의 단세포를 가진 포자.

분지(分枝) : 가지가 나누어짐.

불완전세대형 : 완전세대의 버섯을 형성하지 못하고 불완전한세대의 버섯과 비슷한 형태를 형성.

뿌리썩음병 : 식물의 뿌리가 병원균의 기생으로 썩는 병.

생입목(生立木) : 살아 있으며 땅 위에 서 있는 나무. 고사목의 반대말.

선반형(旋盤形) : 벽에 붙은 선반과 같은 형태.

섬유 무늬 : 섬유처럼 가는 무늬가 얽혀 있는 모양.

섬유상(纖維狀) : 섬유처럼 가늘고 긴 모양.

성기다 : 버섯 주름살의 간격이 넓은 형태.

세로주름 : 세로로 주름이 잡혀 있는 모양.

소피자(小皮子) : 찻잔버섯류의 자실체 속에 생기는 바둑돌 또는 종자 모양의 기관으로, 포자를 품고 있음. 포자의 분산의 수단으로 이용.

솜털상 : 솜털처럼 부드럽게 균사가 부풀어 있는 모양.

수간심재부(樹幹心材部) : 나무의 중심부.

심재갈색부후(心材褐色腐朽) : 나무의 중심부의 목재를 갈색으로 썩히는 것.

아교질(阿膠質) : 아교처럼 끈적끈적한 성질.

액화(液化) : 고체가 녹아 액체로 되는 현상. 버섯의 조직이 괴사되어 물처럼 녹아내리는 현상.

양탄자상 : 양탄자를 깔아 놓은 것처럼 부드러운 표면.

연골질(軟骨質) : 대의 조작이 단단하고 속이 비어 부러지는 것.

연락맥(連絡脈) : 주름버섯에 있어 두 주름살 사이가 연결되도록 형성된 주름살.

영구성(永久性) : 오래도록 변하지 않는 성질.

외생균근균(外生菌根菌) : 균류와 고등식물의 뿌리와의 공생체.

외피층(外皮層) : 균류에서 피층의 맨 바깥층.

요철(凹凸) : 오목함과 볼록함.

우단상(羽緞狀) : 벨벳과 같이 부드러운 표면.

운모상(雲母狀) : 암석의 일종인 운모처럼 육각의 판板 모양을 띠며 얇은 조각으로 잘 갈라지는 성질.

원좌(圓座) : 여러 사람이 삥 둘러앉은 것 같은 모양.

원추형(圓錐形) : 원추 모양으로 된 형태.

원통형(圓筒形) : 둥근 통의 모양과 같은 형태.

유구형(類求刑) : 구형을 좌우로 약간 늘려 놓은 듯한 모양.

유기질(有機質) : 유기 화합물의 성질. 또는 그 물질.

유액(乳液) : 식물의 세포 속에 들어 있는 액체.

융기대(隆起帶) : 볼록하게 올라온 부분.

이빨 모양 : 사람의 어금니 윗부분처럼 표면의 가운데 부분에 오목하게 골이 파여 있는 모양.

인편(鱗片) : 생물체의 겉면을 덮고 있는 비늘 모양의 조각.

입상(粒狀) : 낟알이나 알갱이의 모양.

자낭각(子囊殼) : 자낭과가 호리병 모양으로 내부에 자낭을 품고 있는 기관.

자낭반(子囊斑) : 자낭과가 접시 모양, 안장 모양, 두건 모양, 모자 모양, 창 모양, 밥상 모양으로 되어 자낭이 노출된 기관.

자루(托) : 갓을 받치고 있는 부분으로 그 길이와 모양은 다양. 대라고도 불림.

자실층(子實層) : 포자를 형성하는 담자기나 자낭이 있는 부위로, 주름살, 관공, 침상 돌기 등의 형태.

자좌(子坐) : 자낭각이 배열된 곤봉 모양 또는 반구형의 기관. 자낭균류의 영양 세포의 모체로, 그 속에는 많은 자낭각이 있음.

장령목(長齡木) : 수령이 오래된 나무.

점성(黏性) : 차지고 끈끈한 성질.

정공(頂孔) : 말불버섯류의 윗부분에 있는 구멍으로, 포자를 분출.

주름살 : 주름버섯류에서 갓의 아랫면에 부채주름 모양으로 구성되어 있는 포자를 형성하는 기관.

주발 모양 : 놋쇠로 만든 밥그릇 모양.

주색(朱色) : 누런빛을 띤 약간 붉은색.

중첩(重疊) : 거듭 겹치거나 포개져 발생함.

지질(紙質) : 종이와 같은 성질을 띰.

청변성(靑變性) : 소나무, 가문비나무, 너도밤나무 따위에 특정 균류의 균사가 들어가 나무 빛깔을 푸른색이나 검푸른색으로 바뀌게 하는 현상.

측생(側生) : 뿌리 또는 줄기가 주축의 옆으로 남.

탄(炭) 모양 : 석탄 모양.

탈출공(孔口) : 포자가 분출되는 구멍.

턱받이 : 갓과 대가 생장하면, 내피막의 일부가 대에 남아 반지 모양 또는 치마 모양을 이루는 것.

톱니형 : 잎의 가장자리가 톱날과 같이 된 모양.

파도형 : 표면이 물결무늬처럼 굴곡이 규칙적으로 있는 모양.

팽이 모양 : 팽이처럼 둥글고 짧고 한쪽 끝이 뾰족한 모양.

평활(平滑) : 평평하고 매끄러운 표면. 갓이나 대의 표면이 매끄러운 형태.

포자괴(胞子塊) : 복균류에서 자실체 내부에 있는 포자를 함유한 덩어리.

표고골목 : 표고버섯 따위의 재배에서 버섯균이 퍼져 있는 원목.

피막(皮膜) : 껍질같이 얇은 막.

하피(下被) : 외피 밑에 존재하는 껍질.

함입(陷入) : 표면에 있는 세포층의 일부가 안쪽으로 빠져 들어가서 그곳에서 새로운 층을 만듦.

황변(黃變) : 조직이나 표면이 노랗게 변하는 일.

참고문헌

국립수목원. 2009. 우리 산에서 만나는 버섯 200가지. 지오북. 219 pp.

김양섭 외 5명. 2004. 한국의 버섯-식용버섯과 독버섯. 동방미디어(주). 467 pp.

김현중, 한상국. 2008. 광릉의 버섯. 국립수목원. 446 pp.

박완희, 이호득. 1991. 한국의 버섯. 교학사. 504 pp.

성재모. 1996. 한국의동충하초. 교학사. 299 pp.

이지열. 1988. 原色韓國버섯圖監. 아카데미서적. 365 pp.

이지열. 2007. 버섯생활백과. 경원미디어. 365 pp.

임업연구원. 2000. 한국 기록종 버섯 재정리 목록. 임업연구원 연구자료 제 163호. 87 pp.

한국균학회. 1978. 한국말 버섯 이름 통일안. Kor. J. Mycol. 2(1): 43-55 pp.

今關六也, 大谷吉雄, 本鄕次雄. 1990. 山と溪谷社. 622 pp.

今關六也, 本鄕次雄. 1987. 原色日本菌類圖鑑(I). 保育社. 325 pp.

今關六也, 本鄕次雄. 1989. 原色日本菌類圖鑑(II). 保育社. 315 pp.

Arora, David. 1986. Mushrooms Denystified. Ten Speed Press. 958 pp.

Breitenbach, J. and Kränzlin, Fred. 1984. Fungi of Switzerland: 1. Ascomycetes. Mykologia Luzern. 310 pp.

Breitenbach, J. and Kränzlin, Fred. 1986. Fungi of Switzerland: 2. Non gilled fungi. Mykologia Luzern. 412 pp.

Breitenbach, J. and Kränzlin, Fred. 1991. Fungi of Switzerland: 3. Boletes and agarics. Mykologia Luzern. 359 pp.

Breitenbach, J. and Kränzlin, Fred. 1995. Fungi of Switzerland: 4. Agarics 2nd part. Mykologia Luzern. 368 pp.

Breitenbach, J. and Kränzlin, Fred. 2000. Fungi of Switzerland: 5. Agarics 3rd part. Mykologia Luzern. 338 pp.

Gilbertson, R. L. and Ryvarden, L. 1987. North American Polypores. Fungiflora. 885 pp.

Han, Sang-Kuk, Soek, Soon-Ja, Kim, Yang-Sup, Jung, Sun-A, Jang, Hae-Jung and

Sung, Jae-Mo. 2004. Taxonomic Studies on the Genus Crepidotus in Korea. Mycobiology 32(2): 57–67 pp.

Hesler, L. R., Smith, A. H. 1965. North American Species of Crepidotus. Hafner Publishing Company. 3–161 pp.

Kirk, P. M., Cannon, P. F., David, J. C. and Stalpers, J. A. 2000. Dictionary of the Fungi: 9th edition. Cabi publishing. 569–655 pp.

Kränzlin, Fred. 2005. Fungi of Switzerland: 6. Russulaceae. Mykologia Luzern. 315 pp.

Largent, David. 1986. How to identify mushrooms to genus I: Macroscopic features. Mad River Press, Inc. 7–64 pp.

Largent, David, Johnson, David and Watling Roy. 1977. How to identify mushrooms to genus III: Microscopic features. Mad River Press, Inc. 3–27 pp.

Singer, R. 1986. The Agaricales in Modern Taxonomy. Koeltz Scientific Books.

Smith, A. H., Smith, H. V. and Weber N. S. 1979. How to know the gilled mushrooms. Wm. C. Brown Company Publishers. 27, 263, 286–287 pp.

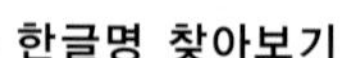

한글명 찾아보기

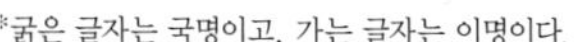

*굵은 글자는 국명이고, 가는 글자는 이명이다.

ㄱ

ㅂ

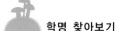

학명 찾아보기

*굵은 글자는 정명이고, 가는 글자는 이명이다.

D

I

J

K

L

M

R

우리 숲에서 자라는 버섯 561종

버섯 생태도감

A Field Guide to Mushrooms

초판 1쇄 인쇄 2012년 10월 15일
초판 4쇄 발행 2020년 10월 30일

지은이 국립수목원
연구·집필 한상국, 조종원, 조해진, 김현중, 이유미

펴낸곳 지오북(**GEO**BOOK)
펴낸이 황영심
편집 전유경, 김민정, 유지혜
표지디자인 AGI SOCIETY
본문디자인 장영숙, AGI SOCIETY

주소 서울특별시 종로구 새문안로5가길 28, 1015호
(적선동 광화문플래티넘)
Tel_02-732-0337
Fax_02-732-9337
eMail_book@geobook.co.kr
www.geobook.co.kr
cafe.naver.com/geobookpub

출판등록번호 제300-2003-211
출판등록일 2003년 11월 27일

ISBN 978-89-94242-18-7 96400

이 도서의 국립중앙도서관 출판시도서목록(CIP)은 e-CIP홈페이지(http://www.nl.go.kr/ecip)와
국가자료공동목록시스템(http://www.nl.go.kr/kolisnet)에서 이용하실 수 있습니다.
(CIP제어번호: CIP2012004446)